普通高等教育土木工程系列教材

混凝土结构基本原理

第 2 版

主　编　王海军　魏　华
副主编　谢　镭　高华国　胡立强
参　编　鲁丽华　邓　光　陶　燕

机械工业出版社

本书是根据全国高等学校土木工程学科专业指导委员会制定的《高等学校土木工程本科指导性专业规范》，融入思政、创新等内容，并参照现行国家规范和标准编写而成的。

本书共9章，主要介绍混凝土结构基本理论和基本构件，包括绪论、混凝土结构材料的物理力学性能、受弯构件的基本原理、受压构件的基本原理、受拉构件的基本原理、受扭构件的基本原理、预应力混凝土构件的基本原理、混凝土受弯构件的疲劳验算、混凝土结构的耐久性设计。各章均有学习目标、拓展阅读、思考题和习题，同时，本书采用二维码集成了59个相关视频，以便读者深入理解和学习。

本书可作为高等学校土木工程等专业的教材，也可作为相关专业的结构设计、施工和科研人员的参考书。

图书在版编目（CIP）数据

混凝土结构基本原理/王海军，魏华主编.—2版.—北京：机械工业出版社，2023.12

普通高等教育土木工程系列教材

ISBN 978-7-111-75058-1

Ⅰ.①混…　Ⅱ.①王…②魏…　Ⅲ.①混凝土结构–高等学校–教材　Ⅳ.①TU37

中国国家版本馆 CIP 数据核字（2024）第 046883 号

机械工业出版社（北京市百万庄大街22号　邮政编码100037）
策划编辑：马军平　　　　　　责任编辑：马军平
责任校对：马荣华　王　延　　封面设计：张　静
责任印制：郜　敏
中煤（北京）印务有限公司印刷
2024年4月第2版第1次印刷
184mm×260mm·20.25印张·501千字
标准书号：ISBN 978-7-111-75058-1
定价：65.00元

电话服务　　　　　　　　　　网络服务
客服电话：010-88361066　　　机 工 官 网：www.cmpbook.com
　　　　　010-88379833　　　机 工 官 博：weibo.com/cmp1952
　　　　　010-68326294　　　金 书 网：www.golden-book.com
封底无防伪标均为盗版　　机工教育服务网：www.cmpedu.com

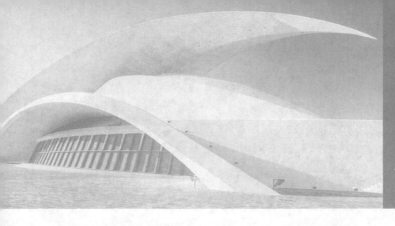

第2版前言

　　《混凝土结构基本原理》第1版（以下简称第1版）得到了广大师生的好评，于2021年获评辽宁省优秀教材，这既是对我们的鼓励，也是对我们的鞭策。此次修订，吸收了最新教学及科研成果，完善了相关内容，努力将本书打造成一本有思想、有深度、有宽度的经典教材。

　　本书保持了第1版的结构体系，并结合 GB 55008—2021《混凝土结构通用规范》、GB 55001—2021《工程结构通用规范》、GB 50068—2018《建筑结构可靠性设计统一标准》等现行规范，对相关内容进行了全面修订；增加了专思融合、专创融合等内容；开发了数字化资源，如试验视频、原理动画、微课视频等；配套了慕课（2020 年获评国家级线上一流课程，网址为 https://www.icourse163.org/course/SUT-1002933002）。

　　本次修订强化了科教协同、产学合作，由王海军和魏华担任主编，谢镭、高华国、胡立强担任副主编。参加编写的人员还有鲁丽华、邓光和陶燕。具体编写分工如下：王海军（第1、3、9章），魏华（第2章），陶燕、胡立强（第4章），高华国（第5章），邓光（第6章），谢镭（第7、8章），鲁丽华（附录）。全书由王海军修改定稿。

　　由于编者水平有限，不妥之处在所难免，敬请读者批评指正。

编　者

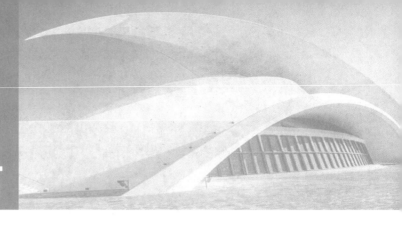

第1版前言

　　为了适应 21 世纪国家建设对建筑类专业人才的需求，满足高等学校强化培养学生工程能力和创新能力的需要，根据全国高等学校土木工程学科专业指导委员会制定的《高等学校土木工程本科指导性专业规范》并参照现行的国家规范和标准编写了本书。

　　本书主要介绍混凝土结构基本构件的受力性能和设计计算方法，可以作为土木工程专业的专业基础课教材。本书内容主要包括混凝土结构材料的物理力学性能，受弯构件、纵向受力构件、受扭构件等基本构件的受力性能分析、设计计算和构造措施，预应力混凝土构件的基本原理，混凝土受弯构件的疲劳验算，混凝土结构的耐久性设计等。

　　"混凝土结构基本原理"课程兼具理论性和实践性，具有"内容多、概念多、公式多、经验参数多、构造条文多"的特点，不利于学习掌握。为此，编写本书时力求做到以下几点：强调以学生为中心，提高学生的工程能力和创新能力；强调基本概念和基本分析的逻辑，培养学生的思维能力；强调试验对理论形成的重要性，培养学生的动手能力；强调规范规定的构造措施，养成学生的"计算与构造"同等重要的工程意识；例题注重理论联系实际；思考题与习题强调对知识的归纳和拓展。另外，为便于学生学习和理解，本书采用二维码技术集成了相关的动画、录像及视频资源，可通过扫描二维码观看。

　　本书由王海军、魏华担任主编，谢镭、高华国、鲁丽华担任副主编。参加编写的人员有：王海军（第 1、3、8 章）、魏华（第 2 章）、鲁丽华（第 4 章）、高华国、高振星（第 5、6 章）、谢镭（第 7 章）、刘小敏（第 9 章）、李兴权（附录）。全书由王海军修改定稿。

　　在本书编写过程中，参考了国内同行的论文资料、各类教材和著作，在此向各位作者表示衷心感谢。同时，也感谢辽宁省教育科学"十二五"规划立项课题——混凝土结构课程中强化实践和创新能力培养的对策研究与实践（JG15DB316）对本书所给予的支持。

　　由于编者水平有限，书中不妥之处，敬请读者批评指正。

编　者

二维码视频清单

名　称	图　形	名　称	图　形	名　称	图　形
框架的建设		混凝土应力-应变曲线		适筋梁正截面受弯三个受力阶段	
素混凝土梁		混凝土的徐变		梁正截面受弯的三种破坏形态	
课程学习注意事项		低碳钢标准拉伸试验		基本原理	
钢筋混凝土的发明		钢筋的黏结		等效应力图	
立方体抗压强度		钢筋与混凝土的黏结		最小配筋率	
轴心抗压强度		黏结强度的测定		正截面承载力计算原理	
轴心抗拉强度		梁的配筋		双筋矩形截面受弯构件的正截面承载力计算	
混凝土劈裂试验		适筋梁的受弯		双筋矩形截面的简化	

（续）

名　称	图　形	名　称	图　形	名　称	图　形
两类 T 形截面的区别		裂缝宽度的形成理论		偏心受压构件正截面承载力的计算原理	
箍筋和弯起钢筋		平均曲率		M_u-N_u 曲线	
无腹筋梁的斜截面受剪的三种破坏		最小刚度原则		对称配筋时 M_u-N_u 曲线	
有腹筋梁受剪试验		柱的箍筋		偏心受拉构件	
剪跨比对有腹筋梁的影响		螺旋箍筋柱		圆形混凝土的扭转	
带拉杆的梳形拱模型		大小偏心破坏的形态		矩形素混凝土受扭破坏过程	
斜截面受剪承载力的组成		大偏心受压破坏		矩形截面的抗扭承载力	
裂缝的出现分布和开展		小偏心受压破坏		弯剪扭构件的计算原理	
平均裂缝间距		偏心受压长柱的二阶弯矩		先张法施工工序	

（续）

名　　称	图　形	名　　称	图　形	名　　称	图　形
有黏结预应力梁板的施工		预应力损失		耐久性原理	
后张法构件施工工序		先张法预应力混凝土受弯构件各阶段的应力分析		耐久性设计	
无黏结预应力梁板的施工		混凝土的疲劳性能			

目 录

第1章

绪　　论

【学习目标】
1. 熟悉混凝土结构的基本概念、组成原理和基本特点。
2. 了解混凝土结构的应用及发展。
3. 了解混凝土结构基本原理的主要内容及其在结构设计中的地位与作用。
4. 了解课程的主要特点及其学习中应注意的主要问题。
5. 熟悉混凝土结构在我国的发展和成就，体悟精益求精的工匠精神，增强民族自豪感和自信心，激发学习兴趣和专业情怀。

框架的建设

　　混凝土结构是以混凝土为主要材料制成的结构，包括素混凝土结构、钢筋混凝土结构和预应力混凝土结构等。素混凝土结构是指由无筋或不配置受力钢筋的混凝土制成的结构，这种材料抗压强度较高，抗拉强度却很低，故一般在以受压为主的结构构件中采用，如柱墩、基础、墙等构件；钢筋混凝土结构是指由配置受力的普通钢筋、钢筋网或钢筋骨架的混凝土制成的结构，广泛应用于建筑、桥梁、隧道、矿井及水利、海港等工程；预应力混凝土结构是指由配置受力的预应力筋通过张拉或其他方法建立预加应力的混凝土制成的结构，主要应用于对抗裂和刚度要求高、大跨的结构中，如桥梁、水利、海洋及港口工程等。工程中应用最广泛的是钢筋混凝土结构和预应力混凝土结构。

1.1　混凝土结构的基本特点

1.1.1　共同工作原理

素混凝土梁

　　钢筋和混凝土是钢筋混凝土结构的基本材料。钢筋的抗拉和抗压强度都很高，破坏时表现出良好的变形能力。混凝土的抗压强度高而抗拉强度很低，一般抗拉强度只有抗压强度的 $1/17\sim1/8$，受拉破坏前无预兆，具有明显的脆性性质。钢筋混凝土结构是将钢筋和混凝土这两种材料按照合理的方式组合，让钢筋主要承受拉力、混凝土主要承受压力，二者共同工作，充分发挥其材料特性，以满足工程结构的使用要求。

　　钢筋和混凝土这两种物理力学性能不同的材料，能够有效地结合在一起共同工作，其主要原因是：

　　1）钢筋与混凝土之间产生了良好的黏结力，能牢固地形成整体，保证在荷载作用下，钢筋和外围混凝土能够协调变形，共同受力。

2）钢筋与混凝土的线膨胀系数接近。钢筋的线膨胀系数为 $1.2×10^{-5}/℃$，混凝土的线膨胀系数为 $(1.0~1.5)×10^{-5}/℃$，当温度变化时，两者之间不会产生较大的相对变形而导致它们之间的黏结力破坏。

3）钢筋外边有一定厚度的混凝土保护层，可以防止钢筋锈蚀，从而保证了钢筋混凝土结构的耐久性。

1.1.2　混凝土结构的主要优缺点

与其他结构相比，混凝土结构主要有如下优点：

（1）合理用材　能充分合理地利用钢筋（高抗拉强度）和混凝土（高抗压强度）两种材料的受力性能，结构的承载力与其刚度比例合适，基本无局部稳定问题。单位应力价格低，对于一般工程结构，经济指标优于钢结构。

（2）整体性好　现浇配筋混凝土结构的整体性好，可获得较好的延性，有利于抗震、防爆；防辐射性能好，适用于防护结构；刚度大、阻尼大，有利于结构的变形控制。

（3）耐久性好，维护费用低　在一般环境下，钢筋受到混凝土保护而不易发生锈蚀，混凝土的强度随着时间的增长还有所提高，因而提高了结构的耐久性。对处于侵蚀性气体或受海水浸泡的钢筋混凝土结构，经过合理的设计及采取特殊的防护措施，一般也可以满足工程需要。

（4）可模性好　混凝土可根据设计需要支模浇筑成各种形状和尺寸的结构，适用于建造形状复杂的结构及空间薄壁结构，这一特点是砌体、钢、木等结构所不具备的。

（5）耐火性好　混凝土是不良热导体，遭受火灾时，30mm 厚混凝土保护层可耐火 2h，使钢筋不至于很快升温到失去承载力的程度，这是钢、木结构所不能比拟的。

（6）易于就地取材　混凝土所用的大量砂、石，产地普遍，易于就地取材。另外，混凝土可有效利用矿渣、粉煤灰等工业废料，变废为宝，节约资源。

混凝土结构也存在一些缺点，主要有：

（1）自重大　钢筋混凝土的重度约为 $25kN/m^3$，比砌体和木材的都大。尽管钢筋混凝土的重度比钢材的小，但钢筋混凝土结构的截面尺寸较大，因而其自重远远超过相同宽度或高度的钢结构，这对于建造大跨度结构和高层建筑结构是不利的。因此需要研究和开发轻质混凝土、高强混凝土和预应力混凝土。

（2）抗裂性差　由于混凝土的抗拉强度较低，在正常使用时钢筋混凝土结构往往是带裂缝工作的，裂缝存在会降低抗渗和抗冻能力，影响使用性能。在工作条件较差的环境，如露天、沿海、化学侵蚀，会导致钢筋锈蚀，影响结构物的耐久性。

（3）施工比较复杂，工序多　需要支模、绑钢筋、浇筑、养护、拆模等工序，工期长，施工受季节、天气的影响较大。现浇钢筋混凝土使用模板多，模板材料耗费量大。

（4）新老混凝土不易形成整体　混凝土结构一旦破坏，修补和加固比较困难。

1.2　混凝土结构的发展简况

混凝土结构从 19 世纪中叶开始应用以来，距今已经有 150 多年。1824 年英国人约瑟夫·阿斯普丁（Joseph Aspdin）调配石灰岩和黏土，烧制成了波特兰水泥，并取得专利，成为水泥工业的开端。但混凝土的抗拉强度很低，限制了混凝土的应用，直到 1849 年法国技师兰伯特（Louis Lambot）将钢丝网设置于混凝土中制成了小船，并于第二年在巴黎博览会上展出，这是最早的混凝土制品。1861 年法国花匠约瑟夫·莫尼埃（Joseph Monier）用钢丝配筋制成花盆并取得专利权，于 1867 年取得了用格子状配筋制作桥面板的专利，后又申请了钢筋混凝土梁、板、管、拱桥等专利，他被认为是钢筋混凝土结构的发明者。1866 年，德国学者 Wayss、Bauschingger 和 Koenen 等发表了相应的计算理论和计算方法，1887 年 Koenen 发表了试验结果，提出了用混凝土承担压力和用钢筋承担拉力的概念，德国的 J. Baushinger 确认了混凝土中的钢筋不受锈蚀等问题。之后，钢筋混凝土的推广应用有了较快的发展。1872 年纽约建造了第一所钢筋混凝土房屋。1892 年法国的 Hennebique 阐述了箍筋对抗剪的有效作用，并于 1898 年提出了 T 形梁的方案。Conigne 对混凝土柱进行研究，取得了混凝土柱的专利，Considere 根据实验于 1902 年取得了螺旋钢筋柱的专利。1928 年，法国学者尤金·弗雷赛纳特（Eugene Freyssinet）发明了预应力混凝土结构；1954 年美籍华人林同炎提出了预应力混凝土设计三大基础理论之一的"荷载平衡法"（图 1-1）。

图 1-1 约瑟夫·阿斯普丁、约瑟夫·莫尼埃、尤金·弗雷赛纳特、林同炎

总而言之，与砖石结构、木结构和钢结构相比，混凝土结构的历史并不长。19 世纪末以来，随着生产的发展，试验工作的开展、计算理论的研究、材料及施工技术的改进，这一结构得到了迅速发展，目前已成为世界各国现代土木工程建设中占主导地位的结构。为了克服混凝土结构的缺点，发挥其优势，以适应社会建设不断发展的需要，对混凝土结构的材料制造与施工技术、结构形式、结构设计计算理论等方面的研究也在不断发展。

1.2.1 材料与施工技术方面的发展

1. 混凝土材料

具有高强度、高工作性和高耐久性的高性能混凝土是混凝土的主要发展方向之一。随着水泥工业的发展，混凝土的质量不断改进、强度逐步提高。例如：美国 20 世纪 60 年代使用的混凝土抗压强度平均为 $28N/mm^2$，70 年代提高到 $42N/mm^2$，目前立方体抗压强度为 $50\sim80N/mm^2$、坍落度为 $12\sim16cm$ 的高性能混凝土已在工程中广泛应用，立方体抗压强度为 $100\sim200N/mm^2$ 的超高强混凝土也得到了实际工程应用；而实验室做出的抗压强度最高已达 $266N/mm^2$，采用活性细粉配制的混凝土立方体抗压强度可达 $200\sim800N/mm^2$，抗拉强度可达 $25\sim150N/mm^2$。商品混凝土的发展保证了混凝土质量，减少了环境污染，对提高和推广高性能混凝土起到了推动作用。

轻集（骨）料混凝土是利用天然轻集料（如浮石、凝灰石等）、工业废料轻集料（如炉渣、粉煤灰陶粒、自燃煤矸石等）、人造轻集料（如页岩陶粒、黏土陶粒、膨胀珍珠岩等）制成，可以大大减轻结构自重（重度仅为 $14 \sim 18 \mathrm{kN/m^3}$、自重减少 $20\% \sim 30\%$）、相对强度高，同时具有优良的保温、耐火和抗冻性能。天然轻集料及工业废料轻集料还具有节约能源、减少堆积废料占用土地、减少厂区或城市污染、保护环境等优点。承重的人造轻集料混凝土，由于其弹性模量低于同等级的普通混凝土，吸收冲击能量快，能有效减小地震作用，节约材料、降低造价。

再生集料混凝土的研究和利用是解决城市改造与拆除重建建筑废料、减少环境建筑垃圾、变废为宝的途径之一。将拆除建筑物的废料（如混凝土、砖块）经破碎后得到的再生粗集料，清洗以后可以代替全部或部分石子配制混凝土，其强度、变形性能视再生粗集料代替石子的比率而有所不同。

具有自身诊断、自身控制、自身修复等功能的机敏型高性能混凝土，得到越来越多的研究和重视。如自密实混凝土，无须机械振捣，而是依靠自身的重力达到密实，具有高工作性、质量均匀、耐久，钢筋布置较密或构件体型复杂时也易于浇筑，施工速度快，使无噪声混凝土施工成为现实，从而实现了文明施工。

此外，碾压混凝土适用于大体积混凝土结构（如水工大坝、大型基础）、公路路面与厂房地面等，其浇筑过程采用先进的机械化施工，浇筑工期可大为缩短，并能节约大量材料。纤维混凝土是在混凝土中掺加纤维来改善混凝土的抗拉性能差、延性差等缺点。目前研究较多的有钢纤维混凝土、耐碱玻璃纤维混凝土、碳纤维混凝土、芳纶纤维混凝土、聚丙烯纤维混凝土或尼龙合成纤维混凝土等。各种特殊性能混凝土，如聚合物混凝土、耐腐蚀混凝土、微膨胀混凝土和水下不分散混凝土等的应用，可提高混凝土的抗裂性、耐磨性、抗渗和抗冻能力等，对混凝土的耐久性十分有利。

2. 配筋材料

钢筋的发展方向是高强、防腐、较好的延性和良好的黏结锚固性能。我国用于普通混凝土结构的钢筋强度已达 $600 \mathrm{N/mm^2}$，预应力构件中已采用强度为 $1960 \mathrm{N/mm^2}$ 的钢绞线。为了提高钢筋的防腐性能，带有环氧树脂涂层的热轧钢筋和钢绞线已开始在某些有特殊防腐要求的工程中应用。

在钢筋的连接成型方面，正在大力发展各种钢筋成型机械及绑扎机具，以减少大量的手工操作。除了常用的绑扎搭接、焊接连接方式外，套筒连接方式得到越来越多的推广应用。

3. 模板材料

模板材料除了目前使用的木模板、钢模板、竹模板、硬塑料模板外，今后将向多功能方向发展。薄片、美观、廉价又能与混凝土牢固结合的永久性模板，可以作为结构的一部分参与受力，还可省去装修工序。透水模板的使用，可以滤去混凝土中多余的水分，大大提高混凝土的密实性和耐久性。

1.2.2 结构形式方面的发展

混凝土结构在土木工程各个领域得到了广泛的应用，目前混凝土结构的跨度和高度都在不断地增大。在已建成的城市建筑中（图 1-2），哈利法塔总高 828m，地上 162 层和地下 3

层，采用束筒结构，$-30\sim601\mathrm{m}$ 高度为钢筋混凝土剪力墙结构，共使用 33 万 m^3 混凝土、6.5 万 t 高强钢筋，创造了把混凝土垂直泵上 606m 的纪录；我国上海金茂大厦、上海环球金融中心和上海中心大厦也都是极具创新的设计与施工杰作，有人称它们分别象征着中国的过去、现在和未来。

图 1-2 哈利法塔与上海中心大厦

在桥梁工程中（图 1-3），武汉长江二桥是一座主跨 400m 双塔双索面自锚式悬浮体系的预应力混凝土斜拉桥，桥式组成以跨径 5m+180m+400m+180m+5m 双塔双索面的预应力混凝土斜拉桥为主桥，两侧布置跨径 125m+130m+83m 预应力混凝土连续刚构，在北岸边滩地布置跨径 7×60m 预应力混凝土连续箱梁，斜拉桥部分桥面宽 29.4m，其他部分为 26.4m，车行道宽均为 23m（六车道）。武汉长江二桥大跨度预应力混凝土斜拉桥建造技术获 1997 年度国家科技进步奖一等奖。北盘江特大桥为上承式劲性骨架钢筋混凝土拱桥，全长 721.25m，其中主桥跨度 445m，建成时实现了"五大突破"，即钢筋混凝土拱桥最大跨径、高速铁路桥最大跨度、大跨度桥梁无砟轨道铺设技术、大跨度混凝土拱桥工法和大跨度桥梁刚度控制工艺。港珠澳大桥全长 55km，以 Y 字形连接香港、珠海和澳门，是世界上里程最长、沉管隧道最长、寿命最长、施工难度最大、技术含量最高、科学专利和投资金额最多的跨海大桥，创造了多项世界纪录。沉管隧道作为整个工程的核心，采用了中国自主研制的半刚性结构沉管隧道，具有低水化热低收缩的沉管施工混凝土配合比，提高了混凝土的抗裂性能，从而使沉管混凝土不出现裂缝，并满足隧道 120 年内不漏水要求。习近平强调，港珠澳大桥的建设创下多项世界之最，非常了不起，体现了一个国家逢山开路、遇水架桥的奋斗精神，体现了我国综合国力、自主创新能力，体现了勇创世界一流的民族志气。这是一座圆梦桥、同心桥、自信桥、复兴桥。大桥建成通车，进一步坚定了我们对中国特色社会主义的道路自信、理论自信、制度自信、文化自信，充分说明社会主义是干出来的，新时代也是干出来的！

图 1-3 武汉长江二桥和北盘江特大桥

在水利工程中（图1-4），世界上最高的混凝土拱坝——锦屏一级水电站大坝，属于混凝土双曲拱坝，高305m；排名第二的是澜沧江上高292m的小湾水坝；排名第三的是高285m的瑞士大迪克桑斯坝，是世界最高的混凝土重力坝。三峡大坝是世界上规模最大的钢筋混凝土大坝，混凝土浇筑总量1610万m^3。

图1-4　锦屏一级水电站大坝、大迪克桑斯坝和三峡大坝

预应力混凝土结构抗裂性能好、可充分利用高强度材料，结合传统预应力工艺和实际结构特点，发展了以增强后张预应力孔道灌浆密实性为目的的真空辅助灌浆技术、以减小张拉力减轻张拉设备为目的的横张预应力技术、以实现筒形断面结构环向预应力为目的的环形后张预应力技术、以减小结构建筑高度为目的的预拉预压双预应力技术等。在高耸结构与特种结构中（图1-5），世界上最高的预应力混凝土电视塔为加拿大多伦多电视塔，总高553.33m，塔身高446m，采用后张拉预应力混凝土结构。上海东方明珠电视塔总高468m，采用带斜撑巨型空间多筒体框架部分预应力混凝土结构，0~286m为三筒体预应力混凝土巨型空间框架，286~350m为锥形单筒体预应力混凝土结构，下球为直径50m的预应力混凝土壳体。广州塔总高600m，其中内核心筒高454m，由钢筋混凝土内核心筒及钢管混凝土结构外框筒及连接两者之间的组合楼层组成，平台层次梁采用了无黏结预应力混凝土梁。某些有特殊要求的结构，如核电站安全壳和压力容器、海上采油平台、大型蓄水池、贮气罐及贮油罐等结构，抗裂及耐腐蚀能力要求较高，更适合采用预应力混凝土结构。将预应力筋（索）布置在混凝土结构体外的预应力技术，因大幅度减小预应力损失，简化结构截面形状和减小截面尺寸，便于再次张拉、锚固、更换或增添新索，已在桥梁工程的修建、补强加固及其他建筑结构的补强加固中得到应用。

图1-5　多伦多电视塔、东方明珠电视塔和广州塔

近年来，钢-混凝土组合结构得到迅速发展应用，如钢板混凝土用于地下结构和混凝土结构加固、压型钢板-混凝土板用于楼板、型钢与混凝土组合而成的组合梁用于楼盖和桥梁、外包钢混凝土柱用于电站主厂房等。以型钢或以型钢和钢筋焊成的骨架做筋材的钢骨混凝土结构，由于其筋材刚度大，施工时可用其来支撑模板和混凝土自重，可以简化支模工作。在房屋建筑工程中，世界上最高的钢-混凝土组合结构高层建筑——马来西亚吉隆坡的双塔大厦，为钢骨混凝土结构，高450m。在钢管内浇筑混凝土形成的钢管混凝土结构，由于管内混凝土在纵向压力作用下处于三向受压状态并起到抑制钢管的局部失稳，因而使构件的承载力和变形能力大大提高；由于钢管即混凝土的模板，施工速度较快，因此，在高层建筑结构的底层和拱桥等工程中得到了推广应用。这些高性能新型组合结构具有充分利用材料强度、较好的变形能力、施工较简单等特点，从而大大拓宽了钢筋混凝土结构的应用范围。

1.2.3 设计计算理论方面的发展

混凝土结构的设计理论从把材料看作弹性体的容许应力理论，到考虑材料塑性的极限强度理论，再到按极限状态设计的理论体系。目前在工程结构设计规范中已采用基于概率论和数理统计分析的可靠度理论。

作为反映我国混凝土结构学科水平的混凝土结构设计规范，也随着工程建设经验的积累、科研工作的成果和世界范围技术的进步不断改进。1952年东北地区首先颁布了《建筑物结构设计暂行标准》；1955年制定的《钢筋混凝土结构设计暂行规范》（结规6—55），采用了苏联规范中的按破坏阶段设计法；1966年颁布了我国第一本《钢筋混凝土结构设计规范》（BJG 21—66），采用了当时较为先进的以多系数表达的极限状态设计法；1974年编制了采用单一安全系数表达的极限状态设计法的《钢筋混凝土结构设计规范》（TJ10—74）。规范（BJG 21—66）和（TJ 10—74）的颁布标志着我国钢筋混凝土结构设计规范步入了从无到有、由低向高发展的阶段。为了解决各类材料的建筑结构可靠度设计方法的合理和统一问题，1984年颁布的《建筑结构设计统一标准》（GB J68—84）规定我国各种建筑结构设计规范均统一采用以概率理论为基础的极限状态设计方法，其特点是以结构功能的失效概率作为结构可靠度的量度，由定值的极限状态概念转变到非定值的极限状态概念上，从而把我国结构可靠度设计方法提高到当时的国际水平，对提高结构设计的合理性具有深刻意义。为配合（GB J68—84）的执行，1989年颁布的《混凝土结构设计规范》（GB J10—89）使我国混凝土结构设计规范提高到了一个新的水平。1997年起，我国对工程建设标准进行了全面修订，并先后颁布了《建筑结构可靠度设计统一标准》（GB 50068—2001）及《混凝土结构设计规范》（GB 50010—2002）等。2010年颁布了《混凝土结构设计规范》（GB 50010—2010）和《高层建筑混凝土结构技术规程》（JGJ 3—2010），2021年颁布了《混凝土结构通用规范》（GB 55008—2021，简称《通用规范》），具有强制约束力。新标准的颁布，将推动新材料、新工艺、新结构的应用，使混凝土结构不断地发展，达到新的水平。

1.3 本课程的任务和特点

本课程是土木工程专业重要的专业基础理论课程。学习本课程的主要目的和任务是：掌握钢筋混凝土及预应力混凝土结构构件设计计算的基本

课程学习注意事项

理论和构造知识，为学习有关专业课程和顺利地从事混凝土建筑物的结构设计和研究奠定基础。

学习本课程时需要注意以下特点：

1. 本课程是研究钢筋混凝土材料的力学理论课程

钢筋混凝土是由钢筋和混凝土两种力学性能不同的材料组成的复合材料，钢筋混凝土的力学特性及强度理论较为复杂，难以用力学模型和数学模型来严谨地推导建立，因此，目前钢筋混凝土结构的计算公式常常是经大量试验研究结合理论分析建立起来的半理论半经验公式。学习时应注意每一理论的适用范围和条件，而且能在实际工程设计中正确运用这些理论和公式。这就使得本课程与研究单一弹性材料的"材料力学"课程有很大的不同，在学习时应注意它们之间的异同点，体会并灵活运用"材料力学"课程中分析问题的基本原理和基本思路，即由材料的物理关系、变形的几何关系和受力的平衡关系建立的理论分析方法，这对学好本课程是十分有益的。

2. 钢筋和混凝土两种材料的力学性能及两种材料间的相互作用

结构构件的基本受力性能主要取决于钢筋和混凝土两种材料的力学性能及两种材料间的相互作用，因此掌握这两种材料的力学性能和它们之间的相互作用至关重要。同时，两种材料在数量上和强度上的比例关系，会引起结构构件受力性能的改变，当两者的比例关系超过一定界限时，受力性能会有显著的差别，这也是钢筋混凝土结构的特点，几乎所有受力形态都有钢筋和混凝土的比例界限，在课程学习过程中应予以重视。

3. 配筋及其构造知识和构造规定具有重要地位

在不同的结构和构件中，钢筋的位置及形式各不相同，钢筋和混凝土不是任意结合的，而是根据结构和构件的形式和受力特点，主要在其受拉部位（有时也在受压部位）布置。构造是结构设计不可缺少的内容，与计算是同样重要的，有时甚至是计算方法是否成立的前提条件。因此，要充分重视对构造知识的学习。在学习过程中不必死记硬背构造的具体规定，但应注意弄懂其中的道理，通过平时的作业和课程设计逐步掌握。

4. 学会运用设计规范至关重要

为了贯彻国家的技术经济政策，保证设计质量，达到设计方法上必要的统一化、标准化，国家各部委制定了适用于各工程领域的混凝土结构设计规范，对混凝土结构构件的设计方法和构造细节都做了具体规定。规范反映了国内外混凝土结构的研究成果和工程经验，是理论与实践的高度总结，体现了该学科在一个时期的技术水平。对于规范特别是其规定的强制性条文，设计人员一定要遵循，并能熟练应用。因此，要注意在本课程的学习中，有关基本理论的应用最终都要落实到规范的具体规定中。由于土木工程建设领域广泛，不同领域的混凝土结构设计有不同的设计规范（或规程），因此，本课程注重与各规范相通的混凝土结构的基本理论，涉及的具体设计方法以国家标准为主线，主要有 GB 50010—2010《混凝土结构设计规范》（2015 年版）（简称《规范》）、GB 55008—2021《混凝土结构通用规范》和 GB 55001—2021《工程结构通用规范》。

由于科学技术水平和生产实践经验是在不断发展的，设计规范也必然要不断进行修订和补充。因此，要用发展的眼光来看待设计规范，在学习和掌握钢筋混凝土结构理论和设计方法的同时，要善于观察和分析，不断进行探索和创新。由于设计工作是一项创造性工作，在遇到超出规范规定范围的工程技术问题时，不应被规范束缚，而需要充分发挥主动性和创造性，经过试验研究和理论分析等可靠性论证后，积极采用先进的理论和技术。

5. 学习本课程的目的是能够进行混凝土结构的设计

结构设计是一个综合性的任务，包含了结构方案设计、材料选择、截面形式选择、配筋计算和构造设计等，需要考虑安全、适用、经济和施工的可行性等各方面的因素。同一构件在给定荷载作用下，可以有不同的截面，需经过分析比较，才能做出合理的选择。因此，要搞好工程结构设计，除了形式、尺寸、配筋数量等多种选择，往往需要结合具体情况进行适用性、材料用量、造价、施工等项指标的综合分析，以获得良好的技术经济效益。

本课程蕴藏着极为丰富的课程思政元素，可以增强学习者为学、为事、为人的软实力。例如：①科学思维和创新意识，知识创新过程体现着问题发现、问题分析和问题解决的方案和思维方法，渗透着方法论与创新观，可以培养科学思维方法与创新意识；②工程伦理和责任担当意识，通过相关规范及标准的学习与实践，强化遵纪守法的职业品格，结合典型工程案例、创业案例、事故反思及设计练习，强化工程伦理和责任担当；③工匠精神和科技报国情怀，深挖大师巨匠辉煌成就背后的理想信念情操，弘扬大国工匠精神，鉴赏中国于混凝土结构的建设成就和标志性超级工程，树立远大的职业理想，激发科技报国情怀。

1.4 拓展阅读

门外汉发明了钢筋混凝土结构

钢筋混凝土的问世，引起了建筑材料的一场革命。然而，令人惊奇的是，发明钢筋混凝土的既不是建筑业的科学家，也不是著名的工程师，而是一个和建筑不搭界的园艺师。他就是法国的约瑟夫·莫尼埃。

约瑟夫·莫尼埃（1823—1906）是19世纪中期法国巴黎的一位普通园艺师。他管理花园时，常为花盆的脆弱所困扰。那时的花盆都是由一些普通的泥土和陶土烧制而成的瓦盆，不坚固，一碰就破。莫尼埃去咨询其他花匠朋友，可他们也都面临着同样的困扰；去找专门制作盆罐的工人，也没什么好办法。

莫尼埃决定自己想办法改进花盆。那时水泥开始作为建筑材料使用，用水泥加砂子制成混凝土。混凝土有良好的黏结性，变硬固化后又具有很高的强度。这引起了莫尼埃的注意，于是他便用水泥加上砂子制造了混凝土花盆。混凝土花盆果然非常坚固，尤其是不怕压。但混凝土花盆和瓦盆一样也有缺点，就是经不起拉伸和冲击，有时，对花木进行松土和施肥都会导致花盆破碎。

1865年，在一个花盆摔碎时，他发现虽然花盆被摔得七零八落，但花盆里的土壤却抱成一团，仍然保持着原状，好像比水泥还要结实。莫尼埃仔细观察，原来是植物的根系在土壤里互相交叉、盘根错节，形成一种网状结构，使松散的土壤裹成坚实的一团。莫尼埃得到了启示，他打算仿照植物的根系，制作新的花盆。他先用细小的钢筋编成花盆的形状，然后在钢筋里外两面都涂抹上水泥砂浆，干燥后，花盆果然既不怕拉伸也能经受冲击。

莫尼埃发明的钢筋混凝土花盆在巴黎的园艺界得到快速推广。莫尼埃于1867年获得专利权（图1-6）。

  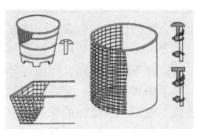

钢筋混凝土的发明

图 1-6　钢筋混凝土花盆的发明

　　莫尼埃的发明并没有局限在花圃里，而是逐渐运用到了土木工程中。有一天，巴黎一位著名的建筑师到莫尼埃的花圃里看花。他看到了莫尼埃用钢筋混凝土制作的花盆，大为惊讶。他鼓励莫尼埃把这项技术运用到工程上，并为他牵线搭桥。莫尼埃开始应用这项技术制作台阶、铁路的枕木、预制板，并逐渐得到一些设计师的支持和社会的承认。

　　1867 年，在巴黎的世博会上，莫尼埃展出了钢筋混凝土制作的花盆、枕木。同时展出的还有法国人兰特姆用钢筋混凝土制造的小瓶、小船。一些建筑商在世博会上亲眼看见了钢筋混凝土的优点：既能承受压力，又能承受张力，造价还便宜。钢筋混凝土引起了他们广泛的兴趣。

　　1875 年，在设计师的帮助下，莫尼埃主持建造了世界上第一座钢筋混凝土桥（图 1-7）。这座桥长 16m、宽 4m，是座人行的拱式体系桥。当时，人们还不明白钢筋在混凝土中的作用和钢筋混凝土受力后的物理力学性能，因此，桥梁的钢筋配置全是按照体型构造进行，在拱式构件的截面中和轴上也配置了钢筋。

图 1-7　约瑟夫·莫尼埃主持建造的首座钢筋混凝土桥

　　1884 年，德国一家建筑公司购买了莫尼埃的专利，并对钢筋混凝土进行了一系列科学试验。一位叫怀特的土木建筑工程师研究了它的耐火性能、强度，混凝土和钢筋之间的黏结力等，并在此基础上研究出了制造钢筋混凝土的最佳方法。从此，钢筋混凝土这种复合材料就成为土木建筑工程中的主角之一。

"砼"字的来历

"砼"读做"tóng"，与"混凝土"同义。"混凝土"有三十笔画，写起来费力又费时。1953年，蔡方荫在授课时，发现学生的课堂笔记里凡是出现"混凝土"的地方基本都空着；去建筑工地考察时，发现施工员写"混凝土"时不仅费时，还经常出错。因此，他萌生了简化"混凝土"的想法。于是，蔡方荫就大胆地用"人工石"三字代替"混凝土"。后来将"人工石"进一步简化成了"砼"，而"砼"字才十笔，可省下二十笔，大大加快了笔记速度，在大学生中得到推广。

"砼"字的创造基于多方考量，巧妙而科学：从构形上说，把"砼"字拆成三个字，就成为"人、工、石"，表示混凝土是人工合成的石头；如把它拆成两个字，是"仝石"，而"仝"是"同"的异体字，"仝石"可以理解为，混凝土与天然石料的主要性能大致相同。从读音上讲，"砼"的读音tóng，正好与法文"BE-TON"，德文"Be-ton"，俄文"BE-TOH"混凝土一词的发音基本相同，更有利于建设领域的国际学术交流。

1955年7月，中国科学院编译出版委员会"名词室"审定颁布的《结构工程名词》一书中，明确推荐"砼"与"混凝土"一词并用。1985年6月，中国文字改革委员会正式批准"砼"与"混凝土"同义、并用的法定地位，成为我国的"工程专用字"。从此，"砼"被广泛采用于各类建筑工程的书刊中。

小 结

绪论是课程学习的纲要，主要内容是对该课程进行综合性的概括和介绍，使读者对本课程有一个总体的认识。其篇幅虽然不长，但包含了本课程的核心思想，对后续的学习很有帮助。绪论中的概念往往非常重要，需要在后续章节的学习中特别注意对这些概念的学习与理解。要特别注意把握"混"的特点与实质，需要从材料及其力学性能、材料组合、构件受力特点及构造等多方面理解混凝土结构的"混"，才能做到深刻理解和掌握混凝土结构的基本原理。为提高专业素养，需了解钢筋混凝土结构的发展史、应用及进展。

【讨论】如何解决素混凝土构件承载力小的问题？提示：从麦秸泥、弓的组成原理作为启发，可提出复合结构、纤维混凝土、钢筋混凝土（图1-8）等不同思路。

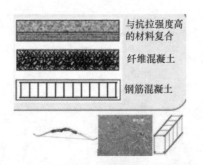

图1-8 复合结构、纤维混凝土、钢筋混凝土

思 考 题

1. 什么是混凝土结构？试列举出常见的混凝土结构。
2. 在素混凝土结构中配置一定形式和数量的受力钢筋以后，结构的性能会发生怎样的变化？
3. 钢筋和混凝土两种材料为什么能结合在一起工作？
4. 钢筋混凝土结构有哪些优缺点？
5. 请查找资料，举例说明混凝土结构的发展趋势。
6. 请归纳本课程的任务与内容。

第2章
混凝土结构材料的物理力学性能

【学习目标】

1. 熟悉混凝土的强度和变形性能，了解各种性能的影响因素，掌握混凝土的选用原则。

2. 熟悉钢筋的品种、级别及其力学性能，掌握钢筋的选用原则。

3. 了解混凝土与钢筋的黏结与锚固机理，熟悉保证混凝土与钢筋协同工作的构造措施。

4. 了解混凝土和钢筋的材料强度试验的仪器、方法、现象和结果处理。

5. 熟悉混凝土材料的创新和创业前沿，强化工程伦理，培养科学精神和创新创业意识，激发科技报国情怀。

钢筋混凝土结构由钢筋和混凝土两种材料制作而成，材料的物理力学性能直接影响结构及构件的力学性能。对混凝土和钢筋的物理力学性能及共同工作特性的把握，是学习混凝土结构计算理论和设计方法的基础。

2.1 混凝土的物理力学性能

2.1.1 混凝土的组成与结构

普通混凝土是以水泥、石子、砂子和水为主要材料，根据需要加入外加剂或矿物掺合料，经搅拌、成型、养护等工艺，凝结硬化而形成的一种复合材料。混凝土的内部结构非常复杂，按尺度特征，可分为微观结构、亚微观结构和宏观结构三种基本结构层次。微观结构即水泥石结构；亚微观结构即混凝土中水泥砂浆结构；宏观结构即砂浆和粗集料两组分体系。

该组成结构理论认为：混凝土中的水泥结晶体、集料和未水化的水泥颗粒组成弹性骨架，承受外荷载并产生弹性变形，是混凝土的强度来源；水泥凝胶体中的凝胶、孔隙和界面初始微裂缝，起着调整和扩散混凝土应力的作用，使混凝土产生塑性变形；混凝土中的孔隙、界面微裂缝等初始缺陷又是混凝土受力破坏的根源。

2.1.2 混凝土的强度

虽然实际工程中的混凝土大多处于多向复合应力状态，但单向应力状态下的混凝土强度是多向应力状态下混凝土强度的基础和重要参数。

影响混凝土强度的因素很多，如水泥强度、水胶比、集料性质和级配、制作方法、硬化条件及龄期等，同时，试件的尺寸和形状、试验方法和加载速率等也会影响试验结果。因此，各国对混凝土的单向受力下的强度都规定了统一的标准试验方法。

1. 混凝土立方体抗压强度和强度等级

立方体抗压强度是衡量混凝土强度的基本指标，是评定混凝土强度等级的标准。我国《规范》规定：以边长为 150mm 的立方体试件，按标准方法制作，在（20±3）℃和相对湿度不低于 90% 的环境下养护 28d，以每秒 0.3~0.8N/mm² 的速度加载试验，并取具有 95% 保证率的强度值作为混凝土的立方体抗压强度标准值（单位为 N/mm²），以符号 $f_{cu,k}$ 表示。

根据 $f_{cu,k}$，将混凝土强度分为 C20、C25、C30、C35、C40、C45、C50、C55、C60、C65、C70、C75 和 C80 共十三个强度等级。其中，C 代表混凝土，20~80 表示立方体抗压强度的大小，单位为 N/mm²。JGJ/T 281—2012《高强混凝土应用技术规程》规定，C60 以上为高强混凝土。

《通用规范》规定：结构混凝土强度等级的选用应满足工程结构的承载力、刚度及耐久性需求。对设计工作年限为 50 年的混凝土结构，结构混凝土强度等级尚应符合下列规定：素混凝土结构构件的混凝土强度等级不应低于 C20；钢筋混凝土结构构件的混凝土强度等级不应低于 C25；预应力混凝土楼板结构的混凝土强度等级不应低于 C30，其他预应力混凝土结构构件的混凝土强度等级不应低于C40；承受重复荷载作用的钢筋混凝土结构构件，混凝土强度等级不应低于 C30；采用 500MPa 及以上等级钢筋的钢筋混凝土结构构件，混凝土强度等级不应低于 C30。另外，应根据建筑物所处的环境条件确定混凝土的最低强度等级，以保证建筑物的耐久性。

试验方法对混凝土的 $f_{cu,k}$ 值有较大影响。试件在试验机上受压时，纵向会压缩，横向会膨胀，由于混凝土与压力机垫板的弹性模量与横向变形系数不同，导致垫板的横向变形明显小于混凝土的横向变形。当试件端面不涂润滑剂时，试件端面与压板之间形成的摩擦力会约束试件的横向变形，阻滞了裂缝的发展，从而提高了试块的抗压强度值。破坏时，试件呈两个对顶的角锥体，如图 2-1a 所示。如果在承压板和试块上下端面之间涂以油脂润滑剂，则加压时摩擦力将大大减少，对试块的横向约束也就大为减小，试件沿着与作用力平行的方向产生几条裂缝而破坏，这样测得的极限抗压强度值较低，如图 2-1b 所示。《规范》规定的标准试验方法是不涂润滑剂，更符合工程实际情况。

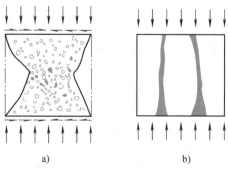

立方体抗压强度

图 2-1 混凝土立方体试块的受压破坏特征
a）不涂润滑剂 b）涂润滑剂

混凝土的 $f_{\mathrm{cu,k}}$ 值与试件的龄期及养护条件有关。在一定的温度和湿度条件下，混凝土的强度开始时增长很快，以后逐渐减慢，这个过程往往持续几年。从图 2-2 中可以看出，混凝土试件在潮湿环境下养护时其后期强度较高；而在干燥环境下养护时早期强度略高、后期强度低。

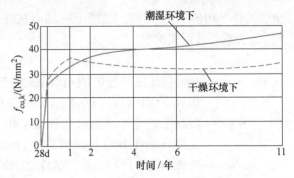

图 2-2　混凝土强度随龄期而变化

混凝土的 $f_{\mathrm{cu,k}}$ 值还与试验时的加载速度有关，加载速度快，则材料不能充分变形，内部裂缝也难以开展，测得的强度值较高。反之，若加载速度过慢，则测得的强度值较低。标准的加载速度为：混凝土强度等级低于 C30 时，取 $0.3 \sim 0.5 \mathrm{N/(mm^2 \cdot s)}$；混凝土强度等级等于或高于 C30 时，取 $0.5 \sim 0.8 \mathrm{N/(mm^2 \cdot s)}$。

试件尺寸对混凝土的 $f_{\mathrm{cu,k}}$ 值有影响，试件尺寸越小则试验测得的 $f_{\mathrm{cu,k}}$ 值越高。我国过去曾采用边长为 200mm 的立方体作为标准试件，有时也采用边长为 100mm 的立方体试件。但用这两种尺寸的试件所测得的强度与用 150mm 标准试件测得的强度相比有一定差别。为了统一试验标准，必须将非标准试件的强度乘以换算系数，成为标准试件的强度。《规范》根据大量试验数据，规定对强度等级相同、边长分别为 200mm、150mm、100mm 的立方体试件，其强度换算系数分别取 1.05、1.00、0.95。

美国、日本等都采用直径 6 英寸（约 150mm）和高度 12 英寸（约 300mm）的圆柱体作为标准试件。不同直径圆柱体的强度值也不同。对圆柱体试块尺寸 $\phi100\mathrm{mm} \times 200\mathrm{mm}$ 和 $\phi250\mathrm{mm} \times 500\mathrm{mm}$ 的强度要转换为 $\phi150\mathrm{mm} \times 300\mathrm{mm}$ 的强度时，应分别乘以尺寸效应换算系数 0.97、1.05。

试件形状对混凝土的 $f_{\mathrm{cu,k}}$ 值有影响。混凝土圆柱体强度不等于立方体强度，对普通强度等级混凝土来说，圆柱体强度取立方体强度乘以系数 0.83 或 0.85。因此，需要注意，同为 C30 等级的混凝土，其强度值不能直接取用，美国、日本的要高于中国的。

2. 混凝土轴心抗压强度

在实际工程中，钢筋混凝土受压构件高度 h 往往比其截面的宽度 b 大很多，形似棱柱体，用棱柱体试件能更好地反映混凝土的实际抗压能力。在棱柱体上所测得的强度称为混凝土的轴心抗压强度 f_{ck}，其数值小于立方体抗压强度 $f_{\mathrm{cu,k}}$。

由试验分析可知，当试件的高宽比 $h/b = 2 \sim 3$ 时，其中部既摆脱了端面摩擦力导致强度升高的影响，也避免了破坏前产生较大的附加偏心而使抗压强度降低，破坏时中部为纯受压应力状态。GB/T 50081—2019《混凝土物理力学性能试验方法标准》规定，以 150mm × 150mm×300mm 的棱柱体作为混凝土轴心抗压强度试验的标准试件，轴心抗压强度试件的制作条件与立方体试件相同。

轴心抗压强度很少直接测试，实际应用中利用 f_{ck} 与 $f_{\mathrm{cu,k}}$ 的关系通过计算确定。我国进行了大量的混凝土棱柱体与立方体抗压强度对比试验，两者之间的关系曲线如图 2-3 所示。由图可知，试验值 f_{c}^{0} 与 f_{cu}^{0} 的统计平均值大致成一条直线关系，它们的比值大致在 0.70 ～ 0.92 的范围内变化，强度大的比值大些。

考虑到实际结构构件制作、养护和受力等情况与实验室中试件的差异，《规范》基于安全取统计平均值的 0.88 倍，混凝土的轴心抗压强度标准值 f_{ck} 与其立方体抗压强度标准值 $f_{cu,k}$ 的关系可按下式确定

$$f_{ck} = 0.88\alpha_{c1}\alpha_{c2}f_{cu,k} \tag{2-1}$$

式中　α_{c1}——轴心抗压强度与立方体抗压强度之比，C50 及以下强度等级的混凝土可取 α_{c1} = 0.76，C80 取 α_{c1} = 0.82，C50 与 C80 之间按线性规律变化；

　　　α_{c2}——混凝土脆性折减系数，仅对 C40 以上混凝土考虑脆性折减系数，C40 混凝土取 α_{c2} = 1.00，C80 时取 α_{c2} = 0.87，C40 与 C80 之间按线性规律变化；

　　0.88——考虑实际构件与实验室试件之间的差异而取用的折减系数。

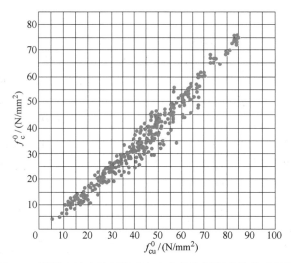

轴心抗压强度

图 2-3　混凝土轴心抗压强度与立方体抗压强度的关系曲线

　　轴心抗压强度设计值 f_c 等于轴心抗压强度标准值 f_{ck} 除以材料分项系数 γ_c = 1.40，结果修约到 0.1N/mm^2。

【例 2-1】　试计算 C40、C65 混凝土的轴心抗压强度标准值 f_{ck} 和设计值 f_c。

【解】　（1）C40 混凝土 α_{c1} = 0.76，α_{c2} = 1.0，$f_{cu,k}$ = 40N/mm²

则 $f_{ck} = 0.88\alpha_{c1}\alpha_{c2}f_{cu,k} = 0.88 \times 0.76 \times 1.0 \times 40\text{N/mm}^2 = 26.8\text{N/mm}^2$

$$f_c = \frac{f_{ck}}{1.4} = \frac{26.8\text{N/mm}^2}{1.4} = 19.1\text{N/mm}^2$$

（2）C65 混凝土

$$\alpha_{c1} = 0.76 + \frac{0.82 - 0.76}{6} \times 3 = 0.79$$

$$\alpha_{c2} = 1.0 - \frac{1.0 - 0.87}{8} \times 5 = 0.92$$

则 $f_{ck} = 0.88\alpha_{c1}\alpha_{c2}f_{cu,k} = 0.88 \times 0.79 \times 0.92 \times 65\text{N/mm}^2 = 41.6\text{N/mm}^2$

$$f_c = \frac{f_{ck}}{1.4} = \frac{41.6\text{N/mm}^2}{1.4} = 29.7\text{N/mm}^2$$

3. 混凝土轴心抗拉强度

混凝土的抗拉强度很低，与立方抗压强度之间为非线性关系，一般仅为立方抗压强度的 1/17~1/8。测定混凝土轴心抗拉强度的方法可采用直接抗拉试验法和劈裂抗拉试验方法。

轴心抗拉强度

（1）直接抗拉试验法 直接抗拉试验法是采用钢模浇筑成型的100mm×100mm×500mm 的棱柱体试件，两端预埋直径为 16mm、埋入深度为 150mm 的钢筋，钢筋置于试件的轴线上，用试验机的夹具夹住钢筋，对试件缓慢加力使其均匀受拉，破坏时裂缝产生在试件的中部或靠近钢筋埋入端的截面上，相应的平均拉应力即轴心抗拉强度 f_t，如图 2-4 所示。

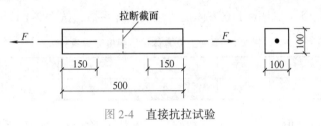

图 2-4 直接抗拉试验

直接抗拉试验法的缺点在于预埋钢筋不容易对中，混凝土质量也不均匀，因此它的几何中心和质量中心并不一致；安装试件时也很难避免有较小的歪斜和偏心。所有这些因素都会对试验结果产生较大的影响，所以直接抗拉试验法较少采用。

（2）劈裂抗拉试验方法 国内外常用劈裂抗拉试验方法测定混凝土轴心抗拉强度，如图 2-5 所示。试件一般采用立方体，也可采用圆柱体。试验时试件通过其上、下的弧形垫条及垫层施加一条线荷载（压力），则在试件中间垂直面上，除了在加力点附近很小范围内有水平压应力，试件产生了水平方向的均匀拉应力，最后试件沿中间垂直截面劈裂破坏。

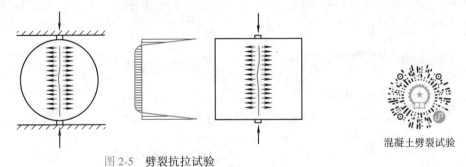

混凝土劈裂试验

图 2-5 劈裂抗拉试验

根据弹性理论分析，混凝土的劈裂抗拉强度应按式（2-2）计算，结果修约到 $0.01 \text{N}/\text{mm}^2$，混凝土的劈裂抗拉强度 f_{tS} 略大于直接抗拉强度 f_t。

$$f_{tS} = \frac{2F}{\pi d l} \tag{2-2}$$

式中 F——破坏荷载；

   d——圆柱体直径或立方体边长；

   l——圆柱体长度或立方体边长。

试验表明，劈裂抗拉试件的尺寸大小对试验结果有一定影响。标准圆柱体试件的直径 $d = 150\text{mm}$、长度 $l = 150\text{mm}$，标准立方体试件的尺寸为 $150\text{mm} \times 150\text{mm} \times 150\text{mm}$。当采用 $100\text{mm} \times 100\text{mm} \times 100\text{mm}$ 的试件时，测得的劈裂抗拉强度值应乘以尺寸换算系数 0.85。

　　实践中，很少直接测量混凝土轴心抗拉强度，一般利用轴心抗拉强度标准值 f_{tk} 与立方体抗压强度标准值 $f_{cu,k}$ 的折算关系式（2-3）计算得到，即

$$f_{tk} = 0.88\alpha_{c2} \times 0.395 f_{cu,k}^{0.55}(1 - 1.645\delta)^{0.45} \qquad (2\text{-}3)$$

式中　　$(1 - 1.645\delta)^{0.45}$——反映试验离散程度对混凝土强度标准值保证率影响的参数；

　　　　$0.395 f_{cu,k}^{0.55}$——轴心抗拉强度与立方体抗压强度之间的折算关系；

　　　　0.88 和 α_{c2}——取值参见式（2-1）；

　　　　δ——混凝土立方体抗压强度变异系数，按表 2-1 选用。

表 2-1　混凝土立方体抗压强度变异系数

$f_{cu,k}$	C20	C25	C30	C35	C40	C45	C50	C55	>C60
δ	0.18	0.16	0.14	0.13	0.12	0.12	0.11	0.11	0.10

　　轴心抗拉强度设计值 f_t 等于轴心抗拉强度标准值 f_{tk} 除以材料分项系数 $\gamma_c = 1.40$，结果修约到 0.01N/mm^2。

　　【例 2-2】　试计算 C40、C65 混凝土的轴心抗拉强度标准值 f_{tk} 和设计值 f_t。

　　【解】　（1）C40 混凝土 $\alpha_{c2} = 1.0$，$\delta = 0.12$，$f_{cu,k} = 40\text{N/mm}^2$

　　则 $f_{tk} = 0.88\alpha_{c2} \times 0.395 f_{cu,k}^{0.55}(1 - 1.645\delta)^{0.45}$

　　　　　$= 0.88 \times 1.0 \times 0.395 \times 40^{0.55} \times (1 - 1.645 \times 0.12)^{0.45}\text{N/mm}^2 = 2.39\text{N/mm}^2$

$$f_t = \frac{f_{tk}}{1.4} = \frac{2.39\text{N/mm}^2}{1.4} = 1.71\text{N/mm}^2$$

　　（2）C65 混凝土

　　$\alpha_{c2} = 1.0 - \dfrac{1.0 - 0.87}{8} \times 5 = 0.92$，$\delta = 0.10$，$f_{cu,k} = 65\text{N/mm}^2$

　　则 $f_{tk} = 0.88\alpha_{c2} \times 0.395 f_{cu,k}^{0.55}(1 - 1.645\delta)^{0.45}$

　　　　　$= 0.88 \times 0.92 \times 0.395 \times 65^{0.55} \times (1 - 1.645 \times 0.10)^{0.45}\text{N/mm}^2 = 2.93\text{N/mm}^2$

$$f_t = \frac{f_{tk}}{1.4} = \frac{2.93\text{N/mm}^2}{1.4} = 2.09\text{N/mm}^2$$

4. 在复合应力状态下混凝土的强度

　　实际混凝土结构中多数构件是处于双向或三向的复合应力状态。但是，由于混凝土材料的特性，至今还未建立起适用于各种复合应力状态下的强度理论，相关研究还多是以试验结果为依据的近似方法。

　　（1）双向受力状态下的强度　图 2-6 所示为混凝土双向受力状态下的强度包络图。以压应力为正，拉应力为负。试验时沿试件的两个互相垂直的平面上作用着法向应力 f_1 和 f_2，沿板厚方向的法向应力为零，试件处于平面应力状态。图中第三象限为双向受拉应力状态，与 f_1 和 f_2 的大小无关，即无论比值 f_1/f_2 如何，实测破坏强度基本上接近单向抗拉强度 f_t。第一

象限为双向受压情况，由于双向压应力的存在，相互
制约了试件的横向变形，因而抗压强度和极限压应变
均有所提高。混凝土的强度与比值f_1/f_2有关，由图可
见，双向受压强度比单向受压强度最多可提高27%左
右。在第二、四象限，试件在一个平面内受拉，在另
一个平面内受压，其相互作用的结果，正好加速了试
件的横向变形，因而在双向异号的受力状态下，强度
将会降低。

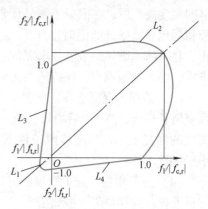

图 2-6　双向受力状态下的强度包络图

（2）在平面法向应力和剪应力共同作用下的强
度　如图 2-7 所示，在试件的单元体上，除作用有剪
应力 τ 外，还作用有法向应力 σ，在有剪应力作用
时，混凝土的抗压强度将低于单向抗压强度。所以在
钢筋混凝土结构构件中，若有剪应力的存在将影响抗压强度。

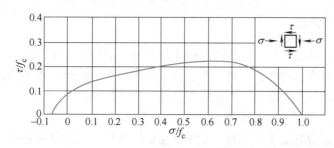

图 2-7　混凝土在平面法向应力和剪应力共同作用下的强度曲线

（3）三向应力状态下的强度　混凝土试件三向受压时，由于变形受到侧向压应力的制
约而形成约束混凝土，其抗压强度和极限压应变随另两向压应力的增加而提高。应用到工程
中，形成了螺旋箍筋柱、钢管混凝土柱等。根据间接体试件周围加侧向液压的试验结果，得
到三向受压时混凝土抗压强度的经验公式为

$$f'_{cc}=f'_c+k\sigma_2 \qquad\qquad (2\text{-}4)$$

式中　f'_{cc}——三向受压时轴心抗压强度（变形受约束试件）；

$\quad\quad f'_c$——非约束试件的轴心抗压强度（单轴抗压强度）；

$\quad\quad \sigma_2$——侧向约束压应力；

$\quad\quad k$——侧向压力效应系数，4.5～7，平均值定为5。

5. 影响混凝土强度的主要因素

（1）水泥强度与水胶比　水泥是混凝土中的活性组分，其强度大小直接影响着混凝土
强度的高低。在配合比相同的条件下，所用的水泥强度等级越高，制成的混凝土强度也越
高。当用同一品种同一强度等级的水泥时，混凝土的强度主要取决于水胶比。水胶比越小，
混凝土的强度就越高。但是，如果水胶比过小，拌合物过于干硬，在一定的施工条件下，无
法保证浇筑质量，混凝土中将出现较多的蜂窝、孔洞，强度和耐久性也将下降。

（2）养护的温度和湿度　混凝土强度的增长，是水泥水化、凝结和硬化的过程，必须
在一定的温度和湿度条件下进行。在保证足够湿度情况下，温度高，水泥凝结硬化速度快，

早期强度高。所以在混凝土制品厂常采用蒸汽养护的方法来提高构件的早期强度，以提高模板和场地周转率。低温时水泥混凝土硬化比较缓慢，当温度低至 0℃ 以下时，硬化不但停止，且有冰冻破坏的危险。水泥的水化必须在有水的条件下才能进行，因此，混凝土浇筑完毕后，必须加强养护，保持适当的温度和湿度，以保证混凝土不断地凝结硬化。

（3）龄期　混凝土在正常养护条件下，其强度随着龄期的增长而增长。最初 7~14d 内，强度增长较快，28d 以后增长较慢。但只要温湿度适宜，其强度仍随龄期增长。普通水泥制成的混凝土，在标准养护条件下，其强度的发展大致与其龄期的对数成正比（龄期不小于 3d）。

（4）施工质量　施工质量的好坏对混凝土强度有非常重要的影响。控制施工质量包括配料准确、搅拌均匀、振捣密实、养护适宜等。忽视了任何一道工序，都会导致混凝土强度降低。

（5）试验条件　试验条件对混凝土强度的测定也有直接影响，如试件尺寸、表面平整度、加载速度及温湿度等。测定时，要严格遵照试验规程的要求进行，保证试验的准确性。

2.1.3　混凝土的变形

混凝土结构的承载能力和正常使用性能不仅与材料的强度有关，还与材料的变形性能有关。混凝土的变形可分为两类：一类是由于荷载产生的受力变形，称为荷载变形；另一类是由于混凝土的收缩或温湿度变化等产生的变形，称为体积变形。

1. 一次短期加载下混凝土的变形性能

一次短期加载是指荷载从零开始单调增加至试件破坏，也称单调加载。在普通试验机上获得有下降段的应力-应变曲线是困难的。若采用能控制下降段应变速度的伺服试验机，便可测出具有真实下降段的应力-应变全曲线。图 2-8 所示为典型棱柱体混凝土受压时的应力-应变曲线，从图中可以看到，该曲线包括上升段和下降段两个部分。

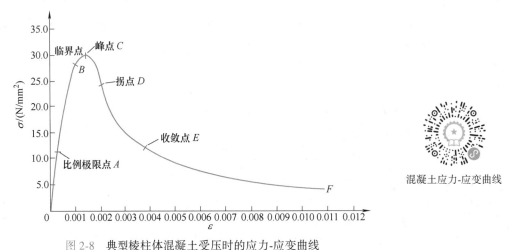

图 2-8　典型棱柱体混凝土受压时的应力-应变曲线

（1）上升段（0C）　从加载至应力为 $(0.3~0.4)f_c$ 的 A 点为第 1 阶段，即曲线上的 $0A$ 段。此时，混凝土的变形主要是集料和水泥结晶体受力产生的弹性变形，应力-应变关系接近直线，称 A 点为比例极限点。当应力超过 A 点则进入裂缝稳定扩展的第 2 阶段，至临界点

$B(0.3f_c<\sigma\leqslant0.8f_c)$，即曲线上的 AB 段。此时混凝土的非弹性性质逐渐显现，变形为弹塑性变形，临界点 B 的应力可以作为长期抗压强度的依据。

当应力超过 B 点增加至 f_c 时（$0.8f_c<\sigma\leqslant1.0f_c$）为第 3 阶段，即曲线上的 BC 段。此时，试件已进入裂缝快速发展的不稳定状态，直至峰点 C。此时的峰值应力 σ_{max} 通常作为混凝土棱柱体的轴心抗压强度 f_c，相应的应变称为峰值应变 ε_0，其值在 $0.0015\sim0.0025$ 之间波动，通常取 $\varepsilon_0=0.002$，一般作为混凝土均匀受压时设计应变的限值。

（2）下降段（CE）　当应力超过 f_c 以后，表面裂缝迅速发展，试件的承载力随应变的增加而降低，应力-应变曲线向下弯曲，直到曲线出现"拐点"D，此时试件在宏观上已完全破碎，混凝土达到极限压应变 ε_{cu}，它是混凝土非均匀受压时设计应变的限值。《规范》规定：混凝土的极限 ε_{cu} 可按 $\varepsilon_{cu}=0.0033-(f_{cu,k}-50)\times10^{-5}$ 计算，若求得 $\varepsilon_{cu}\geqslant0.0033$，则取 $\varepsilon_{cu}=0.0033$。

超过拐点后，曲线开始凸向应变轴，此段曲线中曲率最大的一点 E 称为"收敛点"。从"收敛点"E 开始以后的曲线称为收敛段，这时贯通的主裂缝已经很宽，对于无侧向约束的混凝土，收敛段 EF 已失去结构意义。

不同强度等级混凝土的 σ-ε 关系曲线具有明显差别，主要表现在下降段，如图 2-9 所示。从图中可以看出：混凝土强度等级越高，上升段曲线的斜率越大，峰值应力和应变也越大。在下降段中，混凝土强度等级越高，下降段越陡，即强度下降越快，其残余强度越低。这一现象说明，混凝土强度越高，脆性越明显，延性越差。

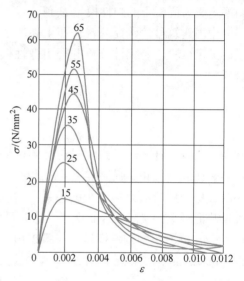

图 2-9　不同强度的混凝土的应力-应变曲线比较

混凝土受拉时的应力-应变曲线的形状与受压时相似，只是峰值应力及极限拉应变均较受压时小得多，对应的极限拉应变可取 $\varepsilon_{ct}=0.00015$。

2. 混凝土的变形模量

变形模量是反映材料应力和应变之间关系的物理量。在计算混凝土构件的截面应力、变形、由于温度变化及支座沉降产生的内力时，需要利用混凝土的变形模量。作为弹塑性材料，混凝土的应力-应变关系是非线性的，在不同的应力阶段，变形模量不是常量而是变量。混凝土的变形模量有弹性模量、割线模量和切线模量三种。

（1）混凝土的弹性模量　在图 2-10 中，自原点 O 作一切线，其斜率称为混凝土的原点弹性模量，简称弹性模量，用 E_c 表示，从图中可得

$$E_c=\tan\alpha_0 \tag{2-5}$$

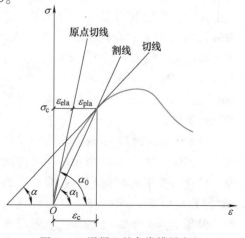

图 2-10　混凝土的各类模量定义

要准确确定 α_0 是比较困难的，目前各国对混凝土弹性模量的确定方法没有统一的标准，我国《规范》确定混凝土弹性模量的做法如下：采用 150mm×150mm×300mm 的棱柱体试件，先加载至 $0.5f_c$，然后卸载，反复进行加卸载 5~10 次。由于混凝土是弹塑性材料，每次卸载后会有残余变形，但经5~10 次反复之后，应力-应变关系曲线渐趋稳定，近似于一倾斜直线（图 2-11），且与第一次加载时的应力-应变曲线原点的切线大致平行。将此时直线的斜率定义为混凝土的弹性模量 E_c 值。

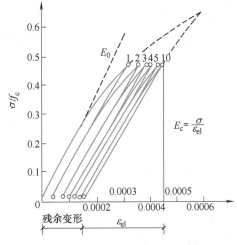

图 2-11　多次加卸载作用下混凝土的应力-应变曲线

中国建筑科学研究院曾按照上述方法进行了大量的测定试验，经统计分析并得出弹性模量的计算公式为

$$E_c = \frac{10^5}{2.2 + \frac{34.7}{f_{cu,k}}} \tag{2-6}$$

式中　E_c——计算结果修约到 $0.05 \times 10^4 \text{N/mm}^2$。

普通混凝土和高强混凝土受压的弹性模量，都可采用式（2-6）计算。当混凝土应力较小时，E_c 能反映应力与应变的关系；当应力较大时，由于混凝土的塑性发展，E_c 就不能准确反映混凝土的实际工作状况了，这时可应用割线模量和切线模量。

（2）混凝土的割线模量　在图 2-10 中，自原点 O 至曲线上任一点处作一割线，其斜率称为混凝土的割线模量，用 E_c' 表示，可表达为

$$E_c' = \tan\alpha_1 \tag{2-7}$$

由于是曲线上任意点与原点连接的割线，所以割线模量也是变化值，它与原点模量的关系如下

$$E_c' = \frac{\sigma_c}{\varepsilon_c} = \frac{\varepsilon_0}{\varepsilon_c} \cdot \frac{\sigma_c}{\varepsilon_0} = \mu E \tag{2-8}$$

式中 μ 为弹性应变与总应变的比值，称为弹性特征系数，与应力的大小有关。当 $\sigma \le 0.3f_c$ 时，$\mu = 1$；当 $\sigma = 0.5f_c$ 时，$\mu = 0.8 \sim 0.9$；当 $\sigma = 0.9f_c$ 时，$\mu = 0.4 \sim 0.8$。混凝土强度越高，μ 值越大，弹性特征越明显。

混凝土受拉的应力-应变曲线与受压的非常相似，如图 2-12 所示。受拉时的弹性模量与受压时取值相同；峰值应力 f_t 时的相对应变 $\varepsilon_0 = (7.5 \sim 115) \times 10^{-6}$，变形模量 $E_c' = (76\% \sim 86\%) E_c$。若考虑到此时达到 f_t 时的受拉极限应变与混凝

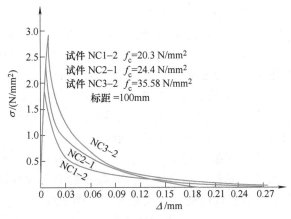

图 2-12　混凝土受拉的应力-应变曲线

土强度、配合比、养护条件有着密切关系，变化范围大，则取相应于抗拉强度时的变形模量 $E_c' = 0.5E_c$，即应力达到 f_t 时的弹性系数 $\mu = 0.5$。

（3）混凝土的切线模量　在图 2-10 中曲线上任一点处作一切线，其斜率称为混凝土的切线模量，用 E_c'' 表示，可表达为

$$E_c'' = \tan\alpha \tag{2-9}$$

切线模量也是变值，它随混凝土应力的增大而减小。

（4）混凝土的横向变形系数　混凝土试件在一次短期加压时，其横向应变与纵向应变的比值称为横向变形系数，用 ν 表示，即混凝土受压产生纵向压缩应变时，在横向产生膨胀应变。混凝土的 ν 值变化范围不大，当 σ 较低时，为 $0.15 \sim 0.18$。在高压应力状态下，混凝土内部大量微裂缝的出现和开展使泊松比急剧增大，可达 0.5 以上。一般取 $\nu = 0.2$ 或 $\nu = 1/6$。图 2-13 给出了一个从加载到破坏的试件实测应变值。

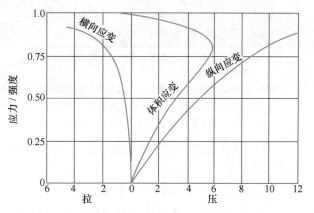

图 2-13　单轴加载受压混凝土试件的实测应变

（5）混凝土的剪切模量　混凝土的剪切模量 G 可近似按弹性理论计算，即

$$G = \frac{E_c}{2(1+\nu)} \tag{2-10}$$

式中　ν——混凝土泊松比，《规范》取 $\nu = 0.2$ 代入，$G = 0.4E_c$。

3. 混凝土的体积变形

（1）混凝土的收缩与膨胀　收缩与膨胀是混凝土在结硬过程中自身体积的变形，与荷载无关。混凝土硬化时，在空气中体积会缩小，在水中体积会膨胀，通常膨胀值要比收缩值小得多。膨胀往往对结构受力有利，所以通常情况下膨胀可以不考虑。收缩往往对结构不利，当混凝土受到四周约束不能自由收缩时，将在混凝土中产生拉应力，严重时会导致混凝土产生收缩裂缝。裂缝会影响构件的耐久性、疲劳强度和外观，还会使预应力混凝土发生预应力损失。某些对跨度比较敏感的超静定结构（如拱结构），收缩也会引起不利的内力。

影响混凝土收缩的因素有很多，主要有：

1）水泥品种、用量。水泥强度越高、用量越多、水胶比越大，收缩越大。

2）集料的性质。集料弹性模量高、级配好，收缩就小。

3）养护条件。养护温湿度越大，收缩越小。

4）混凝土制作方法。越密实，收缩越小。

5）使用环境。环境温湿度越大，收缩越小。

6）构件的体积与表面积的比值。比值越大，收缩越小。

在实际工程中，要采取一定措施减小收缩应力的不利影响，如加强养护，减小水胶比，减少水泥用量，加强振捣，留施工缝分段施工。表 2-2 列出了《规范》给出的混凝土收缩应变终极值，一般取平均值为 3×10^{-4}。

表2-2　混凝土收缩应变终极值 ε_{∞} （×10^{-4}）

年平均相对湿度 RH				40%≤RH<70%				70%≤RH≤99%
理论厚度（2A/u）/mm		100	200	300	≥600	100	200	300	≥600
预加应力时的混凝土龄期/d	3	4.83	4.09	3.57	3.09	3.47	2.95	2.60	2.26
	7	4.35	3.89	3.44	3.01	3.12	2.80	2.49	2.18
	10	4.06	3.77	3.37	2.96	2.91	2.70	2.42	2.14
	14	3.73	3.62	3.27	2.91	2.67	2.59	2.35	2.10
	28	2.90	3.20	3.01	2.77	2.07	2.28	2.15	1.98
	60	1.92	2.54	2.58	2.54	1.37	1.80	1.82	1.80
	≥90	1.45	2.12	2.27	2.38	1.03	1.50	1.60	1.68

注：1. 表中的 A 为构件的截面面积；u 为截面面积对应的、与周围大气接触的周边长度。当构件为变截面时，A 和 u 均可取平均值。

2. 本表适用于由硅酸盐类水泥或快硬水泥配制而成的混凝土；表中数值是按强度等级 C40 混凝土计算所得，对 C50 及以上混凝土，表列数值应乘以 $\sqrt{32.4/f_{ck}}$，式中 f_{ck} 为混凝土轴心抗压强度标准值。

3. 本表适用于季节性变化的平均温度-20~40℃。

（2）混凝土的温度变形　混凝土与其他材料一样，也具有热胀冷缩的性质。混凝土的温度线膨胀系数一般为（1.2~1.5）×10^{-5}℃$^{-1}$，用这个值去等效混凝土的收缩，则最终收缩量约为温度降低 15~30℃时的体积变化。

当温度变形受到外界约束而不能自由发生时，将在构件内产生温度应力。在混凝土硬化初期，水泥水化放出较多的热量，混凝土又是热的不良导体，使得混凝土的内外温差很大。内部混凝土的体积产生较大的膨胀，外部混凝土却随气温降低而收缩。内部膨胀和外部收缩互相制约，在混凝土的外表面将产生很大拉应力，严重时会使混凝土产生裂缝。因此，在大体积混凝土及大面积混凝土工程中，应采取措施尽量减少混凝土的发热量。

4. 混凝土在长期荷载作用下的变形——徐变

混凝土的徐变

混凝土在不变荷载或应力的长期作用下，应变或变形随时间而增长的现象称为徐变。徐变是一种不可恢复的塑性变形，几乎所有的材料都有不同程度的徐变。金属及天然石材等材料，在正常温度及使用荷载下的徐变不明显，可以忽略。而混凝土因徐变较大，且受拉、受压、受弯时都会产生徐变，不可忽略，所以在结构设计时必须予以考虑。

徐变对钢筋混凝土构件的工作性能有很大影响：①能消除钢筋混凝土内的应力集中，使应力较均匀地重新分布；②对大体积混凝土，能消除一部分由于温度变形所产生的破坏应力；③使构件的挠度大大增加，对结构不利；④对于长细比较大的偏心受压构件，会使偏心距增大而降低构件的承载力；⑤在预应力混凝土结构中，会造成预应力损失。

影响徐变的因素很多，主要有时间因素、应力因素、内在因素、环境因素、制作方法和构件的形状、尺寸等，具体如下：

（1）时间因素　混凝土的徐变主要随时间增长，在保持应力不变的情况下，混凝土的加载龄期越短，徐变增长越大。图 2-14 所示为混凝土棱柱体加载至 $0.5f_c$ 后维持荷载不变测得的徐变随时间变化的关系曲线。混凝土的应变可分为瞬时应变和徐变两部分：图中 ε_{ela} 为加载瞬间产生的变形，称为瞬时应变；ε_{cr} 为随时间增长的徐变变形。可以看出，徐变的发展规律是先快后慢，在第一年内完成 90% 左右，一般要延续 2~3 年才趋于稳定。混凝土的徐变变形为瞬时变形的 1~4 倍，一般可达（3~15）×10^{-4}，即 0.3~1.5mm/m。混凝土在长期荷载作用一段时间后，如卸掉荷载，则一部分变形可以瞬间恢复，一部分变形可以在 20d 左右逐渐恢复，这部分徐变恢复称为弹性后效，其值约为徐变变形的 1/12；最后留下来的是大部分不可恢复的残余变形，称为残余应变。

（2）应力因素　试验表明，混凝土徐变与混凝土应力大小密切相关。混凝土的应力越大，徐变就越大。随着混凝土应力的增加，徐变将发生不同的情况，当 $\sigma \leqslant 0.5f_c$ 时，徐变与初应力 σ 成正比，称为线性徐变；当 $\sigma \geqslant 0.5f_c$ 时，

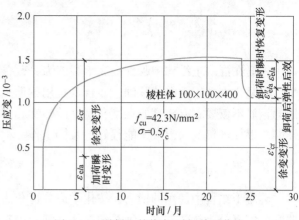

图 2-14　混凝土的徐变-时间关系曲线

徐变与 σ 不再呈线性关系，徐变变形比应力增长要快，称为非线性徐变；当 σ 达到 $0.8f_c$ 左右时，徐变变形急剧增长，不再收敛，其增长会超出混凝土变形能力而导致混凝土破坏，成为非稳定的徐变。因此，取 $\sigma = 0.8f_c$ 作为荷载长期作用下混凝土抗压强度的极限，这也说明构件常处于高应力状态下是不安全的。

（3）内在因素　水泥用量越多，徐变越大；水胶比越大，徐变越大；集料越坚硬，弹性模量越高，级配越好，徐变越小。普通硅酸盐水泥的混凝土的徐变要比矿渣水泥、火山灰水泥及早强水泥的混凝土的徐变大一些。

（4）环境因素　混凝土养护时温度越高、湿度越大，失水越少、水泥水化作用越充分，徐变就越小；受到荷载后所处的环境温度越高、湿度越低，徐变就越大。

（5）制作方法和构件的形状、尺寸　大尺寸构件内部失水受到限制，徐变小。钢筋的存在限制徐变的发展。

综合考虑各因素的影响，假设在压力作用下，$(t-t_0)$ 时间后总的应变为 $\varepsilon_c(t,t_0)$，混凝土的收缩应变为 $\varepsilon_{sh}(t,t_0)$，则总的徐变应变为 $\varepsilon_{cr}(t,t_0)$

$$\varepsilon_{cr}(t,t_0) = \varepsilon_c(t,t_0) - \varepsilon_c(t_0) - \varepsilon_{sh}(t,t_0) \tag{2-11}$$

将总的徐变应变与瞬时恢复变形的比定义为徐变系数

$$\varphi(t,t_0) = \frac{\varepsilon_{cr}(t,t_0)}{\varepsilon_{ct}} \tag{2-12}$$

《规范》规定的徐变系数终极值 φ_∞ 见表 2-3，应用说明同表 2-1。

表 2-3　混凝土徐变系数终极值 φ_∞

年平均相对湿度 RH		40%≤RH<70%				70%≤RH≤99%			
理论厚度（2A/u）/mm		100	200	300	≥600	100	200	300	≥600
≥90 预加应力时的混凝土龄期/d	3	3.51	3.14	2.94	2.63	2.78	2.55	2.43	2.23
	7	3.00	2.68	2.51	2.25	2.37	2.18	2.08	1.91
	10	2.80	2.51	2.35	2.10	2.22	2.04	1.94	1.78
	14	2.63	2.35	2.21	1.97	2.08	1.91	1.82	1.67
	2828	2.31	2.06	1.93	1.73	1.82	1.68	1.60	1.47
	60	1.99	1.78	1.67	1.49	1.58	1.45	1.38	1.27
	≥90	1.85	1.65	1.55	1.38	1.46	1.34	1.28	1.17

2.2 钢筋的物理力学性能

钢筋在混凝土结构中起到提高承载能力，改善工作性能的作用。了解钢筋的品种及其力学性能是合理选用钢筋的基础，而合理选用钢筋是混凝土结构设计的前提。混凝土结构中使用的钢筋不仅要求有较高的强度、良好的塑性和焊接性，而且与混凝土之间应有良好的黏结性能，以保证钢筋与混凝土能很好地共同工作。

2.2.1 钢筋的品种

混凝土结构中使用的钢筋，按化学成分可分为碳素钢和普通低合金钢两大类；按生产工艺和强度可分为热轧钢筋、细晶粒热轧钢筋、中高强钢丝、钢绞线和冷加工钢筋；按表面形状可分为光圆钢筋和带肋钢筋等。在一些大型的、重要的混凝土结构或构件中，也可以将型钢置入混凝土中形成劲性钢筋。

碳素钢除含有铁元素外，还含有少量的碳、锰、硅、磷、硫等元素。通常可分为低碳钢（碳的质量分数小于 0.25%）和高碳钢（碳的质量分数为 0.6%~1.4%），碳含量越高，钢筋的强度越高，但塑性和焊接性越差。碳素钢中加入少量的合金元素，如锰、硅、镍、钛、钒等，生成普通低合金钢，如 20MnSi、20MnSiV、20MnSiNb、20MnTi 等。

为了节约钒、钛等低合金资源，冶金行业开发了新型细晶粒带肋钢筋。细晶粒带肋钢筋在生产中不需要添加或者只需少量添加钒、钛等合金元素，通过控制轧钢的温度形成细晶粒的金相组织，使其强度和延性满足混凝土结构对钢筋性能的要求。

《规范》规定用于普通混凝土结构的钢筋主要有普通热轧钢筋和细晶粒热轧带肋钢筋。用于预应力混凝土结构的钢筋主要有精轧螺纹钢筋和消除应力钢丝、钢绞线等。

1. 热轧钢筋

普通热轧钢筋是由低碳钢、普通低合金钢在高温状态下轧制而成的。热轧钢筋属于软钢，有明显的屈服点和流幅，按屈服强度标准值高低分为 300 级、400 级和 500 级三个等级。300 级的属于光圆钢筋，牌号由 HPB 和相应的屈服强度特征值组成；H、P、B 分别为热轧（Hot rolled）、光面（Plane）、钢筋（Bar）三个词的英文首位字母。400 级和 500 级的属于带肋钢筋，牌号由 HRB 和牌号的屈服强度特征值组成。H、R、B 分别为热轧（Hot rolled）、带肋（Ribbed）、钢筋（Bar）三个词的英文首位字母。

细晶粒热轧钢筋是在热轧过程中，通过控轧和控冷工艺获得细晶粒组织，从而在不增加合金含量的基础上大幅提高钢材的性能。细晶粒热轧钢筋的牌号在热轧带肋钢筋的英文缩写后加"细"的英文（Fine）首位字母。包括 HRBF400 和 HRBF500 两个牌号。细晶粒热轧钢筋一般用于承受静力荷载的结构，经过试验验证后，方可用于承受疲劳荷载的结构中。

余热处理钢筋是热轧后立即穿水，进行表面控制冷却，然后利用芯部余热自身完成回火处理所得的成品钢筋，包括 RRB400、RRB500 和 RRB500W。R、R、B、W 分别为余热处理（Remained Heat-treatment）、带肋（Ribbed）、钢筋（Bar）、焊接（Welding）三个词的英文首位字母。普通钢筋经过热轧余热处理后可提高强度，但其延性、焊接性、机械连接性能及施工适应性降低，一般可用于对变形性能及加工性能要求不高的构件中，如基础、大体积混凝土、楼板、墙体及次要的中小结构构件等。

规范增加了抗震钢筋，表示方法为在牌号后加"E"（Earthquake），包括 HRB400E 和 HRB500E。带 E 钢筋的核心是钢筋超屈比指标不能过大，而强屈比和伸长率指标不能太小，适用于有较高要求的抗震结构。

带肋钢筋表面有两条与轴线平行的纵肋和沿长度均匀分布的横肋，横肋的肋形主要有螺纹和月牙纹，如图 2-15 所示。螺纹钢筋的纵肋和横肋相交，容易造成应力集中对钢筋动力性能的不利。月牙纹钢筋的横肋在钢筋横截面上的投影呈月牙状，由中间高点向两端逐渐将至零，不与纵肋相交，避免了应力集中。月牙纹钢筋与混凝土的黏结性能略低于螺纹钢筋，但仍能保证良好的黏结性能，锚固延性及抗疲劳性能等优于螺纹钢筋，因此成为目前主流生产的带肋钢筋。

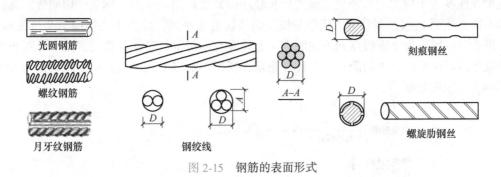

图 2-15　钢筋的表面形式

2. 精轧螺纹钢筋、消除应力钢丝和钢绞线

预应力筋都是高强钢筋，其符号和直径范围见附录表 A-6，主要用于预应力混凝土结构中。

精轧螺纹钢筋（图 2-16a）是在整根钢筋上轧有外螺纹的大直径、高强度、高尺寸精度的直条钢筋。它具有连接、锚固简便，黏结力强，张拉锚固安全可靠，施工方便等优点，而且节约钢筋，减少构件面积和重量。精轧螺纹钢筋以屈服强度划分级别，其代号为"PSB"加上规定屈服强度最小值。

消除应力钢丝分光面钢丝、刻痕钢丝和螺旋肋钢丝三种（图 2-16b、c）。钢绞线是由多根高强钢丝捻制在一起经过低温回火处理清除内应力后而制成，有 3 股和 7 股两种（图 2-16d）。钢丝和钢绞线不能采用焊接方式连接。

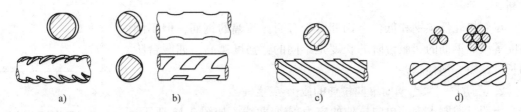

图 2-16　精轧螺纹钢筋、消除应力钢丝和钢绞线
a）热处理钢筋　b）刻痕钢丝　c）螺旋肋钢丝　d）钢绞线

2.2.2 钢筋的强度和变形

钢筋的强度和变形性能可以由钢筋单向拉伸的应力-应变曲线来说明。钢筋的应力-应变曲线可以分为两类：一类是有明显流幅的，即有明显屈服点和屈服台阶的；另一类是没有流幅的，即没有明显屈服点和屈服台阶的。热轧钢筋属于有明显流幅的钢筋，强度相对较低，但变形性能好；精轧螺纹钢筋、钢丝和钢绞线等属于无明显屈服点的钢筋，强度高，但变形性能差。

1. 有明显屈服点钢筋单向拉伸的应力-应变曲线

有明显屈服点钢筋单向拉伸的应力-应变曲线如图 2-17 所示。曲线由三个阶段组成：弹性阶段、屈服阶段和强化阶段。在 P 点以前的阶段称为弹性阶段，P 点称为比例极限点。在 P 点之前，钢筋的应力随应变成比例增长，即钢筋的应力-应变关系为线性关系；过 P 点后，应变增长速度大于应力增长速度，应力增长较小的幅度后到达 A 点，钢筋开始屈服。随后应力稍有降低达到 B 点，钢筋进入流幅阶段，曲线接近水平线，应力不增加而应变持续增加。A 点和 B 点分别称为上屈服点和下屈服点。上屈服点不稳定，受加载速度、截面形式和表面光洁度等因素的影响；下屈服点一般比较稳定，所以一般以下屈服点对应的应力作为有明显流幅钢筋的屈服强度。

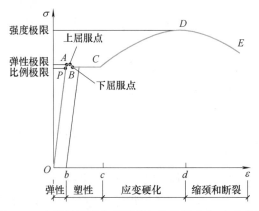

图 2-17　有明显屈服点钢筋单向拉伸的应力-应变曲线

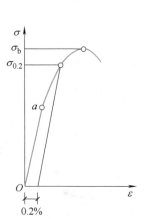

低碳钢标准拉伸试验

经过流幅阶段达到 C 点后，钢筋的弹性会有部分恢复，钢筋的应力会有所增加达到最大点 D，应变大幅度增加，此阶段为强化阶段，D 点对应的应力称为钢筋的极限强度。达到极限强度后继续加载，钢筋会出现"缩颈"现象，最后在"缩颈"处 E 点钢筋被拉断。

尽管热轧低碳钢和低合金钢都属于有明显流幅的钢筋，但不同强度等级的钢筋的屈服台阶的长度是不同的，强度越高，屈服台阶的长度越短，塑性越差。

2. 无明显屈服点钢筋单向拉伸的应力-应变曲线

无明显屈服点钢筋单向拉伸的应力-应变曲线，如图 2-18 所示。其特点是没有明显的屈服点，钢筋被拉断前，钢筋的应变较小。对于

图 2-18　无明显屈服点钢筋单向拉伸的应力-应变曲线

无明显屈服点的钢筋,《规范》规定以极限抗拉强度的 85%（$0.85\sigma_b$）作为名义屈服点,用 $\sigma_{0.2}$ 表示。此点的残余应变为 0.002。

3. 钢筋的力学性能指标

混凝土结构中所使用的钢筋既要有较高的强度,用来提高混凝土结构或构件的承载能力,又要有良好的塑性,用来改善混凝土结构或构件的变形性能。衡量钢筋强度的指标有屈服强度和极限强度,衡量钢筋塑性性能的指标有伸长率和冷弯性能。

（1）屈服强度与极限强度　钢筋的屈服强度是混凝土结构构件设计的重要指标。钢筋的屈服强度是钢筋应力-应变曲线下屈服点对应的强度（有明显屈服点的钢筋）或名义屈服点对应的强度（无明显屈服点的钢筋）。达到屈服强度时钢筋的强度还有富余,是为了保证混凝土结构或构件正常使用状态下的工作性能和偶然作用下（如地震作用）的变形性能。钢筋拉伸应力-应变曲线对应的最大应力为钢筋的极限强度。

设计时需要使用的强度设计值等于标准值除以材料分项系数,见式（2-13）。对于强度为 400MPa 及以下的钢筋,材料分项系数 $\gamma_S = 1.10$,抗拉强度设计值 f_y 和抗压强度设计值 f_y' 取值相同,计算结果修约到 10N/mm^2。对于强度为 500MPa 的钢筋,材料分项系数 $\gamma_S = 1.15$,抗拉强度设计值 f_y 和抗压强度设计值 f_y' 取值不同,计算结果修约到 5N/mm^2。

$$f_y = f_y' = \frac{f_{yk}}{\gamma_S} \tag{2-13}$$

【例 2-3】　试计算 300 级、400 级、500 级钢筋的抗拉强度和抗压强度的设计值。

【解】　（1）对于 HPB300 级钢筋

$$f_y = f_y' = \frac{f_{yk}}{\gamma_S} = \frac{300\text{N/mm}^2}{1.10} = 272.7\text{N/mm}^2,\ 修约值为 270\text{N/mm}^2$$

（2）对于 HRB400、HRBF400、RRB400 级钢筋

$$f_y = f_y' = \frac{f_{yk}}{\gamma_S} = \frac{400\text{N/mm}^2}{1.10} = 363.6\text{N/mm}^2,\ 修约值为 360\text{N/mm}^2$$

（3）对于 HRB500、HRBF500 级钢筋

抗拉强度设计值 $f_y = \dfrac{f_{yk}}{\gamma_S} = \dfrac{500\text{N/mm}^2}{1.15} = 434.8\text{N/mm}^2,\ 修约值为 435\text{N/mm}^2$

抗压强度设计值 $f_y' = 410\text{N/mm}^2$

当构件中配有不同种类的钢筋时,每种钢筋应采用各自的强度设计值,横向钢筋的抗拉强度设计值 f_{yv} 应按附录表 A-5 中 f_y 的数值采用;当用作受剪、受扭、受冲切承载力计算时,其数值大于 360N/mm^2 时应取 360N/mm^2。

预应力筋没有明显流幅,取条件屈服强度为极限抗拉强度的 0.85 倍,材料分项系数 $\gamma_S = 1.20$,计算结果修约到 10N/mm^2。但对于中强度预应力钢丝和预应力螺纹钢筋,除按上述原则计算外,还应考虑工程经验,对抗拉强度设计值进行适当调整。

（2）伸长率与冷弯性能　钢筋拉断后的伸长值与原长的比值为伸长率。国家标准规定了合格钢筋在给定标距（量测长度）下的最小伸长率,分别用 A_{10} 或 A_5 表示。A 表示断后伸长率,下标分别表示标距为 $10d$ 和 $5d$,d 为被检钢筋直径。一般 A_5 大于 A_{10},因为残留应变主要集中在"缩颈"区域,而"缩颈"区域与标距无关。

为增加钢筋与混凝土之间的锚固性能，混凝土结构中的钢筋往往需要弯折。有脆化倾向的钢筋在弯折过程中容易发生脆断或裂纹、脱皮等现象，而通过拉伸试验不能检验其脆化性质，应通过冷弯试验来检验。钢筋的冷弯性能合格的标准是在规定的弯心直径 D 和冷弯角度 α 下弯曲后，在弯曲处钢筋应无裂纹、鳞落或断裂现象（图2-19）。按钢筋技术标准，不同种类钢筋的 D 和 α 的取值不同，如 HRB 400 月牙纹钢筋的 $\alpha = 180°$，当直径 d 不大于 25mm 时，弯心直径 $D = 4d$，当直径 d 大于 25mm 时，弯心直径 $D = 5d$。冷弯性能是更能综合反映钢材性能的综合指标，不仅能直接检验钢筋的弯曲变形能力或塑性性能，还能暴露钢筋内部的冶金缺陷，如硫磷偏析和硫化物、氧化物的掺杂情况等。

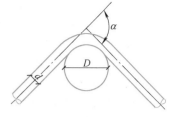

图 2-19　钢筋的弯曲试验
α—弯曲角度　D—弯心直径

4. 钢筋应力-应变关系的数学模型

对混凝土结构或构件进行非线性分析必须应用钢筋和混凝土的应力-应变关系。为了便于分析计算，必须把实测的应力-应变关系依据其特点进行理论化处理，并应用数学模型进行表述。进行模型化处理的应力-应变关系又称为应力-应变本构关系。

（1）理想弹塑性应力-应变关系　对于流幅阶段较长的低强度钢筋，可采用理想的弹塑性应力-应变关系，如图2-20所示。其特点是钢筋屈服前（弹性阶段），应力-应变关系为斜线，斜率为钢筋的弹性模量。钢筋屈服后（塑性阶段），应力-应变关系为直线，即应力保持不变，应变继续增加。理想弹塑性应力-应变关系的数学表达式为

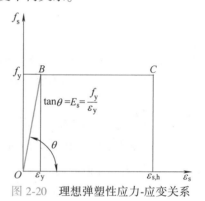

图 2-20　理想弹塑性应力-应变关系

弹性阶段　　　　$\sigma_s = E_s \varepsilon_s$　（$\varepsilon_s \leqslant \varepsilon_y$ 时）　　　　（2-14）

塑性阶段　　　　$\sigma_s = f_y$　（$\varepsilon_y \leqslant \varepsilon_s \leqslant \varepsilon_{s,h}$时）　　　　（2-15）

（2）三折线应力-应变关系　理想弹塑性应力-应变关系中没有考虑钢筋应力强化阶段。对于流幅阶段较短的钢材，在大变形的情况下，钢筋有可能进入应力强化阶段。为了分析钢筋进入强化阶段的性能，需要给出钢筋进入强化阶段后的应力-应变关系，如图2-21所示。三折线应力-应变关系的数学表达式为

弹性阶段　　　　　　　　$\sigma_s = E_s \varepsilon_s$　（$\varepsilon_s \leqslant \varepsilon_y$ 时）　　　　（2-16）

塑性流幅阶段　　　　　　$\sigma_s = f_y$　（$\varepsilon_y \leqslant \varepsilon_s \leqslant \varepsilon_{s,h}$ 时）　　　　（2-17）

应力强化阶段　　$f_s = f_y + (\varepsilon_s - \varepsilon_{s,h}) \tan\theta'$　（$\varepsilon_{s,h} \leqslant \varepsilon_s \leqslant \varepsilon_{s,u}$时）　　（2-18）

$$\tan\theta' = E_s' = 0.01 E_s$$　　　　（2-19）

（3）双直线应力-应变关系　上述两种类型的应力-应变关系均描述有明显屈服点钢筋的本构关系。对于没有明显屈服点的钢筋，可采用图2-22所示的双直线应力-应变关系描述，其数学表达式为

弹性阶段　　　　　　　　$\sigma_s = E_s \varepsilon_s$　（$\varepsilon_s \leqslant \varepsilon_y$ 时）　　　　（2-20）

弹塑性阶段　　　$\sigma_s = f_y + (\varepsilon_s - \varepsilon_y) \tan\theta''$　（$\varepsilon_y \leqslant \varepsilon_s \leqslant \varepsilon_{s,u}$时）　　（2-21）

$$\tan\theta'' = E_s'' = \frac{f_{s,u} - f_y}{\varepsilon_{s,u} - \varepsilon_y}$$　　　　（2-22）

《规范》规定混凝土结构中纵向钢筋的极限拉应变 $\varepsilon_{s,u} \leq 0.01$。钢筋的弹性模量 E_s 与钢筋的品种有关，强度越高，弹性模量越小，取值见附录表 A-8。

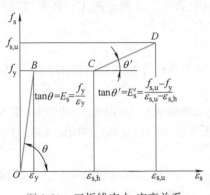

图 2-21　三折线应力-应变关系

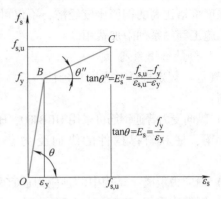

图 2-22　双直线应力-应变关系

5. 钢筋的应力松弛

钢筋的应力松弛是指受拉钢筋在长度保持不变的情况下，钢筋应力随时间增长而降低的现象。在预应力混凝土结构中由于应力松弛会引起预应力损失，所以在预应力混凝土结构构件分析计算中应考虑应力松弛的影响。应力松弛与钢筋中的应力、温度和钢筋品种有关，且在施加应力的早期应力松弛大，后期逐渐减少。钢筋中的应力越大，松弛损失越大；温度越高，松弛越大；钢绞线的应力松弛比其他高强钢筋大。

2.2.3　钢筋的选用原则

1. 混凝土结构对钢筋性能的要求

混凝土结构对钢筋性能的要求主要有以下几个方面：

（1）钢筋的强度　使用强度高的钢筋可以节省钢材，取得较好的经济效益。但在混凝土结构中，钢筋能否充分发挥其高强度，取决于混凝土构件截面的应变。钢筋混凝土结构中受压钢筋所能达到的最大应力为 400MPa 左右，因此选用设计强度超过 400MPa 的钢筋，并不能充分发挥其高强度；钢筋混凝土结构中若使用高强度受拉钢筋，在正常使用条件下，要使钢筋充分发挥其强度，混凝土结构的变形与裂缝就会不满足正常使用要求。

（2）钢筋的塑性　为了保证混凝土结构构件具有良好的变形性能，在破坏前能给出即将破坏的预兆，不发生突然的脆性破坏，要求钢筋有良好的变形性能，并通过伸长率和冷弯试验来检验。HPB300 级和 HRB400 级热轧钢筋的延性和冷弯性能很好；钢丝和钢绞线具有较好的延性，但不能弯折，只能以直线或平缓曲线应用；余热处理 RRB400 级钢筋的冷弯性能也较差。

（3）钢筋的焊接性　混凝土结构中钢筋需要连接，连接可采用机械连接、焊接和搭接，其中焊接是一种主要的连接形式。焊接性好的钢筋焊接后不产生裂纹及过大的变形，焊接接头有良好的力学性能。钢筋焊接质量除了外观检查外，一般通过直接拉伸试验检验。

（4）钢筋与混凝土的黏结性能　钢筋和混凝土之间必须有良好的黏结性能才能保证钢筋和混凝土能共同工作。钢筋的表面形状是影响钢筋和混凝土之间黏结性能的主要因素，带肋钢筋优于光圆钢筋。

（5）经济性　衡量钢筋经济性的指标是强度价格比，即每元钱可购得的单位钢筋的强度。强度价格比高的钢筋比较经济，不仅可以减少配筋率，方便了施工，还可以减少加工、运输、施工等一系列附加费用。

2. 钢筋的选用原则

《规范》规定根据对强度、延性、连接方式、施工适应性等方面的要求，按下述原则选用钢筋：

1）纵向受力普通钢筋可采用 HRB400、HRB500、HRBF400、HRBF500、HPB300 和 RRB400钢筋，梁、柱和斜撑构件的纵向受力普通钢筋宜采用 HRB500、HRBF400、HRBF500钢筋。

2）预应力混凝土结构中的预应力筋宜采用预应力钢丝、钢绞线和预应力螺纹钢筋。

3）箍筋宜采用 HRB400、HRBF400、HRB500、HRBF500 和 HPB300 钢筋。

上述原则是在我国钢产量的大幅增加和质优、价廉的钢材品种不断增加，我国工程用钢的观念已实现了从"节约用钢"到"合理用钢"转变的前提下确定的。强调以 400MPa、500MPa 级高强热轧钢筋为主导钢筋，这是由于其具有高强度、高延性、良好的黏结性能和较高的强度价格比，并且品种规格齐全。不主张推广应用 HPB300 级热轧钢筋，原因是光面钢筋强度太低、强度价格比低，其延性虽好但与热轧带肋钢筋相差不大，且由于与混凝土之间的黏结性能很差，作为受力钢筋末端还要加弯钩，设计施工不便。不主张推广应用冷加工钢筋，原因是其延性差。高效预应力混凝土对预应力筋的基本要求是强度高、低松弛，因此以预应力钢绞线、钢丝为主导钢筋。

2.3　混凝土与钢筋的黏结与锚固

钢筋的黏结

2.3.1　钢筋与混凝土之间的黏结机理

1. 钢筋与混凝土黏结的作用

钢筋与混凝土的黏结与锚固是保证钢筋与混凝土组成整体并能共同工作的前提。

钢筋与混凝土之间的黏结性能可以用两者界面上的黏结应力来说明。当钢筋与混凝土之间有相对变形（滑移）时，其界面上会产生沿钢筋轴线方向的剪应力，这种作用力称为黏结应力。黏结性能通常用黏结力-黏结应力-滑移曲线描述。图 2-23a 所示是在钢筋上施加拉力，钢筋与混凝土之间的端部存在黏结力，将钢筋的部分拉力传递给混凝土使混凝土受拉，经过一定的传递长度后，黏结应力为零。当截面上的应变很小，钢筋和混凝土的应变相等，构件上没有裂缝，钢筋和混凝土界面上的黏结应力为零；当混凝土构件上出现裂缝，开裂截面之间存在局部黏结应力，因为开裂截面钢筋的应变大，未开裂截面钢筋的应变小，黏结应力使远离裂缝处钢筋的应变变小，混凝土的应变从零逐渐增大，使裂缝间的混凝土加入工作。图 2-23b 所示是在混凝土结构设计中钢筋伸入支座或在连续梁顶部负弯矩区段的钢筋截断时，应将钢筋延伸一定的长度，这就是钢筋的锚固。只有钢筋有足够的锚固长度，才能积累足够的黏结力，使钢筋能承受拉力。分布在锚固长度上的黏结应力，称为锚固黏结应力。

2. 黏结力的组成

钢筋与混凝土之间的黏结力与钢筋表面的形状有关。

（1）光圆钢筋与混凝土之间的黏结作用 主要由三部分组成：

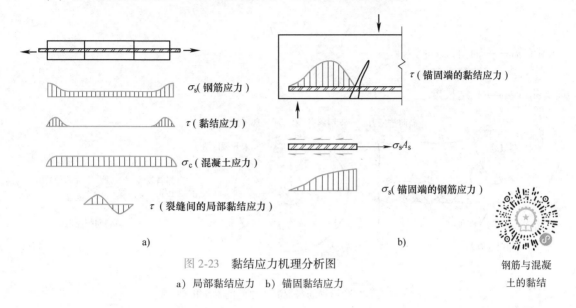

σ_s（钢筋应力）

τ（黏结应力）

σ_c（混凝土应力）

τ（裂缝间的局部黏结应力）

τ（锚固端的黏结应力）

$\sigma_s A_s$

σ_s（锚固端的钢筋应力）

a)

b)

图 2-23　黏结应力机理分析图
a) 局部黏结应力　b) 锚固黏结应力

钢筋与混凝
土的黏结

1）化学胶结力。化学胶结力是由水泥浆体在硬化前对钢筋氧化层的渗透、硬化过程中晶体的生长等产生的。化学胶结力一般较小，当混凝土和钢筋界面发生相对滑动时，化学胶结力会消失。

2）摩阻力。混凝土收缩对钢筋产生径向的握裹力，当钢筋和混凝土之间有相对滑动或有滑动趋势时，钢筋与混凝土之间产生摩阻力。摩阻力的大小与钢筋表面的粗糙程度有关，越粗糙，摩阻力越大。

3）机械咬合力。机械咬合力是由钢筋表面凹凸不平与混凝土咬合嵌入产生的。轻微腐蚀的钢筋其表面有凹凸不平的蚀坑，摩阻力和机械咬合力较大。

光圆钢筋的黏结力主要由化学胶结力和摩阻力组成，相对较小。光圆钢筋的直接拔出试验表明，达到抗拔极限状态时，钢筋直接从混凝土中拔出，滑移大。为了增加光圆钢筋与混凝土之间的锚固性能，减少滑移，光圆钢筋的端部要加弯钩或其他机械锚固措施。

（2）带肋钢筋与混凝土之间的黏结作用 也由化学胶结力、摩阻力和机械咬合力三部分组成。但是，带肋钢筋表面的横肋嵌入混凝土内并与之咬合，能显著提高钢筋与混凝土之间的黏结性能，如图 2-24 所示。在拉拔力的作用下，钢筋的横肋对混凝土形成斜向挤压力，此力可分解为沿钢筋表面的切向力和沿钢筋径向的环向力。当荷载增加时，钢筋周围的混凝土首先出现斜向裂缝，钢筋横肋前端的混凝土被压碎，形成肋前挤压面。同时，在径向力的作用下，混凝土产生环向拉应力，最终导致混凝土保护层发生劈裂破坏。如混凝土的保护层较大（$c/d > 5 \sim 6$，c 为混凝土保护层厚度，d 为钢筋直径），混凝土不会在径向力作用下，产生劈裂破坏，达到抗拔极限状态时，肋前端的混凝土完全被挤碎而拔出，产生剪切型破坏。因此，带肋钢筋的黏结性能明显优于光圆钢筋，有良好的锚固性能。

3. 黏结强度及其影响因素

黏结强度一般用图 2-25 所示的直接拔出试验测定。达到抗拔极限状态时，钢筋与混凝土界面上的平均黏结应力 τ 用下式表示

$$\tau = \frac{N}{\pi dl} \tag{2-23}$$

式中　　N——轴向拉力；

　　　　d——钢筋直径；

　　　　l——黏结长度。

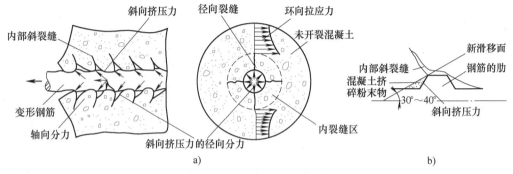

图 2-24　变形钢筋与混凝土之间的黏结机理

影响钢筋与混凝土黏结性能的因素很多，主要有钢筋的表面形状、混凝土强度及其组成成分、浇筑位置、保护层厚度、钢筋净间距、横向配筋和侧向压力作用等。

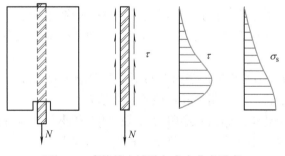

图 2-25　直接拔出试验与应力分布示意

黏结强度的测定

（1）钢筋表面形状的影响　拉拔过程中得到的平均黏结应力与钢筋和混凝土之间滑移的关系，称为黏结滑移曲线，如图 2-26 所示。从图中可见带肋钢筋不仅锚固强度高，而且达到极限强度时的变形小。对于带肋钢筋而言，月牙纹钢筋的黏结性能比螺纹钢筋稍差，一般来说，相对肋面积越大，钢筋与混凝土之间的黏结性能越好，相对滑移越小。

（2）混凝土强度及其组成成分的影响　混凝土的强度越高，锚固强度越好，相对滑移越小。混凝土的水泥用量越大，水胶比越大，砂率越大，黏结性能越差，锚固强度低，相对滑移量大。

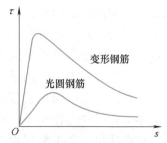

图 2-26　钢筋的黏结滑移曲线

（3）浇筑位置的影响 混凝土硬化过程中会发生沉缩和泌水。水平浇筑构件（如混凝土梁）的顶部钢筋，受到混凝土沉缩和泌水的影响，钢筋下面与混凝土之间容易形成空隙层，从而削弱钢筋与混凝土之间的黏结性能。浇筑位置对黏结性能的影响，取决于构件的浇筑高度，混凝土的坍落度、水胶比、水泥用量等。浇筑高度越高，坍落度、水胶比和水泥用量越大，影响越大。

（4）混凝土保护层厚度和钢筋净间距的影响 混凝土保护层越厚，对钢筋的约束越大，使混凝土产生劈裂破坏所需的径向力越大，锚固强度越高。钢筋的净间距越大，锚固强度越大。当钢筋的净间距太小时，水平劈裂可能使整个混凝土保护层脱落，显著降低锚固强度。

（5）横向钢筋与侧向压力的影响 横向钢筋的约束或侧向压力的作用，可以延缓裂缝的发展和限制劈裂裂缝的宽度，从而提高锚固强度。因此，在较大直径钢筋的锚固或搭接长度范围内，以及当一层并列的钢筋根数较多时，均应设置一定数量的附加箍筋，以防止混凝土保护层的劈裂崩落。

2.3.2 钢筋的锚固

1. 受拉钢筋的基本锚固长度

根据上述对影响钢筋与混凝土之间黏结性能的因素分析，通过大量试验研究并进行可靠度分析，得出考虑主要因素为钢筋的强度、混凝土的强度和钢筋的表面特征，得到当计算中充分利用钢筋的抗拉强度时，受拉钢筋的基本锚固长度计算公式为

普通钢筋
$$l_a = \alpha \frac{f_y}{f_t} d \qquad (2\text{-}24)$$

预应力钢筋
$$l_a = \alpha \frac{f_{py}}{f_t} d \qquad (2\text{-}25)$$

式中 l_a——受拉钢筋的基本锚固长度；

f_y、f_{py}——普通钢筋、预应力筋的抗拉强度设计值，取值见附录表 A-4、表 A-6；

f_t——混凝土轴心抗拉强度设计值，取值见附录表 A-2，为了保证高强混凝土中钢筋的锚固长度，混凝土强度等级大于 C40 时按 C40 取值；

d——钢筋的公称直径；

α——钢筋的外形系数，光圆钢筋取 0.16，带肋钢筋取 0.14。

2. 受拉钢筋的锚固长度

受拉钢筋的锚固长度在基本锚固长度的基础上，考虑锚固条件，按式（2-26）计算，且不应小于 200mm。

$$l = \zeta_a l_a \qquad (2\text{-}26)$$

式中 l——受拉钢筋的锚固长度；

ζ_a——锚固长度修正系数。

ζ_a 按下列规定取用：①当带肋钢筋的公称直径大于 25mm 时取 1.1；②环氧树脂涂层带肋钢筋取 1.25；③施工过程中易受扰动的钢筋取 1.1；④当纵向受力钢筋的实际配筋面积大于其设计计算面积时，其锚固长度修正系数取设计计算面积与实际配筋面积的比值，但对有抗震设防要求及直接承受动力荷载的结构构件，不得考虑此项修正；⑤锚固钢筋的混凝土保护

层厚度为3d时修正系数可取0.80，保护层厚度为5d时可取0.70，处于两者之间时按直线内插法取用；⑥满足多项时，修正系数可按连乘计算，但不应小于0.6；⑦对预应力筋，取1.0。

钢筋的锚固也可以采用机械锚固，主要有弯钩、贴焊钢筋及焊锚板等。

3. 受压钢筋的锚固长度

混凝土结构中的纵向受压钢筋，当计算中充分利用钢筋的抗压强度时，受压钢筋的锚固长度应不小于相应受拉锚固长度的70%。受压钢筋不应采用末端弯钩和一侧贴焊锚筋的锚固措施。

2.3.3 钢筋的连接

当结构中实际配置的钢筋长度与供货长度不一致时，将产生钢筋的连接问题。钢筋的连接需要满足承载力、刚度、延性等基本要求，以便实现结构对钢筋的整体传力。应遵循如下基本设计原则：

1）接头应尽量设置在受力较小处，以降低接头对钢筋传力的影响程度。

2）在同一钢筋上宜少设连接接头，以避免过多地削弱钢筋的传力性能。

3）同一构件相邻纵向受力钢筋的绑扎搭接接头宜相互错开，限制同一连接区段内接头钢筋面积率，以避免变形、裂缝集中于接头区域而影响传力效果。

4）在钢筋连接区域应采取必要的构造措施，如适当增加混凝土保护层厚度或调整钢筋间距，保证连接区域的配箍，以确保对被连接钢筋的约束，避免连接区域的混凝土纵向劈裂。

钢筋的连接形式有绑扎搭接连接、机械连接和焊接。

1. 绑扎搭接连接

钢筋的绑扎搭接连接利用了钢筋与混凝土之间的黏结锚固作用，因比较可靠且施工简便而得到广泛应用。但是，因直径较粗的受力钢筋绑扎搭接容易产生过宽的裂缝，故受拉钢筋直径大于28mm、受压钢筋直径大于32mm时不宜采用绑扎搭接。轴心受拉及小偏心受拉构件的纵向钢筋，因构件截面较小且钢筋拉应力相对较大，为防止连接失效引起结构破坏等严重后果，故不得采用绑扎搭接。承受疲劳荷载的构件，为避免其纵向受拉钢筋接头区域的混凝土疲劳破坏而引起连接失效，也不得采用绑扎搭接接头。钢筋绑扎搭接接头连接区段的长度见3.3.6节。

2. 机械连接

钢筋的机械连接是通过连贯于两根钢筋外的套筒来实现传力，套筒与钢筋之间通过机械咬合力过渡。主要形式有挤压套筒连接、锥螺纹套筒连接、镦粗直螺纹连接、滚轧直螺纹连接等。锥螺纹套筒钢筋的连接如图2-27所示。

机械连接比较简便，是《规范》鼓励推广应用的钢筋连接形式，但与整体钢筋相比性能总有削弱，因此应用时应遵循如下规定：

1）钢筋机械连接接头连接区段的长度为35d（d为纵向受力钢筋的较大直径），凡接头中点位于该连接区段长度内的机械连接接头均属于同一连接区段。

2）在受拉钢筋受力较大处设置机械连接接头时，位于同

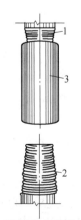

图2-27 锥螺纹套筒钢筋的连接

1—上钢筋 2—下钢筋 3—套筒

一连接区段内的纵向受拉钢筋接头面积百分率不宜大于 50%。

3）直接承受动力荷载的结构构件中的机械连接接头，除应满足设计要求的抗疲劳性能外，位于同一连接区段内的纵向受力钢筋接头面积百分率不应大于 50%。

4）机械连接接头连接件的混凝土保护层厚度宜满足纵向受力钢筋最小保护层厚度的要求。连接件间的横向钢筋净间距不宜小于 25 mm。

3. 焊接

钢筋焊接是利用电阻、电弧或者燃烧的气体加热钢筋端头使之熔化并用加压或添加熔融的金属焊接材料，使之连成一体的连接方式，有闪光对焊（图 2-28a）、电弧焊（图 2-28b、c）、气压焊和点焊等类型。焊接接头最大的优点是节省钢筋材料、接头成本低、接头尺寸小，基本不影响钢筋间距及施工操作，在质量有保证的情况下是很理想的连接形式。但是，当需进行疲劳验算的构件，其纵向受拉钢筋不宜采用焊接接头；当直接承受起重机荷载的钢筋混凝土吊车梁、屋面梁及屋架下弦的纵向受拉钢筋必须采用焊接接头时，应符合有关规定。

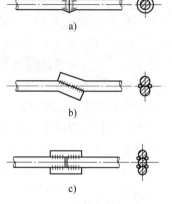

图 2-28 钢筋焊接连接
a）闪光对焊 b）、c）电弧焊搭接

纵向受力钢筋焊接接头连接区端的长度为 $35d$（d 为纵向受力钢筋的较大直径）且不小于 500mm，凡接头中点位于该连接区段内的焊接接头均属于同一连接区段。位于同一连接区段内纵向受力钢筋的焊接接头面积百分率不应大于 50%。

2.4 拓展阅读

钢筋的冷加工

在常温下采用冷拉、冷拔、冷轧和冷轧扭等方法对热轧钢筋进行加工处理，称为钢筋的冷加工，得到的钢筋分别称为冷拉钢筋、冷拔钢筋、冷轧带肋钢筋和冷轧扭钢筋。冷加工可提高钢筋强度，节省钢材。但是，冷加工在提高钢筋强度的同时，使钢筋的变形性能显著降低，除了冷拉钢筋仍有明显屈服点，其他钢筋均无明显屈服点。同时，冷加工钢筋在焊接热影响区的强度降低，热稳定性较差，目前在结构设计中不再鼓励采用冷加工钢筋，使用时应符合专门规定。

1. 冷拉钢筋

冷拉钢筋是先将钢筋在常温下拉伸超过屈服强度达到强化段，然后卸载并经过一定时间的时效硬化而得到的钢筋。如图 2-29 所示，钢筋拉伸达到 K 点卸载，若立即再次拉伸钢筋，其应力-应变曲线将沿着 $O'KDE$ 变化。钢筋的强度没有变化，但塑性降低；若经过一定的时间后再拉伸，钢筋的应力-应变曲线将沿着 $O'K'D'E'$ 变化，屈服台阶有所恢复，钢筋的强度明显提高，塑性降低，这种现象称时效硬化。钢筋强度

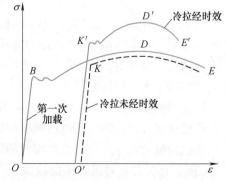

图 2-29 钢筋的冷拉应力-应变曲线

提高的程度与冷拉前钢筋的强度有关，冷拉前强度越高，冷拉后强度提高的幅度越小。时效硬化与温度和时间有关，常温下完成时效硬化约需 20d，在 100℃ 的温度下需要 2h，在 250℃ 的温度下仅需要 0.5h，超过 250℃ 钢筋会随温度的提高而软化。

由于冷拉钢筋能提高强度，但降低塑性，所以为了保证冷拉钢筋具有一定的塑性，应合理地选择张拉控制应力和冷拉率。张拉控制应力点对应的拉伸率称为冷拉率。工程上若只控制张拉应力或应变称为单控，若同时控制张拉应力和应变称为双控，一般情况下应采用双控。

2. 冷拔钢筋

冷拔钢筋是将 HPB300 级钢筋通过比其本身直径小的硬质合金拔丝模加工而成。在冷拔的过程中钢筋经过拔丝模时受到挤压，截面减少，长度增加；塑性减少，强度增加。光圆钢筋经过反复拉拔挤压，直径变得越小，强度提高得越多，但塑性降低得也越多，如图 2-30 所示。从图中可见，钢筋经拉拔后，原有的明显屈服点消失，无屈服平台。冷拔既可以提高抗拉强度，也可以提高抗压强度，而冷拉只能提高抗拉强度。

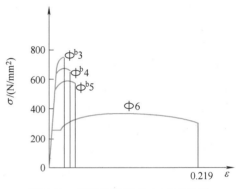

图 2-30　钢筋的冷拔应力-应变曲线

3. 冷轧带肋钢筋

冷轧带肋钢筋是将 HPB300 级钢筋在常温下轧制成表面带有纵肋和月牙肋的钢筋。冷轧带肋钢筋的极限强度与冷拔低碳钢丝相近，但变形性能明显优于冷拔低碳钢丝，且由于带肋，与混凝土之间有良好的黏结性能，能改善混凝土构件正常使用阶段的性能。因此，目前冷轧带肋钢筋应用十分广泛，主要规格型号有 LL550、LL650 和 LL800 三种。

4. 冷轧扭钢筋

在常温下，将 HPB300 级钢筋经过轧扁并扭曲加工而生产的钢筋为冷轧扭钢筋。冷轧扭钢筋的规格由原材料的规格确定，如 Φ 6.5、Φ 8、Φ 10 和 Φ 12 的光圆钢筋加工成冷轧扭钢筋，其规格分别为 Φ 6.5^r、Φ 8^r、Φ 10^r 和 Φ 12^r。

冷加工钢筋的变形性能差，一般应用在钢筋混凝土板、小型预制混凝土构件中或作为混凝土结构或构件中的非受力钢筋使用。

以国家需要为己任的混凝土大师陈肇元

陈肇元（1931—2020），土木结构工程和防护工程专家，1997 年当选中国工程院院士。长期致力于土木结构工程和防护工程研究，在工程抗爆、竹木结构、高强与高性能混凝土结构、结构安全与耐久性、深基坑支护等领域做出了卓越贡献，填补了许多国内空白，深深影响着我国土木工程的发展。

以国家需要为己任：20 世纪 60 年代中苏关系破裂时我国亟须修建地下防护工程，为响应国家战略号召，陈肇元负责能模拟防护结构在爆炸压力荷载下发生毫秒级快速变形的快速加载试验机的设计。凭借夜以继日的努力，陈肇元成功设计制造了用高压氮气做动力的 5t、30t 直至 150t 的毫秒级快速加载试验机。他利用这套设备先后进行试验，取得了大量试验数据，进而提出了防护结构的设计方法，主编了《地下防护结构》教材。这些开创性的国防研究带动了土木工程及相关学科的研究，如结构抗震工程和高强高性能混凝土研究等。中国工程院院士、清华大学学术委员会主任聂建国评价说"陈老师非常重视理论与实践相结合，总是以国家需要为己任，科研工作以问题为导向，是我非常敬仰的学术前辈，对我影响很大"。

瞄准社会发展需求：改革开放后，面对快速发展的基础设施建设对混凝土强度等级和性能提出越来越高要求的市场。1985 年，他发起成立了高强混凝土专业委员会，主编了《高强混凝土结构设计与施工指南》《高强混凝土结构技术规程》，为我国高强混凝土结构的发展和推广应用做出了重要贡献。

小　结

混凝土和钢材是混凝土结构的主要材料，其物理力学性能对结构的行为具有重要影响。混凝土的物理力学性能比较复杂，导致混凝土结构的物理力学性能也非常复杂。主要原因是混凝土的非弹性性质，充分体现在混凝土的单轴应力-应变关系中。混凝土的单轴应力-应变关系描述了混凝土破坏的过程及特点，也给出了混凝土结构设计的重要参数及其变化规律，是混凝土结构构件正截面设计内力分析的重要依据，也是混凝土结构非线性分析的基础。

混凝土的强度包括立方体抗压强度、棱柱体抗压强度、轴心抗拉强度、多轴强度等，但各种强度之间有一定的关系。掌握各种强度，一是要清楚强度的定义及其物理意义，二是要认识各强度的关系及影响因素，三是要思考在工程中如何应用这些强度。多轴强度对理解混凝土约束及剪压（拉）的关系等具有重要意义，在承载能力计算及构造措施中都要用到这些概念。

收缩、徐变等非荷载变形在现代混凝土结构设计与施工中越来越受到重视。因此，学习时应查阅一些这方面的文献或资料。

混凝土和钢筋的黏结与锚固是纵向钢筋构造措施的主要内容，其理论基础是钢筋与混凝土之间的黏结性能。黏结性能决定钢筋的基本锚固长度，再考虑黏结性能的影响因素，就决定了钢筋的锚固长度及绑扎搭接等构造要求。

【讨论】结合约束混凝土的原理，分析护膝、护腕、护肘及绑腿（图 2-31）的作用及机理。

图 2-31　护膝、护腕、护肘及绑腿

思　考　题

1. 混凝土结构中使用的钢筋主要有哪些种类？根据钢筋的力学性能，钢筋可以分为哪两种类型？其屈服强度如何取值？

2. 有明显屈服点钢筋和没有明显屈服点钢筋的应力-应变曲线有什么不同？

3. 什么是钢筋的应力松弛？

4. 钢筋混凝土结构对钢筋的性能有哪些要求？

5. 混凝土的强度等级是如何确定的？《规范》规定的混凝土强度等级有哪些？

6. 混凝土的立方体抗压强度平均值 $f_{cu,m}$、轴心抗压强度平均值 $f_{c,m}$ 和轴心抗拉强度平均值 $f_{t,m}$ 是如何确定的？为什么 $f_{c,m}$ 低于 $f_{cu,m}$？$f_{c,m}$ 与 $f_{cu,m}$ 有何关系？$f_{t,m}$ 与 $f_{cu,m}$ 有何关系？

7. 混凝土的受压破坏机理是什么？根据破坏机理，提高混凝土强度可采取什么方法？

8. 混凝土的单轴抗压强度与哪些因素有关？混凝土轴心受压应力-应变曲线有何特点？

9. 混凝土的变形模量和弹性模量是怎样确定的？各有什么用途？

10. 混凝土受拉应力-应变曲线有何特点？极限拉应变是多少？

11. 什么是混凝土的徐变？徐变的规律是什么？徐变对钢筋混凝土构件有何影响？影响徐变的主要因素有哪些？如何减少徐变？

12. 什么是混凝土的收缩？收缩有什么规律？收缩与哪些因素有关？混凝土收缩对钢筋混凝土构件有什么影响？如何减少收缩？

13. 影响钢筋与混凝土黏结性能的主要因素有哪些？为保证钢筋与混凝土之间有足够的黏结力要采取哪些主要措施？

14. 在哪些情况下可以对钢筋的基本锚固长度进行修正？

15. 钢筋的连接应遵循哪些基本设计原则？

16. 何谓搭接连接区？如何求搭接连接区的长度？在搭接连接区内钢筋的接头面积百分率应满足什么条件？

17. 钢筋的冷加工方法有哪几种？冷拉和冷拔后的力学性能有何变化？《规范》是否主张继续推广应用冷加工钢筋？为什么？

习　　题

1. 试计算 C40 和 C60 混凝土的轴心抗压强度标准值、设计值，轴心抗拉强度标准值、设计值，弹性模量。

2. 试计算公称直径为 20mm 的 HRB400 级钢筋在 C30 混凝土中的基本锚固长度。

第 3 章

受弯构件的基本原理

【学习目标】

1. 熟悉受弯构件梁、板钢筋的作用及配筋构造要求。

2. 了解受弯构件正截面承载力试验的基本知识，受弯构件正截面破坏类型及特征，受弯构件的受力过程及各阶段的受力特点。

3. 掌握单筋、双筋矩形截面和 T 形截面受弯构件正截面承载力计算的基本假定、应力简图、计算公式及适用条件、承载力计算及复核方法。

4. 了解受弯构件的斜截面承载力试验的基本知识，受弯构件斜截面破坏类型、主要形态及影响因素。

5. 掌握无腹筋梁和有腹筋梁斜截面抗剪承载力的计算公式及适用条件，防止斜压破坏和斜拉破坏的措施。

6. 了解材料抵抗弯矩图的画法，受力钢筋的弯起、截断和锚固方法。

7. 掌握受弯构件变形和裂缝宽度的计算与验算方法。

8. 熟悉减小构件变形和裂缝宽度的方法。

9. 掌握从"试验—破坏特征与规律分析—影响因素分析—建立计算简图—建立计算模型"的科学研究路径，从"应变—应力—内力"的科学思维方法。

受弯构件是指以承受弯矩和剪力为主而轴力可以忽略不计的构件。民用建筑中的楼（屋）盖梁、板及楼梯、门窗过梁，工业厂房中屋面大梁、吊车梁、连系梁，公路和铁路桥梁中的行车道板、主梁和横隔梁等均为受弯构件。梁的常用截面形式有矩形、T 形、工字形（图 3-1a、b、c），有时为了降低层高，还可设计为十字形、花篮形、倒 T 形（图 3-1d、e、f）等。板的常见截面形式有矩形、空心形、槽形（图 3-1g、h、i）等。

钢筋混凝土结构构件除了可能由于达到承载力极限状态而发生破坏以外，还可能由于裂缝和变形超过了允许限值，使结构不能正常使用，达到正常使用极限状态。因此，受弯构件的设计要满足正截面承载力和斜截面承载力要求、变形和裂缝宽度要求及各种构造要求。

考虑到结构构件不满足正常使用极限状态对生命财产的危害性比不满足承载力极限状态的要小，其相应的可靠指标 β 要小些，故《规范》规定，结构构件承载力计算应采用荷载设计值，变形及裂缝宽度验算均采用荷载准永久值。按正常使用极限状态验算结构构件的变形及裂缝宽度时，其荷载效应大致相当于破坏荷载效应值的 50%~70%。

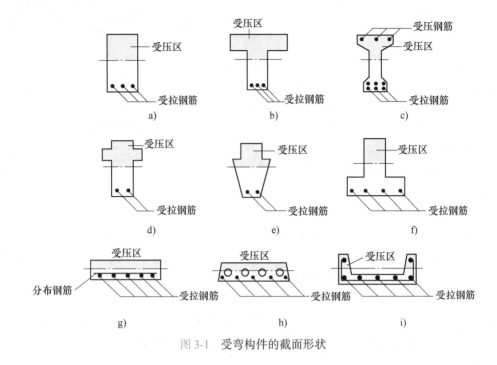

图 3-1　受弯构件的截面形状

3.1　受弯构件的一般构造要求

所谓构造就是考虑施工、变形及使用等在计算中未考虑的各因素的综合影响而采取的针对性措施。影响混凝土结构性能的因素很多、很复杂。承载力计算时通常只考虑荷载作用,而温度变形、混凝土的收缩与徐变、钢筋的应力松弛和蠕变等对承载力的影响不容易计算,一般采取构造措施加以解决。这些措施主要是根据工程经验而定的,可防止因计算中未考虑或过于复杂而难以考虑的因素对结构构件可能造成的开裂或破坏的影响。因此,混凝土结构构件设计时,除了要满足承载力要求,必须满足有关的构造要求。

3.1.1　梁的一般构造要求

1. 梁的截面尺寸

梁的截面高度 h 与跨度及荷载大小有关。从刚度要求出发,根据设计经验,单跨次梁及主梁的最小截面高度分别可取为 $l/20$ 及 $l/12$,连续次梁及主梁则取为 $l/25$ 及 $l/15$。通常取多跨连续次梁为 $l/18 \sim l/12$,多跨连续主梁、单跨简支梁为 $l/14 \sim l/8$,悬臂梁为 $l/8 \sim l/6$。工业与民用建筑结构中,不需进行挠度验算梁的截面最小高度可按表 3-1 选用。当梁的计算跨度 $l_0 > 9m$ 时,表中数值应乘以系数 1.2。

梁的截面宽度 b 一般根据梁的截面高度 h 确定:矩形截面高宽比 $h/b = 2 \sim 3$,T 形截面 $h/b = 2.5 \sim 4$。

梁的截面尺寸应满足承载力、刚度和抗裂要求,同时为了便于设计统一、便于施工,对于现浇钢筋混凝土构件,一般按下述采用:

1）矩形和 T 形截面的高度一般为 250mm，300mm，…，800mm，每级级差 50mm；800mm 以上每级级差 100mm。

2）矩形截面的宽度和 T 形截面的腹板宽度一般为 100mm、120mm、150mm、180mm、200mm、220mm、250mm 和 300mm；300mm 以上每级级差 50mm。

表 3-1　不需进行挠度验算梁的截面最小高度

构件种类		单跨简支	多跨连续	悬　臂
整体肋形梁	次梁	$l_0/15$	$l_0/20$	$l_0/8$
	主梁	$l_0/12$	$l_0/15$	$l_0/6$
独立梁		$l_0/12$	$l_0/15$	$l_0/6$

2. 梁的配筋

梁中通常配有纵向受拉钢筋、弯起钢筋、箍筋和架立钢筋等，当梁的截面高度较大时，还应在梁侧设置构造钢筋及相应的拉筋，如图 3-2a 所示。

（1）纵向受力钢筋　纵向受力钢筋用以承受弯矩产生的拉应力和压应力，宜采用 HRB400、HRB500、HRBF400、HRBF500 钢筋，直径常采用 10～32mm。当梁高 $h \geq 300mm$，纵筋直径不小于 10mm；当梁高 $h < 300mm$，纵筋直径不小于 8mm。伸入梁支座范围内的纵向受力钢筋根数，当梁宽 $b \geq 100mm$ 时，不宜少于两根。同一构件中钢筋直径的种类宜少，若需要采用两种不同直径，钢筋直径至少应相差 2mm，以便在施工中能够肉眼识别。

为了便于浇筑混凝土时保证钢筋周围混凝土的密实性，纵筋的净间距应满足图 3-2b 所示的要求。若钢筋必须排成两排时，上、下两排钢筋应对齐。

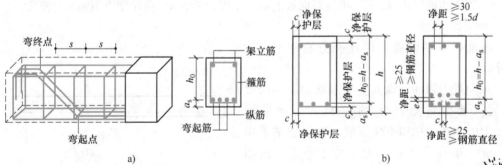

图 3-2　梁的钢筋种类及其净距、保护层和有效高度
a）梁的配筋种类　b）纵筋的净间距

梁的配筋

（2）架立钢筋　不配置受压筋的梁，其上部需要配置两根架立钢筋，其作用一是把箍筋固定在正确的位置上，并与梁底纵向钢筋连成钢筋骨架；二是承受因温度变化和混凝土收缩产生的拉应力，防止产生裂缝。架立钢筋的直径与梁的跨度 l_0 有关，一般为 10～14mm。当 $l_0 < 4m$ 时，架立钢筋的直径不宜小于 8mm；当 $l_0 = 4～6m$ 时，其直径不宜小于 10mm；当 $l_0 > 6m$ 时，其直径不宜小于 12mm。

架立钢筋与受力钢筋的区别是：架立钢筋是根据构造要求配置，通常直径较细、根数较少；受力钢筋则是根据受力要求按计算配置，通常直径较粗、根数较多。

（3）箍筋　梁箍筋用以承受剪力，连系梁内的受拉及受压纵向钢筋使其共同工作，固定纵筋位置以便于混凝土浇筑。箍筋直径与梁高有关，对截面高度大于800mm的梁，箍筋直径不宜小于8mm；对截面高度不大于800mm的梁，不宜小于6mm。梁中配有计算需要的纵向受压钢筋时，箍筋直径尚不应小于$d/4$，d为受压钢筋最大直径。

（4）弯起钢筋　纵向受拉钢筋在梁支座附近向上弯起，称为弯起钢筋。弯起部分承担剪力作用，弯起后的水平段可以承担梁支座附近的负弯矩。弯起钢筋与箍筋统称为腹筋。

（5）梁侧构造钢筋　《规范》规定，当梁的腹板高度$h_w \geqslant 450$mm时，在梁的两个侧面应沿高度配置纵向构造钢筋，用于抵抗由于温度应力及混凝土收缩应力在梁侧产生的裂缝，同时与箍筋共同构成网格骨架以利于应力扩散。每侧纵向构造钢筋（不包括梁上、下部受力钢筋及架立钢筋）的截面面积不应小于腹板截面面积bh_w的0.1%，且间距不宜大于200mm。梁两侧的纵向构造钢筋宜用拉筋连接，拉筋直径与箍筋直径相同，间距常取箍筋间距的两倍。腹板高度h_w，对矩形截面为有效高度，对T形和I形截面取减去上、下翼缘后的腹板净高。

3.1.2　板的一般构造要求

1. 板的截面尺寸

板的厚度除了要满足承载力、刚度和抗裂要求，应考虑使用要求、施工要求和经济因素。从刚度条件出发，现浇板的厚度不应小于附录表C-7规定的数值，单跨简支板的最小厚度不小于$l_0/35$（l_0为板的计算跨度），多跨连续板的最小厚度不小于$l_0/40$，悬臂板的最小厚度不小于$l_0/12$。对现浇单向板的最小厚度：屋面板、民用建筑楼板为60mm；工业建筑楼板为70mm；行车道下的楼板为80mm。现浇双向板的最小厚度为80mm。板厚度以10mm为模数。

2. 板的配筋

板中通常配有纵向受力钢筋和分布钢筋，如图3-3所示。

（1）纵向受力钢筋　纵向受力钢筋沿板的跨度方向布置，承担弯矩产生的拉应力，常采用HPB300、HRB400、HRBF400钢筋。直径通常采用6mm、8mm、10mm、12mm。为了便于施工，选用钢筋直径的种类越少越好。

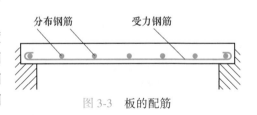

图3-3　板的配筋

为了使板内钢筋能够正常地分担内力和便于浇筑混凝土，钢筋间距不宜太大，也不宜太小。当采用绑扎施工方法，板厚$h \leqslant 150$mm时，受力钢筋间距不宜大于200mm；板厚$h > 150$mm时，受力钢筋间距不宜大于$1.5h$，且不宜大于200mm。同时，板中受力钢筋间距不宜小于70mm。

（2）分布钢筋　分布钢筋布置与受力钢筋垂直，放置于受力钢筋的内侧，交点用细钢丝绑扎或焊接，其作用一是将板面上的荷载均匀地传布给受力钢筋，二是在施工中固定受力钢筋的位置，并抵抗温度应力及收缩应力。分布钢筋的截面面积不应小于受力钢筋面积的15%，且不宜小于该方向板截面面积的0.15%；分布钢筋间距不宜大于250mm，直径不宜小于6mm。对集中荷载较大的情况，分布钢筋的截面面积应适当增加，其间距不宜大于200mm。

（3）支座锚固长度　简支板或连续板下部纵向受力钢筋伸入支座的锚固长度不应小于钢筋直径的 5 倍，且宜伸过支座的中心线。当连续板内温度应力及收缩应力较大时，伸入支座的长度宜适当增加。

3.1.3　纵向受力钢筋的配筋率

配筋率是钢筋混凝土构件中纵向受力钢筋的面积 A_s 与构件的有效面积 bh_0 之比，一般用百分数表示，即

$$\rho = \frac{A_s}{bh_0} \times 100\% \tag{3-1}$$

式中　ρ——配筋率；

b——矩形截面的宽度；

h_0——截面的有效高度。

最小配筋率是指当梁的配筋率 ρ 很小，梁受拉区开裂后，钢筋应力趋近于屈服强度，这时的配筋率称为最小配筋率 ρ_{min}，即

$$\rho_{min} = \frac{A_s}{bh} \times 100\% \tag{3-2}$$

配筋率是影响构件受力特征的一个参数，控制配筋率可以控制结构构件的破坏形态，不发生超筋破坏和少筋破坏，配筋率也是反映经济效果的主要指标之一。控制最小配筋率是防止构件发生少筋破坏，少筋破坏是脆性破坏，设计时应当避免。

3.1.4　保护层厚度

保护层厚度是指最外层钢筋（包括箍筋、构造筋、分布筋等）的外缘至混凝土表面的最小距离，用 c 表示。混凝土保护层的作用是：满足普通钢筋、有黏结预应力筋与混凝土共同工作性能要求；满足混凝土构件的耐久性能及防火性能要求。

保护层厚度与环境类别和混凝土强度等级有关，纵向受力的普通钢筋及预应力筋的混凝土保护层厚度不应小于钢筋的公称直径 d，且应符合附录表 C-2 的规定（一般设计中是采用最小值）。

保护层最小厚度的规定是为了使混凝土结构构件满足耐久性和对受力钢筋有效锚固的要求。混凝土保护层厚度越大，构件的受力钢筋黏结锚固性能、耐久性和防火性能越好。但是，过大的保护层厚度会使构件受力后产生的裂缝宽度过大，从而影响其使用性能（如破坏构件表面的装修层、过大的裂缝宽度会令人恐慌不安），而且由于设计中不考虑保护层混凝土的抗拉作用，过大的保护层厚度必然会造成经济上的浪费。

3.1.5　截面有效高度

梁板在达到极限承载力时，混凝土保护层已经开裂甚至脱落，对极限承载力没有贡献。在计算模型简化时，不考虑混凝土的抗拉作用，钢筋所承受的力简化为作用于钢筋合力点，所以计算时采用截面有效高度。

梁的截面有效高度 h_0 为梁截面受压区的外边缘至受拉钢筋合力点的距离，$h_0 = h - a_s$，其中 a_s 为受拉钢筋合力点至受拉区边缘的距离。纵筋为一排钢筋时，$a_s = c + d_{sv} + d/2$；纵筋为

两排钢筋时，$a_s = c + d_{sv} + d + e/2$；其中，$c$ 为混凝土保护层厚度，按附录表 C-2 选用；箍筋直径 d_{sv} 取常用钢筋直径 6~12mm 的中值 10mm；纵筋直径 d 取常用钢筋直径 8~32mm 的中值 20mm；e 为上下两排钢筋的净距，一般取 $e = 25mm$ 计算。

板的截面有效高度 $h_0 = h - a_s$，受力钢筋一般为一排钢筋，$a_s = c + d/2$。截面设计时，取 $d = 10mm$ 计算 a_s。

3.2　受弯构件的正截面承载力计算

3.2.1　受弯构件的正截面受力性能试验分析

1. 正截面工作的三个阶段

图 3-4 所示为一配筋适量的钢筋混凝土矩形截面梁的两点加载试验。试验目的是研究在纯弯荷载作用下正截面受力和变形的变化规律。为了消除剪力对正截面受弯的影响，采用两点对称加载，在忽略自重的情况下，两个对称集中荷载间形成"纯弯段"，同时也有利于布置测试仪表，以观察试验梁受荷后的变形和裂缝的出现与开展情况。

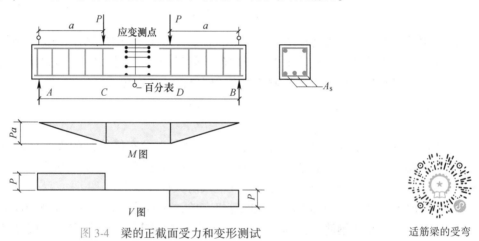

图 3-4　梁的正截面受力和变形测试
　　　　　　　　　　　　　　　　　　　　　　适筋梁的受弯

在"纯弯段"内，沿梁高两侧布置混凝土应变测点，用以测量梁的纵向应变；在梁跨中钢筋表面处预埋电阻应变片，用以测量钢筋的应变；在跨中和支座上分别安装百分表，以测量跨中的挠度 f；有时还要安装倾角仪测量梁的转角。试验采用分级加载，由零开始直至梁正截面受弯破坏。每级加载后观测和记录裂缝的出现及发展情况，并记录受拉钢筋的应变、不同高度处混凝土纤维的应变及梁的挠度。

图 3-5 所示为一根典型单筋矩形截面适筋梁的试验结果。图中纵坐标为无量纲 M^t / M^t_u 值；横坐标为跨中挠度 f 的实测值。M^t 为各级荷载下的实测弯矩；M^t_u 为试验梁破

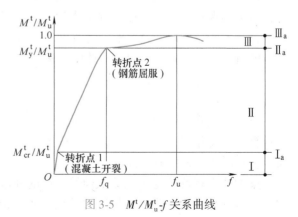

图 3-5　M^t / M^t_u-f 关系曲线

坏时所能承受的极限弯矩。从图中可以看出，曲线上有两个明显的转折点，将适筋梁的受力过程分为三个阶段，即未裂阶段、裂缝阶段和破坏阶段。

第Ⅰ阶段（未裂阶段）弯矩较小，挠度和弯矩关系接近直线变化，梁的工作特点是未出现裂缝；当弯矩超过开裂弯矩 M_{cr}^t 后将产生裂缝，进入第Ⅱ阶段（裂缝阶段），这个阶段梁的工作特点是带裂缝工作。随着荷载的增加将不断出现新的裂缝，随着裂缝的出现与不断开展，挠度的增长速度较开裂前加快。

在第Ⅱ阶段整个发展过程中，钢筋的应力将随着荷载的增加而增加。当受拉钢筋刚刚到达屈服强度（对应于梁所承受的弯矩为 M_y^t）瞬间，标志着第Ⅱ阶段的终结而进入第Ⅲ阶段（破坏阶段），此时，在 $M^t/M_u^t\text{-}f$ 关系曲线上出现了第二个明显转折点。第Ⅲ阶段梁的工作特点是裂缝急剧开展，挠度急剧增加，钢筋应变有较大的增长但其应力始终维持屈服强度不变。梁的弯矩 M^t 从 M_y^t 再增加不多即到达梁所承受的极限弯矩 M_u^t，此时标志着梁开始破坏。

在 $M^t/M_u^t\text{-}f$ 关系曲线上的两个明显的转折点，把梁的截面受力和变形过程划分为图 3-6 所示的三个阶段。

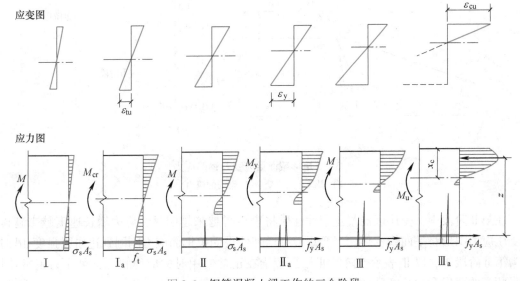

图 3-6　钢筋混凝土梁工作的三个阶段

（1）第Ⅰ阶段　开始加载时，由于弯矩很小，量测的梁截面上各个纤维应变也很小，且变形的变化规律符合平截面假定，这时梁的工作情况与匀质弹性体梁相似，混凝土基本上处于弹性工作阶段，应力与应变成正比，受压区和受拉区混凝土应力分布图形可假设为三角形。

当弯矩再增大，量测到的应变也将随之加大，但其变化规律仍符合平截面假定。由于混凝土受拉时应力-应变关系呈曲线性质，故在受拉区边缘处混凝土将首先开始表现出塑性性质，应变较应力增长速度快。从而可以推断出受拉区应力图形开始偏离直线而逐步变弯，随着弯矩继续增加，受拉区应力图形中曲线部分的范围将不断沿梁高向上发展。

在弯矩增加到 M_{cr}^t 时，受拉区边缘纤维应变恰好到达混凝土受弯时极限拉应变 ε_{tu}，梁处于将裂而未裂的极限状态，即第Ⅰ阶段末，以 I_a 表示。此时受压区边缘纤维应变量测值相

适筋梁正截面受
弯三个受力阶段

对还很小，受压区混凝土基本上属于弹性工作性质，即受压区应力图形接近三角形，但受拉区应力图形则呈曲线分布。在 I_a 时，由于黏结力的存在，受拉钢筋的应变与周围同一水平处混凝土拉应变相等，这时钢筋应力 $\sigma_s = \varepsilon_{tu} E_s$，量值较小。由于受拉区混凝土塑性的发展，第 I 阶段末中和轴的位置较 I 阶段的初期略有上升。I_a 可作为受弯构件抗裂验算的依据。

（2）第 II 阶段　当 $M = M_{cr}^t$ 时，在"纯弯段"抗拉能力最薄弱的截面处将首先出现第一条裂缝，一旦开裂，梁即由第 I 阶段进入第 II 阶段工作。在裂缝截面处，由于混凝土开裂，受拉区工作将主要由钢筋承受，在弯矩不变的情况下，开裂后的钢筋应力较开裂前将突然增大许多，使裂缝一出现即具有一定的开展宽度，并将沿梁高延伸到一定的高度，从而在这个截面处中和轴的位置也将随之上移。但在中和轴以下裂缝还未延伸到的部位，混凝土仍可承受一小部分拉力。

随着弯矩继续增加，受压区混凝土压应变与受拉钢筋的拉应变实测值均不断增长，但其平均应变的变化规律仍符合平截面假定（图3-7）。

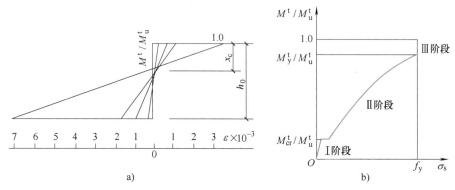

图 3-7　矩形截面梁应变及钢筋应力

a）混凝土的应变　b）钢筋的应力

在第 II 阶段中，受压区混凝土塑性性质将表现得越来越明显，应力增长速度越来越慢，故受压应力图形将呈曲线变化。当弯矩继续增加使得受拉钢筋应力刚刚到达屈服强度 M_y^t 时，称为第 II 阶段末，以 II_a 表示。阶段 II 相当于梁在正常使用时的应力状态，可作为正常使用极限状态的变形和裂缝宽度计算的依据。

（3）第 III 阶段　在图3-5中 M^t/M_u^t-f 曲线的第二个明显转折点 II_a 之后，梁就进入第 III 阶段工作。这时钢筋因屈服，将在变形继续增大的情况下保持应力不变。当弯矩再稍有增加，则钢筋应变骤增，裂缝宽度随之扩展并沿梁高向上延伸，中和轴继续上移，受压区高度进一步减小。但为了平衡钢筋的总拉力，受压区混凝土的总压力也将始终保持不变。这时量测的受压区边缘纤维应变也将迅速增长，受压区混凝土塑性特征将表现得更为充分，可以推断受压区应力图形将更趋丰满。

弯矩再增加直至梁承受极限弯矩 M_u^t 时，称为第 III 阶段末，以 III_a 表示。此时，边缘纤维压应变达到（或接近）混凝土受弯时的极限压应变 ε_{cu}，标志着梁已开始破坏。其后，在实验室一定条件下，适当配筋的试验梁虽可继续变形，但所承受的弯矩将有所降低，最后在破坏区段上受压区混凝土被压碎甚至崩落而完全破坏。

在第 III 阶段整个过程中，钢筋所承受的总拉力和混凝土所承受的总压力始终保持不变。

但由于中和轴逐步上移,内力臂 Z 不断略有增加,故截面破坏弯矩 M_u^t 较 II_a 时的 M_y^t 也略有增加。第 III 阶段末 III_a 可作为极限状态承载力计算的依据。

总结上述试验梁从加荷到破坏的整个过程,应注意以下几个特点:

1) 由图 3-5 可知,第 I 阶段梁的挠度增长速度较慢;第 II 阶段梁因带裂缝工作,使挠度增长速度较快;第 III 阶段由于钢筋屈服,故挠度急剧增加。

2) 由图 3-7a 可见,随着弯矩的增加,中和轴不断上移,受压区高度 x_c 逐渐缩小,混凝土边缘纤维压应变随之加大,受拉钢筋的拉应变也随着弯矩的增长而加大。但应变图基本上仍是上下两个三角形,即平均应变符合平截面假定。由图 3-6 可见,受压区应力图形在第 I 阶段为三角形分布;第 II 阶段为微曲线形状;第 III 阶段呈更为丰满的曲线分布。

3) 由图 3-7b 中 $M^t/M_u^t - \sigma_s$ 关系曲线可以看出:在第 I 阶段钢筋应力 σ_s 增长速度较慢;当 $M = M_{cr}^t$ 时,开裂前、后的钢筋应力发生突变;第 II 阶段 σ_s 较第 I 阶段增长速度加快;当 $M = M_y^t$ 时,钢筋应力到达屈服强度 f_y^t,以后应力不再增加直到破坏。

2. 正截面的破坏形式

试验研究表明,梁正截面的破坏形式与梁的配筋率 ρ、钢筋和混凝土的强度等级有关。在常用的钢筋级别和混凝土强度等级情况下,梁的破坏形式主要随配筋率 ρ 的大小而异,一般可分为适筋破坏、超筋破坏、少筋破坏三类破坏形式,如图 3-8 所示。

(1) 适筋破坏 当受拉筋配筋率适量时发生的适筋破坏,其特点是破坏首先始于受拉区钢筋的屈服,然后受压区混凝土被压碎,钢筋和混凝土的强度都得到充分利用。梁完全破坏以前,由于钢筋要经历较大的塑性变形,随之引起裂缝急剧开展和梁挠度的激增,给人以明显的破坏预兆,称之为"延性破坏"(图 3-8a)。

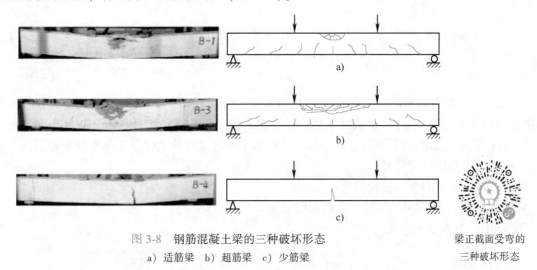

图 3-8 钢筋混凝土梁的三种破坏形态

a) 适筋梁 b) 超筋梁 c) 少筋梁

梁正截面受弯的
三种破坏形态

参看图 3-5,对应于 II_a 时的弯矩 M_y^t 的挠度设为 f_q;对应于 III_a 时的最大破坏弯矩 M_u^t 的挠度设为 f_u。由图可知,弯矩从 M_y^t 增长到 M_u^t 时的增量 $(M_u^t - M_y^t)$ 虽较小,但相应的挠度增量 $(f_u - f_q)$ 却较大。这意味着适筋梁当弯矩超过 M_y^t 后,在截面承载力无明显变化的情况下,具有承受较大变形的能力。并且,$(f_u - f_q)$ 越大,截面延性越好。

(2) 超筋破坏 当受拉筋配筋率大于界限配筋率发生超筋破坏,其特点是破坏始于受压区混凝土的压碎,受压区边缘纤维应变达到混凝土受弯时的极限压应变值,钢筋应力还小于屈服强度,裂缝宽度很小,沿梁高延伸较短,梁的挠度不大,但此时梁已破坏。因此在没有明显预兆的情况下由于受压区混凝土突然压碎而破坏,故习惯上常称之为"脆性破坏"(图3-8b)。

超筋梁虽配置过多的受拉钢筋,但由于其应力低于屈服强度,不能充分发挥作用,造成钢材的浪费。这不仅不经济,且破坏前毫无预兆,故设计中不允许采用这种梁。

(3)少筋破坏　当梁的配筋率 ρ 小于最小配筋率时发生少筋破坏,其特点是梁破坏时的弯矩 M_u^t 小于正常情况下的开裂弯矩 M_{cr}^t。梁配筋率 ρ 越小,($M_u^t - M_y^t$)的差值越大;ρ 越大(但仍在少筋梁范围内),($M_u^t - M_y^t$)的差值越小。当 $M_u^t - M_y^t = 0$ 时,从理论上讲,它就是少筋梁与适筋梁的界限。少筋梁混凝土一旦开裂,受拉钢筋立即到达屈服强度并迅速经历整个流幅而进入强化阶段工作。由于裂缝往往集中出现一条,不仅开展宽度较大,而且沿梁高延伸很高。即使受压区混凝土暂时未压碎,但因此时的裂缝宽度过大,已标志着梁的"破坏"(图3-8c)。尽管开裂后梁仍可能保留一定的承载力,但因梁已发生严重的下垂,这部分承载力实际上是不能利用的,少筋梁也属于"脆性破坏"。因此是不经济、不安全的,在工程结构设计中不允许使用。

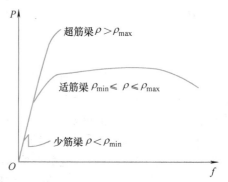

图3-9　适筋梁、超筋梁、少筋梁 $P\text{-}f$ 关系曲线

图3-9所示为三类梁的荷载-挠度($P\text{-}f$)关系曲线。

3.2.2　正截面承载力计算原理

1. 基本假定

基于受弯构件的破坏特征分析,正截面承载力计算以图3-6中 $\mathrm{III_a}$ 的应力应变分布作为依据。《通用规范》规定:正截面承载力计算应采用符合工程需求的混凝土应力-应变本构关系,并应满足变形协调和静力平衡条件,采用基本假定进行简化计算。基本假定如下:

1)截面平均应变保持平面。

2)不考虑混凝土的抗拉强度。

3)混凝土受压的应力-应变关系曲线按下列规定取用(图3-10),其数学表达式为

当 $\varepsilon_c \leqslant \varepsilon_0$ 时　$\sigma_c = f_c \left[1 - \left(1 - \dfrac{\varepsilon_c}{\varepsilon_0} \right)^n \right]$ 　　(3-3)

当 $\varepsilon_0 < \varepsilon_c \leqslant \varepsilon_{cu}$ 时　　$\sigma_c = f_c$ 　　(3-4)

$$n = 2 - \frac{1}{60}(f_{cu,k} - 50)$$ 　　(3-5)

$$\varepsilon_0 = 0.002 + 0.5(f_{cu,k} - 50) \times 10^{-5}$$ 　　(3-6)

$$\varepsilon_{cu} = 0.0033 - (f_{cu,k} - 50) \times 10^{-5}$$ 　　(3-7)

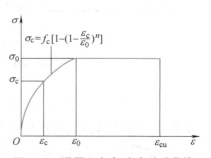

图3-10　混凝土应力-应变关系曲线

式中 σ_c——混凝土压应变为 ε_c 时的压应力；

f_c——混凝土轴心抗压强度设计值；

ε_c——受压区混凝土压应变；

ε_0——混凝土压应力刚达到 f_c 时的混凝土压应变，当计算的 ε_0 小于 0.002 时，取 0.002；

ε_{cu}——混凝土极限压应变，当处于非均匀受压时，按式（3-7）计算，如计算的 $\varepsilon_{cu} >$ 0.0033，取 $\varepsilon_{cu} = 0.0033$，当处于轴心受压时，取 $\varepsilon_{cu} = 0.002$；

$f_{cu,k}$——混凝土立方体抗压强度标准值；

n——系数，当计算的 n 值大于 2.0 时，取 2.0。

4）纵向钢筋的应力-应变关系曲线如图 3-11 所示，应力取等于钢筋应变与其弹性模量的乘积，但其值不应大于其相应的强度设计值。纵向受拉钢筋的极限拉应变取为 0.01。

2. 基本方程

以单筋矩形截面为例，根据上述基本假定可得出截面在承载力极限状态下，受压边缘达到了混凝土的极限压应变 ε_{cu}。若假定这时截面受压区高度为 x_c，则受压区某一混凝土纤维的压应变为

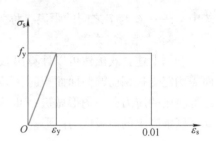

图 3-11 纵向钢筋的应力-应变关系曲线

$$\varepsilon_c = \varepsilon_{cu} \frac{y}{x_c} \tag{3-8}$$

受拉钢筋的应变为
$$\varepsilon_s = \varepsilon_{cu} \frac{h_0 - x_c}{x_c} \tag{3-9}$$

式中 y——受压区任意纤维至截面中和轴的距离；

ε_s——受拉钢筋的应变；

x_c——截面受压区高度；

h_0——截面的有效高度。

将式（3-8）计算的值代入式（3-3）或式（3-4），可得图 3-12 所示的截面受压区应力分布。

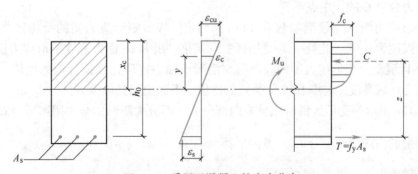

图 3-12 受压区混凝土的应力分布

图 3-12 中，压应力的合力 C 为

$$C = \int_0^{x_c} \sigma_c b \mathrm{d}y \tag{3-10}$$

当梁的配筋率处于适筋范围时，受拉钢筋应力已经达到屈服强度，钢筋的拉力 T 为

$$T = f_y A_s \tag{3-11}$$

根据截面的基本平衡条件 $C = T$，得

$$\int_0^{x_c} \sigma_c b \mathrm{d}y = f_y A_s \tag{3-12}$$

此时，截面所能抵抗的弯矩，即截面抗弯承载力 M_u 为

$$M_u = Cz = \int_0^{x_c} \sigma_c b (h_0 - x_c + y) \mathrm{d}y \tag{3-13}$$

式中 z——C 与 T 之间的距离，称为内力臂。

3. 等效矩形应力图

利用上述公式虽然可以计算出截面的抗弯承载力，但计算过于复杂，尤其是当弯矩已知而需确定受拉钢筋的截面面积时，必须经多次试算才能获得满意的结果。因此，需要对受压区混凝土的应力分布图形做进一步的简化。可采用图 3-13 所示的等效矩形应力图形来代替受压区混凝土的曲线应力图形。

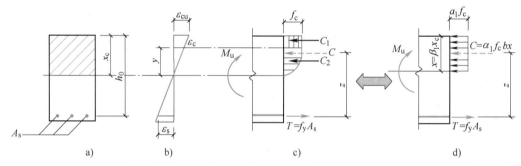

图 3-13 等效矩形应力图形的换算

a）截面受压区 b）截面应变分布 c）受压区简化曲线应力图 d）受压区等效矩形应力图

等效应力图

用等效矩形应力图形代替实际曲线应力分布图形时，应满足两个等效条件：①保持原来受压区混凝土压应力合力 C 的大小不变；②保持原来受压区混凝土压应力合力 C 的作用点不变。

等效矩形应力图由无量纲参数 α_1 和 β_1 来确定。等效矩形应力图的受压区高度为 $\beta_1 x_c$，受压混凝土强度为 $\alpha_1 f_c$，此处 x_c 为受压区实际高度。β_1 和 α_1 称为等效矩形应力图系数，系数 α_1 是受压区矩形应力图的应力值与混凝土轴心抗压强度设计值的比值；系数 β_1 是矩形应力图受压区高度 x 与中和轴高度 x_c 的比值。下面说明其计算方法。

在图 3-13c 所示的受压区混凝土分成两部分，一部分为矩形的竖向阴影部分 C_1，另一部分为抛物线形的横向阴影部分 C_2。根据平截面假定，由式（3-8）得 $y = \dfrac{\varepsilon_c}{\varepsilon_{cu}} x_c$。

由力等效条件①，得受压区混凝土压应力合力 C

$$C = C_1 + C_2 = f_c (x_c - y) b + f_c \frac{2}{3} y b = f_c b \left(1 - \frac{1}{3} \frac{\varepsilon_c}{\varepsilon_{cu}}\right) x_c = \alpha_1 f_c b \beta_1 x_c \tag{3-14}$$

由弯矩等效条件②，得受压区混凝土压应力合力 C 的作用点

$$\frac{1}{2}\beta_1 x_c = \frac{C_1\frac{(x_c-y)}{2}+C_2\left(x_c-\frac{5}{8}y\right)}{C} = \frac{\frac{\left(1-\frac{\varepsilon_c}{\varepsilon_{cu}}\right)^2}{2}+\frac{2}{3}\frac{\varepsilon_c}{\varepsilon_{cu}}\left(1-\frac{5}{8}\frac{\varepsilon_c}{\varepsilon_{cu}}\right)}{\left(1-\frac{\varepsilon_c}{\varepsilon_{cu}}\right)+\frac{2}{3}\frac{\varepsilon_c}{\varepsilon_{cu}}}x_c \quad (3-15)$$

对强度等级为 C50 及其以下的混凝土，$\varepsilon_c = 0.002$，$\varepsilon_{cu} = 0.0033$，代入式（3-15）得 $\beta_1 = 0.824$，再代入式（3-14）得 $\alpha_1 = 0.968$。为简化计算，《规范》取 $\beta_1 = 0.8$，$\alpha_1 = 1.0$。其他不同强度等级的混凝土，可由式（3-14）、式（3-15）和式（3-8）计算出不同的应力图系数 β_1 和 α_1。《规范》建议 β_1 和 α_1 按表 3-2 采用，表中数值之间的按直线内插法取用。

表 3-2 受压混凝土的等效矩形应力图系数 β_1 和 α_1

混凝土强度等级	≤C50	C55	C60	C65	C70	C75	C80
β_1	0.8	0.79	0.78	0.77	0.76	0.75	0.74
α_1	1.0	0.99	0.98	0.97	0.96	0.95	0.94

4. 适筋和超筋破坏的界限条件

比较适筋梁和超筋梁的破坏，两者的差异在于：前者破坏始自受拉钢筋；后者则始自受压区混凝土。显然，当梁的钢筋级别和混凝土强度等级确定之后，总存在一个特定的配筋率 ρ_{max}，使得钢筋应力到达屈服强度的同时，受压区边缘纤维应变也恰好到达混凝土受弯时极限压应变值，发生"界限破坏"，即适筋梁与超筋梁的界限。出于安全和经济的考虑，在实际工程中不允许采用超筋梁，那么这个特定配筋率 ρ_{max} 实质上就限制了适筋梁的最大配筋率。梁的实际配筋率 $\rho < \rho_{max}$ 时，破坏始自受拉筋的屈服；$\rho > \rho_{max}$ 时，破坏始自受压区混凝土的压碎；$\rho = \rho_{max}$ 时，受拉钢筋应力到达屈服强度的同时受压区混凝土压碎而使截面破坏。

为了防止发生超筋破坏，要求配筋率不超过界限配筋率 ρ_{max} 值，或控制 ξ 不超过界限相对受压区高度 ξ_b，其值可根据平截面假定求得。

（1）使用有明显屈服点钢筋的受弯构件 根据给定的混凝土极限压应变 ε_{cu} 和平截面假定可知，适筋和超筋的界限破坏，即钢筋达到屈服（$\varepsilon_y = f_y/E_s$）的同时混凝土发生受压破坏（$\varepsilon_c = \varepsilon_{cu}$）的相对中和轴高度 ξ_{nb} 为（图 3-14）

$$\xi_{nb} = x_{cb}/h_0 = \varepsilon_{cu}/(\varepsilon_{cu}+\varepsilon_y) \quad (3-16)$$

由 $x = \beta_1 x_c$ 的关系，则界限相对受压区高度 ξ_b 为

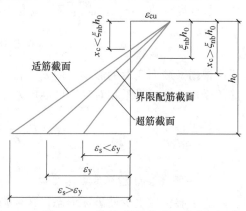

图 3-14 不同配筋梁的截面应变

$$\xi_b = \frac{x_b}{h_0} = \beta_1\xi_{nb} = \beta_1\frac{\varepsilon_{cu}}{\varepsilon_{cu}+\varepsilon_y} = \frac{\beta_1}{1+\frac{\varepsilon_y}{\varepsilon_{cu}}} = \frac{\beta_1}{1+\frac{f_y}{\varepsilon_{cu}E_s}} \quad (3-17a)$$

由式（3-17a）可知，对不同的钢筋级别和混凝土强度等级有着不同的 ξ_b 值，见表 3-3。

表 3-3   钢筋混凝土构件配有屈服点钢筋的 ξ_b

钢筋级别	屈服强度 f_y /（N/mm²）	ξ_b						
		≤ C50	C55	C60	C65	C70	C75	C80
HPB300	270	0.576	0.566	0.556	0.547	0.537	0.528	0.518
HRB400、HRBF400、RRB400	360	0.518	0.510	0.499	0.490	0.481	0.472	0.463
HRB500、HRBF500	435	0.482	0.473	0.464	0.455	0.447	0.438	0.429

当相对受压区高度 $\xi \leq \xi_b$ 时，属于适筋梁；当 $\xi > \xi_b$ 时，属于超筋梁。当 $\xi = \xi_b$ 时，可求出界限破坏时的特定配筋率，即适筋梁的最大配筋率 ρ_{max} 值。由图 3-13c，取 $x = x_b$，$A_s = \rho_{max} bh_0$，则

$$\alpha_1 f_c b x_b = f_y A_s = f_y \rho_{max} bh_0 \tag{3-18}$$

故

$$\rho_{max} = \frac{x_b}{h_0} \cdot \frac{\alpha_1 f_c}{f_y} = \xi_b \frac{\alpha_1 f_c}{f_y} \tag{3-19}$$

为了方便，将配置具有明显屈服点钢筋的普通钢筋混凝土受弯构件的最大配筋率 ρ_{max} 整理，结果见表 3-4。

表 3-4   受弯构件的最大配筋率 ρ_{max}（%）

钢筋级别	混凝土强度等级											
	C25	C30	C35	C40	C45	C50	C55	C60	C65	C70	C75	C80
HPB300	2.54	3.05	3.56	4.07	4.50	4.93	5.25	5.55	5.84	6.07	6.28	6.47
HRB400、HRBF400、RRB400	1.72	2.07	2.41	2.76	3.05	3.34	3.55	3.74	3.92	4.08	4.21	4.34
HRB500、HRBF500	1.32	1.58	1.85	2.12	2.34	2.56	2.72	2.87	3.01	3.14	3.23	3.33

（2）使用无明显屈服点钢筋的受弯构件   对于碳素钢丝、钢绞线、热处理钢筋及冷轧带肋钢筋等无明显屈服点的钢筋，取对应于残余应变为 0.002 时的名义屈服点应力 $\sigma_{0.2}$ 作为抗拉强度设计值。$\sigma_{0.2}$ 对应的钢筋应变为

$$\varepsilon_s = 0.002 + \varepsilon_y = 0.002 + \frac{f_y}{E_s}$$

根据平截面变形的假设，用 ε_s 代替式（3-17a）中的 ε_y，可以得出使用无明显屈服点钢筋的受弯构件的界限相对受压区高度 ξ_b 的计算式

$$\xi_b = \beta_1 \frac{\varepsilon_{cu}}{\varepsilon_{cu} + \varepsilon_s} = \frac{\beta_1}{1 + \dfrac{0.002}{\varepsilon_{cu}} + \dfrac{f_y}{\varepsilon_{cu} E_s}} \tag{3-17b}$$

5. 适筋和少筋破坏的界限条件

为了避免发生少筋破坏形态，必须确定构件的最小配筋率 ρ_{min}。

最小配筋率是少筋梁与适筋梁的界限配筋率。配有最小配筋率 ρ_{min} 的钢筋混凝土梁的抗弯承载力 M_u 应等于同样截面、同一强度等级的素混凝土梁的开裂弯矩 M_{cr}。

矩形截面素混凝土梁的开裂弯矩计算公式为

最小配筋率

$$M_{cr} = 0.26bh^2 f_{tk} = 0.36bh^2 f_t \tag{3-20}$$

令式（3-20）与式（3-13）相等，并取 $\left(h_0-\dfrac{x}{2}\right)\approx 0.8h$，可得

$$0.8f_yA_sh = 0.36bh^2f_t \tag{3-21}$$

$$\rho_{min} = \frac{A_s}{bh} = 0.45\frac{f_t}{f_y} \tag{3-22}$$

由式（3-22）可知，ρ_{min} 与混凝土抗拉强度及钢筋强度有关。《规范》在综合考虑温度应力、收缩应力的影响及以往的设计经验基础上，对最小配筋率 ρ_{min} 规定如下：

1）受弯构件、偏心受拉、轴心受拉构件，其一侧纵向受拉钢筋的配筋率不应小于 0.2% 和 $45\dfrac{f_t}{f_y}\%$ 中的较大值；据此，不同混凝土强度等级和不同钢筋级别受弯构件的最小配筋率 ρ_{min} 见表 3-5，图中黑色粗实线围成的区域为 0.2% 起控制作用的范围。

2）卧置于地基上的混凝土板，板的受拉钢筋的最小配筋率可适当降低，但不应小于 0.15%。

表 3-5 **受弯构件的最小配筋率 ρ_{min}（%）**

钢筋级别	混凝土强度等级											
	C25	C30	C35	C40	C45	C50	C55	C60	C65	C70	C75	C80
HPB300	0.21	0.24	0.26	0.29	0.30	0.32	0.33	0.34	0.35	0.36	0.36	0.37
HRB400、HRBF400、RRB400	0.20	0.20	0.20	0.21	0.23	0.24	0.25	0.26	0.26	0.27	0.27	0.28
HRB500、HRBF500	0.20	0.20	0.20	0.20	0.20	0.20	0.20	0.21	0.22	0.22	0.23	0.23

6. 经济配筋率

受弯构件在截面高宽比合适的情况下，根据材料价格和施工费用可以确定出不同配筋率时的造价，从而得出经济配筋率。实践经验表明，当 ρ 在最经济配筋率附近波动时，总造价的波动很小。所以，设计时，ρ 可在经济配筋率区间取值，板的经济配筋率为 $0.3\%\sim0.8\%$，单筋矩形截面的经济配筋率为 $0.6\%\sim1.5\%$，T 形截面的经济配筋率为 $0.9\%\sim1.8\%$。

3.2.3 单筋矩形截面受弯构件的正截面承载力计算

矩形截面通常分为单筋矩形截面和双筋矩形截面两种形式。只在截面的受拉区配置纵向受拉钢筋的矩形截面，称为单筋矩形截面。在截面的受拉区和受压区均配置纵向受力钢筋的矩形截面，称为双筋矩形截面。受压区配有架立钢筋的截面，不属于双筋截面。

正截面承载力
计算原理

1. 基本公式及适用条件

（1）基本公式 单筋矩形截面受弯构件正截面承载力计算简图如图 3-15 所示，省略了架立筋和箍筋。

由力的平衡条件，得

$$\sum X = 0 \quad \alpha_1 f_c bx = f_y A_s \tag{3-23}$$

由力矩的平衡条件，得

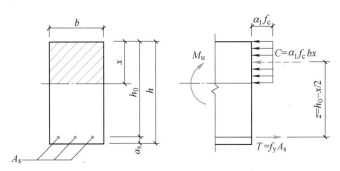

图 3-15　单筋矩形截面受弯构件正截面承载力计算简图

$$\sum M_C = 0 \qquad M_u = f_y A_s \left(h_0 - \frac{x}{2} \right) \tag{3-24a}$$

$$\sum M_T = 0 \qquad M_u = \alpha_1 f_c bx \left(h_0 - \frac{x}{2} \right) \tag{3-24b}$$

式中　h_0——截面的有效高度，$h_0 = h - a_s$；

　　　a_s——受拉区边缘至受拉钢筋合力作用点的距离。

（2）适用条件　式（3-23）和式（3-24）是根据适筋构件的计算简图导出的，它只适用于适筋构件，不适用于少筋构件和超筋构件。设计时为避免少筋破坏和超筋破坏，必须使设计满足以下两个使用条件：

1）为了防止超筋破坏，保证构件破坏时纵向受拉钢筋首先屈服，应满足

$$\xi \leqslant \xi_b，或 x \leqslant \xi_b h_0，或 \rho \leqslant \rho_{max}$$

由此，单筋矩形截面梁的最大受弯承载力为式（3-25），只取决于截面尺寸、材料种类，与钢筋的数量无关，即

$$M_{u,max} = \alpha_1 f_c bh_0^2 \xi_b \left(1 - \frac{\xi_b}{2} \right) \tag{3-25}$$

2）为了防止少筋破坏，应满足 $\rho \geqslant \rho_{min} \dfrac{h}{h_0}$ 或 $A_s \geqslant \rho_{min} bh$。

2. 基本公式的应用

受弯构件正截面承载力计算原理的工程应用包括截面设计和截面复核两类问题，计算方法有所不同。

（1）截面设计　截面设计时，先用结构力学的方法算出弯矩设计值 M，再选择材料种类、强度等级和截面尺寸等，最后进行计算确定配筋。选择材料种类和强度等级的原则是：梁中纵向受拉钢筋宜采用 HRB400、HRB500、HRBF400、HRBF500 钢筋，也可采用 HPB300 和 RRB400 钢筋，板常采用 HPB300 级和 HRB400 级钢筋。钢筋混凝土结构构件的混凝土强度等级不应低于 C25；承受重复荷载作用的钢筋混凝土结构构件，混凝土强度等级不应低于 C30；采用 500MPa 及以上等级钢筋时，混凝土强度等级不应低于 C30。确定截面尺寸的原则是：从刚度要求出发，根据设计经验，一般按高跨比 h/l 来估计截面高度 h，再根据高度 h 和高宽比确定截面宽度 b。

截面设计时，通常遇到的情形有两种：

情形Ⅰ：已知截面设计弯矩 M、截面尺寸 $b \times h$、混凝土强度等级及钢筋级别，求所需受拉钢筋截面面积 A_s。

设计步骤：

1）根据环境类别和混凝土强度等级，由附录表 C-2 查得混凝土保护层最小厚度 c，再预先估计 a_s，得截面有效高度 h_0。

2）令截面弯矩设计值 M 与受弯承载力设计值 M_u 相等，由式（3-24b）解二次方程式，确定 x。

3）验算适用条件，要求满足 $\xi \leqslant \xi_b$。若 $\xi > \xi_b$，则有三种处理方案：①加大截面尺寸，其中提高截面高度是最有效的方法，因为抗弯承载力与截面有效高度的二次方成正比；②提高混凝土强度等级，不过混凝土强度对截面抗弯承载力的影响很小；③改用双筋矩形截面。

4）由式（3-26）求得 A_s 并选择钢筋；所选用钢筋截面面积与计算值可相差 $\pm 5\%$，当最终配筋直径与假定直径相差特别大时，需要修正 a_s 重新计算。

$$A_s = \xi \frac{\alpha_1 f_c}{f_y} b h_0 \tag{3-26}$$

5）验算适用条件，要求满足 $A_s \geqslant \rho_{min} bh$。若不满足，按 $A_s = \rho_{min} bh$ 配置钢筋。

情形Ⅱ：已知截面设计弯矩 M、混凝土强度等级和钢筋级别，求构件截面尺寸 $b \times h$ 和受拉钢筋截面面积 A_s。

设计步骤：

1）由于基本公式中 b、h、A_s 和 x 均为未知，所以有多组解答。计算时需增加条件，通常假定配筋率 ρ 和梁宽 b。配筋率 ρ 通常在经济配筋率范围内选取。梁宽 b 按照构造要求确定。

2）由式（3-23）确定 $\xi = \rho \dfrac{f_y}{\alpha_1 f_c}$。

3）由式（3-24b）计算 h_0

$$h_0 = \sqrt{\frac{M}{\alpha_1 f_c b \xi (1 - 0.5\xi)}} \tag{3-27}$$

检查 $h = h_0 + a_s$（取整）是否满足构造要求，h / b 是否合适。如不合适，则需调整至符合要求为止。

4）按照截面尺寸 b 和 h 已知的情形Ⅰ的步骤进行设计计算。

（2）截面复核　已知截面设计弯矩 M、截面尺寸 $b \times h$、受拉钢筋截面面积 A_s、混凝土强度等级及钢筋级别，验算正截面承载力 M_u 是否足够。

复核步骤：

1）由 $\rho = \dfrac{A_s}{bh_0}$，计算 $\xi = \rho \dfrac{f_y}{\alpha_1 f_c}$。

2）检验是否满足适用条件 $\xi \leqslant \xi_b$。若 $\xi > \xi_b$，按 $\xi = \xi_b$ 计算。

3）检验是否满足适用条件 $A_s \geqslant \rho_{min} bh$。若不满足，则按 $A_s = \rho_{min} bh$ 配筋或修改截面重新设计。

4）求 M_u，由式（3-23）或式（3-24）求得

$$M_u = \alpha_1 f_c b h_0^2 \xi \left(1 - \frac{\xi}{2}\right) \tag{3-28a}$$

$$M_u = f_y A_s h_0 \left(1 - \frac{\xi}{2}\right) \qquad (3\text{-}28\text{b})$$

当 $M_u \geqslant M$ 时，认为截面受弯承载力满足要求，否则认为不安全。但若 M_u 大于 M 很多，则认为该截面设计不经济。

3. 表格计算法

按式（3-23）和式（3-24）计算时，一般需解二次联立方程组，为了实际应用方便，可将计算公式制成表格，以简化计算。

式（3-28a）和式（3-28b）中，取 $\alpha_s = \xi\left(1 - \frac{\xi}{2}\right)$ 及 $\gamma_s = 1 - \frac{\xi}{2}$，则有

$$M_u = \alpha_s \alpha_1 f_c b h_0^2 \qquad (3\text{-}29\text{a})$$

$$M_u = f_y A_s h_0 \gamma_s \qquad (3\text{-}29\text{b})$$

α_s 称为截面抵抗矩系数，γ_s 称为内力臂系数，代表力臂 z 与 h_0 的比值（z/h_0）。配筋率 ρ 越大，γ_s 越小，而 α_s 越大。ξ 与 α_s、γ_s 之间存在一一对应关系，因此可以将不同的 α_s 所对应的 ξ 和 γ_s 计算出来，见表3-6。设计时查用此表，可避免解二次联立方程组，从而使计算简化。

表 3-6 矩形和 T 形截面受弯构件正截面承载力计算系数表

ξ	γ_s	α_s	ξ	γ_s	α_s
0.01	0.995	0.010	0.32	0.840	0.269
0.02	0.990	0.020	0.33	0.835	0.276
0.03	0.985	0.030	0.34	0.830	0.282
0.04	0.980	0.039	0.35	0.825	0.289
0.05	0.975	0.049	0.36	0.820	0.295
0.06	0.970	0.058	0.37	0.815	0.302
0.07	0.965	0.068	0.38	0.810	0.308
0.08	0.960	0.077	0.39	0.805	0.314
0.09	0.955	0.086	0.40	0.800	0.320
0.10	0.950	0.095	0.41	0.795	0.326
0.11	0.945	0.104	0.42	0.790	0.332
0.12	0.940	0.113	0.43	0.785	0.338
0.13	0.935	0.122	0.44	0.780	0.343
0.14	0.930	0.130	0.45	0.775	0.349
0.15	0.925	0.139	0.46	0.770	0.354
0.16	0.920	0.147	0.47	0.765	0.360
0.17	0.915	0.156	0.48	0.760	0.365
0.18	0.910	0.164	0.49	0.755	0.370
0.19	0.905	0.172	0.50	0.750	0.375
0.20	0.900	0.180	0.51	0.745	0.380
0.21	0.895	0.188	0.518	0.741	0.384
0.22	0.890	0.196	0.52	0.740	0.385
0.23	0.885	0.204	0.53	0.735	0.390
0.24	0.880	0.211	0.54	0.730	0.394
0.25	0.875	0.219	0.55	0.725	0.399
0.26	0.870	0.226	0.56	0.720	0.403
0.27	0.865	0.234	0.57	0.715	0.408
0.28	0.860	0.241	0.58	0.710	0.412
0.29	0.855	0.248	0.59	0.705	0.416
0.30	0.850	0.255	0.60	0.700	0.420
0.31	0.845	0.262	0.614	0.693	0.426

当查表不方便或需要插值计算时，可直接按下式计算

$$\xi = 1 - \sqrt{1 - 2\alpha_s} \qquad (3\text{-}30)$$

$$\gamma_s = \frac{1 + \sqrt{1 - 2\alpha_s}}{2} \qquad (3\text{-}31)$$

由 ξ_b 可计算出相应的单筋矩形截面受弯构件的截面抵抗矩系数最大值 α_{sb}，见表 3-7。验算适用条件时可选择使用 $\alpha_s \leq \alpha_{sb}$。

表 3-7　受弯构件的截面抵抗矩系数最大值 α_{sb}

钢 筋 级 别	屈服强度 f_y /（N/mm²）	α_{sb}						
		≤C50	C55	C60	C65	C70	C75	C80
HPB300	270	0.410	0.406	0.402	0.397	0.393	0.388	0.384
HRB400、HRBF400、RRB400	360	0.385	0.379	0.375	0.370	0.365	0.361	0.356
HRB500、HRBF500	435	0.366	0.361	0.357	0.352	0.347	0.342	0.337

【例 3-1】　已知某民用建筑内廊采用简支在砖墙上的现浇钢筋混凝土板（图 3-16a），安全等级为二级，处于一类环境，承受均布荷载设计值为 $q = 6.50\text{kN/m}^2$（含板自重）。选用 C25 混凝土和 HRB400 级钢筋。试配置该平板的受拉钢筋。

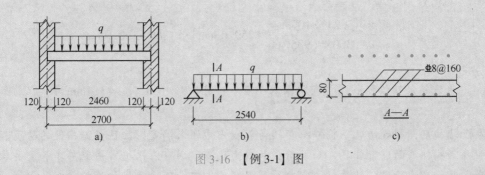

图 3-16　【例 3-1】图

【解】　本例题属于截面设计类。

（1）设计参数　查附录表 A-2 和表 A-5 及表 3-2~表 3-7，C25 混凝土 $f_c = 11.9\text{ N/mm}^2$，$f_t = 1.27\text{N/mm}^2$；HRB400 级钢筋 $f_y = 360\text{N/mm}^2$；$\alpha_1 = 1.0$，$\alpha_{sb} = 0.385$，$\xi_b = 0.518$；

取 1m 宽板带为计算单元，$b = 1000\text{mm}$，初选 $h = 80\text{mm}$（约为跨度的 1/35）；

查附录表 C-2，对于一类环境，$c = 15\text{mm}$，则 $a_s = c + d/2 = 20\text{mm}$（$d$ 取 10mm 计算），$h_0 = h - 20\text{mm} = 60\text{mm}$。

查附录表 C-3，$\rho_{min} = 0.2\% > 0.45\dfrac{f_t}{f_y} = 0.45 \times \dfrac{1.27}{360} = 0.159\%$。

（2）内力计算　板的计算简图如图 3-16b 所示，板的计算跨度取轴线标志尺寸和净跨加板厚二者的较小值，即

$$l_0 = l_n + h = (2460 + 80)\text{mm} = 2540\text{mm} < 2700\text{mm}$$

板上均布线荷载为

$$q = 1.0\text{m} \times 6.5\text{kN/m}^2 = 6.50\text{kN/m}$$

则跨中最大弯矩设计值为

$$M = \gamma_0 \times \frac{1}{8}ql_0^2 = 1.0 \times \frac{1}{8} \times 6.50 \times 2.54^2\text{kN} \cdot \text{m} = 5.242\text{kN} \cdot \text{m}$$

（3）计算钢筋截面面积

1）利用基本公式直接计算。由式（3-24c）可得

$$x = h_0 - \sqrt{h_0^2 - \frac{2M}{\alpha_1 f_c b}} = \left(60 - \sqrt{60^2 - \frac{2 \times 5.242 \times 10^6}{1.0 \times 11.9 \times 1000}}\right)\text{mm} = 7.8\text{mm} < \xi_b h_0 = 31.1\text{mm}$$

由式（3-24a）可得

$$A_s = \frac{\alpha_1 f_c bx}{f_y} = \frac{1.0 \times 11.9 \times 1000 \times 7.8}{360}\text{mm}^2 = 257.8\ \text{mm}^2 > \rho_{\min}bh = 0.20\% \times 1000 \times 80\text{mm}^2 = 160.0\ \text{mm}^2$$

满足适用条件。

2）查表法计算。

$$\alpha_s = \frac{M}{\alpha_1 f_c bh_0^2} = \frac{5.242 \times 10^6}{1.0 \times 11.9 \times 1000 \times 60^2} = 0.122 < \alpha_{sb} = 0.399$$

相应地，可得 $\gamma_s = 0.935$，于是有

$$A_s = \frac{M}{f_y \gamma_s h_0} = \frac{5.242 \times 10^6}{360 \times 0.935 \times 60}\text{mm}^2 = 259.6\ \text{mm}^2 > \rho_{\min}bh = 160.0\ \text{mm}^2$$

满足适用条件。

（4）选配钢筋及绘配筋图 查附录表 B-2，选用 $\Phi 8@160$（$A_s = 314\text{mm}^2$），配筋如图 3-16c 所示。

在设计初期，一般情况下构件承受的荷载和内力还未确定，往往根据构件的跨度和经验初步确定构件截面进行计算。如果荷载和内力已知，则可以根据常用配筋率和有关构造要求确定截面尺寸后进行计算。本例中，截面尺寸也可按下述方式初步确定。

根据常用配筋率，初步确定板的配筋率 $\rho = 0.5\%$，则板的厚度为

$$h_0 = 1.05\sqrt{\frac{M}{\rho f_y b}} = 1.05 \times \sqrt{\frac{5.242 \times 10^6}{0.5\% \times 360 \times 1000}}\text{mm} = 56.7\text{mm}$$

取 $h = 80\text{mm}$，则 $h_0 = h - 20\text{mm} = 60\text{mm}$，然后以此计算配筋。

【例 3-2】 已知某民用建筑矩形截面钢筋混凝土简支梁，安全等级为二级，处于一类环境，计算跨度 $l_0 = 6.3\text{m}$，截面尺寸 $b \times h = 200\text{mm} \times 550\text{mm}$，承受板传来永久荷载及梁的自重标准值 $g_k = 15.6\text{kN/m}$，板传来的楼面活荷载标准值 $q_k = 7.8\text{kN/m}$。选用 C25 混凝土和 HRB400 级钢筋，试求该梁所需纵向钢筋面积并画出截面配筋简图。

【解】 本例题属于截面设计类。

（1）设计参数 查附录表 A-2 和表 A-5 及表 3-2～表 3-7 可知，C25 混凝土 $f_c = 11.9\text{N/mm}^2$，$f_t = 1.27\text{N/mm}^2$；HRB400 级钢筋 $f_y = 360\text{N/mm}^2$；$\alpha_1 = 1.0$，$\alpha_{sb} = 0.385$，$\xi_b = 0.518$。

查附录表 C-2，一类环境，$c=20\text{mm}$，假定钢筋单排布置，则 $a_s=c+d_{sv}+d/2=(20+8+20/2)\text{mm}=38\text{mm}$，取 $a_s=35\text{mm}$，$h_0=h-35\text{mm}=515\text{mm}$。

查附录表 C-3，$\rho_{min}=0.2\%>0.45\dfrac{f_t}{f_y}=0.45\times\dfrac{1.27}{360}=0.159\%$。

（2）内力计算　梁的计算简图如图 3-17a 所示。荷载分项系数：$\gamma_G=1.3$，$\gamma_Q=1.5$，梁上均布荷载设计值为

$$p=\gamma_G g_k+\gamma_Q q_k=(1.3\times15.60+1.5\times7.80)\text{kN/m}=31.98\text{kN/m}$$

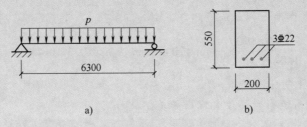

a)　　　　　　　　　　　　　b)

图 3-17 【例 3-2】图

跨中最大弯矩设计值为

$$M=\gamma_0\times\frac{1}{8}pl_0^2=1.0\times\frac{1}{8}\times31.98\times6.3^2\text{kN}\cdot\text{m}=158.66\text{kN}\cdot\text{m}$$

（3）查表法计算钢筋截面面积

$$\alpha_s=\frac{M}{\alpha_1 f_c bh_0^2}=\frac{158.66\times10^6}{1.0\times11.9\times200\times515^2}=0.251<\alpha_{sb}=0.385$$

相应地，可得 $\gamma_s=0.853$，则

$$A_s=\frac{M}{f_y\gamma_s h_0}=\frac{158.66\times10^6}{360\times0.853\times515}\text{mm}^2=1003.2\text{ mm}^2>\rho_{min}bh=0.2\%\times200\times550\text{mm}^2=220\text{ mm}^2$$

满足适用条件。

（4）选配钢筋及绘配筋图　查附录表 B-1，选用 3 ⽤ 22（$A_s=1140\text{mm}^2$），截面配筋简图如图 3-17b 所示。

【例 3-3】　已知某矩形钢筋混凝土梁，安全等级为二级，处于一类环境，截面尺寸为 $b\times h=200\text{mm}\times500\text{mm}$，选用 C35 混凝土和 HRB400 级钢筋，截面配筋如图 3-18 所示。该梁承受的最大弯矩设计值为 $M=210\text{kN}\cdot\text{m}$，复核该截面是否安全？

【解】　本例题属于截面复核类。

（1）设计参数　查附录表 A-2 和表 A-5 及表 3-2、表 3-3 可知，C35 混凝土 $f_c=16.7\text{N/mm}^2$，$f_t=1.57\text{N/mm}^2$；HRB400 级钢筋 $f_y=360\text{N/mm}^2$；$\alpha_1=1.0$，$\xi_b=0.520$。

查附录表 C-2，一类环境，$c=20\text{mm}$，则 $a_s=c+d_{sv}+d+e/2=(20+8+22+25/2)\text{mm}=62.5\text{mm}$，取 $a_s=60\text{mm}$，$h_0=h-60\text{mm}=440\text{mm}$。

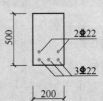

图 3-18 【例 3-3】图

查附录表 C-3，$\rho_{\min} = 0.2\% > 0.45\dfrac{f_t}{f_y} = 0.45 \times \dfrac{1.57}{360} = 0.196\%$。

钢筋净间距 $s_n = \dfrac{(200 - 2\times28 - 3\times22)}{2}\text{mm} = 39\text{mm} > d$，且 $s_n > 25\text{mm}$，符合要求。

（2）公式适用条件判断

1）是否少筋。

$$A_s = 1900\text{mm}^2 > \rho_{\min}bh = 0.2\% \times 200 \times 500\text{mm}^2 = 200\text{ mm}^2$$

因此，截面不会产生少筋破坏。

2）计算受压区高度，判断是否超筋。由式（3-24a）可得

$$x = \frac{f_y A_s}{\alpha_1 f_c b} = \frac{360\times1900}{1.0\times16.7\times200}\text{mm} = 204.8\text{mm} < \xi_b h_0 = 0.520\times440\text{mm} = 228.8\text{mm}$$

因此，截面不会产生超筋破坏。

（3）计算截面所能承受的最大弯矩并复核截面

$$M_u = \alpha_1 f_c bx\left(h_0 - \frac{x}{2}\right) = 1.0\times16.7\times200\times204.8\times\left(440 - \frac{204.8}{2}\right)\text{N}\cdot\text{mm}$$

$$= 2.3093\times10^8\text{N}\cdot\text{mm} = 230.93\text{kN}\cdot\text{m} > M = 210\text{kN}\cdot\text{m}$$

因此，该截面安全。

3.2.4　双筋矩形截面受弯构件的正截面承载力计算

1. 双筋矩形截面梁的应用范围

双筋矩形截面受弯构件是指在截面的受拉区和受压区都配有纵向受力钢筋的矩形截面梁。一般来说，利用受压钢筋来协助混凝土承受压力是不经济的，应尽量少用。但是，双筋受弯构件可以提高截面承载力，提高截面的延性和抗裂性，并可减小构件变形，有利于抗震。所以，工程上在下列情况下采用双筋梁：

双筋矩形截面受弯构件
的正截面承载力计算

1）弯矩很大，按单筋矩形截面计算所得的 $\xi > \xi_b$，而梁的截面尺寸和混凝土强度等级受到限制不能提高时。

2）梁在不同荷载组合下（如地震）承受变号弯矩作用时。在结构的抗震设计中，梁端存在变号弯矩，一般将梁端设计成双筋截面，这样既能满足承受变号弯矩的要求，又能提高截面的延性，减少截面开裂和构件变形。

3）在抗震设计中为提高截面的延性，或构造要求梁必须配置一定比例的纵向钢筋时。

试验表明，双筋矩形截面破坏时的受力特点与单筋矩形截面类似。双筋矩形截面梁与单筋矩形截面梁的区别在于受压区配有纵向受压钢筋，因此，只要掌握梁破坏时纵向受压钢筋的受力情况，就可与单筋矩形截面类似建立计算公式。

由于纵向受拉钢筋和受压钢筋数量和相对位置的不同，梁在破坏时它们可能达到屈服，也可能未达到屈服。与单筋矩形截面梁类似，双筋矩形截面梁也应防止脆性破坏，使双筋梁破坏从受拉钢筋屈服开始，故必须满足条件 $\xi \le \xi_b$。而梁破坏时受压钢筋应力取决于其应变 ε_s'，由图 3-19 可知

$$\varepsilon'_s = \frac{x_c - a'_s}{x_c}\varepsilon_{cu} = \left(1 - \frac{a'_s}{x/\beta_1}\right)\varepsilon_{cu} = \left(1 - \frac{\beta_1 a'_s}{x}\right)\varepsilon_{cu} \quad (3-32)$$

若取 $a'_s = 0.5x$，则由平截面假定可得受压钢筋的压应变 $\varepsilon'_s = (1 - 0.5\beta_1)\varepsilon_{cu}$。当混凝土强度等级为 C80 时，由 $\varepsilon_{cu} = 0.003$，$\beta_1 = 0.74$，得：$\varepsilon'_s = 0.00189$；其他级别的混凝土对应的 ε'_s 更大，对于 HPB300、HRB335 和 HRB400 级钢筋，其相应的压应力 σ'_s 已达到抗压强度设计值 f'_y。因此双筋矩形截面梁计算中，纵向受压钢筋的抗压强度采用 f'_y 的必要条件是

$$x/2 \geq a'_s \quad (3-33)$$

式中 a'_s——截面受压区边缘至纵向受拉钢筋合力作用点之间的距离。

式（3-33）的含义是：受压钢筋位置应不低于矩形应力图中受压区的重心。若不满足上式规定，则表明受压钢筋距中和轴太近，受压钢筋压应变 ε'_s 过小，致使 σ'_s 达不到 f'_y。

2. 基本公式及适用条件

（1）基本公式 双筋矩形截面受弯构件正截面承载力计算简图如图 3-19 所示。

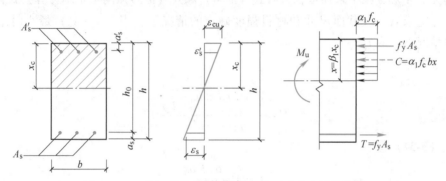

图 3-19 双筋矩形截面受弯构件正截面承载力计算简图

根据力的平衡条件可得

$$\sum X = 0 \quad \alpha_1 f_c bx + f'_y A'_s = f_y A_s \quad (3-34)$$

根据力矩的平衡条件可得

$$\sum M_T = 0 \quad M_u = \alpha_1 f_c bx\left(h_0 - \frac{x}{2}\right) + f'_y A'_s(h_0 - a'_s) \quad (3-35)$$

（2）适用条件 应用上述计算公式时，必须满足以下条件：

1）为了防止超筋破坏，保证构件破坏时纵向受拉钢筋首先屈服，应满足

$$\xi \leq \xi_b，或 x \leq \xi_b h_0，或 \rho \leq \rho_{max}$$

2）为了保证受压钢筋在构件破坏时达到屈服强度，应满足 $x/2 \geq a'_s$。

当条件 2）不满足时，受压钢筋应力还未达到 f'_y，因应力值未知，精确计算比较复杂。可近似地取 $x/2 = a'_s$，并对受压钢筋的合力作用点取矩（图 3-20），则正截面承载力可直接根据下式确定

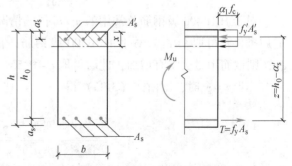

图 3-20 $x/2 < a'_s$ 时双筋矩形截面受弯构件正截面承载力计算简图

$$M_u = f_y A_s (h_0 - a'_s) \tag{3-36}$$

值得注意的是，按式（3-36）求得的 A_s 可能比不考虑受压钢筋而按单筋矩形截面计算的 A_s 还小，这时应按单筋矩形截面的计算结果配筋。

3. 计算公式的应用

双筋矩形截面受弯构件正截面承载力计算原理的工程应用包括截面设计和截面复核两类问题。

（1）截面设计　双筋矩形截面受弯构件的正截面设计，一般是受拉、受压钢筋 A_s 和 A'_s 均未知，都需要确定。有时由于构造等原因，受压钢筋截面面积 A'_s 已知，只要求确定受拉钢筋截面面积 A_s。截面设计时，令 $M = M_u$，分两种情况讨论。

情形 I：已知截面的弯矩设计值 M、构件截面尺寸 $b \times h$、混凝土强度等级和钢筋级别，求受拉钢筋截面面积 A_s 和受压钢筋截面面积 A'_s。

求解 A_s、A'_s 和 x 三个未知量，只有式（3-34）和式（3-35）两个基本计算公式，需补充一个条件才能求解。在截面尺寸和材料强度确定的情况下，当（$A_s + A'_s$）最小时最节约钢材。一般情况下，取 $f_y = f'_y$。

由式（3-35）得

$$A'_s = \frac{M - \alpha_1 f_c bx \left(h_0 - \dfrac{x}{2}\right)}{f'_y (h_0 - a'_s)} \tag{3-37}$$

由式（3-34）得

$$A_s = A'_s + \frac{\alpha_1 f_c bx}{f_y} \tag{3-38}$$

由式（3-37）和式（3-38）相加，得

$$A_s + A'_s = \frac{\alpha_1 f_c bx}{f_y} + 2\frac{M - \alpha_1 f_c bx\left(h_0 - \dfrac{x}{2}\right)}{f'_y(h_0 - a'_s)} \tag{3-39}$$

将式（3-39）对 x 求导，令 $\dfrac{\mathrm{d}(A_s + A'_s)}{\mathrm{d}x} = 0$，得

$$\frac{x}{h_0} = \xi = \frac{1}{2}\left(1 + \frac{a'_s}{h_0}\right) \tag{3-40}$$

对于 HRB400 级钢筋及常用的 a'_s/h_0 值的情况下，式（3-40）的值 $\xi \geqslant \xi_b$，根据适筋公式适用条件，可取 $\xi = \xi_b$。对于 HPB300 级钢筋，在混凝土强度等级小于 C50 时，若仍取 $\xi = \xi_b$，则钢筋用量会略有增加，此时可取 $\xi = 0.55$。

当取 $\xi = \xi_b$ 时，则由式（3-35）得

$$A'_s = \frac{M - \alpha_1 f_c bh_0^2 \xi_b \left(1 - \dfrac{\xi_b}{2}\right)}{f'_y(h_0 - a'_s)} = \frac{M - \alpha_{sb}\alpha_1 f_c bh_0^2}{f'_y(h_0 - a'_s)} \tag{3-41}$$

如果 $A'_s \leqslant 0$，说明不需要配置受压钢筋，可按单筋梁计算受拉钢筋 A_s。若 $A'_s > 0$，则由式（3-34）得

$$A_s = A_s' \frac{f_y'}{f_y} + \xi_b \frac{\alpha_1 f_c b h_0}{f_y} \tag{3-42}$$

情形 Ⅱ：已知截面的弯矩设计值 M、截面尺寸 $b \times h$、混凝土强度等级和钢筋级别、受压钢筋截面面积 A_s'，求构件受拉钢筋截面面积 A_s。

方程组中只有 A_s 和 x 两个未知数，利用式（3-34）和式（3-35）即可直接求解。为避免联立求解，也可利用表格法计算。

如图 3-21 所示，双筋矩形截面梁可分解成无混凝土的钢筋梁和单筋矩形截面梁两部分，相应地 M 也分解成两部分，即

$$M = M_1 + M_2 \tag{3-43}$$

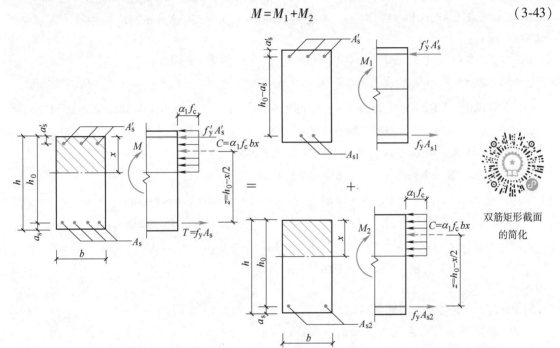

图 3-21 A_s' 已知的双筋矩形截面受弯构件正截面设计

$$A_s = A_{s1} + A_{s2} \tag{3-44}$$

其中
$$M_1 = f_y' A_s' (h_0 - a_s') \tag{3-45}$$

$$A_{s1} = A_s' \frac{f_y'}{f_y} \tag{3-46}$$

$$M_2 = M - M_1 = \alpha_1 f_c b x \left(h_0 - \frac{x}{2}\right) = \alpha_s \alpha_1 f_c b h_0^2 = \gamma_s h_0 f_y A_{s2} \tag{3-47}$$

与单筋矩形截面梁计算一样，根据式（3-47）确定 α_s，查表 3-6 可得到相应的 γ_s，则

$$A_{s2} = \frac{M_2}{f_y \gamma_s h_0} = \frac{M - M_1}{f_y \gamma_s h_0} \tag{3-48}$$

在 A_{s2} 的计算中，应注意验算适用条件是否满足。若 $\xi > \xi_b$（或 $\alpha_s > \alpha_{sb}$），说明给定的 A_s' 不足，应按情形 Ⅰ 重新计算 A_s 和 A_s'；若求得的 $x/2 < a_s'$，应按式（3-36）计算受拉钢筋截面面积 A_s。

（2）**截面复核**　已知截面弯矩设计值 M，截面尺寸 $b×h$、混凝土强度等级和钢筋级别，受拉钢筋 A_s 和受压钢筋 A'_s，复核正截面受弯承载力 M_u 是否足够。复核步骤如下：

1）由式（3-34）确定 x，若 x 满足适用条件，则代入式（3-35）确定受弯承载力 M_u；若 $x/2<a'_s$，则按式（3-36）确定 M_u；若 $x>\xi_b h_0$，则取 $\xi=\xi_b$，代入式（3-35）确定 M_u。

2）将截面受弯承载力 M_u 与截面弯矩设计值 M 进行比较，若 $M_u≥M$，则说明截面承载力足够，构件安全；反之，若 $M_u<M$，则说明截面承载力不够，构件不安全，需重新设计，直至满足要求为止。

【例 3-4】　某框架结构的主梁，截面尺寸为 $b×h=250mm×600mm$，处于一类环境。选用 C25 混凝土和 HRB400 级钢筋，承受弯矩设计值 $M=380kN\cdot m$。试计算所需配置的纵向受力钢筋。

【解】　本例题属于截面设计类。

（1）**设计参数**　查附录表 A-2 和表 A-5 及表 3-2～表 3-7，C25 混凝土 $f_c=11.9N/mm^2$，$f_t=1.27N/mm^2$；HRB400 级钢筋 $f_y=f'_y=360N/mm^2$；$\alpha_1=1.0$，$\alpha_{sb}=0.385$，$\xi_b=0.518$。

查附录表 C-2，一类环境，由于混凝土为 C25，表中厚度需增加 5mm，$c=25mm$；由于弯矩 M 比较大，所以可假定受拉钢筋双排布置，则 $a_s=c+d_{sv}+d+e/2=(25+8+20+25/2)mm=65.5mm$，取值 65mm，$h_0=h-65mm=535mm$。

假定受压钢筋单排布置，则 $a'_s=c+d_{sv}+d/2=(25+8+20/2)mm=43mm$，取 $a'_s=40mm$。

（2）**判断是否需要采用双筋截面**　单筋截面所能承受的最大弯矩值为

$$M_{max}=\alpha_{sb}\alpha_1 f_c bh_0^2=0.385×1.0×11.9×250×535^2 N\cdot mm=327.8×10^6 N\cdot mm$$
$$=327.8kN\cdot m<M=380kN\cdot m$$

因此，需要采用双筋截面。

（3）**计算钢筋截面面积**

1）求受压钢筋的面积 A'_s。由式（3-41）可得

$$A'_s=\frac{M-M_{max}}{f'_y(h_0-a'_s)}=\frac{(380-327.8)×10^6}{360×(535-40)}mm^2=292.9\ mm^2$$

2）求受拉钢筋的面积 A_s。由式（3-42）可得

$$A_s=\frac{f'_y}{f_y}A'_s+\xi_b\frac{\alpha_1 f_c}{f_y}bh_0=\left(\frac{360}{360}×292.9+0.518×\frac{1.0×11.9}{360}×250×535\right)mm^2$$
$$=(292.9+1847.5)mm^2=2140.4\ mm^2$$

满足适用条件。

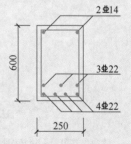

图 3-22　【例 3-4】图

（4）**选配钢筋及绘配筋简图**　受拉钢筋选用 7 ⨮ 22（$A_s=2661mm^2$），受压钢筋选用 2 ⨮ 14（$A'_s=308mm^2$），配筋如图 3-22 所示。

【例 3-5】　梁的基本情况与**【例 3-4】**相同。由于构造等原因，在受压区已经配有受压钢筋 2 ⨮ 20（$A'_s=628mm^2$），试求所需受拉钢筋面积。

【解】 本例题属于截面设计类。

(1) 设计参数　查附录表 A-2 和表 A-5 及表 3-2～表 3-7 可知，C25 混凝土 $f_c = 11.9\text{N/mm}^2$，$f_t = 1.27\text{N/mm}^2$；HRB400 级钢筋 $f_y = f'_y = 360\text{N/mm}^2$；$\alpha_1 = 1.0$，$\alpha_{sb} = 0.385$，$\xi_b = 0.518$；

查附录表 C-2，一类环境，由于混凝土不大于 C25，表中厚度需增加 5mm，$c = 25\text{mm}$；因受拉钢筋双排布置，则 $a_s = c + d_{sv} + d + e/2 = (25+8+20+25/2)\text{mm} = 65.5\text{mm}$，取值 65mm，$h_0 = h - 65\text{mm} = 535\text{mm}$；受压钢筋为单排布置，则 $a'_s = c + d_{sv} + d/2 = (25+8+20/2)\text{mm} = 43\text{mm}$，取 $a'_s = 40\text{mm}$。

(2) 分解弯矩　由式 (3-45) 得

$M_1 = f'_y A'_s (h_0 - a'_s) = 360 \times 628 \times (535-40)\text{N} \cdot \text{mm} = 111.91 \times 10^6 \text{N} \cdot \text{mm} = 111.91\text{kN} \cdot \text{m}$

由式 (3-47) 得

$$M_2 = M - M_1 = (380 - 111.91)\text{kN} \cdot \text{m} = 268.09\text{kN} \cdot \text{m}$$

(3) 计算受拉钢筋面积 A_s　由式 (3-47) 得

$$\alpha_s = \frac{M_2}{\alpha_1 f_c b h_0^2} = \frac{268.09 \times 10^6}{1.0 \times 11.9 \times 250 \times 535^2} = 0.315 < \alpha_{sb} = 0.385$$

计算得 $\xi = 0.265$，$\gamma_s = 0.842$，则

$$x = \xi h_0 = 0.265 \times 535\text{mm} = 142\text{mm} > 2a'_s = 80\text{mm}$$

$$A_{s2} = \frac{M_2}{f_y \gamma_s h_0} = \frac{268.09 \times 10^6}{360 \times 0.842 \times 535}\text{mm}^2 = 1653.1 \text{ mm}^2$$

由式 (3-46) 得

$$A_{s1} = \frac{f'_y}{f_y} A'_s = \frac{360}{360} \times 628\text{mm}^2 = 628 \text{ mm}^2$$

则　　$A_s = A_{s1} + A_{s2} = (1653.1 + 628)\text{mm}^2 = 2281.1 \text{ mm}^2$

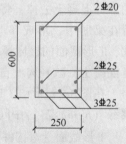

图 3-23 【例 3-5】图

(4) 选配钢筋及绘配筋图　受拉钢筋选用 5 $\underline{\Phi}$ 25（$A_s = 2454\text{mm}^2$），配筋简图如图 3-23 所示。

【例 3-6】 某矩形钢筋混凝土梁，截面尺寸 $b \times h = 200\text{mm} \times 400\text{mm}$，选用 C25 混凝土和 HRB400 级钢筋，截面配筋如图 3-24 所示。如果该梁承受的最大弯矩设计值 $M = 150\text{kN} \cdot \text{m}$，复核截面是否安全。

【解】 本例题属于截面复核类。

(1) 设计参数　查附录表 A-2 和表 A-5 及表 3-2～表 3-7 可知，C25 混凝土 $f_c = 11.9\text{N/mm}^2$，$f_t = 1.27\text{N/mm}^2$；HRB400 级钢筋 $f_y = 360\text{N/mm}^2$；$\alpha_1 = 1.0$，$\alpha_{sb} = 0.385$，$\xi_b = 0.518$。

钢筋面积 $A_s = 1570\text{mm}^2$，$A'_s = 509\text{mm}^2$。

查附录表 C-2，一类环境，由于混凝土不大于 C25，表中厚度

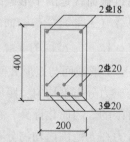

图 3-24 【例 3-6】图

需增加 5mm，$c = 25mm$；则 $a_s = c + d_{sv} + d + e/2 = (25 + 8 + 20 + 25/2) \, mm = 65.5mm$，取 $a_s = 65mm$，$h_0 = h - 65mm = 335mm$；$a'_s = c + d_{sv} + d/2 = (25 + 8 + 18/2) \, mm = 42mm$，取 $a'_s = 40mm$。

（2）计算 ξ

$$\xi = \frac{(A_s - A'_s) f_y}{\alpha_1 f_c b h_0} = \frac{(1570 - 509) \times 360}{1.0 \times 11.9 \times 200 \times 335} = 0.479 < \xi_b = 0.518 \; 且 \; \xi > \frac{2a'_s}{h_0} = 0.194$$

满足适用条件。

（3）计算极限承载力，复核截面

计算得，$\alpha_s = 0.364$，则

$$M_u = \alpha_s \alpha_1 f_c b h_0^2 + f'_y A'_s (h_0 - a'_s) = [0.364 \times 1.0 \times 11.9 \times 200 \times 335^2 + 360 \times 509 \times (335 - 40)] \, N \cdot mm$$
$$= 151.3 \times 10^6 N \cdot mm = 151.3 kN \cdot mm > 150kN \cdot m$$

该截面安全。

3.2.5　T形截面受弯构件的正截面承载力计算

在矩形截面受弯构件的正截面承载力计算时，没有考虑混凝土的抗拉强度。这是因为受弯构件进入破坏阶段以后，大部分受拉区混凝土已退出工作，对极限承载力的贡献很小。因此，对于尺寸较大的矩形截面构件，可将受拉区两侧的部分混凝土去掉，将原有纵向受拉钢筋集中布置在梁肋中，形成 T 形截面。与原矩形截面相比，T 形截面的极限承载能力不受影响，还能节省混凝土，减轻构件自重，可产生一定的经济效益。在图 3-25 所示的 T 形截面中，伸出部分称为翼缘 $(b'_f - b) \times h'_f$，中间部分称为梁肋 $(b \times h)$。

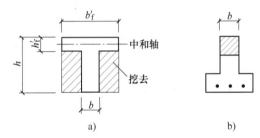

图 3-25　T形截面与倒T形截面

a）T形截面　b）倒T形截面

T 形截面受弯构件广泛应用于工程实际中。例如：①独立 T 形梁、工字形截面梁，如屋面梁、吊车梁；②现浇肋梁楼盖的梁与楼板浇筑在一起形成 T 形梁；③槽形板、双 T 屋面板、薄腹屋面梁及预制空心板等（图 3-26）。如果翼缘在梁的受拉区，则为倒 T 形截面梁（图 3-26b），计算受弯承载力时应按宽度为 b 的矩形截面计算。现浇肋梁楼盖连续梁的支座附近截面就是倒 T 形截面（图 3-26d），该处承受负弯矩，使截面下部受压（Ⅱ—Ⅱ剖面），翼缘（上部）受拉，而跨中（Ⅰ—Ⅰ剖面）则按 T 形截面计算。

1. T形截面的翼缘计算宽度

T 形截面与矩形截面的主要区别在于翼缘参与受压。试验研究与理论分析证明，翼缘的压应力分布不均匀，距梁肋越远应力越小（图 3-27a、c），可见翼缘参与受压的有效宽度是有限的。为简化计算，在设计 T 形截面梁时应将翼缘限制在一定范围内，并假定混凝土的压应力在 b'_f 范围内均匀分布，这个宽度称为翼缘的计算宽度 b'_f（图 3-27b、d）。

《规范》规定了 T 形及倒 L 形截面受弯构件翼缘计算宽度 b'_f 的取值，考虑到 b'_f 与翼缘厚度、梁跨度和受力状况等因素有关，应按表 3-8 中规定各项的最小值采用。

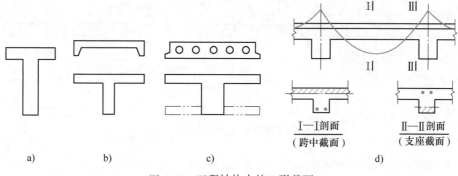

图 3-26　工程结构中的 T 形截面

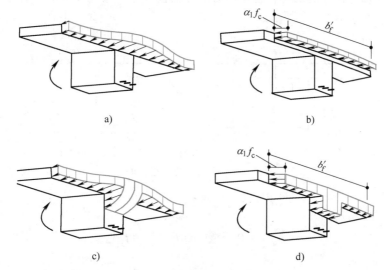

图 3-27　T 形截面应力分布

表 3-8　**T 形和倒 L 形截面受弯构件翼缘计算宽度 b_f'**

考 虑 情 况		T 形截面		倒 L 形截面
		肋形梁（板）	独立梁	肋形梁（板）
1	按计算跨度 l_0 考虑	$l_0/3$	$l_0/3$	$l_0/6$
2	按梁（肋）净距 s_n 考虑	$b+s_n$	—	$b+s_n/2$
3	按翼缘高度 h_f' 考虑	$b+12h_f'$	b	$b+5h_f'$

注：1. 表中 b 为梁的腹板宽度。
　　2. 肋形梁在梁跨内设有间距小于纵肋间距的横肋时，则可不遵守表列第 3 种情况的规定。
　　3. 加腋的 T 形和倒 L 形截面（图 3-28c），当受压区加腋的高度 $h_h \geqslant h_f'$ 且加腋的宽度 $b_h \leqslant 3h_f'$ 时，其翼缘计算宽度
　　　可按表列第 3 种情况规定分别增加 $2b_h$（T 形截面）和 b_h（倒 L 形截面）。
　　4. 独立梁受压区的翼缘板在荷载作用下经验算沿纵肋方向可能产生裂缝时，其计算宽度应取腹板宽度 b。

2. 基本公式及适用条件

（1）T 形截面的两种类型及判别条件　T 形截面受弯构件正截面受力的分析方法与矩形截面的基本相同，不同之处在于需要考虑受压翼缘的作用。根据中和轴是否在翼缘内，将 T 形截面分为以下两种类型：

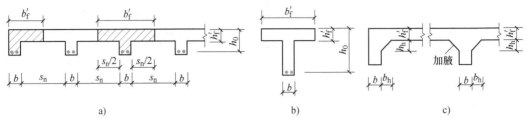

a)　　　　　　　　　　　　　b)　　　　　　　　　　　　　c)

图 3-28   表 3-8 说明图

1）第一类 T 形截面：中和轴在翼缘内，即 $x \leqslant h'_f$。

2）第二类 T 形截面：中和轴在梁肋内，即 $x > h'_f$。

要判断中和轴是否在翼缘中，首先应对中和轴在翼缘与梁肋交界处，即 $x = h'_f$ 处的界限情况进行分析（图 3-29）。

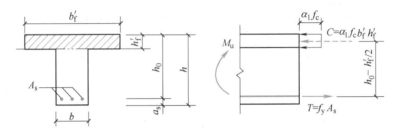

图 3-29 $x = h'_f$ 时的 T 形截面

根据力的平衡条件

$$\sum X = 0 \qquad \alpha_1 f_c b'_f h'_f = f_y A_s \tag{3-49}$$

$$\sum M_T = 0 \quad M_u = \alpha_1 f_c b'_f h'_f \left(h_0 - \frac{h'_f}{2} \right) \tag{3-50}$$

对于第一类 T 形截面，有 $x \leqslant h'_f$，则

$$f_y A_s \leqslant \alpha_1 f_c b'_f h'_f \tag{3-51}$$

$$M_u \leqslant \alpha_1 f_c b'_f h'_f \left(h_0 - \frac{h'_f}{2} \right) \tag{3-52}$$

对于第二类 T 形截面，有 $x > h'_f$，则

$$f_y A_s > \alpha_1 f_c b'_f h'_f \tag{3-53}$$

$$M_u > \alpha_1 f_c b'_f h'_f \left(h_0 - \frac{h'_f}{2} \right) \tag{3-54}$$

以上即 T 形截面受弯构件类型判别条件，但应注意不同设计阶段采用不同的判别条件：

1）在截面设计时，由于 A_s 未知，采用式（3-52）和式（3-54）进行判别。

2）在截面复核时，A_s 已知，采用式（3-51）和式（3-53）进行判别。

（2）第一类 T 形截面承载力的计算公式   由于不考虑受拉区混凝土的作用，其承载力主要取决于受压区的混凝土，故第一类 T 形截面的承载力与梁宽为 b'_f 矩形截面完全相同，如图 3-30 所示，计算公式为

$$\alpha_1 f_c b_f' x = f_y A_s \qquad (3\text{-}55)$$

$$M_u = \alpha_1 f_c b_f' x \left(h_0 - \frac{x}{2}\right) \qquad (3\text{-}56)$$

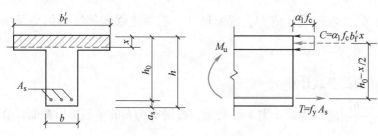

图 3-30　第一类 T 形截面

两类 T 形截面的区别

适用条件：

1）$x \le \xi_b h_0$。由于 T 形截面的 h_f' 较小，而第一类 T 形截面中和轴在翼缘中，故 x 值较小，该条件一般都可满足，不必验算。

2）$A_s \ge \rho_{min} bh$。应该注意的是，尽管第一类 T 形截面承载力按 $b_f' \times h$ 的矩形截面计算，但最小配筋面积按 $\rho_{min} bh$ 而不是 $\rho_{min} b_f' h$。这是因为最小配筋率 ρ_{min} 是根据钢筋混凝土梁开裂后的受弯承载力与相同截面素混凝土梁受弯承载力相同的条件得出的，而素混凝土 T 形截面受弯构件（肋宽 b、梁高 h）的受弯承载力与素混凝土矩形截面受弯构件（$b \times h$）的受弯承载力接近，为简化计算，按 $b \times h$ 的矩形截面的受弯构件的 ρ_{min} 来判断。

对于工字形截面和倒 T 形截面，应满足 $A_s \ge \rho_{min} [bh + (b_f - b) h_f]$，其中 b_f、h_f 分别为按 T 形截面计算承载力的工字形截面、倒 T 形截面的受拉翼缘宽度和高度。

（3）第二类 T 形截面承载力的计算公式　第二类 T 形截面的中和轴在梁肋中，可将该截面分为伸出翼缘和矩形梁肋两部分，如图 3-31 所示，则计算公式根据平衡条件得

$$\alpha_1 f_c (b_f' - b) h_f' + \alpha_1 f_c bx = f_y A_s \qquad (3\text{-}57)$$

$$M_u = \alpha_1 f_c (b_f' - b) h_f' \left(h_0 - \frac{h_f'}{2}\right) + \alpha_1 f_c bx \left(h_0 - \frac{x}{2}\right) \qquad (3\text{-}58)$$

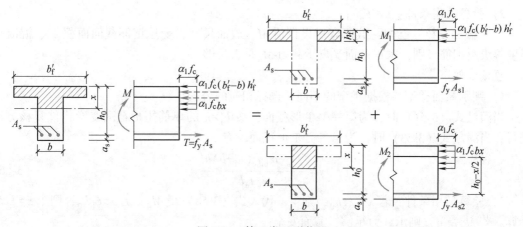

图 3-31　第二类 T 形截面

适用条件：

1）$x \leqslant \xi_b h_0$。

2）$A_s \geqslant \rho_{min}[bh+(b_f-b)h_f]$。该条件一般都可满足，不必验算。

3. 计算公式的应用

（1）截面设计　已知：截面弯矩设计值 M、截面尺寸、混凝土强度等级和钢筋级别，求受拉钢筋截面面积 A_s。

设计步骤：

1）判别截面类型，按相应的公式计算。

当满足 $M_u \leqslant \alpha_1 f_c b_f' h_f' \left(h_0 - \dfrac{h_f'}{2}\right)$ 时，为第一类 T 形截面，按梁宽为 b_f' 的单筋矩形截面计算。

当满足 $M_u > \alpha_1 f_c b_f' h_f' \left(h_0 - \dfrac{h_f'}{2}\right)$ 时，为第二类 T 形截面，根据式（3-57）和式（3-58）计算。若将翼缘伸出部分视作双筋矩形截面中的受压钢筋，可以看出第二类 T 形截面与双筋矩形截面相似（图 3-31），因此也可按双筋矩形截面计算方法分析，有

$$M = M_1 + M_2 \tag{3-59}$$

$$A_s = A_{s1} + A_{s2} \tag{3-60}$$

对于第一部分，有

$$f_y A_{s1} = \alpha_1 f_c (b_f' - b) h_f' \tag{3-61}$$

$$M_1 = \alpha_1 f_c (b_f' - b) h_f' \left(h_0 - \frac{h_f'}{2}\right) \tag{3-62}$$

则

$$A_{s1} = \frac{\alpha_1 f_c (b_f' - b) h_f'}{f_y} \tag{3-63}$$

对于第二部分，有

$$M_2 = M - M_1 = \alpha_1 f_c bx \left(h_0 - \frac{x}{2}\right) = \alpha_s \alpha_1 f_c bh_0^2 = \gamma_s h_0 f_y A_{s2} \tag{3-64}$$

与梁宽为 b 的单筋矩形截面一样，根据式（3-64）确定 α_s，查表 3-6 得相应的 γ_s，则

$$A_{s2} = \frac{M - M_1}{\gamma_s h_0 f_y} \tag{3-65}$$

2）验算适用条件：$x \leqslant \xi_b h_0$。

（2）截面复核　已知：截面弯矩设计值 M，截面尺寸、受拉钢筋截面面积 A_s、混凝土强度等级及钢筋级别，求正截面受弯承载力 M_u 是否足够。

复核步骤：

1）判别截面类型，根据类型的不同，选择相应的公式计算。

当满足式（3-51）时，为第一类 T 形截面，按 $b_f' \times h$ 的单筋矩形截面受弯构件复核方法进行；当满足式（3-53）时，为第二类 T 形截面，有

$$x = \frac{f_y A_s - \alpha_1 f_c (b_f' - b) h_f'}{\alpha_1 f_c b} \tag{3-66}$$

2）验算适用条件：若 $x \leqslant \xi_b h_0$，则将 x 代入式（3-58）得 M_u；若 $x > \xi_b h_0$，则令 $x = \xi_b h_0$ 计算。若 $M_u \geqslant M$，则承载力足够，截面安全。

【例3-7】 已知预制空心楼板如图3-32a所示，选用C30混凝土和HRB400级钢筋，承受弯矩设计值 $M = 15.2 \text{kN} \cdot \text{m}$。试计算所需配置的纵向受力钢筋。

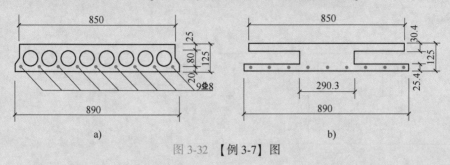

图3-32 【例3-7】图

【解】 本例题属于截面设计类。

（1）设计参数 查附录表A-2和表A-5及表3-2~表3-7，C30混凝土 $f_c = 14.3 \text{N/mm}^2$，$f_t = 1.43 \text{N/mm}^2$；HRB400级钢筋 $f_y = 360 \text{N/mm}^2$；$\alpha_1 = 1.0$，$\alpha_{sb} = 0.385$，$\xi_b = 0.518$。

查附录表C-2，一类环境，$c = 15 \text{mm}$，则 $a_s = c + d/2 = 20 \text{mm}$，$h_0 = h - 20 \text{mm} = 105 \text{mm}$。

最小配筋率为 $\rho_{min} = 0.45 \dfrac{f_t}{f_y} = 0.45 \times \dfrac{1.43}{360} = 0.179\% < 0.2\%$。

（2）将圆孔空心板换算为I形截面 根据截面面积不变、截面惯性矩不变的原则，先将圆形孔转换为矩形孔。取圆孔直径为 d，换算后矩形孔宽为 b_R、高为 h_R，则

$$\frac{\pi d^2}{4} = b_R h_R, \quad \frac{\pi d^4}{64} = \frac{b_R h_R^3}{12}$$

可解得：$h_R = 0.866d = 0.866 \times 80 \text{mm} = 69.3 \text{mm}$，$b_R = 0.907d = 0.907 \times 80 \text{mm} = 72.6 \text{mm}$。换算后I形截面尺寸如图3-32b所示。

（3）计算钢筋截面面积

1）截面类型判别。当 $x = h_f'$ 时

$$\alpha_1 f_c b_f' h_f' \left(h_0 - \frac{h_f'}{2} \right) = 1.0 \times 14.3 \times 850 \times 30.4 \times \left(105 - \frac{30.4}{2} \right) \text{N} \cdot \text{mm}$$

$$= 33.18 \times 10^6 \text{N} \cdot \text{mm} = 33.18 \text{kN} \cdot \text{m} > M = 15.2 \text{kN} \cdot \text{m}$$

因此，属于第一类截面类型，可以按矩形截面 $b_f' \times h = 850 \text{mm} \times 125 \text{mm}$ 计算。

2）求受拉钢筋的面积 A_s。

$$\alpha_s = \frac{M}{\alpha_1 f_c b_f' h_0^2} = \frac{15.2 \times 10^6}{1.0 \times 14.3 \times 850 \times 105^2} = 0.113 < \alpha_{sb} = 0.385$$

查表3-6，$\gamma_s = 0.939$，则

$$A_s = \frac{M}{f_y \gamma_s h_0} = \frac{15.2 \times 10^6}{360 \times 0.939 \times 105} \text{mm}^2 = 428.2 \text{mm}^2$$

$$> \rho_{min} [bh + (b_f - b) h_f] = 0.2\% \times [290.3 \times 125 + (890 - 290.3) \times 25.4] \text{mm}^2 = 103.2 \text{mm}^2$$

符合适用条件。

（4）选配钢筋及绘配筋图 受拉钢筋选用 9 Φ 8（$A_s = 453 \text{mm}^2$），配筋简图如图3-32a所示。

【例3-8】　已知现浇楼盖梁板截面如图3-33a所示。选用C30混凝土和HRB400级钢筋，L-1的计算跨度 $L_0=3.3m$，承受弯矩设计值 $M=390kN\cdot m$。试计算L-1所需配置的纵向受力钢筋。

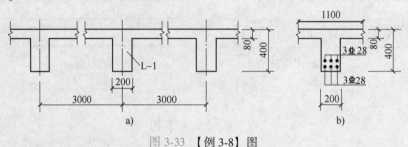

图3-33　【例3-8】图

【解】　本例题属于截面设计类。

(1) 设计参数　查附录表A-2和表A-5及表3-2~表3-7，C30混凝土 $f_c=14.3N/mm^2$，$f_t=1.43N/mm^2$；HRB400级钢筋 $f_y=360N/mm^2$；$\alpha_1=1.0$，$\alpha_{sb}=0.385$，$\xi_b=0.518$。

查附录表C-2，一类环境，$c=20mm$；假定受拉钢筋双排布置，则 $a_s=c+d_{sv}+d+e/2=$ $(20+8+20+25/2)mm=60.5mm$，取值60mm，$h_0=h-60mm=340mm$。

最小配筋率为：$\rho_{min}=0.2\%>0.45\dfrac{f_t}{f_y}=0.45\times\dfrac{1.43}{360}=0.179\%$

(2) 确定受压翼缘宽度

按计算跨度考虑 $b_f'=\dfrac{l_0}{3}=\dfrac{3300}{3}mm=1100mm$

按梁净距 S_n 考虑 $b_f'=S_n+b=(2800+200)mm=3000mm$

按翼缘厚度 h_f' 考虑 $\dfrac{h_f'}{h_0}=\dfrac{80}{340}=0.235>0.1$，受压翼缘宽度不受此项限制。

L-1计算截面尺寸如图3-33b所示。

(3) 计算钢筋截面面积

1) 截面类型判别。当 $x=h_f'$ 时

$$\alpha_1 f_c b_f' h_f'\left(h_0-\frac{h_f'}{2}\right)=1.0\times14.3\times1100\times80\times\left(340-\frac{80}{2}\right)N\cdot mm$$

$$=377.5\times10^6 N\cdot mm=377.5kN\cdot m<M=390kN\cdot m$$

属于第二类截面类型。

2) 求 M_1 及 A_{s1}。

$$M_1=\alpha_1 f_c(b_f'-b)h_f'\left(h_0-\frac{h_f'}{2}\right)=1.0\times14.3\times(1100-200)\times80\times\left(340-\frac{80}{2}\right)N\cdot mm$$

$$=308.9\times10^6 N\cdot mm=308.9kN\cdot m$$

$$A_{s1}=\frac{\alpha_1 f_c(b_f'-b)h_f'}{f_y}=\frac{1.0\times14.3\times(1100-200)\times80}{360}mm^2=2860\ mm^2$$

3）求 M_2 及 A_{s2}。

$$M_2 = M - M_1 = (390 - 308.9) \text{kN} \cdot \text{m} = 81.1 \text{kN} \cdot \text{m}$$

$$\alpha_s = \frac{M_2}{\alpha_1 f_c b h_0^2} = \frac{81.1 \times 10^6}{1.0 \times 14.3 \times 200 \times 340^2} = 0.245 < \alpha_{sb} = 0.385$$

查表3-6，得 $\gamma_s = 0.857$，则

$$A_{s2} = \frac{M_2}{f_y \gamma_s h_0} = \frac{81.1 \times 10^6}{360 \times 0.857 \times 340} \text{mm}^2 = 773.1 \text{ mm}^2$$

4）求 A_s。

$$A_s = A_{s1} + A_{s2} = (2860 + 773.1) \text{mm}^2 = 3633.1 \text{ mm}^2$$

（4）选配钢筋及绘配筋图　受拉钢筋选用 6 $\underline{\Phi}$ 28 （$A_s = 3695 \text{mm}^2$），配筋简图如图 3-33b 所示。

【例3-9】　已知T形截面梁，截面尺寸和配筋如图 3-34 所示。选用 C30 混凝土，试求该截面所能承受的最大弯矩。

【解】　本例题属于截面复核类。

（1）设计参数　查附录表 A-2 和表 A-5 及表 3-2~表 3-7，C30 混凝土 $f_c = 14.3 \text{N/mm}^2$；HRB400 级钢筋 $f_y = 360 \text{N/mm}^2$；$\alpha_1 = 1.0$，$\alpha_{sb} = 0.385$，$\xi_b = 0.518$。

查附录 C 表 C-2，一类环境，$c = 20 \text{mm}$，则 $a_s = c + d_{sv} + d + e/2 = (20 + 8 + 25 + 25/2) \text{mm} = 65.5 \text{mm}$，取值 65mm，$h_0 = h - 65 \text{mm} = 535 \text{mm}$；$a'_s = c + d_{sv} + d/2 = (20 + 8 + 16/2) \text{mm} = 36 \text{mm}$，取 $a'_s = 35 \text{mm}$。

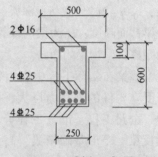

图 3-34　【例 3-9】图

$A_s = 3927 \text{mm}^2$，$A'_s = 402 \text{mm}^2$。

（2）截面类型判别

$$f_y A_s = 360 \times 3927 \text{N} = 1.414 \times 10^6 \text{N}$$

$$> \alpha_1 f_c b'_f h'_f + A'_s f'_y = (1.0 \times 14.3 \times 100 \times 500 + 360 \times 402) \text{N} = 0.879 \times 10^6 \text{N}$$

故为第二类T形截面梁。

（3）求 M_1 及 A_{s1}

$$A_{s1} = \frac{\alpha_1 f_c (b'_f - b) h'_f}{f_y} = \frac{1.0 \times 14.3 \times (500 - 250) \times 100}{360} \text{mm}^2 = 993.0 \text{ mm}^2$$

$$M_1 = \alpha_1 f_c (b'_f - b) h'_f \left(h_0 - \frac{h'_f}{2} \right) = 1.0 \times 14.3 \times (500 - 250) \times 100 \times \left(535 - \frac{100}{2} \right) \text{N} \cdot \text{mm}$$

$$= 173.4 \times 10^6 \text{N} \cdot \text{mm} = 173.4 \text{kN} \cdot \text{m}$$

（4）求与 A'_s 对应的 A_{s3} 和 M_3

$$A_{s3} = \frac{f'_y A'_s}{f_y} = \frac{360 \times 402}{360} \text{mm}^2 = 402 \text{ mm}^2$$

$$M_3 = f_y A_{s3}(h_0 - a_s') = 360 \times 402 \times (535 - 35) \, \text{N} \cdot \text{mm}^2 = 72.4 \times 10^6 \text{N} \cdot \text{mm} = 72.4 \text{kN} \cdot \text{m}$$

（5）求 A_{s2} 及 M_2

$$A_{s2} = A_s - A_{s1} - A_{s3} = (3927 - 993 - 402) \, \text{mm}^2 = 2532 \, \text{mm}^2$$

$$x = \frac{f_y A_{s2}}{\alpha_1 f_c b} = \frac{360 \times 2532}{1.0 \times 14.3 \times 250} \text{mm} = 254.9 \text{mm} < \xi_b h_0 = 294.3 \text{mm}$$

$$M_2 = \alpha_1 f_c b x \left(h_0 - \frac{x}{2} \right) = 1.0 \times 14.3 \times 250 \times 254.9 \times \left(535 - \frac{254.9}{2} \right) \text{N} \cdot \text{mm}$$

$$= 371.4 \times 10^6 \text{N} \cdot \text{mm} = 371.4 \text{kN} \cdot \text{m}$$

则该截面所能承受的最大弯矩为

$$M_u = M_1 + M_2 + M_3 = (173.4 + 371.4 + 72.4) \text{kN} \cdot \text{m} = 617.2 \text{kN} \cdot \text{m}$$

3.2.6　深受弯构件的正截面承载力计算

钢筋混凝土受弯构件根据其跨高比的不同，可分为以下三种类型：浅梁，$l_0/h > 5$；短梁，$l_0/h = 2(2.5) \sim 5$；深梁，$l_0/h \leqslant 2$（简支单跨梁），$l_0/h \leqslant 2.5$（多跨连续梁）。式中，h 为梁截面高度；l_0 为梁的计算跨度，可取 l_c 和 $1.15 l_n$ 两者中较小值；l_c 为支座中心线之间的距离；l_n 为梁的净跨。

浅梁在实际工程中应用较多，可称为一般受弯构件。短梁和深梁又称为深受弯构件。深受弯构件的承载力巨大，故而广泛地应用于建筑工程、水利工程、港口工程、铁路工程、公路工程、市政工程等，如双肢柱肩梁、框支剪力墙、剪力墙连梁、梁板式筏形基础反梁、箱形基础箱梁、高层建筑转换层大梁、浅仓侧板、矿井井架大梁及高桩码头横梁等。

简支深梁的内力计算与一般梁相同，但连续深梁的内力值及沿跨长的分布规律与一般连续梁不同，其跨中正弯矩比一般连续梁的偏大，支座负弯矩却偏小，且随跨高比和跨数而变化。因此，在工程设计中，连续深梁的内力应由二维弹性分析确定，且不宜考虑内力重分布，具体计算方法可采用弹性有限元或其他方法。《规范》考虑了相对受压区高度和跨高比的影响，给出了深受弯构件的正截面受弯承载力计算公式

$$M \leqslant f_y A_s z \tag{3-67}$$

$$z = \alpha_d (h_0 - 0.5x) \tag{3-68}$$

$$\alpha_d = 0.80 + 0.04 \frac{l_0}{h} \tag{3-69}$$

式中　z——内力臂，当 $l_0 < h$ 时，取 $z = 0.6 l_0$；

　　　α_d——深受弯构件内力臂修正系数；

　　　x——截面受压区高度，$x < 0.2 h_0$ 时取 $x = 0.2 h_0$；

　　　h_0——截面有效高度，$h_0 = h - a_s$，h 为截面高度，当 $l_0/h \leqslant 2.0$ 时，跨中截面的 a_s 取 $0.1h$，支座截面 a_s 取 $0.2h$，当 $l_0/h > 2.0$ 时，a_s 按受拉区纵向钢筋截面形心至受拉边缘的实际距离取用。

3.3 受弯构件斜截面承载力计算

在图 3-4 所示的两点加载钢筋混凝土简支梁中，忽略自重影响，集中荷载之间的 *CD* 段仅承受弯矩，称为纯弯段；*AC* 和 *BD* 段承受弯矩和剪力的共同作用，称为弯剪段。当梁内配有足够的纵向钢筋保证不致引起纯弯段的正截面受弯破坏时，则构件还可能在弯剪段发生斜截面破坏。因此，在保证受弯构件的正截面受弯承载力的同时，还要保证斜截面受剪承载力和斜截面受弯承载力。工程设计中，斜截面受剪承载力是由计算和构造来满足的，斜截面受弯承载力是通过对纵向钢筋和箍筋的构造要求来保证的。

为了防止梁沿斜截面破坏，就需要在梁内设置足够的抗剪钢筋，通常由与梁轴线垂直的箍筋和与主拉应力方向平行的斜筋共同组成，如图 3-35 所示。斜筋常利用正截面承载力多余的纵向钢筋弯起而成，所以又称弯起钢筋。箍筋与弯起钢筋通称腹筋。配置箍筋与弯起钢筋的梁，称为有腹筋梁。不配置箍筋与弯起钢筋的梁，称为无腹筋梁。

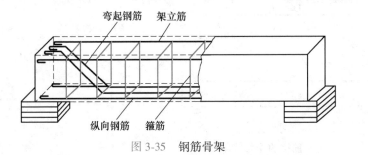

图 3-35 钢筋骨架

箍筋和弯起钢筋

在斜截面承载力计算中，剪跨比 λ 是一个非常重要的概念，它等于该截面的弯矩值与截面的剪力值和有效高度乘积之比，即

$$\lambda = \frac{M}{Vh_0} \tag{3-70}$$

对承受集中荷载作用的梁，截面的剪跨比为

$$\lambda = \frac{M}{Vh_0} = \frac{Fa}{Fh_0} = \frac{a}{h_0} \tag{3-71}$$

对承受均布荷载作用的简支梁，设 βl 为计算截面至支座的距离，则 λ 可表示为跨高比 l/h_0 的函数，即

$$\lambda = \frac{M}{Vh_0} = \frac{\beta - \beta^2}{1 - 2\beta} \cdot \frac{l}{h_0} \tag{3-72}$$

剪跨比 λ 反映了截面上正应力和剪应力的相对比值，对梁的斜截面受剪破坏形态和斜截面承载力有着极为重要的影响。

3.3.1 斜截面受剪承载力的试验研究

1. 梁斜截面受剪破坏形态

（1）无腹筋梁的斜截面受剪破坏形态 根据试验研究，无腹筋梁主要有斜压破坏、剪压破坏和斜拉破坏三种形态。

1）斜压破坏。当剪跨比 λ 较小时（$\lambda<1$ 或 $l/h_0<4$），发生斜压破坏。斜压破坏多发生于剪力较大而弯矩较小的区段，以及梁腹很薄的 T 形截面或 I 形截面梁内。破坏时，斜裂缝由支座向集中荷载处发展，其间的混凝土被腹剪斜裂缝分割成若干个斜向受压短柱，短柱被压碎而破坏，如图 3-36a 所示。它的特点是斜裂缝细而密，破坏时的荷载也明显高于斜裂缝出现时的荷载。斜压破坏的原因是由于主压应力超过了斜向受压短柱混凝土的抗压强度。

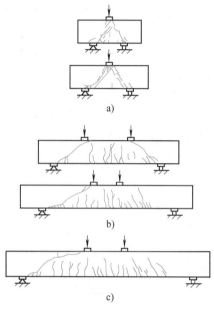

图 3-36   无腹筋梁的受剪破坏形态
a）斜压破坏   b）剪压破坏   c）斜拉破坏

无腹筋梁的斜截面
受剪的三种破坏

2）剪压破坏。当剪跨比 λ 适中时（$1\leqslant\lambda\leqslant3$ 或 $4\leqslant l/h_0\leqslant12$），发生剪压破坏。其破坏特征是弯剪区段的受拉区边缘先出现垂直裂缝，它们沿竖向延伸一小段后转向斜向发展成多条斜裂缝，而后其中一条形成临界斜裂缝，临界斜裂缝出现后迅速向斜上方伸展，使斜截面剪压区的高度减小，直到斜裂缝顶端的混凝土在剪应力和压应力共同作用下被压碎而破坏，如图 3-36b 所示。它的特点是破坏过程比斜拉破坏缓慢些，破坏时的荷载明显高于斜裂缝出现时的荷载。剪压破坏的原因是斜裂缝顶端混凝土的主压应力超过了混凝土在压力和剪力共同作用下的复合强度。

3）斜拉破坏。当剪跨比 λ 较大时（$\lambda>3$ 或 $l/h_0>12$），发生斜拉破坏。这种破坏现象是斜裂缝一出现就很快形成一条主要斜裂缝，并迅速向受压边缘发展，直至将整个截面裂通，使构件劈裂为两部分而破坏，如图 3-36c 所示。其特点是破坏过程迅速，破坏荷载比斜裂缝形成时的荷载增加不多、变形很小。斜拉破坏的原因是由于残留截面上的主拉应力超过了混凝土的抗拉强度。

上述三种主要破坏形态，就它们的斜截面承载力而言，斜拉破坏最低，剪压破坏较高，斜压破坏最高，如图 3-37 所示。但就其破坏性质而言，由于它们达到破坏荷载时的跨中挠度都不大，因而均属脆性破坏，其中斜拉破坏的脆性更突出。

（2）有腹筋梁的斜截面受剪破坏形态   有腹筋梁的斜截面受剪破坏与无腹筋梁相似，也可归纳为斜压破坏、剪压破坏和斜拉破坏三种形态。

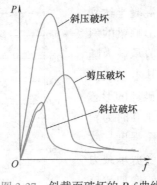

图 3-37　斜截面破坏的 P-f 曲线

有腹筋梁受剪试验

1）斜压破坏。当腹筋数量配置很多时，斜裂缝间的混凝土因主压应力过大而发生斜向受压破坏时，腹筋应力达不到屈服，腹筋强度得不到充分利用。

2）剪压破坏。若腹筋数量配置适当，且剪跨比 $1 \leqslant \lambda \leqslant 3$ 时，在斜裂缝出现后，由于腹筋的存在，限制了斜裂缝的开展，使荷载仍能有较大的增长，直到腹筋屈服不再能控制斜裂缝开展，而使斜裂缝顶端混凝土残留截面发生剪压破坏。

3）斜拉破坏。若腹筋数量配置很少，且剪跨比 $\lambda > 3$ 时，斜裂缝一开裂，腹筋的应力就会很快达到屈服，腹筋不能起到限制斜裂缝开展的作用，从而产生斜拉破坏。

上述三种破坏形态中，斜拉破坏的发生十分突然，斜压破坏时箍筋未能充分发挥作用，故这两种破坏在结构设计中均应避免。《规范》通过采用截面限制条件来防止斜压破坏，通过控制箍筋的最小配筋率来防止斜拉破坏，通过受剪承载力计算配置箍筋及弯起钢筋来防止剪压破坏。

2. 斜截面受剪承载力的影响因素

三种斜截面破坏形态和构件斜截面受剪承载力有密切的关系。因此，影响破坏形态的因素也同时影响梁的斜截面受剪承载力，主要有剪跨比 λ、混凝土强度、纵筋配筋率 ρ、箍筋配筋率 ρ_{sv}、弯起钢筋的配置、截面尺寸和形状及预应力等。

（1）剪跨比 λ　试验研究表明，对于承受集中荷载的梁，随着剪跨比的增大，梁的斜截面受剪承载力明显降低，依次发生斜压破坏、剪压破坏和斜拉破坏。当剪跨比 $\lambda > 3$ 以后，剪跨比对斜截面受剪承载力无显著的影响。对承受均布荷载的梁，随着跨高比 l_0/h 的增大，受剪承载力明显降低，如图 3-38 所示。

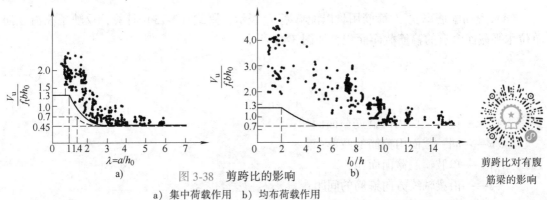

图 3-38　剪跨比的影响

a）集中荷载作用　b）均布荷载作用

剪跨比对有腹筋梁的影响

（2）混凝土强度   斜截面破坏是因混凝土达到极限强度而发生的，故混凝土强度直接影响梁的斜截面受剪承载力。试验表明，斜截面受剪承载力随混凝土抗拉强度 f_t 的提高而提高，两者基本呈线性关系。从图 3-39 中可以看出，梁斜截面破坏的形态不同，混凝土强度影响程度也不同。$\lambda = 1.0$ 时为斜压破坏，受剪承载力取决于混凝土的抗压强度，故直线的斜率较大；$\lambda > 3$ 时为斜拉破坏，受剪承载力取决于混凝土的抗拉强度，而抗拉强度的增加较抗压强度来得慢，故直线的斜率较小；$1.0 < \lambda < 3.0$ 时为剪压破坏，受剪承载力取决于混凝土的受剪和受压的复合抗压强度，其直线的斜率介于上述之间。

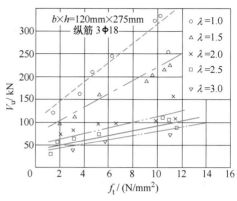

图 3-39   混凝土强度的影响

（3）纵筋配筋率 ρ 从图 3-40 中可以看出，增加纵筋配筋率 ρ 可抑制斜裂缝的伸展，从而提高了斜裂缝间的集料咬合力，增大了剪压区高度，使混凝土的抗剪能力提高，同时也提高了纵筋的销栓作用。因此，随着 ρ 的增大，梁的斜截面受剪承载力有所提高。但只有配筋率 $\rho > 1.5\%$ 时作用才明显，而实际工程中的 $\rho \leqslant 1.5\%$，故《规范》给出的计算公式中没有考虑纵筋配筋率 ρ 的影响。

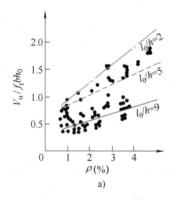
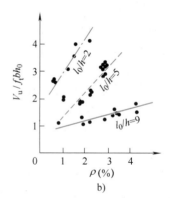

图 3-40   纵筋配筋率的影响
a）集中荷载作用   b）均布荷载作用

（4）箍筋配筋率 ρ_{sv} 箍筋用量以配箍率 ρ_{sv} 表示，用式（3-73）计算，反映了梁沿纵向单位水平截面含有的箍筋截面面积，如图 3-41 所示。

$$\rho_{sv} = \frac{A_{sv}}{bs} \tag{3-73}$$

$$A_{sv} = nA_{sv1} \tag{3-74}$$

式中　A_{sv}——同一截面内的箍筋截面面积；

　　　n——同一截面内箍筋的肢数；

　　A_{sv1}——单肢箍筋截面面积；

　　　s——沿梁轴线方向箍筋的间距；

　　　b——矩形截面的宽度，T 形或 I 形截面的腹板宽度。

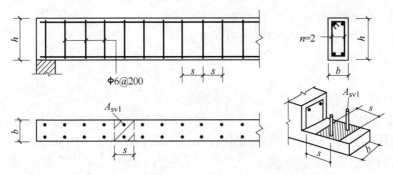

图 3-41 梁的纵、横、水平剖面图

在进行斜截面受剪承载力设计时，以剪压破坏特征为基础建立计算公式，用配置一定的腹筋来防止斜拉破坏，采用截面限制条件的方法来防止斜压破坏。

（5）弯起钢筋 弯起钢筋与斜裂缝相交而承受拉力，可以承担部分剪力，但受力不均匀，在配置腹筋时，应优先选用箍筋。

（6）截面尺寸和形状 截面尺寸对无腹筋梁的受剪承载力影响较大，尺寸大的构件破坏时的平均剪应力比尺寸小的构件要低。试验表明，其他参数相同，梁高扩大 4 倍，破坏时的平均剪应力可下降 25%～30%。对有腹筋梁，截面尺寸的影响较小。截面形状的影响主要是指 T 形截面，其翼缘大小对梁的受剪承载力有影响。适当增加翼缘宽度，梁的受剪承载力可提高 25%，但翼缘过大，增大作用就趋于平缓。

（7）预应力 预应力能阻滞斜裂缝的出现和开展，增加混凝土剪压区的高度，从而提高混凝土所承担的剪力。预应力混凝土梁的斜裂缝长度比钢筋混凝土梁有所增长，也提高了斜裂缝内箍筋的抗剪能力。

3.3.2 斜截面受剪承载力计算原理

1. 斜截面开裂前的受力分析

当荷载不大、梁未出现裂缝时，梁基本上处于弹性阶段，斜裂缝的出现和发展可按材料力学的方法进行分析。在计算时将纵向钢筋截面按其重心处钢筋的拉应变取与同一高度处混凝土纤维拉应变相等，由胡克定律换算成等效的混凝土截面，这样钢筋混凝土截面就变成了混凝土单一材料的等效截面，截面上任意一点的正应力和剪应力分别按下式计算

正应力
$$\sigma = \frac{My}{I_0} \tag{3-75}$$

剪应力
$$\tau = \frac{VS}{bI_0} \tag{3-76}$$

式中 I_0——换算截面的惯性矩；

S——换算截面上剪应力计算点以下面积对中和轴的静矩。

根据材料力学原理，弯剪区段上任一点的主拉应力和主压应力可按下式计算

主拉应力
$$\sigma_{tp} = \frac{\sigma}{2} + \sqrt{\frac{\sigma^2}{4} + \tau^2} \tag{3-77}$$

主压应力

$$\sigma_{cp} = \frac{\sigma}{2} - \sqrt{\frac{\sigma^2}{4} + \tau^2}$$ （3-78）

主应力的作用方向与构件纵向轴线的夹角为

$$\tan 2\alpha = -\frac{2\tau}{\sigma}$$ （3-79）

求出每一点的主应力方向后，就可以画出主应力迹线，如图3-42所示。实线为主拉应力 σ_{tp}，虚线为主压应力 σ_{cp}，轨迹线上任一点的切线就是该点的主应力方向。从截面1—1的中和轴、受压区、受拉区分别取微元体1、2、3，它们所处的应力状态各不相同，其特点是：微元体1位于中和轴处，正应力 σ 为零，剪应力 τ 最大，主拉应力 σ_{tp} 和主压应力 σ_{cp} 与梁轴线成45°角；微元体2在受压区内，由于正应力为压应力，使主拉应力 σ_{tp} 减小，主压应力 σ_{cp} 增大，σ_{tp} 的方向与梁纵轴夹角大于45°；微元体3在受拉区内，由于正应力为拉应力，使主拉应力 σ_{tp} 增大，主压应力 σ_{cp} 减小，σ_{tp} 的方向与梁纵轴的夹角小于45°。

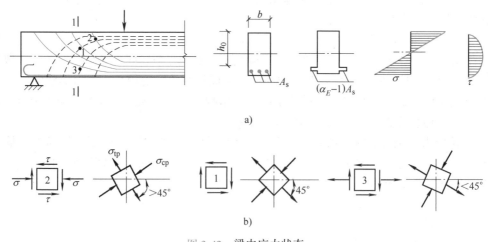

图 3-42　梁内应力状态

主应力方向决定了裂缝发展方向。由于混凝土的抗压强度较高，受弯构件一般不会因主压应力而引起破坏；但混凝土的抗拉强度很低，当主拉应力 σ_{tp} 超过混凝土的抗拉强度时，梁的弯剪段就将出现垂直于主拉应力轨迹线的裂缝，称为斜裂缝。斜裂缝的开展有两种方式：一种是一般梁因受弯正应力较大，会在梁底首先出现垂直裂缝，然后向上沿着主压应力迹线发展成弯剪斜裂缝；另一种是梁的腹板很薄或集中荷载至支座距离很小时，因梁腹剪应力较大，梁腹混凝土先开裂，而后分别沿主压应力迹线发展，形成中间宽、两头细的枣核形腹剪斜裂缝。

2. 斜截面裂缝出现后的受剪机理

如图3-43所示集中荷载作用下的无腹筋简支梁，在出现的斜裂缝中会有一条发展成临界斜裂缝。取图3-43b所示的以临界斜裂缝分割的梁端为隔离体进行受力分析，存在与支座剪力 V 相平衡的压区混凝土承受的剪力 V_c、斜裂缝面上的集料咬合力 V_a、纵筋的销栓力 V_d，与弯矩 M_b 相平衡的是纵筋拉力 T 与混凝土的压力 C 组成的力偶。

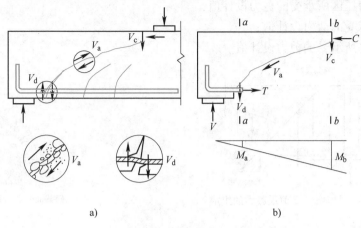

图 3-43 无腹筋简支梁的带拉杆的梳形拱模型

带拉杆的梳形拱模型

1）临界斜裂缝出现前，与斜裂缝相交的 a-a 截面处的纵筋应力取决于 M_a，临界斜裂缝出现后，a-a 截面处的纵筋应力取决于斜裂缝上端 b-b 截面处的弯矩 M_b。因 $M_b > M_a$，故而临界斜裂缝出现后，纵筋应力显著增大。

2）临界斜裂缝出现前，剪力 V 由整个截面承担；出现后，剪力 V 主要由 V_c 承担，很小部分由 V_a 和 V_d 承担。V_a 会随着斜裂缝延伸及扩展而逐渐减小至零；V_d 会使纵筋周围的混凝土产生撕裂裂缝而急剧减小，最后全部剪力 V 由残留的压端区混凝土 V_c 承担，因此，临界斜裂缝上端会形成剪应力和压应力高度集中的剪压区。

3）临界斜裂缝出现后，梁的下部形成被裂缝分割成若干个具有自由端的梳状齿，剩余的梁的上部形似拱，与受拉纵筋形成了带拉杆的拱形桁架模型，如图 3-43b 所示。拱顶由斜裂缝顶端的剪压区，拱体为拱顶到支座件的斜向受压混凝土，拉杆为纵筋。纵筋与混凝土拱体的工作性能完全取决于支座处的纵筋锚固。

当梁不能适应由裂缝引起的三种受力状态变化时，拱顶承载力不足时将发生剪压或斜拉破坏，拱体的受压承载力不足时将发生斜压破坏，拉杆的纵向受拉钢筋屈服时发生斜截面弯曲破坏，纵向受拉钢筋梁在支座处的锚固不足时发生锚固破坏。

对有腹筋梁出现斜裂缝后，箍筋的存在改变了梁的受力体系，形成了拱形桁架模型。拱体是上弦杆，裂缝间的混凝土是受压的斜腹杆，箍筋是受拉腹杆，受拉钢筋是下弦杆，如图 3-44 所示。

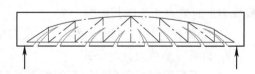

图 3-44 有腹筋梁的拱形桁架模型

3. 斜截面受剪承载力的计算模型

斜截面受剪承载力的计算模型是以剪压破坏形态为依据而建立的。由于斜截面受剪破坏的影响因素众多，破坏形态复杂，至今未能建立一套完整、公认的理论体系。我国采用理论与试验相结合的方法，主要考虑力的平衡条件，同时引入一些试验参数。其计算模型如图 3-45 所示，由发生剪压破坏时力的平衡条件得

$$V_u = V_c + V_s + V_{sb} \tag{3-80}$$

式中 V_u——梁所能承受的总剪力设计值；

V_c——混凝土剪压区所承受的剪力设计值；

V_s——箍筋所承受的剪力设计值；

V_{sb}——弯起钢筋所承受的剪力设计值。

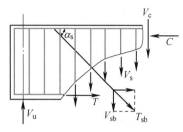

图 3-45　受剪承载力的组成

斜截面受剪承载力的组成

3.3.3　斜截面受剪承载力的计算

在斜截面承载力计算时，剪压破坏用受剪承载力计算来保证，斜压破坏通过控制截面的最小尺寸来防止，斜拉破坏通过规定最小配箍率及构造要求来防止。

对有腹筋梁，单独给出 V_s 和 V_c 的值是有困难的，故令箍筋和混凝土共同承受剪力设计值

$$V_{cs} = V_c + V_s \qquad (3\text{-}81)$$
$$V_u = V_{cs} + V_{sb} \qquad (3\text{-}82)$$

《规范》在建立计算式时引入了以下假定：

1）剪压破坏时，与斜裂缝相交的箍筋和弯起钢筋的拉应力都达到其屈服强度，但要考虑拉应力可能不均匀，特别是靠近剪压区的箍筋有可能达不到其屈服强度。

2）斜裂缝处的集料咬合力和纵筋销栓力，考虑其有不能发挥作用的可能性，计算时忽略不计。

3）截面尺寸的影响主要对无腹筋梁，故在不配箍筋和弯起钢筋的厚板计算时才予以考虑。

4）剪跨比是影响斜截面受剪承载力的重要因素之一，为了计算简便，仅在计算受集中荷载为主的梁时才考虑其影响。

5）为简化计算，对连续梁和简支梁采用相同的计算公式。

1. 斜截面承载力计算公式

（1）不配置箍筋和弯起钢筋的板类受弯构件　板类构件通常承受的荷载不大，剪力较小，而且板类构件的截面宽度较大，因此，一般不必进行斜截面承载力的计算，也不配箍筋和弯起钢筋。但是，随着板厚的增加，其抗剪承载能力会随之降低，对无腹筋梁和不配置箍筋和弯起钢筋的一般板类受弯构件，其斜截面受剪承载力应按式（3-83）计算。

$$V_u = 0.7\beta_h f_t b h_0 \qquad (3\text{-}83)$$

式中　β_h——截面高度影响系数，$\beta_h = (800/h_0)^{1/4}$，当 $h_0 < 800\text{mm}$，取 $h_0 = 800\text{mm}$；当 $h_0 > 2000\text{mm}$，取 $h_0 = 2000\text{mm}$。

（2）仅配箍筋的梁　根据试验分析，梁的斜截面受剪承载力随箍筋数量的增加而提高。当其他条件不变时，$V_{cs}/(f_t b h_0)$ 和 $\rho_{sv} f_{yv}/f_c$ 基本上呈线性关系，《规范》给出 V_{cs} 计算公式

如下

$$V_{cs} = \alpha_{cv} f_t b h_0 + f_{yv} \frac{A_{sv}}{s} h_0 \tag{3-84}$$

式中 f_t——混凝土轴心抗拉强度设计值；

$\qquad b$——矩形截面的宽度或 T 形、I 形截面的腹板宽度；

$\qquad h_0$——截面有效高度；

f_{yv}、s——箍筋抗拉强度设计值、间距；

$\qquad A_{sv}$——配置在同一截面内箍筋各肢的全部截面面积，$A_{sv} = nA_{sv1}$，n 为在同一截面内箍筋的肢数，A_{sv1} 为单肢箍筋的截面面积；

$\qquad \alpha_{cv}$——斜截面混凝土受剪承载力系数，均布荷载下矩形、T 形和 I 形截面的一般受弯构件（包括连续梁和约束梁）取 $\alpha_{cv} = 0.7$，承受以集中荷载为主（包括作用有多种荷载，且集中荷载对支座截面或节点边缘所产生的剪力值占总剪力值的 75% 以上的情况）的独立梁，按下式计算

$$\alpha_{cv} = \frac{1.75}{\lambda + 1} \tag{3-85}$$

式中 λ——计算截面的剪跨比，即 $\lambda = a/h_0$（a 为集中荷载作用点至支座截面或节点边缘的距离），$\lambda < 1.5$ 时取 $\lambda = 1.5$，$\lambda > 3$ 时取 $\lambda = 3$。

（3）配箍筋和弯起钢筋的梁 当梁承受的剪力较大时，如仅配箍筋则所需的箍筋直径较大或间距过小时，可以考虑将部分不需要的纵筋弯起，形成配箍筋和弯起钢筋的梁。这时，与斜裂缝相交的弯起钢筋的抗剪能力为 $T_{sb} \sin\alpha_s$。若在同一弯起平面内弯起钢筋截面面积为 A_{sb}，并考虑到靠近剪压区的弯起钢筋的应力可能达不到抗拉强度设计值的折减系数，则有

$$V_{sb} = T_{sb} \sin\alpha_s = 0.8 f_y A_{sb} \sin\alpha_s \tag{3-86}$$

式中 A_{sb}——同一弯起平面内弯起钢筋截面面积；

$\qquad \alpha_s$——斜截面上弯起钢筋与构件纵向轴线的夹角，一般为 45°，当梁的截面超过 800mm 时，通常为 60°；

$\qquad 0.8$——对弯起钢筋受剪承载力的折减系数，是考虑弯起钢筋与斜裂缝相交时，在接近受压区处钢筋强度在受剪破坏时达不到屈服强度。

由此得出，矩形、T 形和 I 形截面的受弯构件，当同时配有箍筋和弯起钢筋时的斜截面受剪承载力计算公式

$$V_u = V_{cs} + V_{sb} = V_{cs} + 0.8 f_y A_{sb} \sin\alpha_s \tag{3-87}$$

（4）斜截面受剪承载力设计表达式 在设计中为保证斜截面受剪承载力，构件斜截面上的最大剪力设计值应满足以下关系式：

1）仅配箍筋的梁

$$V \leqslant V_{cs} \tag{3-88}$$

2）同时配箍筋和弯起钢筋的梁

$$V \leqslant V_{cs} + V_{sb} \tag{3-89}$$

2. 斜截面受剪承载力计算公式的适用条件

（1）防止斜压破坏的条件 从式（3-88）及式（3-89）来看，似乎只要增加箍筋或弯

起钢筋，就可以将构件的抗剪能力提高到任何所需要的程度，但事实并非如此。实际上当构件截面尺寸较小而荷载又过大时，可能在支座上方产生过大的主压应力，使端部发生斜压破坏。这种破坏形态的构件斜截面受剪承载力基本上取决于混凝土的抗压强度及构件的截面尺寸，而腹筋的数量影响很小。所以腹筋的受剪承载力就受到构件斜压破坏的限制。为了防止发生斜压破坏和避免构件在使用阶段过早地出现斜裂缝及斜裂缝开展过大，构件截面尺寸或混凝土强度等级应符合下列要求：

1）当 $h_w/b \leqslant 4$ 时

对一般梁
$$V \leqslant 0.25\beta_c f_c b h_0 \tag{3-90}$$

对 T 形或 I 形截面简支梁，当有实践经验时
$$V \leqslant 0.3\beta_c f_c b h_0 \tag{3-91}$$

2）当 $h_w/b \geqslant 6$（薄腹梁）时
$$V \leqslant 0.2\beta_c f_c b h_0 \tag{3-92}$$

3）当 $4 < h_w/b < 6$ 时，按线性内插法取用。

式中　V——构件斜截面上的最大剪力设计值；

　　　β_c——混凝土强度影响系数，混凝土强度等级不超过 C50 时取 $\beta_c = 1.0$，混凝土强度等级为 C80 时取 $\beta_c = 0.8$，其间按线性内插法取用；

　　　f_c——混凝土轴心抗压强度设计值；

　　　b——矩形截面的宽度，T 形或 I 形截面的腹板宽度；

　　　h_w——截面的腹板高度，矩形截面取有效高度 h_0，T 形截面取有效高度减去翼缘高度 $h_0 - h_f'$，I 形截面取腹板净高 $h - h_f' - h_f$，如图 3-46 所示。

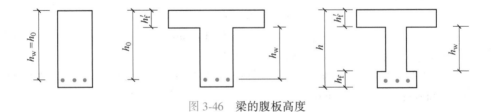

图 3-46　梁的腹板高度

（2）防止斜拉破坏的条件　上面讨论的腹筋抗剪作用的计算，只是在箍筋和斜筋（弯起钢筋）具有一定密度和一定数量时才有效。如腹筋布置得过少过稀，即使计算上满足要求，仍可能出现斜截面受剪承载力不足的情况。

1）配箍率要求。箍筋配置过少，一旦斜裂缝出现，由于箍筋的抗剪作用不足以替代斜裂缝发生前混凝土原有的作用，箍筋很可能达到屈服甚至被拉断，就会发生突然性的斜拉破坏。为了防止发生斜拉破坏，《规范》规定了箍筋配箍率的最小配筋率要求，即
$$\rho_{sv} \geqslant \rho_{sv,min} = 0.24\frac{f_t}{f_{yv}} \tag{3-93}$$

式中　$\rho_{sv,min}$——箍筋的最小配筋率。

2）腹筋间距要求。如腹筋间距过大，有可能在两根腹筋之间出现不与腹筋相交的斜裂缝，这时腹筋便不能发挥作用（图 3-47）。箍筋分布的疏密对斜裂缝开展宽度也有影响，采用较密的箍筋对抑制斜裂缝宽度有利。为此有必要对腹筋的最大间距 s_{max} 加以限制，见表 3-9。

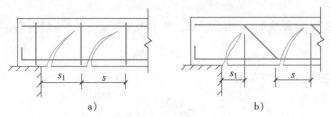

图 3-47　腹筋间距过大时产生的影响

s_1—支座边缘到第一根弯起钢筋或箍筋的距离　s—弯起钢筋或箍筋的间距

当梁中配有按计算需要的纵向受压钢筋时，箍筋的间距不应大于 $15d$（d 为纵向受压钢筋的最小直径），同时不应大于 400mm；当一层内的纵向受压钢筋多于 5 根且直径大于 18mm 时，箍筋间距不应大于 $10d$。

表 3-9　梁中箍筋的最大间距　　　（单位：mm）

梁高 h	$V > 0.7f_t bh_0$	$V \leqslant 0.7f_t bh_0$
$150 < h \leqslant 300$	150	200
$300 < h \leqslant 500$	200	300
$500 < h \leqslant 800$	250	350
$h > 800$	300	400

3.3.4　斜截面受剪承载力的设计方法

钢筋混凝土梁的承载力设计包括正截面承载力设计和斜截面承载力设计。一般先进行正截面承载力设计，初步确定截面尺寸和纵向钢筋后，再进行斜截面受剪承载力设计计算。

1. 斜截面受剪计算截面

1）梁的受剪分析。计算剪力设计值时的计算跨度取构件的净跨度，即 $l_0 = l_n$。

2）计算截面选择。应按图 3-48 所示规定采用：支座边缘截面（1—1）；受拉区弯起钢筋弯起点处的截面（2—2、3—3）；箍筋直径或间距改变处截面（4—4）；腹板宽度改变处截面。总之，荷载效应或结构抗力改变处均需进行斜截面受剪计算。

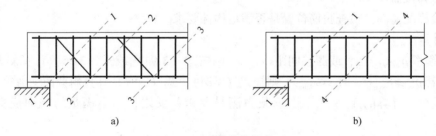

图 3-48　受剪计算斜截面

2. 斜截面受剪计算步骤

（1）斜截面受剪承载力设计

1）验算截面尺寸。以式（3-90）或式（3-92）验算构件截面尺寸是否满足斜截面受剪承载力要求。

2）验算是否需要配置箍筋。对于矩形、T 形及 I 形截面的一般受弯构件，如能满足

$$V \leqslant 0.7 f_t b h_0 \tag{3-94}$$

对集中荷载为主的独立梁，如能满足

$$V \leqslant \frac{1.75}{\lambda+1} f_t b h_0 \tag{3-95}$$

则不需进行斜截面抗剪配筋计算，仅按构造要求设置腹筋。

3）如果式（3-94）或式（3-95）不满足，说明需要按承载力计算配置腹筋。此时有两种方式：

① 只配箍筋。当剪力完全由箍筋和混凝土承担时，由式（3-84）及式（3-88）可得

$$\frac{A_{sv}}{s} = \frac{n A_{sv1}}{s} \geqslant \frac{V - \alpha_{cv} f_t b h_0}{f_{yv} h_0} \tag{3-96}$$

设计时，可根据构造要求选定箍筋肢数 n，单肢箍筋直径 d，则箍筋面积 $A_{sv} = n\pi d^2/4$，从而由式（3-97）求出箍筋的间距 s。

$$s \leqslant \frac{n A_{sv1} f_{yv} h_0}{V - \alpha_{cv} f_t b h_0} \tag{3-97}$$

选定的箍筋直径和间距应满足表 3-9 的构造要求，还应满足式（3-93）的最小配箍率要求。

② 既配箍筋又配弯起钢筋。当需要配置弯起钢筋、箍筋和混凝土共同承担剪力时，一般先根据正截面承载力计算确定的纵向钢筋情况，确定可弯起钢筋数量，按式（3-89）计算出 V_{sb}，再按式（3-98）或式（3-99）求出箍筋的间距 s。

$$\frac{A_{sv}}{s} = \frac{n A_{sv1}}{s} \geqslant \frac{V - \alpha_{cv} f_t b h_0 - V_{sb}}{f_{yv} h_0} \tag{3-98}$$

$$s \leqslant \frac{n A_{sv1} f_{yv} h_0}{V - \alpha_{cv} f_t b h_0 - V_{sb}} \tag{3-99}$$

（2）斜截面受剪承载力复核

1）验算截面尺寸。

2）验算配箍率，检查腹筋位置是否满足构件要求。

3）计算 V_u。

若配箍率 $\rho_{sv} < \rho_{svmin}$，或腹筋间距 $s > s_{max}$，则按式（3-94）或式（3-95）计算斜截面受剪承载力；若 $\rho_{sv} \geqslant \rho_{svmin}$，且 $s \leqslant s_{max}$，则按式（3-84）、式（3-87）计算斜截面受剪承载力。

4）复核。计算的 $V_s \leqslant V_u$，则承载力满足要求；反之，则不满足斜截面受剪承载力要求。

【例 3-10】 某 T 形截面简支梁，截面尺寸、剪力图和纵向钢筋如图 3-49 所示，净跨 $l_n = 4\text{m}$。处于一类环境，安全等级为二级，$\gamma_0 = 1.0$。承受集中荷载设计值 600kN（忽略梁自重）。混凝土强度等级为 C30，纵向钢筋采用 HRB400 级钢筋，箍筋采用 HRB400 级钢筋。试配抗剪腹筋。

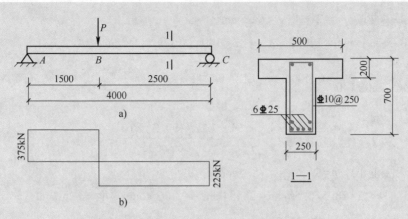

图 3-49 【例 3-10】图

【解】 （1）支座边缘截面剪力设计值

$V_A = \gamma_0 P \times 2500/4000 = 1.0 \times 600 \times 2500/4000 \text{kN} = 375 \text{kN}$

$V_B = \gamma_0 (600 - 375) = 1.0 \times (600 - 375) \text{kN} = 225 \text{kN}$

（2）截面尺寸复核　查附录表 A-2 及表 3-2，C30 混凝土，$\beta_c = 1.0$，$f_c = 14.3 \text{N/mm}^2$，$f_t = 1.43 \text{N/mm}^2$。

查附录表 C-2，一类环境，$c = 20\text{mm}$，$a_s = c + d_{sv} + d + e/2 = (20 + 10 + 25 + 25/2) \text{mm} = 67.5 \text{mm}$，取 65mm，则 $h_0 = h - a_s = (700 - 65) \text{mm} = 635 \text{mm}$

$$h_w = h_0 - h'_f = (635 - 200) \text{mm} = 435 \text{mm}$$

$$h_w/b = 435/250 = 1.74 < 4.0$$

$$0.3 \beta_c f_c b h_0 = 0.3 \times 1.0 \times 14.3 \times 250 \times 635 \text{kN} = 681.0 \text{kN} > V_A = 375 \text{kN}$$

故截面尺寸满足抗剪条件。

（3）验算是否需按承载力计算确定腹筋

AB 段 $\lambda = \dfrac{a}{h_0} = \dfrac{1500}{635} = 2.36$，则

$$V_c = \frac{1.75}{\lambda + 1} f_t b h_0 = \frac{1.75}{2.36 + 1} \times 1.43 \times 250 \times 635 \text{N} = 118.2 \text{kN} < 375 \text{kN}$$

BC 段 $\lambda = \dfrac{a}{h_0} = \dfrac{2500}{635} = 3.94 > 3$，取 $\lambda = 3.0$，则

$$V_c = \frac{1.75}{\lambda + 1} f_t b h_0 = \frac{1.75}{3.0 + 1} \times 1.43 \times 250 \times 635 \text{N} = 99.3 \text{kN} < 225 \text{kN}$$

应按计算确定腹筋用量。

（4）腹筋计算　查附录表 A-5，HRB400 级钢筋，$f_{yv} = 360 \text{N/mm}^2$。

AB 段

$$\frac{A_{sv}}{s} = \frac{n\pi d^2/4}{s} \geqslant \frac{V - V_c}{f_{yv} h_0} = \frac{(375 - 118.2) \times 10^3}{360 \times 635} = 1.12$$

选双肢箍筋$\oplus$10，$n=2$，$A_{sv1}=78.5\text{mm}^2$，则

$s\leqslant2\times78.5/1.12\text{mm}=140.2\text{mm}$，取$s=140\text{mm}<s_{max}=250\text{mm}$（见表3-9）

$$\rho_{sv}=\frac{A_{sv}}{bs}=\frac{2\times78.5}{250\times140}=0.449\%>\rho_{sv,min}=0.24\frac{f_t}{f_{yv}}=0.24\times\frac{1.43}{360}=0.095\%\text{（满足要求）}$$

BC 段

$$\frac{A_{sv}}{s}=\frac{n\pi d^2/4}{s}\geqslant\frac{V-V_c}{f_{yv}h_0}=\frac{(225-99.3)\times10^3}{360\times635}=0.55$$

选双肢箍筋$\oplus$10，$n=2$，$A_{sv1}=78.5\text{mm}^2$，则

$$s\leqslant2\times78.5/0.55\text{mm}=285.4\text{mm}>s_{max}=250\text{mm}，取s=250\text{mm}$$

$$\rho_{sv}=\frac{A_{sv}}{bs}=\frac{2\times78.5}{250\times250}=0.251\%>\rho_{sv,min}=0.095\%\text{（满足要求）}$$

因此，AB 段配双肢箍$\oplus$10@140（图3-49），BC 段配双肢箍$\oplus$10@250。

【例 3-11】 已知某工作桥纵梁，梁截面尺寸 $b\times h=250\text{mm}\times600\text{mm}$，计算简图如图 3-50a 所示。处于一类环境，安全等级为二级，$\gamma_0=1.0$。梁上受均布荷载设计值 $q=20.0\text{kN/m}$（包括自重）及集中力设计值 $Q_k=110\text{kN}$；梁中已配有纵向 HRB400 级钢筋 4$\oplus$22（$A_s=1520\text{mm}^2$）；混凝土强度等级为 C25，箍筋为 HPB300 级钢筋。试配抗剪腹筋。

【解】 （1）支座边缘截面剪力设计值

$$V=\gamma_0[ql_n/2+Q]=1.0\times[20\times8.0/2+110]\text{kN}=190.0\text{kN}$$

由此作出剪力图，如图 3-50b 所示。

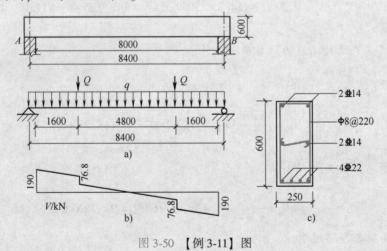

图 3-50 【例 3-11】图

（2）截面尺寸验算 查附录表 A-2 及表 3-2，C25 混凝土，$\beta_c=1.0$，$f_c=11.9\text{N/mm}^2$，$f_t=1.27\text{N/mm}^2$；查附录表 C-2，一类环境，$c=20\text{mm}$，则 $a_s=c+d_{sv}+d/2=(20+8+22/2)\text{mm}=39\text{mm}$，$h_0=h-39\text{mm}=(600-39)\text{mm}=561\text{mm}$。因 $h_w/b=561/250=2.24<4.0$，则

$$0.25\beta_c f_c bh_0 = 0.25 \times 1.0 \times 11.9 \times 250 \times 561 kN = 417.2kN > V_A = 190kN$$

截面尺寸满足抗剪要求。

（3）抗剪腹筋计算　在支座截面处，集中荷载产生的剪力与总剪力之比为

$$\frac{110}{190} = 57.9\% < 75\%$$

所以应按一般受剪构件公式计算，即

$$V_c = 0.7 f_t bh_0 = 0.7 \times 1.27 \times 250 \times 561 N = 124682N < V_A = 190kN$$

由计算确定腹筋用量，即

$$\frac{A_{sv}}{s} = \frac{n\pi d^2/4}{s} \geqslant \frac{V - V_c}{f_{yv} h_0} = \frac{190 \times 10^3 - 125349}{270 \times 561} = 0.424$$

选用双肢箍筋 $\Phi 8$，即 $A_{sv} = 100.6mm^2$

$s \leqslant 100.6/0.424 mm = 237.3mm$，取 $s = 220mm < s_{max} = 250mm$

$$\rho_{sv} = \frac{A_{sv}}{bs} = \frac{100.6}{250 \times 230} = 0.175\% > \rho_{sv,min} = 0.24 \frac{f_t}{f_{yv}} = 0.24 \times \frac{1.27}{270} = 0.113\%$$

满足要求。

故在支座至集中荷载作用点区段配双肢箍筋 $2\Phi 8@220$ 满足斜截面受剪承载力要求。对于两集中荷载作用点之间的区段，因其剪力 $V < V_c$，按构造配置箍筋 $2\Phi 8@350$。

3.3.5　梁的斜截面受弯承载力

受弯构件在剪力和弯矩的共同作用下，除了可能产生受剪破坏，由于弯矩作用，可能会产生斜截面的受弯破坏。按照正截面最大弯矩确定的纵向钢筋，如果在跨内不弯起、不截断，可以满足任何斜截面的受弯承载力；如果弯起或截断，则不能保证斜截面的受弯承载力。斜截面受弯承载力通常不进行计算，而是用梁内纵向钢筋的弯起、截断、锚固及箍筋的间距等构造措施来保证。这些构造要求一般通过绘制正截面的抵抗弯矩图予以判断。

1. 抵抗弯矩图

抵抗弯矩图也称材料图，是指按实际纵向受力钢筋布置情况绘制的各截面抵抗弯矩，即受弯承载力 M_u 沿构件轴线方向的分布图，以下称为 M_u 图。抵抗弯矩图中竖标表示的正截面受弯承载力设计值 M_u 称为抵抗弯矩，它与构件的材料、截面尺寸、纵向受拉钢筋的数量及其布置有关，与所承受的荷载无关。

（1）抵抗弯矩图的作法　按梁正截面承载力计算的纵向受拉钢筋是以同符号弯矩区段的最大弯矩为依据求得的，该最大弯矩处的截面称为控制截面。以单筋矩形截面为例，若在控制截面处实际选配的纵筋截面面积为 A_s，则

$$M_u = f_y A_s \left(h_0 - \frac{f_y A_s}{2\alpha_1 f_c b} \right) \tag{3-100}$$

由上式可知，抵抗弯矩 M_u 近似与钢筋截面面积成正比关系。

因此，在控制截面，各钢筋可按其面积占总钢筋面积的比例（若钢筋规格不同，按 $f_y A_s$）分担抵抗弯矩 M_u；在其余截面，当钢筋面积减小时（如弯起或截断部分钢筋），抵抗

弯矩可假定按比例减少。随着钢筋面积的减少，M_u 的减少要慢些，两者并不成正比，但按这个假定作抵抗弯矩图偏于安全且大为方便。下面具体说明抵抗弯矩图的作法。

1）纵向受拉钢筋全部伸入支座时 M_u 图的作法。图 3-51 所示为一均布荷载作用下的钢筋混凝土简支梁，按跨中弯矩 M_{max} 进行正截面受弯承载力计算纵向受拉钢筋需配 2Φ25+2Φ22。如将 2Φ25+2Φ22 钢筋全部伸入支座并可靠锚固，则该梁任一正截面的 M_u 值是相等的，所以 M_u 图是矩形 $abcd$。由于抵抗弯矩图在弯矩设计值图的外侧，所以梁的任一正截面的受弯承载力都能够得到满足。

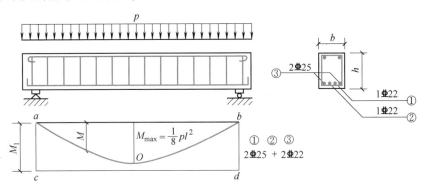

图 3-51　纵筋全部伸入支座时的抵抗弯矩

纵向受拉钢筋沿梁通长布置，虽然构造比较简单，但没有充分利用弯矩设计值较小部分处的纵向受拉钢筋的强度，因此是不经济的。为了节约钢材，可根据设计弯矩图的变化将一部分纵向受拉钢筋在正截面受弯不需要的地方截断或弯起作为受剪钢筋。因此需要研究钢筋弯起或截断时 M_u 图的变化及其有关配筋构造要求，以使钢筋弯起或截断后的 M_u 图能包住 M 图，满足受弯承载力的要求。

2）部分纵向受拉钢筋截断时 M_u 图的作法。受弯构件的支座截面纵向受拉钢筋可以在保证斜截面受弯承载力的前提下截断。图 3-52 中，近似地按钢筋截面面积的比例划分出每根

钢筋所承担的抵抗弯矩，即 $M_{ui}=M_u\dfrac{A_{si}}{A_s}$。假定①号纵筋抵抗控制截面 $A—A$ 的弯矩为图中纵坐标 34 部分，$A—A$ 为①号纵筋强度充分利用截面（4 点称为"充分利用点"）；沿 3 点作水平线交 M 图于 b、c 点，这说明在截面 $B—B$、$C—C$ 处按正截面受弯承载力已不再需要①号钢筋了，$B—B$ 和 $C—C$ 截面为按计算不需要该钢筋截面，可以把①号钢筋在 b、c 点截断，b、c 点称为该钢筋的"理论截断点"。当在 b、c 点把①号钢筋截断时，则在 M_u 图上就产生抵抗矩的突然减小，形成矩形台阶 ab 和 cd。

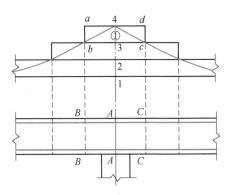

图 3-52　纵筋截断时的抵抗弯矩

3）部分纵向受拉钢筋弯起时 M_u 图的作法。如图 3-53 所示，假定将①号钢筋在梁上 C、E 处弯起，则在 C、E 点作竖直线与弯矩图上沿 4 点作的水平线交于 c、e 点，如果 c、e 点落在 M 图之外，说明在 C、E 处弯起时，在该处的正截面受弯承载力是满足的，否则就不允

许。钢筋弯起后，其受弯承载力并不像截断那样突然消失了，而只是内力臂逐渐减小，所以还能提供一些抵抗弯矩，直到它与梁的中心线相交于 D、F 点处基本上进入受压区后才近似地认为不再承担弯矩了。因此，在梁上沿 D、F 点作竖线与弯矩图上经过 3 点作的水平线分别交于 d、f 点，连接 cd、ef，形成斜的台阶。显然，c、d 和 e、f 点都应落在 M 图的外侧才是允许的，否则就应改变弯起点 C、E 的位置。

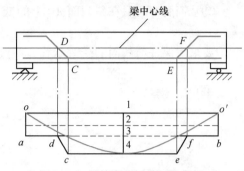

图 3-53　纵筋弯起时的抵抗弯矩

截断和弯起纵向受拉钢筋所得到的 M_u 图越贴近 M 图，截面抗力 R 越接近 $\gamma_0 S$，说明纵向受拉钢筋利用得越充分。当然，也应考虑到施工的方便，不宜使配筋构造过于复杂。

（2）抵抗弯矩图的作用

1）反映材料利用的程度。显然，抵抗弯矩图越接近弯矩图，表示材料利用程度越高。

2）确定纵向钢筋的弯起数量和位置。设计中，跨中部分纵向受拉钢筋弯起的目的有两个：一是用于斜截面抗剪，其数量和位置由斜截面受剪承载力计算确定；二是抵抗支座负弯矩。只有当抵抗弯矩图全部覆盖住弯矩图，各正截面受弯承载力才有保证；而要满足斜截面受弯承载力的要求，也必须通过作抵抗弯矩图才能确定弯起钢筋的数量和位置。

3）确定纵向钢筋的截断位置。通过抵抗弯矩图可确定纵向钢筋的理论截断点及其延伸长度，从而确定纵向钢筋的实际截断位置。

2. 保证斜截面受弯承载力的措施

（1）纵向受拉钢筋弯起时保证斜截面受弯能力的构造措施　图 3-54 中，②号钢筋在 G 点弯起时，虽然满足了正截面抗弯能力的要求，但是斜截面受弯能力却可能不满足，只有在满足了规定的构造措施后才能同时保证斜截面受弯承载力。如果在支座与弯起点 G 点之间发生一条斜裂缝 AB，其顶端正好在弯起钢筋②号钢筋充分利用点的正截面 I 上。显然，斜截面 AB 的弯矩设计值与正截面 I 的弯矩设计值是相同的，都是 M_I。

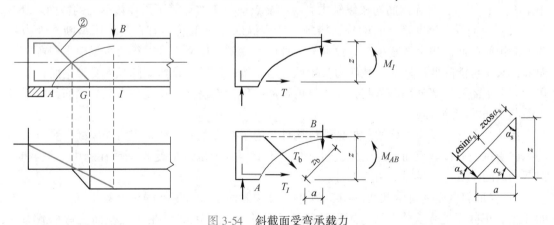

图 3-54　斜截面受弯承载力

②号钢筋在正截面 I 上的抵抗弯矩为

$$M_{u,I} = f_y A_{sb} z \tag{3-101}$$

②号钢筋弯起后在斜截面 AB 上的抵抗弯矩为

$$M_{u,AB} = f_y A_{sb} z_b \tag{3-102}$$

要求：保证斜截面的受弯承载力不低于正截面承载力，即 $M_{u,AB} \geqslant M_{u,I}$，则

$$z_b \geqslant z$$

由几何关系知

$$z_b = a\sin\alpha_s + z\cos\alpha_s$$

所以

$$a \geqslant \frac{z(1-\cos\alpha_s)}{\sin\alpha_s} \tag{3-103}$$

式中　a——钢筋弯起点至被充分利用点的水平距离。

弯起钢筋的弯起角度 α_s 一般为 $45° \sim 60°$，取 $z = (0.91 \sim 0.77)h_0$，则有

$$\alpha_s = 45°时，\quad a \geqslant (0.372 \sim 0.319)h_0$$

$$\alpha_s = 60°时，\quad a \geqslant (0.525 \sim 0.445)h_0$$

因此，为方便起见，《规范》简单取 a 为

$$a \geqslant 0.5h_0 \tag{3-104}$$

《规范》规定：在混凝土梁的受拉区内，钢筋弯起点位置应设在按正截面受弯承载力计算不需要该钢筋的截面之前，且弯起钢筋与梁中心线的交点应位于不需要该钢筋的理论截面之外；同时，弯起点与该钢筋的充分利用截面之间的距离不应小于 $h_0/2$，这样就保证了斜截面受弯承载力而不必再计算。

因此，梁的截面设计中，对底部纵筋的弯起要满足以下三个要求：

1）满足斜截面受剪承载力的要求。从支座起前一排弯起钢筋的弯起点至后一排弯起钢筋的弯终点的间距不应大于表 3-9 中 $V>0.7f_t bh_0$ 时的箍筋最大间距；弯终点处还应留有一定的锚固长度。这样就可以保证每根弯起钢筋都能与斜裂缝相交，保证斜截面的受剪承载力。

2）满足正截面受弯承载力的要求。必须使梁的抵抗弯矩图不小于相应的荷载计算弯矩图。

3）满足斜截面受弯承载力的要求。纵筋弯起点与该钢筋的充分利用点之间的距离不应小于 $h_0/2$；同时，弯起钢筋与梁纵轴中心线的交点应位于按计算不需要该钢筋的截面之外。

（2）纵向受拉钢筋截断时的构造措施　梁中纵向受拉钢筋不宜在受拉区截断。因为截断处的钢筋截面面积突然减小，导致混凝土拉应力骤增，使截面处往往会过早地出现弯剪斜裂缝，甚至可能降低构件的承载能力。因此，对于梁底部承受正弯矩的纵向受拉钢筋，通常将计算上不需要的部分钢筋弯起，作为抗剪钢筋或作为支座截面承受负弯矩的钢筋，而不采用截断钢筋的配筋方式。

但是对于悬臂梁或连续梁、框架梁等构件，为了合理配筋，通常需将支座处承受负弯矩的纵向受拉钢筋按弯矩图形的变化，将计算上不需要的上部纵向受拉钢筋在跨中分批截断。但截断点的位置应满足以下两个条件：

1）保证斜截面受弯承载力。图 3-55 中，设 A 截面是②号钢筋的理论截断点，则在正截面 A 上，正截面受弯承载力与弯矩设计值相等，即 $M_{u,A} = M_A$，满足了正截面受弯承载力的要求。但是经过 A 点的斜裂缝截面，其弯矩设计值 $M_B > M_A$，因此不满足斜截面受弯承载力的要求，只有把纵筋伸过理论截断点 A 一段长度 l_{d2} 后才能截断。设 E 点为实际截断点，考虑斜裂缝 CD，其上端 D 与 A 点同在一个正截面上，因此斜截面 CD 的弯矩设计值 $M_C = M_A$。

比较斜截面 CD 与正截面 A 的受弯承载力，②号钢筋在斜截面上的抵抗弯矩 $M_{u,C}=0$，故②号钢筋在正截面 A 上的抵抗弯矩应由穿越截面 E 的斜裂缝 CD 的箍筋所提供的受弯承载力 $F_k \cdot z_k$ 来补偿，F_k 为斜裂缝上箍筋的合力，z_k 为其内力臂。显然，l_{d2} 的长度与所截断的钢筋直径有关，直径越大，所需补偿的箍筋应越多，l_{d2} 也应越大；另外，l_{d2} 也与配箍率有关。

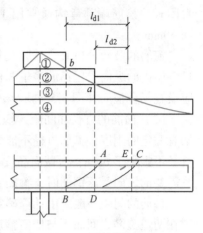

图 3-55　纵筋截断位置

2）保证被截断钢筋的黏结锚固长度。在切断钢筋的区段内，由于纵向受拉钢筋的销栓剪切作用常使混凝土保护层撕裂而降低黏结作用，使延伸段内钢筋的黏结受力状态比较不利，特别是在弯矩和剪力均较大、切断钢筋较多时，将更为明显。因此，为了保证截断钢筋能充分利用其强度，就必须将钢筋从其强度充分利用截面向外延伸一定的长度 l_{d1}，依靠这段长度与混凝土的黏结锚固作用维持钢筋以足够的拉力。

结构设计中，应从上述两个条件中选用较长的外伸长度作为纵向受力钢筋的实际延伸长度 l_d，以确定其真正的切断点。《规范》规定：钢筋混凝土连续梁、框架梁支座截面的负弯矩钢筋不宜在受拉区截断。当必须截断时，其延伸长度可按表 3-10 中 l_{d1} 和 l_{d2} 中取外伸长度较大者确定。表 3-10 中，l_{d1} 是从"充分利用该钢筋强度的截面"延伸出的长度；l_{d2} 是从"按正截面承载力计算不需要该钢筋的截面"延伸出的长度；l_a 为受拉钢筋的锚固长度；d 为钢筋的公称直径；h_0 为截面的有效高度。

表 3-10　负弯矩钢筋的延伸长度

截面条件	l_{d1}	l_{d2}
$V \leqslant 0.7 f_t b h_0$	$1.2 l_a$	$20d$
$V > 0.7 f_t b h_0$	$1.2 l_a + h_0$	$20d$ 且 h_0
$V > 0.7 f_t b h_0$ 且截断点仍位于负弯矩受拉区内	$1.2 l_a + 1.7 h_0$	$20d$ 且 $1.3 h_0$

3.3.6　钢筋的构造要求

1. 箍筋的构造要求

（1）箍筋形式和肢数　箍筋的形式有封闭式和开口式两种，如图 3-56 所示。通常采用封闭式箍筋。现浇 T 形截面梁在翼缘顶部通常另有横向钢筋（如板中承受负弯矩的钢筋），因此也可采用开口式箍筋。当梁中配有按计算需要的纵向受压钢筋时，箍筋应做成

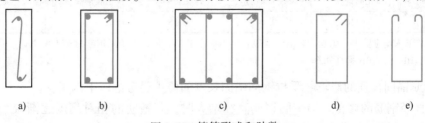

图 3-56　箍筋形式和肢数

封闭式，箍筋端部弯钩通常用135°，弯钩端部水平直段长度不应小于5d（d为箍筋直径）和50mm。

箍筋的肢数分单肢、双肢及复合箍（多肢箍），箍筋一般采用双肢箍，当梁宽b>400mm且一层内的纵向受压钢筋多于3根，或梁宽b<400mm但一层内的纵向受压钢筋多于4根时，应设置复合箍筋（图3-56c）；梁截面高度减小时，也可采用单肢箍（图3-56a）。

（2）箍筋的直径和间距　箍筋的直径应由计算确定，为保证箍筋与纵筋联系形成的骨架有一定的刚度，箍筋直径不能太小。《规范》规定：对截面高度h≤800mm的梁，其箍筋直径不宜小于6mm；对截面高度h>800mm的梁，其箍筋直径不宜小于8mm。当梁中配有计算需要的纵向受压钢筋时，箍筋直径还不应小于纵向受压钢筋最大直径的0.25倍。

箍筋的间距一般应由计算确定。同时，为控制使用荷载下的斜裂缝宽度，防止斜裂缝出现在两道箍筋之间而不与任何箍筋相交，梁中箍筋间距应符合表3-9的规定。

（3）箍筋的布置　对按计算不需要配箍筋的梁，《规范》规定：

1）当截面高度h>300mm时，应沿梁全长设置箍筋。

2）当截面高度h=150~300mm时，可仅在构件端部各1/4跨度范围内设置箍筋；但当在构件中部1/2跨度范围内有集中荷载作用时，则应沿梁全长设置箍筋。

3）当截面高度h<150mm时，可不设箍筋。

2. 纵向受力钢筋的构造要求

（1）纵向受力钢筋的锚固

1）受拉钢筋的基本锚固长度。根据对影响钢筋与混凝土之间黏结性能的因素分析，通过大量试验研究并进行可靠度分析，得出需要考虑的主要因素有钢筋的强度、混凝土的强度和钢筋的表面特征。当计算中充分利用钢筋的抗拉强度时，受拉钢筋的基本锚固长度计算公式为

$$l_a = \alpha \frac{f_y}{f_t} d \qquad (3\text{-}105)$$

式中　l_a——受拉钢筋的锚固长度，应不小于250mm；

f_y——钢筋的抗拉强度设计值，与抗压强度设计值相等，取值见附录表A-5；

f_t——混凝土轴心抗拉强度设计值，取值见附录表A-2，为了保证高强混凝土中钢筋的锚固长度不至于太短，混凝土强度等级大于C60时按C60取值；

d——钢筋的直径；

α——钢筋的外形系数，按表3-11取值。

表3-11　锚固钢筋的外形系数 α

钢 筋 类 型	光面钢筋	带肋钢筋	螺旋肋钢丝	三股钢绞线	七股钢绞线
钢筋外形系数 α	0.16	0.14	0.13	0.16	0.17

注：光面钢筋末端应做180°弯钩，弯后平直段长度不应小于3d，但作为受压钢筋时可不做弯钩。带肋钢筋是指HRB、HRBF、RRB系列钢筋。

2）钢筋锚固长度的修正。受拉钢筋锚固长度的修正要考虑以下因素：

① 粗直径钢筋的修正。当带肋钢筋直径增大时，其横肋的相对高度逐渐减小，故加密肋距来弥补由此而引起的咬合力不足，但钢筋的锚固强度仍随钢筋直径增大而减小。因此，

当带肋钢筋的直径大于 25mm 时，锚固长度应乘以修正系数 1.1。

② 环氧树脂涂层钢筋的修正。钢筋表面涂层会减小其与混凝土之间的黏结性能，试验研究表明，锚固强度将降低 20% 左右。因此，环氧树脂涂层带肋钢筋的锚固长度应乘以修正系数 1.25。

③ 施工扰动的修正。当钢筋在混凝土施工过程中易受扰动（如滑模施工）时，由于混凝土在凝结前受到扰动而影响它与钢筋的黏结锚固作用，锚固长度应乘以修正系数 1.1。

④ 配筋余量的修正。式（3-104）是在充分利用钢筋强度的条件下建立的，而实际结构中锚固钢筋的应力很可能明显小于其设计强度。因此，如果有充分依据和可靠措施，且结构没有抗震设防要求也不直接承受动力荷载，当受力钢筋实际配筋面积大于其设计计算值时，其锚固长度可乘以设计计算面积与实际配筋面积的比值，但修正后的锚固长度应不小于 $0.7l_a$，以满足构造要求。

⑤ 保护层厚度的修正。当带肋钢筋在锚固区的混凝土保护层厚度较大时，其锚固长度可以适当减小，可乘以修正系数，见表 3-12。

表 3-12　保护层厚度较大时的锚固长度修正系数

保护层厚度	不小于 *3d*	不小于 *4d*
侧边、角部	0.8	0.7
厚保护层	0.7	0.6

⑥ 机械锚固的修正。当受力钢筋的锚固长度有限，靠自身的锚固性能无法满足其承载力要求时，可在受力钢筋的末端采用机械锚固措施（图 3-57）。但机械锚头充分受力时，往往引起很大的滑移和裂缝，因此仍需要一定的钢筋锚固长度与其配合，可按表 3-13 取值。对于 HRB 和 RRB 级钢筋，其锚固长度应取 $0.7l_a$。同时，为增强锚固区域的局部抗压能力，避免出现混凝土局部受压破坏，锚固长度范围内的箍筋不应少于 3 根，其直径不应小于锚固钢筋直径的 0.25 倍，间距不应大于锚固钢筋直径的 5 倍，且不大于 100mm。当锚固钢筋的保护层厚度大于钢筋直径的 5 倍时，可不配上述箍筋。

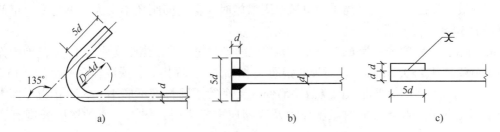

图 3-57　钢筋机械锚固的形式及构造措施

a) 末端带 135° 弯钩　b) 末端与钢板穿孔塞焊　c) 末端与短钢筋双面贴焊

受压钢筋的黏结锚固机理与受拉钢筋基本相同，但钢筋受压后的墩粗效应增大了界面的摩擦力及咬合作用，对锚固有利，因此受压钢筋的锚固长度可以减小。当计算中充分利用纵向钢筋受压时，其锚固长度可取为受拉锚固长度的 0.7 倍。

表 3-13 钢筋机械锚固的形式及修正系数 ψ_a

机械锚固形式		技术要求	修正系数
侧边角部	弯折	末端90°弯折，弯后直段长度 $12d$	0.7
	弯钩	末端135°弯钩，弯后直段长度 $5d$	
	一侧贴焊锚筋	末端一侧贴焊长 $3d$ 短钢筋，焊缝满足强度要求	
厚保护层	两侧贴焊锚筋	末端两侧贴焊长 $3d$ 短钢筋，焊缝满足强度要求	0.6
	焊端锚板	末端与锚板穿孔塞焊，焊缝满足强度要求	
	螺栓锚头	末端旋入螺栓锚头，螺纹长度满足强度要求	

3) 钢筋在支座处的锚固。

① 简支支座。对于简支梁和连续梁简支端支座，钢筋受力较小，因此，当梁端剪力 $V\leqslant 0.7f_tbh_0$ 时，支座附近不会出现斜裂缝，纵筋适当伸入支座即可。但当剪力 $V>0.7f_tbh_0$ 时，可能出现斜裂缝，这时支座处的纵筋拉力由斜裂缝截面的弯矩确定，从而使支座处纵筋拉应力显著增大，若无足够的锚固长度，纵筋会从支座内拔出，发生斜截面弯曲破坏。为此，钢筋混凝土简支梁和连续梁简支端的下部纵向受力钢筋，其伸入支座范围内的锚固长度 l_{as} 应符合下列规定：

a. 当 $V\leqslant 0.7f_tbh_0$ 时，$l_{as}\geqslant 5d$；当 $V>0.7f_tbh_0$ 时，带肋钢筋 $l_{as}\geqslant 12d$，光面钢筋 $l_{as}\geqslant 15d$。

b. 如纵向受力钢筋伸入梁支座范围内的锚固长度不符合上述要求，应采取在钢筋上加焊锚固钢板或将钢筋端部焊接在梁端预埋件上等有效锚固措施，如图 3-58 所示。

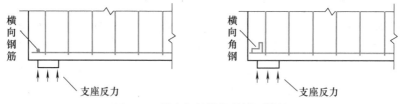

图 3-58 纵向钢筋端部的锚固措施

c. 支承在砌体结构上的钢筋混凝土独立梁，在纵向受力钢筋的锚固长度 l_{as} 范围内应配置不少于两根箍筋，其直径不宜小于纵向受力钢筋最大直径的 0.25 倍，间距不宜大于纵向受力钢筋最小直径的 10 倍；当采用机械锚固措施时，箍筋间距还不宜大于纵向受力钢筋最小直径的 5 倍。

d. 对混凝土强度等级为 C25 的简支梁和连续梁的简支端，当距支座边 $1.5h$ 范围内作用有集中荷载，且 $V>0.7f_tbh_0$ 时，对带肋钢筋宜采取附加锚固措施，或取锚固长度 $l_{as}\geqslant 15d$。

e. 简支板或连续板下部纵向受力钢筋伸入支座的锚固长度不应小于 $5d$，d 为下部纵向受力钢筋的直径。当连续板内温度应力及收缩应力较大时，伸入支座的锚固长度宜适当增加。

f. 当采用焊接网配筋时，其末端至少应有一根横向钢筋配置在支座边缘内（见图 3-59a）；当不能符合上述要求时，应将受力钢筋末端制成弯钩（见图 3-59b）；或在受力钢筋末端加焊附加的横向锚固钢筋（见图 3-59c）。当 $V>0.7f_tbh_0$ 时，配置在支座边缘内的焊接网横向锚固钢筋不应小于 2 根，其直径不应小于纵向受力钢筋直径的一半。

② 中间支座。连续梁在中间支座处，一般上部纵向钢筋受拉，应贯穿中间支座节点或

中间支座范围；下部钢筋受压，其伸入支座的锚固长度分以下三种情况考虑：

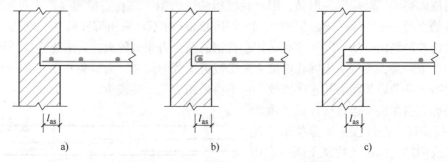

图 3-59 焊接网在板的自由支座上的锚固

a. 当计算中充分利用支座边缘处下部纵筋的抗压强度时，下部纵向钢筋应按受压钢筋锚固在中间支座处，此时其直线锚固长度不应小于 $0.7l_a$；下部纵向钢筋也可伸过节点或支座范围，并在梁中弯矩较小处设置搭接接头，如图 3-60 所示。

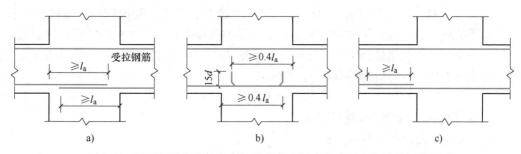

图 3-60 梁下部纵向钢筋在中间节点或中间支座范围内的锚固与搭接

b. 当计算中充分利用钢筋的抗拉强度时，下部纵向钢筋应锚固在节点或支座内，此时可采用直线锚固形式，钢筋的锚固长度不应小于 l_a。

c. 当计算中不利用支座边缘处下部纵筋的强度时，考虑到当连续梁达到极限荷载时，由于中间支座附近的斜裂缝和黏结裂缝的发展，钢筋的零应力点并不对应弯矩图反弯点，钢筋拉应力产生平移，使中间支座下部受拉。因此，无论支座边缘内剪力设计值为何值，其下部纵向钢筋伸入支座的锚固长度 l_{as} 都应满足简支支座 $V>0.7f_tbh_0$ 时的规定。

（2）纵向受力钢筋的搭接

1）钢筋连接的原则。结构中实际配置的钢筋长度往往与供货长度不一致，将产生钢筋的连接问题。钢筋的连接需要满足承载力、刚度、延性等基本要求，以便实现结构对钢筋的整体传力。钢筋的连接形式有绑扎搭接、机械连接和焊接，应遵循如下基本设计原则：

① 接头尽量设置在受力较小处，以降低接头对钢筋传力的影响程度。

② 在同一钢筋上宜少设连接接头，以避免过多削弱钢筋的传力性能。

③ 同一构件相邻纵向受力钢筋的绑扎搭接接头宜相互错开，限制同一连接区段内接头钢筋面积率，以避免变形、裂缝集中在接头区域而影响传力效果。

④ 在钢筋连接区域采取必要构造措施，如适当增加混凝土保护层厚度或调整钢筋间距，保证连接区域的配箍，以确保对被连接钢筋的约束，避免连接区域的混凝土纵向劈裂。

2）绑扎搭接。钢筋的绑扎搭接利用了钢筋与混凝土之间的黏结锚固作用，因比较可靠且施工简便而得到广泛应用。但是，因直径较粗的受力钢筋绑扎搭接容易产生过宽的裂缝，故受拉钢筋直径大于28mm、受压钢筋直径大于32mm时不宜采用绑扎搭接。轴心受拉及小偏心受拉构件的纵向钢筋，因构件截面较小且钢筋拉应力相对较大，为防止连接失效引起结构破坏等严重后果，不得采用绑扎搭接。承受疲劳荷载的构件，为避免其纵向受拉钢筋接头区域的混凝土疲劳破坏而引起连接失效，也不得采用绑扎搭接接头。

钢筋绑扎搭接接头连接区段的长度为1.3倍搭接长度。搭接接头中点位于该连接区段长度内的搭接接头均属于同一连接区段（图3-61）。同一连接区段内纵向钢筋搭接接头面积百分率为该区段内搭接接头的纵向受力钢筋截面面积与全部纵向受力钢筋截面面积的比值。

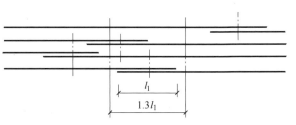

图3-61　钢筋的搭接接头连接区

位于同一连接区段内的受拉钢筋搭接接头面积百分率：对于梁、板和墙类构件，不宜大于25%；对于柱类构件，不宜大于50%。当工程中确有必要增大受拉钢筋搭接接头面积率时，对于梁类构件，不应大于50%；对于板类、墙类及柱类构件，可根据实际情况放宽。

纵向受拉钢筋绑扎搭接接头的搭接长度应根据位于同一连接区段内的钢筋搭接接头面积百分率按式（3-106）计算，且不得小于300mm。

$$l_1 = \zeta l_a \tag{3-106}$$

式中　l_1——纵向受拉钢筋的搭接长度；

l_a——纵向受拉钢筋的锚固长度；

ζ——纵向受拉钢筋搭接长度修正系数，取值见表3-14。

表3-14　纵向受拉钢筋搭接长度修正系数 ζ

纵向受拉钢筋搭接接头面积百分率（%）	≤25	50	100
搭接长度修正系数 ζ	1.2	1.4	1.6

在任何情况下，纵向受拉钢筋绑扎搭接接头的搭接长度均不应小于300mm。构件中的纵向受压钢筋，当采用搭接连接时，其受压搭接不应小于 $0.7l_1$，且不小于200mm。

3. 架立筋和纵向构造钢筋的构造要求

（1）架立钢筋　当梁内配置箍筋且在梁顶面箍筋角点处无纵向受力钢筋时，应在梁受压区设置和纵向受力钢筋平行的架立钢筋，以固定箍筋的正确位置，并能承受梁因收缩和温度变化所产生的内应力。架立钢筋的直径与梁的跨度有关：当梁的跨度小于4m时，不宜小于8mm；当梁的跨度为4~6m时，不宜小于10mm；当梁的跨度大于6m时，不宜小于12mm。

（2）侧向构造钢筋

1）当梁的截面较高时，常可能在梁侧面产生垂直梁轴线的收缩裂缝。因此，当梁的腹板高 $h_w \geq 450mm$ 时，在梁的两个侧面应沿高度配置纵向构造钢筋（图3-62），每侧纵向构造钢筋（不包括梁上、下部受力钢筋及架立钢筋）的截面面积不应小于腹板截面 bh_w 的0.1%，且其间距不大于200mm。

2）对钢筋混凝土薄腹梁或需做疲劳验算的钢筋混凝土梁，应在下部 1/2 梁高的腹板内沿两侧配置直径为 8～14mm、间距为 100～150mm 的纵向构造钢筋，并按下疏上密的方式布置。在上部 1/2 梁高的腹板内，可按一般梁规定配置纵向构造钢筋。

3）支座区域上部纵向构造钢筋。当梁端实际受到部分约束但按简支计算时，应在支座区域上部设置纵向构造钢筋，其截面面积不应小于梁跨中下部纵向受力钢筋计算所需截面面积的 1/4，且不应少于两根；该纵向构造钢筋自支座边缘向跨内伸出的长度不应小于 $0.2l_0$（l_0 为该跨的计算跨度）。

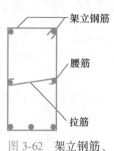

图 3-62 架立钢筋、腰筋及拉筋

4. 弯起钢筋的构造要求

（1）弯起钢筋的间距 当设置抗剪弯起钢筋时，为防止弯起钢筋的间距过大，出现不与弯起钢筋相交的斜裂缝，使弯起钢筋不能发挥作用，当按计算需要设置弯起钢筋时前一排（对支座而言）弯起钢筋的弯起点到次一排弯起钢筋弯终点的距离不得大于表 3-9 中 $V>0.7f_tbh_0$ 栏规定的箍筋最大间距，且第一排弯起钢筋距支座边缘的距离也不应大于箍筋的最大间距，如图 3-63 所示。

（2）弯起钢筋的锚固长度 在弯起钢筋的弯终点外应留有平行于梁轴线方向的锚固长度，其长度在受拉区不应小于 $20d$，在受压区不应小于 $10d$，此处，d 为弯起钢筋的直径，光面弯起钢筋末端应设弯钩（图 3-64）。

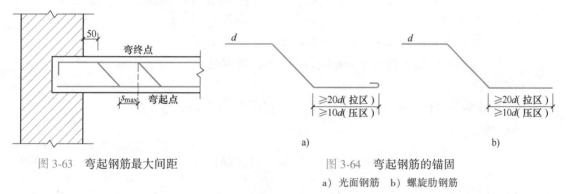

图 3-63 弯起钢筋最大间距

图 3-64 弯起钢筋的锚固
a）光面钢筋 b）螺旋肋钢筋

（3）弯起钢筋的弯起角度 梁中弯起钢筋的弯起角度一般可取 45°，当梁截面高度大于 800mm 时，也可取 60°。梁底层钢筋中的角部钢筋不应弯起，顶层钢筋中的角部钢筋不应弯下。

（4）弯起钢筋的形式 当为了满足材料抵抗弯矩图的需要，不能弯起纵向受拉钢筋时，可设置单独的受剪弯起钢筋。单独的受剪弯起钢筋应采用"鸭筋"，不应采用"浮筋"，否则一旦弯起钢筋滑动将使斜裂缝开展过大（图 3-65）。

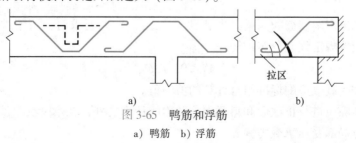

图 3-65 鸭筋和浮筋
a）鸭筋 b）浮筋

3.3.7 深受弯构件斜截面受剪承载力的计算

1. 计算公式

均布荷载作用下，矩形、T 形和 I 形截面的深受弯构件，当配有竖向分布钢筋和水平分布钢筋时，其斜截面受剪承载力计算公式如下

$$V \leqslant 0.7 \frac{(8-l_0/h)}{3} f_t b h_0 + \frac{(l_0/h-2)}{3} f_{yv} \frac{A_{sv}}{s_h} h_0 + \frac{(5-l_0/h)}{6} f_{yh} \frac{A_{sh}}{s_v} h \qquad (3\text{-}107)$$

对于集中荷载作用下的深受弯构件（包括作用有多种荷载，且集中荷载对支座截面或节点边缘所产生的剪力值占总剪力值的 75% 以上的情况），其斜截面受剪承载力按下式计算

$$V \leqslant \frac{1.75}{\lambda+1} f_t b h_0 + \frac{(l_0/h-2)}{3} f_{yv} \frac{A_{sv}}{s_h} h_0 + \frac{(5-l_0/h)}{6} f_{yh} \frac{A_{sh}}{s_v} h \qquad (3\text{-}108)$$

式中　V——剪力设计值；

　　　f_t——混凝土轴心抗拉强度设计值；

　　　b——矩形截面的宽度或 T 形、I 形截面的腹板宽度；

　　　h_0——截面有效高度；

　　　λ——计算剪跨比，当 $l_0/h \leqslant 2$ 时，取 $\lambda=0.25$，当 $2.0<l_0/h<5.0$ 时，取 $\lambda=a/h_0$（a 为集中荷载作用点至深受弯构件支座的水平距离；λ 的上限值为 $\lambda=0.92l_0/h-1.58$，λ 的下限值为 $\lambda=0.42l_0/h-0.58$，l_0/h 为跨高比，当 $l_0/h<2.0$ 时，取 $l_0/h=2.0$）；

f_{yv}、f_{yh}——竖向分布钢筋和水平分布钢筋的抗拉强度设计值；

A_{sv}、A_{sh}——竖向分布钢筋和水平分布钢筋的全部截面面积。

2. 截面尺寸的限制条件

为了防止深受弯构件发生斜压破坏，构件截面尺寸应符合下列要求：

当 $h_w/b \leqslant 4$ 时

$$V \leqslant \frac{1}{60}(10+l_0/h)\beta_c f_c b h_0 \qquad (3\text{-}109)$$

当 $h_w/b \geqslant 6$ 时

$$V \leqslant \frac{1}{60}(7+l_0/h)\beta_c f_c b h_0 \qquad (3\text{-}110)$$

当 $4<h_w/b<6$ 时，系数按线性内插法取用。

当深梁受剪承载力不足时，应主要通过调整截面尺寸或提高混凝土强度等级来满足要求。

一般要求不出现斜裂缝的深梁，当满足式（3-111）的要求时，可不进行斜截面受剪承载力计算，但应按规定配置分布钢筋。

$$V_k \leqslant 0.5 f_{tk} b h_0 \qquad (3\text{-}111)$$

式中　V_k——按荷载效应的标准组合计算的剪力值。

深受弯构件除应进行正截面和斜截面承载力的计算之外，在承受支座反力和集中荷载的部位，还应进行局部受压承载力验算。

3.4 受弯构件的裂缝宽度验算

3.4.1 受弯构件的裂缝限值

结构构件的裂缝按其形成原因可分为受力裂缝和非受力裂缝。受力裂缝是由荷载作用引起的。在荷载作用下，钢筋混凝土结构构件截面上的混凝土拉应变常常是大于混凝土极限拉应变的，因此构件在使用时是带缝工作的。目前所说的裂缝宽度验算主要是针对由弯矩、轴向拉力、偏心拉（压）力等荷载效应引起的垂直裂缝，或称正截面裂缝。对于剪力或扭矩引起的斜裂缝，目前研究得还不充分，《规范》中没有反映斜裂缝宽度的计算内容。非受力裂缝是由变形因素引起的。处于超静定状态的结构受非荷载因素（如温度变化、混凝土收缩、混凝土碳化、基础沉降等）的影响在结构内部产生内应力会形成裂缝。很多裂缝往往是多种因素共同作用的结果。调查表明，结构物的裂缝属于变形因素为主引起的约占80%，属于荷载为主引起的约占20%。

针对裂缝形成的原因不同，控制受力裂缝和非受力裂缝的对策也不同。实际工程中非受力裂缝的成因和分布情况十分复杂，目前要精确计算还很困难，故非受力裂缝的控制通常采用设计、施工、选材、构造措施等手段实现。经过多年的验证，现行的控制非受力裂缝的方法是可行的。受力裂缝根据其成因，可通过计算裂缝宽度来控制，使其满足正常使用的要求。

根据正常使用阶段对结构构件裂缝的不同要求，将裂缝的控制等级分为三级：一级是严格要求不出现裂缝的构件；二级是一般要求不出现裂缝的构件；三级是允许出现裂缝的构件。一级、二级裂缝控制等级，要求验算受拉边缘的应力；三级裂缝控制等级，要求验算正截面的裂缝宽度。

《规范》规定，对于使用上要求限制裂缝宽度的钢筋混凝土构件，按荷载效应的准永久组合并考虑长期作用影响计算的最大裂缝宽度 w_{max} 应满足规定的限值。

3.4.2 裂缝出现前后的应力状态

钢筋混凝土结构构件开裂的主要原因是混凝土材料抗拉强度低造成的。现以一根三分点受力的简支梁纯弯段受拉区为例，说明裂缝的形成过程。

在裂缝未出现前，受拉区钢筋与混凝土共同受力；沿构件长度方向，各截面的受拉钢筋应力及受拉区混凝土拉应力大体上保持均等。由于混凝土的不均匀性，各截面混凝土的实际抗拉强度是有差异的。

随着荷载的增加，当混凝土拉应力达到混凝土的抗拉强度时，在某一最薄弱的截面上将出现第一条裂缝（图3-66 中的截面 a）。有时也可能在几个截面上同时出现一批裂缝。裂缝出现后，该截面上混凝土退出工作，原来承受的拉力转由钢筋来承担，钢筋应力将突然增大、应变也突增。同时原来受拉伸长的混凝土应力释放后产生回缩，

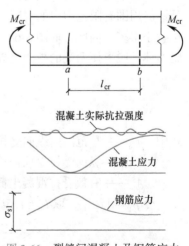

图 3-66 裂缝间混凝土及钢筋应力

所以裂缝一出现就会有一定的宽度。裂缝产生后，混凝土向两侧回缩，但受到钢筋的约束，两者之间的相对滑移会产生黏结应力。通过黏结应力的作用，相对滑移逐渐变小直至 l 处为零，这时，钢筋和混凝土又具有相同的拉应变，黏结应力为零。这个 l 即黏结应力作用长度，也称为传递长度。

第一批裂缝出现后，在传递长度 l 以外的混凝土仍承受拉应力。当荷载继续增加时，在离裂缝截面 $\geqslant l$ 处混凝土拉应力增大到混凝土实际抗拉强度，其附近某一薄弱截面又将出现第二条裂缝（图 3-66 中的截面 b）。如果两条裂缝的间距小于传递长度 l 的 2 倍，则由于黏结应力传递长度不够，混凝土拉应力不可能达到混凝土的抗拉强度，将不会出现新的裂缝。因此裂缝的间距稳定在 $l \sim 2l$，裂缝的平均间距 l_m 应为 $1.5l$。

按此规律，随着荷载的增大，裂缝将陆续出现，当截面弯矩达到（$0.5 \sim 0.7$）M_u^0 时，裂缝"出齐"（图 3-67），构件不再产生新的裂缝，只是使原来的裂缝继续扩展与延伸，荷载越大，裂缝越宽。随着荷载的逐步增加，裂缝间的混凝土逐渐脱离受拉工作，钢筋应力逐渐趋于均匀。

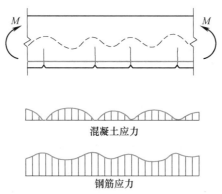

裂缝的出现
分布和开展

图 3-67　中和轴、混凝土及钢筋应力随着裂缝位置变化情况

3.4.3　平均裂缝间距

对裂缝间距和裂缝宽度而言，钢筋的作用仅仅影响到它周围的有限区域，裂缝出现后只是钢筋周围有限范围内的混凝土受到钢筋的约束，而距离钢筋较远的混凝土受钢筋的约束影响就小得多。因此，取图 3-68 平均裂缝间距 l_m 的钢筋及其有效约束范围内的受拉混凝土为脱离体。脱离体两端的拉力之差将由钢筋与混凝土之间的黏结力来平衡，即

$$f_t A_{te} - 0 = \tau_m u l$$

故
$$l = \frac{f_t}{\tau_m} \cdot \frac{A_{te}}{u} \tag{3-112}$$

式中　τ_m——l_m 范围内纵向受拉钢筋与混凝土的平均黏结应力；

u——纵向受拉钢筋截面总周长，$u = n\pi d$，n 和 d 分别为钢筋的根数和直径；

A_{te}——有效受拉混凝土截面面积。

令 $\rho_{te} = A_s / A_{te}$，取 $l_m = 1.5l$，由式（3-112）得

$$l_m = \frac{3}{8} \cdot \frac{f_t}{\tau_m} \cdot \frac{d}{\rho_{te}} \tag{3-113}$$

当配筋率 ρ 相同时，钢筋直径越细，裂缝间距越小，裂缝宽度也越小，即裂缝的分布和开展会密而细，这是控制裂缝宽度的一个重要原则。

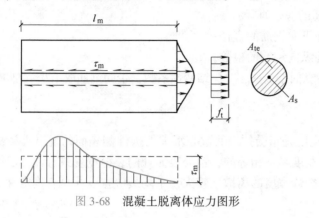

图 3-68　混凝土脱离体应力图形　　　平均裂缝间距

由于钢筋和混凝土的黏结力随着混凝土抗拉强度的增大而增大，可近似地取 f_t/τ_m 为常数。试验表明，纵向受拉钢筋表面带肋的比表面光圆的 l_m 要小些，故钢筋表面形状及不同直径钢筋的影响用钢筋的等效直径 d_{eq} 代替 d，式（3-113）可改写为

$$l_m = k_1 \frac{d_{eq}}{\rho_{te}} \tag{3-114}$$

式（3-114）表明，当 d/ρ 趋于零时，裂缝间距趋于零，这并不符合实际情况。试验表明，当 d/ρ 很大时，裂缝间距趋近于某个常数。该数值与保护层 c_s 和钢筋净间距有关，考虑到它的影响，对式（3-114）修正如下

$$l_m = k_2 c_s + k_1 \frac{d_{eq}}{\rho_{te}} \tag{3-115}$$

上式适用于受弯构件、偏心受拉和偏心受压构件，只是经验系数的取值不同。《规范》推荐按下式计算

$$l_m = \beta \left(1.9 c_s + 0.08 \frac{d_{eq}}{\rho_{te}} \right) \tag{3-116}$$

$$d_{eq} = \frac{\sum n_i d_i^2}{\sum n_i \nu_i d_i} \tag{3-117}$$

式中　β——系数，对轴心受拉构件取 1.1，其他构件取 1.0；

　　　c_s——最外层受力纵向钢筋外边缘至受拉区底边的距离（mm），$c_s = c + d_{sv}$，$c < 20mm$ 时取 $c = 20mm$，$c > 65mm$ 时取 $c = 65mm$；

　　　ρ_{te}——按有效受拉混凝土截面面积计算的纵向受拉钢筋配筋率，$\rho_{te} = A_s/A_{te}$，$\rho_{te} < 0.01$ 时取 $\rho_{te} = 0.01$；

　　　A_{te}——有效受拉混凝土截面面积，可按下列规定取用：轴心受拉构件取构件截面面积，受弯、偏心受压和偏心受拉构件取腹板截面面积的一半与受拉翼缘截面面积之和（图 3-69），即 $A_{te} =$

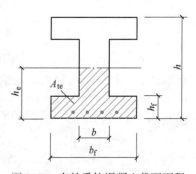

图 3-69　有效受拉混凝土截面面积

$0.5bh+(b_f-b)h_f$，此处 b_f、h_f 为受拉翼缘的宽度、高度；

A_s——纵向受拉钢筋截面面积；

d_{eq}——纵向受拉钢筋的等效直径；

d_i——受拉区第 i 种纵向钢筋的直径；

n_i——受拉区第 i 种纵向钢筋的根数；

ν_i——受拉区第 i 种纵向钢筋的相对黏结特性系数，带肋钢筋取 1.0，光圆钢筋取 0.7。

3.4.4　平均裂缝宽度

《规范》定义的裂缝宽度是指受拉钢筋重心水平处构件侧表面的混凝土裂缝宽度。试验表明，沿裂缝深度的裂缝宽度是不相等的，钢筋表面处的裂缝宽度只有构件混凝土表面裂缝宽度的 1/5~1/3。同时，裂缝宽度的离散性较大，平均裂缝宽度才具有确定性。

1. 平均裂缝宽度表达式

裂缝宽度的形成有两种理论。一种是滑移理论，认为在裂缝与钢筋相交处，钢筋与混凝土之间发生局部黏结破坏，裂缝的开展是由于钢筋与混凝土之间不再保持变形协调而出现相对滑移而形成的。裂缝开展的宽度为一个裂缝间距内钢筋伸长与混凝土伸长之差。另一种是无滑移理论，认为裂缝宽度在通常允许的范围时，钢筋表面相对于混凝土不产生滑动，钢筋表面裂缝宽度为 0，而随着逐渐接近构件表面，裂缝宽度增大，到表面时最大。裂缝开展的宽度为与钢筋到所计算点的距离成正比。

《规范》将以上两种理论相结合，既考虑保护层厚度的影响，也考虑相对滑移的影响。平均裂缝宽度 w_m 等于平均裂缝间距内钢筋和混凝土的平均受拉伸长之差（图 3-70），即

$$w_m=\varepsilon_{sm}l_m-\varepsilon_{ctm}l_m=\varepsilon_{sm}\left(1-\frac{\varepsilon_{ctm}}{\varepsilon_{sm}}\right)l_m \tag{3-118}$$

式中　ε_{sm}、ε_{ctm}——裂缝间钢筋及混凝土的平均拉应变。

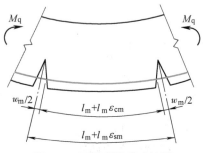

图 3-70　平均裂缝宽度计算

裂缝宽度的形成理论

令 $\alpha_c=1-\varepsilon_{ctm}/\varepsilon_{sm}$，称为构件受力特征系数。根据配置 400MPa、500MPa 带肋钢筋的钢筋混凝土及预应力混凝土梁的裂缝宽度试验结果表明，对受弯、偏心受压构件统一取 $\alpha_c=0.77$，其他情况取 $\alpha_c=0.85$。引入裂缝间钢筋应变不均匀系数 $\psi=\varepsilon_{sm}/\varepsilon_s$，则式（3-118）可改写为

$$w_m=\varepsilon_{sm}\alpha_cl_m=\alpha_c\psi\varepsilon_sl_m=\alpha_c\psi\frac{\sigma_{sq}}{E_s}l_m \tag{3-119}$$

式中 σ_{sq}——按荷载准永久组合计算的构件纵向受拉钢筋应力。

裂缝间钢筋应变不均匀系数 $\psi = \varepsilon_{sm}/\varepsilon_s$，反映了裂缝间受拉混凝土参与受拉工作的程度。裂缝间钢筋的平均拉应变 ε_{sm} 必定小于裂缝截面处的钢筋应变 ε_s，因此 $\psi \leqslant 1$。ψ 越小，表示混凝土承受拉力的程度越大；ψ 越大，表示混凝土承受拉力的程度越小，各截面中钢筋的应力、应变也比较均匀；当 $\psi = 1$ 时，表示混凝土完全脱离受拉工作，钢筋应力趋于均匀。

随着外力的增加，裂缝间钢筋的应力逐渐加大，钢筋与混凝土之间的黏结逐步被破坏，混凝土逐渐退出工作，因此 ψ 必然随钢筋应力 σ_{sq} 的增大而增大。同时，ψ 的大小与按有效受拉混凝土截面面积计算的纵向受拉钢筋配筋率 ρ_{te} 有关，当 ρ_{te} 较小时，说明钢筋周围的混凝土参加受拉的有效相对面积大些，它所承担的总拉力也相对大些，对纵向受拉钢筋应变的影响程度也相应大些，因而 ψ 小些。此外，ψ 与钢筋与混凝土之间的黏结性能、荷载作用的时间和性质等有关。准确地计算 ψ 值是相当复杂的，其半理论半经验公式为

$$\psi = 1.1 - 0.65 \frac{f_{tk}}{\rho_{te}\sigma_{sq}} \tag{3-120}$$

计算时，$\psi < 0.2$ 时取 $\psi = 0.2$，$\psi > 1.0$ 时取 $\psi = 1.0$，直接承受重复荷载的构件取 $\psi = 1.0$。

2. 裂缝截面处的钢筋应力

在荷载效应的准永久组合作用下，裂缝截面处纵向受拉钢筋的应力 σ_{sq} 可根据截面受力平衡方程计算。

对于受弯构件，在正常使用荷载作用下，可假定裂缝截面的受压区混凝土处于弹性阶段，应力图形为三角形分布，求得应力图形的内力臂 z，一般可近似地取 $z = 0.87h_0$（图3-71），则

$$\sigma_{sq} = \frac{M_q}{0.87h_0 A_s} \tag{3-121}$$

式中 M_q——按荷载准永久组合计算的弯矩值。

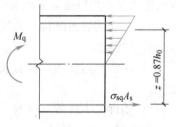

图3-71 受弯构件截面应力图形

3.4.5 最大裂缝宽度

1. 最大裂缝宽度的计算

由于混凝土质量的非均质性，裂缝分布有很大的离散性，裂缝宽度验算应该采用最大裂缝宽度。短期荷载作用下的最大裂缝宽度可以通过平均裂缝宽度 w_m 乘以扩大系数 α_s 得到。该系数可由实测裂缝宽度分布直方图按可靠概率为 95% 的要求统计分析求得：对于受弯和偏心受压构件，变异系数为 0.4，$\alpha_s = 1 + 1.645\delta = 1 + 1.645 \times 0.4 = 1.66$；对于轴心受拉和偏心受拉构件，变异系数为 0.55，$\alpha_s = 1 + 1.645\delta = 1 + 1.645 \times 0.55 = 1.90$。

同时，在荷载长期作用下，由于钢筋与混凝土的黏结滑移徐变、拉应力松弛和受拉混凝土的收缩影响，导致裂缝间混凝土不断退出工作，钢筋平均应变增大，裂缝宽度随时间推移逐渐增大。此外，荷载的变动、环境温度的变化，都会使钢筋与混凝土之间的黏结受到削弱，也将导致裂缝宽度的不断增大。因此，短期荷载最大裂缝宽度还需乘以荷载长期效应的裂缝扩大系数 α_l。《规范》考虑荷载短期效应与长期效应的组合作用，对各种受力构件，均取 $\alpha_l = 1.50$。

因此，考虑荷载长期影响在内的最大裂缝宽度公式为

$$w_{\max}=\alpha_s\alpha_l\omega_m=\alpha_s\alpha_l\alpha_c\psi\frac{\sigma_{sq}}{E_s}l_m=\alpha_s\alpha_l\alpha_c\psi\frac{\sigma_{sq}}{E_s}\beta\left(1.9c_s+0.08\frac{d_{eq}}{\rho_{te}}\right)\qquad(3\text{-}122)$$

在上述理论分析和试验研究基础上，对于矩形、T形、倒T形及I形截面的钢筋混凝土受拉、受弯和偏心受压构件，按荷载效应的准永久组合并考虑长期作用影响的最大裂缝宽度 $w_{\max}$ 按下式计算

$$w_{\max}=\alpha_{cr}\psi\frac{\sigma_{sq}}{E_s}\left(1.9c_s+0.08\frac{d_{eq}}{\rho_{te}}\right)\qquad(3\text{-}123)$$

式中　α_{cr}——构件受力特征系数，$\alpha_{cr}=\alpha_s\alpha_l\alpha_c\beta$，轴心受拉构件取 $\alpha_{cr}=2.7$，偏心受拉构件取 $\alpha_{cr}=2.4$，受弯构件和偏心受压构件取 $\alpha_{cr}=1.9$。

2. 最大裂缝宽度的影响因素

试验数据分析表明，影响裂缝宽度的主要因素有：

1）受拉钢筋应力 σ_{sq}。钢筋的应力值大时，裂缝宽度也大。

2）钢筋直径 d。当其他条件相同时，裂缝宽度随 d 的增大而增大。

3）配筋率 ρ。随 ρ 的增大，裂缝宽度有所减小。

4）混凝土保护层厚度 c。当其他条件相同时，保护层厚度值越大，裂缝宽度也越大，因而增大保护层厚度对表面裂缝宽度是不利的。

5）钢筋的表面形状。当其他条件相同时，配置带肋钢筋时的裂缝宽度比配置光圆钢筋时的裂缝宽度小。

6）荷载作用性质。荷载长期作用下的裂缝宽度较大；反复荷载作用下裂缝宽度有所增大。

7）构件受力性质（受弯、受拉等）。

研究还表明，混凝土强度等级对裂缝宽度的影响不大。

3.4.6　最大裂缝宽度验算

《规范》规定，对于使用上要求限制裂缝宽度的钢筋混凝土构件，按荷载效应的准永久组合并考虑长期作用影响计算的最大裂缝宽度 $w_{\max}$，应满足下式要求

$$w_{\max}\leqslant w_{\lim}\qquad(3\text{-}124)$$

式中　$w_{\lim}$——最大裂缝宽度限值，由附录表 C-5 查得。

《规范》还规定：当偏心受压构件 $e_0/h_0\leqslant0.55$ 时，正常使用阶段裂缝宽度较小，均能满足要求，故可不进行验算。对于直接承受重复荷载作用的吊车梁，卸载后裂缝可部分闭合，同时由于起重机满载的概率很小，起重机最大荷载作用时间很短暂，可将计算所得的最大裂缝宽度乘以系数 0.85。

如果 $w_{\max}$ 超过允许值，则应采取相应措施。例如：适当减小钢筋直径，使钢筋在混凝土中均匀分布；采用与混凝土黏结较好的变形钢筋；适当增加配筋量（不够经济合理），以降低使用阶段的钢筋应力。这些方法都能在一定程度上减小正常使用条件下的裂缝宽度。但对限制裂缝宽度而言，最根本的方法是采用预应力混凝土结构。

【例3-12】 某矩形截面梁，处于二 a 类环境，$b \times h = 250\text{mm} \times 600\text{mm}$，采用 C50 混凝土，配置 HRB400 级纵向受拉钢筋 4 ⌀ 22 （$A_s = 1521\text{mm}^2$），箍筋直径 10mm。按荷载准永久组合计算的弯矩 $M_q = 130\text{kN} \cdot \text{m}$。试验算其裂缝宽度是否满足控制要求。

【解】 查附录表 A-1 得，C50 混凝土 $f_{tk} = 2.64\text{N/mm}^2$；查附录表 A-8 得，HRB400 级钢筋 $E_s = 2.0 \times 10^5 \text{N/mm}^2$；查附录表 C-2，二 a 类环境 $c = 25\text{mm}$；查附录表 C-5 得 $w_{lim} = 0.2\text{mm}$。

$$d_{eq} = 22\text{mm}, a_s = c + d_{sv} + d/2 = (25 + 10 + 22/2)\text{mm} = 46\text{mm}, h_0 = h - a_s = (600-46)\text{mm} = 554\text{mm}$$

$$\rho_{te} = \frac{A_s}{A_{te}} = \frac{A_s}{0.5bh} = \frac{1521}{0.5 \times 250 \times 600} = 0.0203 > 0.01$$

$$\sigma_{sq} = \frac{M_q}{0.87h_0 A_s} = \frac{130 \times 10^6}{0.87 \times 554 \times 1521}\text{N/mm}^2 = 177.3 \text{ N/mm}^2$$

$$\psi = 1.1 - 0.65\frac{f_{tk}}{\rho_{te}\sigma_{sq}} = 1.1 - 0.65 \times \frac{2.64}{0.0203 \times 177.3} = 0.623 > 0.2 \text{ 且 } \psi < 1.0$$

对受弯构件 $\alpha_{cr} = 1.9$，则

$$w_{max} = \alpha_{cr}\psi\frac{\sigma_{sq}}{E_s}\left(1.9c_s + 0.08\frac{d_{eq}}{\rho_{te}}\right) = 1.9 \times 0.623 \times \frac{177.3}{2.0 \times 10^5}\left(1.9 \times 35 + 0.08 \times \frac{22}{0.0203}\right)\text{mm}$$

$$= 0.16\text{mm} < w_{lim} = 0.20\text{mm}$$

因此满足裂缝宽度控制要求。

3.5 受弯构件的变形验算

3.5.1 受弯构件的挠度限值

控制受弯构件挠度是保证构件良好的工作性能和耐久性所必需的，故需要在正常使用极限状态下对构件进行挠度验算，使得构件挠度在规定的限值范围内，以满足相关变形的要求。

对受弯构件挠度的控制主要是出于以下四个方面的考虑：

1）保证建筑的使用功能要求。楼盖梁、板变形过大会影响仪器的正常使用和产品质量；吊车梁的挠度过大会妨碍起重机正常运行；屋面构件挠度过大，会造成积水、引起渗漏等现象。

2）防止对结构构件产生不良影响。梁、板变形过大会使结构构件的受力性能与设计中的假定不符。例如：梁端转角将使支承面积减小，支承反力偏心距增大；可能使梁上墙体沿梁顶、梁底出现水平裂缝，严重时甚至产生局部受压破坏或整体失稳破坏。

3）防止对非结构构件产生不良影响。板变形过大会引起非结构构件（如粉刷、吊顶和隔墙）的破坏，门窗不能正常开闭等。

4）保证人们的感觉在可接受程度之内。

钢筋混凝土受弯构件的最大挠度应按荷载的准永久组合，并考虑长期作用的影响进行计算，其计算的挠度最大值 f 应满足下式要求

$$f \leqslant [f] \tag{3-125}$$

式中 $[f]$——受弯构件的挠度限值，由附录表 C-4 查得。

3.5.2 受弯构件的截面刚度

在材料力学中，受弯构件的挠度一般可用虚功原理等方法求得。对于常见的匀质弹性受弯构件，当忽略剪切变形的影响时，跨中的挠度计算公式为

$$f = s \frac{M}{EI} l_0^2 = s\phi l_0^2 \tag{3-126}$$

式中 ϕ——截面曲率，$\phi = M/EI$；

　　　l_0——梁的计算跨度；

　　　s——挠度系数，与荷载形式、支承条件有关，例如：承受均布荷载的简支梁，$s = 5/48$；承受跨中集中荷载的简支梁，$s = 1/12$。

对匀质弹性材料，由于截面抗弯刚度 EI 是常数，因此其弯矩 M 与挠度 f 及弯矩 M 与截面曲率 ϕ 均呈线性关系，如图 3-72 中的虚线所示。

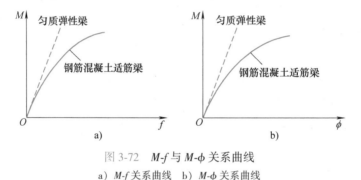

图 3-72 $M\text{-}f$ 与 $M\text{-}\phi$ 关系曲线

a）$M\text{-}f$ 关系曲线 b）$M\text{-}\phi$ 关系曲线

对钢筋混凝土适筋梁，材料属于弹塑性，其弯矩 M 与挠度 f 及弯矩 M 与截面曲率 ϕ 间的关系如图 3-72 的实线所示。研究钢筋混凝土受弯构件的截面抗弯刚度发现以下特点：①同一截面的抗弯刚度不是常数，而是随着弯矩的增大及裂缝的出现和开展而逐渐减小；②构件中弯矩不同截面的抗弯刚度也不同；③随纵筋配筋率的降低而减小；④随加载时间的增长而减小。因此，计算钢筋混凝土受弯构件的挠度，关键是确定截面的抗弯刚度。《规范》规定：在荷载准永久组合作用下，钢筋混凝土受弯构件的截面抗弯刚度，简称短期刚度，用 B_s 表示；在荷载准永久组合并考虑长期作用影响的截面抗弯刚度，简称长期刚度，用 B 表示。在确定抗弯刚度后，钢筋混凝土受弯构件的挠度验算可直接应用材料力学的挠度公式计算。

3.5.3 短期刚度 B_s 的计算

1. 平均曲率

对于要求不出现裂缝的构件，可将混凝土开裂前的 $M\text{-}\phi$ 曲线（图 3-72b）近似地视为直线，其斜率就是截面的抗弯刚度；但接近开裂前，受拉区混凝土已经表现出一定的塑性，实测抗弯刚度已经比弹性抗弯刚度低，故将其弯曲刚度在弹性材料的基础上降低15%，即

$$B_s = 0.85E_cI_0 \tag{3-127}$$

式中　I_0——换算截面惯性矩，即将钢筋换算成混凝土后，保持截面中心位置不变与混凝土
　　　　　面积一起计算的截面惯性矩。

对于允许出现裂缝的构件，研究其带裂缝工作阶段的刚度，取构件的纯弯段进行分析，如图 3-73 所示。裂缝出现后的应变具有如下特征：①受压混凝土和受拉钢筋的应变沿构件长度方向的分布是不均匀的，裂缝截面处最大；②中和轴沿构件长度方向的分布呈波浪状，裂缝截面处中和轴的高度最小；③曲率分布也是不均匀的，裂缝截面曲率最大，裂缝中间截面曲率最小；④平均应变沿截面高度基本上仍呈直线分布，符合平截面假定。为简化计算，截面上的应变、中和轴位置、曲率均采用平均值。

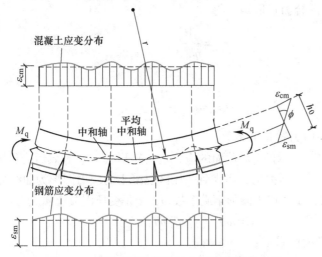

平均曲率

图 3-73　梁纯弯段内混凝土和钢筋应变的分布

根据平均应变的平截面假定，由图 3-73 的几何关系可得平均曲率

$$\phi = \frac{1}{r} = \frac{\varepsilon_{sm} + \varepsilon_{cm}}{h_0} \tag{3-128}$$

式中　r——与平均中和轴相应的平均曲率半径；
　　ε_{sm}——裂缝截面之间钢筋的平均拉应变；
　　ε_{cm}——裂缝截面之间受压区边缘混凝土的平均压应变；
　　h_0——截面的有效高度。

短期刚度采用荷载效应准永久组合，由式（3-128）及曲率、弯矩和刚度间的关系 $\phi = M_q/B_s$，可得

$$B_s = \frac{M_q}{\phi} = \frac{M_q h_0}{\varepsilon_{sm} + \varepsilon_{cm}} \tag{3-129}$$

2. 裂缝截面处的钢筋和混凝土应变

在荷载效应的准永久组合作用下，裂缝截面处纵向受拉钢筋的拉应变 ε_{sq} 和受压区边缘混凝土的压应变 ε_{cq} 按下式计算

$$\varepsilon_{sq} = \frac{\sigma_{sq}}{E_s} \tag{3-130}$$

$$\varepsilon_{cq} = \frac{\sigma_{cq}}{E_c'} = \frac{\sigma_{cq}}{\mu E_c} \tag{3-131}$$

式中　ε_{sq}、σ_{sq}——按荷载效应的准永久组合计算的裂缝截面处纵向受拉钢筋重心处的拉应力和拉应变；

　　　ε_{cq}、σ_{cq}——按荷载效应的准永久组合计算的裂缝截面处受压区边缘混凝土的压应力和压应变；

　　　E_c'、E_c——混凝土的变形模量和弹性模量；

　　　μ——混凝土的弹性特征系数。

钢筋和混凝土的应力可按图 3-74 所示的第 Ⅱ 阶段裂缝截面的应力图求得。

1）应力 σ_{sq}。对受压区合力点取矩，得

$$\sigma_{sq} = \frac{M_q}{\eta h_0 A_s} \tag{3-132}$$

进而，ε_{sm} 可按下式计算

$$\varepsilon_{sm} = \psi \varepsilon_{sq} = \psi \frac{M_q}{\eta h_0 A_s E_s} \tag{3-133}$$

式中　η——裂缝截面处的内力臂长度系数。

2）应力 σ_{cq}。将图 3-74 所示的 I 形截面的应力进行矩形等效。等效后受压区面积为 $A_c = (b_f' - b)h_f' + bx = (\gamma_f' + \xi)bh_0$；应力等效时，考虑到受压区混凝土的应力图形为曲线分布，在计算受压边缘混凝土应力 σ_{cq} 时，引入应力图形丰满系数 ω，于是受压混凝土压应力合力可表示为

$$C = \omega \sigma_{cq}(\gamma_f' + \xi)bh_0 \tag{3-134}$$

式中　ω——应力图形丰满程度系数；

　　　γ_f'——受压翼缘相对肋部的加强系数，$\gamma_f' = \dfrac{(b_f' - b)h_f'}{bh_0}$。

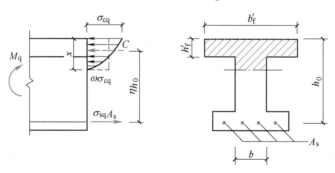

图 3-74　I 形截面应力分布图

对受拉钢筋应力合力作用点取矩，可得

$$\sigma_{cq} = \frac{M_q}{\omega(\gamma_f' + \xi)bh_0 \eta h_0} \tag{3-135}$$

进而，ε_{cm} 可按下式计算

$$\varepsilon_{cm} = \psi_c \varepsilon_{cq} = \psi_c \frac{M_q}{\omega(\gamma_f' + \xi)bh_0 \eta h_0 \mu E_c} \tag{3-136}$$

为了简化，令

$$\zeta = \frac{\omega(\gamma'_f+\xi)\eta\mu}{\psi_c} \qquad (3\text{-}137)$$

则 ε_{cm} 改写成

$$\varepsilon_{cm} = \psi_c\varepsilon_{cq} = \frac{M_q}{\zeta bh_0^2 E_c} \qquad (3\text{-}138)$$

式中 ζ——受压区边缘混凝土平均应变综合系数，综合反映受压区混凝土塑性、应力图形完整性、内力臂系数及裂缝间混凝土应变不均匀性等因素的影响，从材料力学观点，ζ 也可称为截面的弹塑性抵抗矩系数。

3. 短期刚度 B_s

将式（3-133）和式（3-138）代入式（3-129），并取 $\alpha_E = E_s/E_c$，$\rho = A_s/bh_0$，$\eta = 0.87$，得

$$B_s = \frac{M_q h_0}{\varepsilon_{sm}+\varepsilon_{cm}} = \frac{E_s A_s h_0^2}{\dfrac{\psi}{\eta}+\dfrac{\alpha_E\rho}{\zeta}} \qquad (3\text{-}139)$$

（1）裂缝截面处的内力臂长度系数 η　由式（3-132）可得

$$\eta = \frac{M_q}{\sigma_{sq}A_s h_0} = \frac{M_q}{E_s\varepsilon_{sq}A_s h_0} \qquad (3\text{-}140)$$

由试验可以计算 η。试验和理论分析表明，在短期弯矩 $M_q = (0.5\sim0.7)M_u$ 范围，裂缝截面的相对受压区高度 ξ 变化很小，内力臂的变化也不大。对常用的混凝土强度和配筋情况，η 值在 $0.83\sim0.93$ 波动。《规范》为简化计算，取 $\eta = 0.87$。

（2）系数 ζ　试验表明，受压区边缘混凝土平均应变的综合系数 ζ 随荷载增大而减小，在裂缝出现后降低很快，而后逐渐缓慢，在使用荷载范围内则基本稳定。因此，对 ζ 的取值可不考虑荷载的影响。通过试验结果统计分析可得（图3-75）

$$\frac{\alpha_E\rho}{\zeta} = 0.2+\frac{6\alpha_E\rho}{1+3.5\gamma'_f} \qquad (3\text{-}141)$$

将式（3-141）代入式（3-139），可得受弯构件短期刚度 B_s 的计算公式

$$B_s = \frac{E_s A_s h_0^2}{1.15\psi+0.2+\dfrac{6\alpha_E\rho}{1+3.5\gamma'_f}} \qquad (3\text{-}142)$$

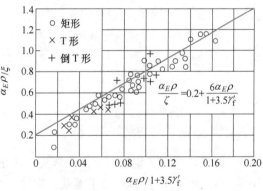

图3-75 ζ 的取值统计分析

4. 短期刚度 B_s 的影响因素

1）其他条件相同时，M_q 越大，短期刚度 B_s 越小。

2）配筋率增大，短期刚度 B_s 略有增大。

3）有受拉翼缘或受压翼缘时，短期刚度 B_s 有所增大。

4）常用配筋率下，混凝土等级对 B_s 影响不大。

5）截面有效高度对提高 B_s 的作用最显著。

可见，提高截面刚度最有效的措施是增加截面高度；增加受拉或受压翼缘可使刚度有所增加；当设计上构件截面尺寸不能加大时，可考虑增加纵向受拉钢筋截面面积或提高混凝土强度等级来提高截面刚度，但其作用不明显；对某些构件还可以充分利用纵向受压钢筋对长期刚度的有利影响，在构件受压区配置一定数量的受压钢筋来提高截面刚度。

3.5.4   长期刚度 B 的计算

钢筋混凝土受弯构件在长期荷载持续作用下，由于受压区混凝土的徐变、受拉混凝土的应力松弛及受拉钢筋和混凝土之间的滑移徐变，致使裂缝之间的受拉混凝土不断退出工作，引起受拉钢筋在裂缝之间的应变不断增长，导致挠度将随时间而不断缓慢增长、刚度下降。此外，受拉和受压混凝土的收缩不一致，使梁发生翘曲，也导致曲率的增大和刚度的降低。总之，凡是影响混凝土徐变和收缩的因素都将导致刚度降低、挠度增大，这一过程往往持续数年之久。

《规范》采用挠度增大系数 θ 来考虑荷载长期作用的影响来计算受弯构件挠度。试验时考虑了受压钢筋在荷载长期作用下对混凝土受压徐变和收缩所起的约束作用，从而减小刚度的降低，《规范》建议对于矩形、T形和I形截面梁，θ 可按下式计算

$$\theta = 2.0 - 0.4 \frac{\rho'}{\rho} \tag{3-143}$$

式中 ρ、ρ'——纵向受拉和受压钢筋的配筋率，$\rho'/\rho > 1$ 时取 $\rho'/\rho = 1$。

θ 需增大的情况：①θ 值与温湿度有关，对干燥地区应酌情增加 15%~25%；②对翼缘处于受拉区的倒 T 形梁，在长期荷载作用下受拉翼缘混凝土退出工作对挠度的影响程度较大，θ 值应增加 20%；③水泥用量较多导致混凝土受压徐变和收缩大的构件，应根据经验适当增大。

受弯构件的挠度与刚度成反比，故而采用荷载准永久组合时的长期刚度 B 与短期刚度 B_s 的关系可按下式计算

$$B = \frac{B_s}{\theta} \tag{3-144}$$

3.5.5   受弯构件挠度的计算

《规范》规定了钢筋混凝土受弯构件在正常使用极限状态下的挠度，可根据构件的刚度用结构力学的方法计算。对于等截面构件，可假定各同号弯矩区段内的刚度相等，并取用该区段内最大弯矩处的刚度，即采用"最小刚度原则"。

钢筋混凝土受弯构件截面的抗弯刚度随弯矩的增大而减小。因此，即使对于图 3-76a 所示的承受均布荷载作用的等截面梁，由于梁各截面的弯矩不同，故各截面的抗弯刚度都不相等。图 3-76b 所示的实线为该梁抗弯刚度的实际分布，按照这样的变刚度来计算梁的挠度显然是十分烦琐的，也是不可能的。考虑到支座附近弯矩较小区段虽然刚度较大，但它对全梁变形的影响不大，故取用该区段内弯矩最大截面的刚度作为该区段的抗弯刚度，如图 3-76b 中的虚线所示。由于弯矩最大截面的刚度最小，故称为"最小刚度原则"。最小刚度原则是偏于安全的，当支座截面刚度与跨中截面刚度之比不大于 2 或不小于 1/2 时，其误差不超过 5%。

对于简支梁，取最大正弯矩截面的刚度作为全梁的抗弯刚度；对于带悬挑的简支梁、连续梁或框架梁，则取最大正弯矩和最小负弯矩截面的刚度，分别作为相应弯矩区段的刚度。

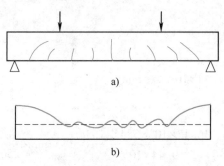

a)

b)

图 3-76 沿梁长的刚度分配

最小刚度原则

构件的刚度分布图按最小刚度原则确定后，即可按结构力学的方法来计算钢筋混凝土受弯构件的最大挠度 f_{max}，其计算值应不超过《规范》的允许值。

【例 3-13】 某钢筋混凝土矩形截面梁，$b \times h = 200mm \times 400mm$，计算跨度 $l_0 = 5.4m$，一类环境，采用 C25 混凝土，配有 3 Φ 18（$A_s = 763mm^2$）HRB400 级纵向受力钢筋，箍筋 Φ 6@250。承受均布永久荷载标准值为 $g_k = 5.0kN/m$，均布活荷载标准值 $q_k = 10kN/m$，活荷载准永久系数 $\psi_q = 0.5$。如果该构件的挠度限值为 $l_0/250$，试验算该梁的跨中最大变形是否满足要求。

【解】 本题属于校核类。

（1）求准永久组合下的弯矩值

$$M_q = \frac{1}{8}(g_k + q_k \psi_q)l_0^2 = \frac{1}{8} \times (5 + 10 \times 0.5) \times 5.4^2 kN \cdot m = 36.45kN \cdot m$$

（2）参数计算 查附录表 A-1，C25 混凝土 $f_{tk} = 1.78N/mm^2$，$E_c = 2.8 \times 10^4 N/mm^2$；查附录表 A-8，HRB400 级钢筋 $E_s = 2.0 \times 10^5 N/mm^2$，则

$$\rho = \frac{A_s}{bh_0} = \frac{763}{200 \times 365} = 0.0105$$

$$\rho_{te} = \frac{A_s}{0.5bh} = \frac{763}{0.5 \times 200 \times 400} = 0.0191 > 0.010$$

$$\sigma_{sq} = \frac{M_q}{0.87h_0A_s} = \frac{36.45 \times 10^6}{0.87 \times 365 \times 763} N/mm^2 = 150.44 N/mm^2$$

$$\psi = 1.1 - 0.65\frac{f_{tk}}{\rho_{te}\sigma_{sq}} = 1.1 - 0.65 \times \frac{1.78}{0.0191 \times 150.44} = 0.697 > 0.2 \text{ 且 } \psi < 1.0$$

$$\alpha_E = \frac{E_s}{E_c} = \frac{2.0 \times 10^5}{2.8 \times 10^4} = 7.14$$

（3）计算短期刚度 B_s

$$B_s = \frac{E_s A_s h_0^2}{1.15\psi + 0.2 + 6\alpha_E\rho}$$

$$= \frac{2.0 \times 10^5 \times 763 \times 365^2}{1.15 \times 0.697 + 0.2 + 6 \times 7.14 \times 0.0105} N \cdot mm^2 = 1.89 \times 10^{13} N \cdot mm^2$$

（4）计算长期刚度 B

$\rho' = 0$，$\theta = 2.0$，则

$$B = \frac{B_s}{\theta} = \frac{1.89 \times 10^{13}}{2.0} \text{N} \cdot \text{mm}^2 = 9.44 \times 10^{12} \text{N} \cdot \text{mm}^2$$

（5）挠度计算

$$f_{max} = \frac{5}{48} \cdot \frac{M_q l_0^2}{B} = \frac{5}{48} \times \frac{36.45 \times 10^6 \times 5.4^2 \times 10^6}{9.44 \times 10^{12}} = 11.7 \text{mm} < \frac{l_0}{250} = 21.6 \text{mm}$$

显然该梁跨中挠度满足要求。

【例3-14】 某钢筋混凝土空心楼板截面尺寸为 120mm × 860mm （图3-77），一类环境，计算跨度 $l_0 = 3.48$m，板承受自重、抹面重力及楼面均布活荷载，跨中按荷载效应准永久组合计算的弯矩值 $M_q = 3406.1$N · m。混凝土强度等级为 C25，配置 HRB400 级钢筋 9 ⊕ 10 （$A_s = 707$mm^2），混凝土板的挠度限值为 $l_0/200$。试验算该板的挠度是否满足要求。

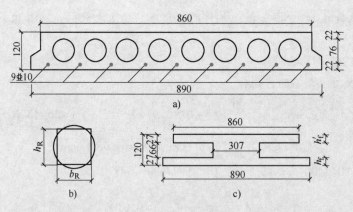

图3-77　空心楼板

【解】 （1）将圆孔空心板换算为 I 形截面　根据截面面积相等、同形心轴位置和截面惯性矩不变的原则，先将圆形孔转换为矩形孔。取圆孔直径为 d，换算后矩形孔宽为 b_R、高为 h_R，则

$$\frac{\pi d^2}{4} = b_R h_R, \quad \frac{\pi d^4}{64} = \frac{b_R h_R^3}{12}$$

可解得：$b_R = 0.907d = 68.9$mm，$h_R = 0.866d = 65.8$mm。

换算后 I 形截面尺寸如图3-77所示。

（2）计算抗弯刚度

$$h_0 = [120 - (15+5+4)] \text{mm} = 96 \text{mm}, \text{取} 95 \text{mm}$$

$$E_c = 2.8 \times 10^4 \text{N/mm}^2, \alpha_E = 7.14$$

$$\rho = \frac{A_s}{bh_0} = \frac{707}{307 \times 95} = 0.024$$

$$\rho_{te} = \frac{A_s}{0.5bh+(b_f-b)h_f} = \frac{707}{0.5 \times 307 \times 120 + (890-307) \times 27} = 0.022 > 0.010$$

$$\sigma_{sq} = \frac{M_q}{0.87h_0A_s} = \frac{3406.1 \times 10^3}{0.87 \times 95 \times 707} \text{N/mm}^2 = 58.29 \text{ N/mm}^2$$

则　　　　$$\psi = 1.1 - 0.65 \frac{f_{tk}}{\rho_{te}\sigma_{sq}} = 1.1 - 0.65 \times \frac{1.78}{0.022 \times 58.29} = 0.202 > 0.2 \text{ 且 } \psi < 1.0$$

$$\gamma_f' = \frac{(b_f'-b)h_f'}{bh_0} = \frac{(860-307) \times 19}{307 \times 95} = 0.360$$

短期刚度 B_s 为

$$B_s = \frac{E_sA_sh_0^2}{1.15\psi+0.2+\dfrac{6\alpha_E\rho}{1+3.5\gamma_f'}}$$

$$= \frac{2.0 \times 10^5 \times 707 \times 95^2}{1.15 \times 0.202 + 0.2 + \dfrac{6 \times 7.14 \times 0.024}{1+3.5 \times 0.360}} \text{N} \cdot \text{mm}^2 = 1.438 \times 10^{12} \text{N} \cdot \text{mm}^2$$

长期刚度 B 为

$$B = \frac{B_s}{\theta} = \frac{1.438 \times 10^{12}}{2.0} \text{N} \cdot \text{mm}^2 = 7.19 \times 10^{11} \text{N} \cdot \text{mm}^2$$

挠度计算和变形验算

$$f_{max} = \frac{5}{48} \cdot \frac{M_q l_0^2}{B} = \frac{5}{48} \times \frac{3406.1 \times 10^3 \times 3.48^2 \times 10^6}{7.19 \times 10^{11}} \text{mm}$$

$$= 5.98 \text{mm} < \frac{l_0}{200} = 17.4 \text{mm}$$

该板跨中挠度满足要求。

3.6　拓展阅读

钢筋的代换与并筋

工程中常需要进行钢筋代换。受力钢筋代换的基本原则是等强度代换，即代换前后钢筋承担的极限拉力或极限压力相等。构造钢筋代换的基本原则是等面积代换，即代换前后钢筋的截面积相等。

1. 受力钢筋代换

假设原设计钢筋的抗拉强度设计值为 f_{y1}，公称直径为 d_1，根数为 n_1；代换钢筋的抗拉强度设计值为 f_{y2}，公称直径为 d_2，根数为 n_2；按等强代换原则，有

$$f_{y1}n_1 \frac{\pi d_1^2}{4} = f_{y2}n_2 \frac{\pi d_2^2}{4}$$

故，代换钢筋的根数

$$n_2 = \frac{n_1 f_{y1} d_1^2}{f_{y2} d_2^2} \tag{3-145}$$

同理，可得到受压钢筋的代换根数为

$$n_2 = \frac{n_1 f'_{y1} d_1^2}{f'_{y2} d_2^2} \tag{3-146}$$

钢筋代换后，除了满足承载力要求，应满足最大荷载作用下的总伸长率、裂缝宽度与挠度验算及抗震规定，还要满足最小配筋率、钢筋间距、保护层厚度、钢筋锚固长度、接头面积百分率及搭接长度等构造要求。

2. 构造钢筋代换

设计图样上的各种构造钢筋，需要代换时按等面积代换原则，有

$$n_1 \frac{\pi d_1^2}{4} = n_2 \frac{\pi d_2^2}{4}$$

故代换钢筋的根数

$$n_2 = \frac{n_1 d_1^2}{d_2^2} \tag{3-147}$$

3. 钢筋的并筋

当构件设计的配筋过于密集或钢筋过粗引起施工困难时，可以采用并筋（钢筋束）的配置形式。直径28mm及以下的钢筋并筋数量不应超过3根，直径32mm的钢筋并筋数量宜为2根；直径36mm以上的钢筋不应采用并筋。并筋应按单根等效钢筋进行计算，等效钢筋的直径应按截面面积相等的原则换算确定。相同直径的二并筋等效直径可取为1.41倍单根钢筋直径；三并筋等效直径可取为1.72倍单根钢筋直径。二并筋可按纵向或横向的方式布置；三并筋宜按品字形布置，并均按并筋的截面形心作为等效钢筋的形心。

受弯截面中性层和应力分布的探索创新史

梁是生活中常见的构件，如扁担、轿杠、旗杆、桅杆、推磨的磨杠、起重的撬杠等都属于梁。而对于梁的中性层和截面应力分布的概念，是多位著名科学家经过近200年的努力创新才完成的。伽利略于1638年出版的《关于两门新科学的对话》中提出两个问题：一个是悬臂梁的强度问题，另一个是在自重作用下等强度梁的问题。他针对悬臂梁（见图3-78）提出的两个观点是：①受弯梁的AB截面应力均匀分布；②梁的中性层在梁的下侧。可惜他提出的这两个观点都是错误的，但引领了后来近200年的研究。

图3-78　生活中悬臂梁的应用

1. 关于中性层位置的研究

1678年，英国人胡克在他出版的《论弹簧》指出，在弯曲时杆的一侧的纤维伸长，另一侧被压缩。这里隐隐地提出了中性层在梁中的雏形！1694年，瑞士的雅科比·伯努利在论文《弹性梁的弯曲》中假定梁在变形时梁的横截面保持平面，这就是平截面假定最早的

提法。所以后人把基于平截面假定的梁的理论称为伯努利梁。1713 年法国帕朗提出了中和层理论：认为一边受拉，一边受压，中性层一定是处于梁的中间某个位置。但当时该理论无法用试验验证，而未被人们接受。1767 年法国科学家容格密里用简单的试验验证了帕朗理论中一边受拉、一边受压的结论，后人把该试验誉为"路标试验"。1826 年法国力学家纳维在他出版的《力学在机械与结构方面的应用》，第一次给出中性层准确定义——中性层通过截面的形心。

2. 关于截面应力分布的研究

1684 年法国物理学家马略特和德国数学家莱布尼兹对伽利略假设提出了修正，认为：断面应力不是均匀分布，应力是从梁的下面纤维起沿高度是线性分布的，即三角形分布。1822 年法国科学家柯西（Cauchy）明确提出了应力和应变的概念。1821 年法国科学院院士拿维叶从理论上导出了受弯构件断面应力计算公式。1826 年法国力学家纳维提出了中性层通过截面的形心的假设后，给出了悬臂梁应力的正确分布。1850 年法国科学院院士阿莫历思完成了受弯梁应力分布的试验验证。

经过 200 余年几代科学家的探索创新，中性层和应力分布的概念从错误到正确，从模糊到清晰，促进了构件理论的研究。1855 年法国力学家圣维南解决了梁的弯曲与扭转问题。1855 年俄罗斯工程师别斯帕罗夫在《用初等方法求解关于材料力学与结构稳定性的问题》中，最早介绍了弯矩图并开始使用弯矩图求解问题。

以上研究的对象都是各向同性的匀质材料梁，对于钢筋混凝土受弯构件，由于内部的裂缝、孔隙等缺陷的存在，使混凝土的强度、弹性模量、极限变形值及泊松比等力学性能呈现各向异性特征，中性层和应力分布呈现不同特点，学习中要注意二者的异同。

某无梁楼盖坍塌事故及反思

某地下车库顶板采用混凝土板柱-剪力墙结构，建筑面积 10849.7m²，设计覆土厚度 1.80m，已施工完成并通过工程验收。2 个月后，施工人员在使用铲车进行地下车库顶板覆土施工时，该地库地下一层东北侧顶板约 600m² 发生局部垮塌。

分析事故原因，根据《国家建筑工程质量监督检验中心鉴定报告》的鉴定结论："设计工况下地下一层顶板部分板柱节点冲切作用效应设计值大于相应位置受冲切承载力设计值，不满足设计规范的相关要求；实际工况下地下一层顶板部分板柱节点冲切作用效应设计值大于相应位置受冲切承载力设计值，不满足设计规范的相关要求"，该地下车库局部坍塌可能是由多种原因造成的，目前可确认的是地下一层顶板部分板柱节点处冲切承载力不满足设计规范要求，是该起质量问题发生的直接原因。建设单位、设计单位、施工单位、监理单位均存在不同程度的管理漏洞，是导致该起质量问题发生的间接原因。例如：建设单位迫使设计单位修改设计，将无梁楼盖体系和独立车库的钢筋用量由 150~175kg/m² 减为 105~115kg/m²。未按照工程建设强制性标准进行设计。住房和城乡建设委员以调查事实及相关法律法规为依据，对相关责任单位和责任人进行了处罚及处理。

这起不该发生的无梁楼盖坍塌事故给我们的教训是：

1）要切实提高质量安全意识。设计、施工、监理等单位要严格执行工程建设标准，坚守职业操守和工程伦理，保证建设安全。

2）要注重设计环节的质量安全控制。设计单位要遵守规范、正确分析、合理设计，考

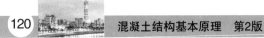

虑施工、使用过程的荷载并提出荷载限值要求。例如：充分考虑并严格控制景观微地形、大型种植以及大型构筑物等荷载；考虑消防车、大型货车的行车路线及荷载。

3）要加强施工环节质量安全控制。要做好施工交底，明确施工荷载和行车路线等要求，重点考虑施工堆载、施工机械及车辆对无梁楼盖的安全影响，确需超载的局部区域，应在楼盖下方增设临时支撑。

4）要强化工程建设监理的监督作用。认真参与设计交底，严格审查有关地下室无梁楼盖的专项施工方案，对施工荷载控制、临时支撑等关键环节和工序进行重点把关。严格履行监理责任，及时消除质量安全隐患。

5）要加强使用环节质量安全管理。不得随意增加地下室顶板上部区域的使用荷载，不得随意调整地下室上部区域景观布置、行车线路、停车场布置等，确需调整的必须经设计单位确认后依法调整。

某钢筋混凝土梁倒塌事故及反思

某度假村别墅楼为三层砖混结构，于1994年9月22日开工，1995年3月2日结构封顶。1995年3月10日工人们正进行装修施工时三层楼面梁和屋面梁突然倒塌，事故造成4人死亡、1人重伤。倒塌的主要原因是：

1）施工单位擅自变更设计，使钢筋混凝土梁所受荷载加大和承载能力减小。原设计中二层角柱在标高6.60m处截面为250mm×300mm矩形截面柱，施工单位擅自改为250mm×250mm。这一改变导致三层柱有部分落在楼面梁上，加大了梁的荷载。楼面梁原设计长度为4800mm，而施工实际长度仅为4300mm，端部未伸出柱外，使楼面梁支座处应受的约束力大大降低。

2）偷工减料。原设计Ⅱ级钢筋施工改换为Ⅰ级钢筋，未按等强代换原则增加钢筋面积，反而缩小了钢筋面积；偷减钢筋的搭接长度和锚固长度；任意缩小箍筋直径和加大箍筋间距；偷减吊筋及加密箍筋；构造柱与砌体间不设置拉结钢筋等。这样就使楼面梁的承载能力大大降低。

3）混凝土强度不够。施工采用的人工搅拌混凝土，水胶比掌握不严，用砂很细，浇筑质量差，蜂窝孔洞随处可见。三层楼面梁底模及支撑拆除时混凝土龄期仅为8～12d，远未达到规范要求的28d以上。1995年3月28日市质监站现场检测混凝土构件22个，均未达到龄期强度和设计强度。

4）设计构造不合理。建筑物的安全度储备不足；事故发生部位的梁柱节点处，楼面梁伸入柱的锚固长度严重不足，有的完全没有锚固；柱支座构造未按图集施工。

从这次事故中应该吸取的教训是：

1）对设计工程师而言，要严守工程伦理、增强责任担当意识：设计人员给出的结构计算安全储备不足，没有给出特殊处理的细部节点大样图，施工图会审时没有向施工人员技术交底。

2）对施工人员而言，要信守为业主负责、遵章守纪、接受监督的工程伦理。不承接施工资格外的工程，不非法转包，建立有效的质量保障体系，严格按施工图施工，接受监理和质监部门的监督。

小 结

混凝土受弯构件的设计包括了承载能力极限状态下的正截面计算和斜截面计算、正常使用极限状态下的挠度和裂缝宽度验算。

正截面承载能力计算方法的建立采用了"试验—破坏特征与规律分析—影响因素分析—建立计算简图—建立计算方程"的科学研究路径，值得学习。其中，试验研究部分的正截面受力过程、破坏特征及破坏类型是混凝土构件正截面设计计算的基础，后面的受弯正截面、压弯正截面、拉弯正截面及预应力混凝土结构正截面承载能力计算等章的受力分析及截面设计的原理基本相同，所以要重视试验部分的学习。

适筋受弯构件从开始加载至构件破坏，正截面经历三个受力阶段。第Ⅰ阶段末Ⅰ$_a$为受弯构件抗裂计算的依据；第Ⅱ阶段是受弯构件正常使用阶段的变形和裂缝宽度及舒适度计算的依据；第Ⅲ阶段末Ⅲ$_a$是受弯构件正截面承载能力的计算依据。学习时，应从截面的应变、材料应力及中性轴的变化，理解正截面受弯的受力过程。

正截面承载能力计算的基本公式建立在截面内力平衡基础上。达到承载能力极限状态时，材料已进入弹塑性阶段，截面发生翘曲，不再适用弹性材料力学中的有关理论。平截面假定，就是为了从已知的 ε_{cu} 推导出截面任一点的应变；应力-应变关系假定，是为了从截面应变确定各纤维层的应力，再通过应力积分建立平衡方程。希望通过基本假定的学习，熟悉从应变—应力—内力的科学思维方法。

受弯构件正截面承载能力计算公式的适用条件是适筋梁。为防止发生超筋破坏，要保证受拉筋的应变小于屈服应变，进而转换成限制最大受压区高度或最大配筋率。对于给定截面尺寸、钢筋种类及混凝土强度等级的受弯构件，由最大受压区高度推导得出其允许承受的最大弯矩是一定值。为防止发生少筋破坏，应限制最小配筋率。最小配筋率是先根据开裂荷载和极限荷载相等的原则得出一个表达式，再考虑收缩等影响做出调整，《规范》规定了最小配筋率。少筋梁（板）的破坏后果要比超筋严重，在实际结构设计中，校核检查配筋用量是否满足最小配筋要求十分重要。

双筋矩形截面、工字形、T形截面的承载能力计算与单筋矩形截面的原理完全相同。只要记住力平衡和力矩平衡两个条件，在单筋矩形截面的公式中添加受压筋项或者翼缘项即可。

斜截面受剪承载能力计算也要考虑材料的非线性。斜裂缝出现前，混凝土梁可视为匀质弹性材料梁，剪弯段的应力可用材料力学方法分析；斜裂缝的出现将引起截面应力重新分布，材料力学方法则不再适用。斜截面破坏有斜拉破坏、剪压破坏和斜压破坏三种，斜拉破坏和斜压破坏都是脆性破坏，剪压破坏有一定的破坏预兆。斜截面受剪承载力的计算公式是以剪压破坏的受力特征为依据、以试验统计为基础、以主要影响参数为变量，以满足可靠指标的试验偏下限为根据建立起来的。除计算外，还应采取措施防止斜压破坏和斜拉破坏的发生，即截面尺寸应有保证，箍筋的最大间距、最小直径及配箍率应满足构造要求。

斜截面受弯承载力依靠构造措施来保证，如钢筋弯起与截断等。弯起钢筋的主要目的是将部分梁底纵筋过渡到梁顶承受负弯矩，其弯起位置、纵筋的截断位置及有关纵筋的锚固要求、箍筋的构造要求等，在设计中均应予以重视，建立计算与构造同等重要的工程伦理观。

混凝土构件还要进行正常使用极限状态下的挠度和裂缝宽度验算。裂缝有荷载裂缝与非荷载裂缝，本章的裂缝宽度验算只限于荷载引起的正截面裂缝验算。受弯构件的裂缝宽度要按荷载效应准永久组合并考虑长期作用影响进行验算。受弯构件的挠度要按荷载效应准永久组合计算短期刚度，并考虑长期荷载的影响计算长期刚度进行验算。

思 考 题

1. 适筋梁从开始加载到正截面承载力破坏经历了哪几个阶段？各阶段截面上应变-应力分布、裂缝开展、中和轴位置、梁的跨中挠度的变化规律如何？各阶段的主要特征是什么？每个阶段是哪种极限状态设计的基础？

2. 适筋梁、超筋梁和少筋梁的破坏特征有何不同？

3. 什么是界限破坏？界限破坏时的界限相对受压区高度 ξ_b 与什么有关？ ξ_b 与最大配筋率 ρ_{max} 有何关系？

4. 适筋梁正截面承载力计算中，如何假定钢筋和混凝土材料的应力？

5. 单筋矩形截面承载力公式是如何建立的？为什么要规定其适用条件？

6. α_s、γ_s 和 ξ 的物理意义是什么？试说明其相互关系及变化规律。

7. 钢筋混凝土梁若配筋率不同，即 $\rho < \rho_{min}$，$\rho_{min} < \rho < \rho_{max}$，$\rho = \rho_{max}$，$\rho > \rho_{max}$，试回答下列问题：

1）它们属于何种破坏？破坏现象有何区别？

2）哪些截面能写出极限承载力受压区高度 x 的计算式？哪些截面则不能？

3）破坏时钢筋应力各等于多少？

4）破坏时截面承载力 M_u 各等于多少？

8. 根据矩形截面承载力计算公式，分析提高混凝土强度等级、提高钢筋级别、加大截面宽度和高度对提高承载力的作用是什么？哪种最有效、最经济？

9. 在正截面承载力计算中，对于混凝土强度等级小于 C50 的构件和混凝土强度等级等于及大于 C50 的构件，其计算有什么区别？

10. 复核单筋矩形截面承载力时，若 $\xi > \xi_b$，如何计算其承载力？

11. 在双筋截面中受压钢筋起什么作用？为何一般情况下采用双筋截面受弯构件不经济？在什么条件下可采用双筋截面梁？

12. 为什么在双筋矩形截面承载力计算中必须满足 $x \geq 2a'_s$ 的条件？当双筋矩形截面出现 $x < 2a'_s$ 时应当如何计算？

13. 在矩形截面弯矩设计值、截面尺寸、混凝土强度等级和钢筋级别已知的条件下，如何判别应设计成单筋还是双筋？

14. 设计双筋截面，A_s 及 A'_s 均未知时，x 应如何取值？当 A'_s 已知时，应当如何求 A_s？

15. T 形截面翼缘计算宽度为什么是有限的？取值与什么有关？

16. 根据中和轴位置不同，T 形截面的承载力计算有哪几种情况？截面设计和承载复核时应如何鉴别？

17. 第 I 类 T 形截面为什么可以按宽度为 b'_f 的矩形截面计算？如何计算其最小配筋面积？

18. T 形截面承载力计算公式与单筋矩形截面及双筋矩形截面承载力计算公式有何异同点？

19. 为什么要对混凝土结构构件进行变形和裂缝宽度验算？

20. 裂缝宽度与哪些因素有关？如不满足裂缝宽度限值，应如何处理？

21. 受弯构件短期刚度与哪些因素有关？如不满足构件变形限值，应如何处理？

22. 简述配筋率对受弯构件正截面承载力、挠度和裂缝宽度的影响。三者不能同时满足时应采取什么措施？

习 题

1. 已知钢筋混凝土矩形梁，处于一类环境，其截面尺寸 $b \times h = 250\mathrm{mm} \times 500\mathrm{mm}$，承受弯矩设计值 $M = 150\mathrm{kN} \cdot \mathrm{m}$，采用 C30 混凝土和 HRB400 级钢筋。试配置截面钢筋。

2. 已知钢筋混凝土矩形梁，处于二类环境，承受弯矩设计值 $M = 160\mathrm{kN} \cdot \mathrm{m}$，采用 C40 混凝土和 HRB400 级钢筋，试按正截面承载力要求确定截面尺寸及纵向钢筋截面面积。

3. 已知某单跨简支板，处于一类环境，计算跨度 $l = 2.18\mathrm{m}$，承受均布荷载设计值 $g + q = 6\mathrm{kN/m^2}$（包括板自重），采用 C30 混凝土和 HPB300 级钢筋，求现浇板的厚度 h 以及所需受拉钢筋截面面积 A_s。

4. 已知钢筋混凝土矩形梁，处于一类环境，其截面尺寸 $b \times h = 250\mathrm{mm} \times 550\mathrm{mm}$，采用 C25 混凝土，配有 HRB400 级钢筋 3 Φ 22（$A_s = 1140\mathrm{mm^2}$）。试验算此梁承受弯矩设计值 $M = 180\mathrm{kN} \cdot \mathrm{m}$ 时，是否安全？

5. 已知某矩形梁，处于一类环境，截面尺寸 $b \times h = 250\mathrm{mm} \times 550\mathrm{mm}$，采用 C30 混凝土和 HRB400 级钢筋，截面弯矩设计值 $M = 340\mathrm{kN} \cdot \mathrm{m}$。试配置截面钢筋。

6. 已知条件同习题 5，但在受压区已配有 3 Φ 20 的 HRB400 钢筋。试计算受拉钢筋的截面面积 A_s。

7. 已知一矩形梁，处于二类 a 环境，截面尺寸 $b \times h = 250\mathrm{mm} \times 500\mathrm{mm}$，采用 C30 混凝土和 HRB400 级钢筋。在受压区配有 3 Φ 20 的钢筋，在受拉区配有 3 Φ 22 的钢筋，试验算此梁承受弯矩设计值 $M = 120\mathrm{kN} \cdot \mathrm{m}$ 时，是否安全？

8. 已知 T 形截面梁，处于一类环境，截面尺寸为 $b \times h = 250\mathrm{mm} \times 650\mathrm{mm}$，$b_f' = 600\mathrm{mm}$，$h_f' = 120\mathrm{mm}$，承受弯矩设计值 $M = 430\mathrm{kN} \cdot \mathrm{m}$，采用 C30 混凝土和 HRB400 级钢筋。求该截面所需的纵向受拉钢筋。若选用混凝土强度等级为 C50，其他条件不变，试求纵向受力钢筋截面面积，并将两种情况进行对比。

9. 已知 T 形截面梁，处于二类 a 环境，截面尺寸为 $b \times h = 250\mathrm{mm} \times 800\mathrm{mm}$，$b_f' = 600\mathrm{mm}$，$h_f' = 100\mathrm{mm}$，承受弯矩设计值 $M = 500\mathrm{kN} \cdot \mathrm{m}$，采用 C30 混凝土和 HRB400 级钢筋，配有 8 Φ 20 的受拉钢筋，该梁是否安全？

10. 已知 T 形截面吊车梁，处于二类 a 环境，截面尺寸为 $b_f' = 550\mathrm{mm}$，$h_f' = 120\mathrm{mm}$，$b = 250\mathrm{mm}$，$h = 600\mathrm{mm}$。承受的弯矩设计值 $M = 490\mathrm{kN} \cdot \mathrm{m}$，采用 C25 混凝土和 HRB400 级钢筋。试配置截面钢筋。

11. 已知 T 形截面梁，处于一类环境，截面尺寸为 $b_f' = 450\mathrm{mm}$，$h_f' = 100\mathrm{mm}$，$b = 250\mathrm{mm}$，$h = 600\mathrm{mm}$，采用 C35 混凝土和 HRB400 级钢筋。试计算如果受拉钢筋为 4 Φ 25，截面所能承受的弯矩设计值是多少？

12. 已知一矩形截面简支梁，计算跨度 $l_0 = 5.6\mathrm{m}$，截面尺寸为 $200\mathrm{mm} \times 500\mathrm{mm}$，配置 4 Φ 16 的 HRB400 钢筋，保护层厚度 $c = 25\mathrm{mm}$，承受均布线荷载，其中恒荷载标准值为 $g_k = 12.4\mathrm{kN/m}$，活荷载标准值 $q_k = 8\mathrm{kN/m^2}$，准永久值系数 $\psi_q = 0.5$，混凝土强度等级为 C25，$f_{tk} = 1.78\mathrm{N/mm^2}$，$E_c = 2.8 \times 10^4 \mathrm{N/mm^2}$；HRB400 级钢筋，$f_y = 360\mathrm{N/mm^2}$，$E_s = 2.0 \times 10^5 \mathrm{N/mm^2}$，挠度限值 $f_{lim} = l_0/200$。试验算该梁跨中挠度是否满足要求？

第4章

受压构件的基本原理

【学习目标】

【学习目标】
1. 熟悉受压构件的构造要求。
2. 了解轴心受压构件的受力特点及破坏特征，长细比对承载能力的影响。
3. 掌握轴心受压构件的正截面承载力计算方法，了解螺旋箍筋柱的承载力计算方法。
4. 了解偏心受压构件正截面承载力试验的基本知识，了解其受力特点及破坏特征。
5. 熟悉大小偏心受压的概念及判别方法，熟悉二阶效应及计算方法。
6. 掌握各类大小偏心受压构件的正截面、斜截面承载能力计算方法。
7. 了解对称配筋偏心受压构件的计算特点及轴力和弯矩相关关系与应用。
8. 掌握偏心受压构件裂缝宽度的验算方法。
9. 熟悉偏压构件设计的多判断、多验算、多方案的特点，提高分析和解决复杂设计问题的本领，强化工程思维和责任担当意识。

受压构件是指承受轴向压力或承受轴向压力及弯矩共同作用的构件，如框架柱、墙、拱、桩、桥墩、烟囱、桁架压杆、水塔筒壁等。当只作用有轴力且轴向力作用线与构件截面形心轴重合时，称为轴心受压构件（图 4-1a）；当同时作用有轴力和弯矩或轴向力作用线与构件截面形心轴不重合时，称为偏心受压构件。在计算受压构件时，常将作用在截面上的轴力和弯矩简化为等效的、偏离截面形心的轴向力来考虑。当轴向力作用线与截面的形心轴平行且沿某一主轴偏离形心时，称为单向偏心受压构件（图 4-1b）；当轴向力作用线与截面的形心轴平行且偏离两个主轴时，称为双向偏心受压构件（图 4-1c）。

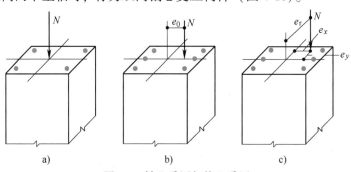

图 4-1　轴心受压与偏心受压

a）轴心受压　b）单向偏心受压　c）双向偏心受压

在实际工程中，由于混凝土材料的非均质性，钢筋实际布置的不对称性及制作安装的误差等原因，理想的轴心受压构件是不存在的。在实际设计中，屋架（桁架）的受压腹杆、承受恒载为主的等跨框架的中柱等因弯矩很小而忽略不计，可近似地当作轴心受压构件，如图 4-2 所示。单层厂房柱、一般框架柱、屋架上弦杆、拱等都属于偏心受压构件，如图 4-3 所示。框架结构的角柱则属于双向偏心受压构件。

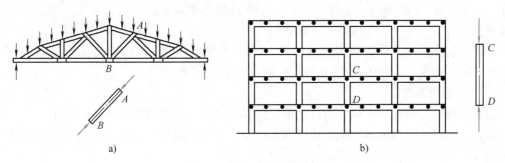

图 4-2 轴心受压构件示例

a）屋架受压腹杆 b）等跨框架中柱

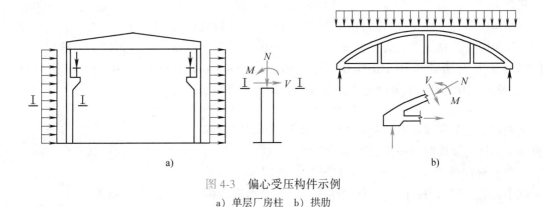

图 4-3 偏心受压构件示例

a）单层厂房柱 b）拱肋

轴心受压构件需要进行正截面承载力计算。偏心受压构件截面上一般有剪力存在，因此，除了要计算正截面承载力，还要计算斜截面受剪承载能力。此外，受压构件要进行正常使用极限状态的验算。

4.1 受压构件的一般构造要求

1. 截面形式及尺寸

钢筋混凝土受压构件截面形式的选择要考虑到受力合理和模板制作方便。轴心受压构件的截面形式一般为正方形或边长接近的矩形。建筑上有特殊要求时，可选择圆形或多边形。偏心受压构件的截面形式一般多采用长宽比不超过 1.5 的矩形截面。承受较大荷载的装配式受压构件也常采用 I 形截面。为避免房间内柱子突出墙面而影响美观与使用，常采用 T 形、L 形和十字形等异形截面柱。

对于方形和矩形独立柱的截面尺寸，不宜小于 250mm×250mm，框架柱不宜小于

300mm×400mm。对于 I 形截面，翼缘厚度不宜小于 120mm，因为翼缘太薄，会使构件过早出现裂缝，同时在靠近柱脚处的混凝土容易在车间生产过程中碰坏，影响柱的承载力和使用年限；腹板厚度不宜小于 100mm，否则浇筑混凝土困难；地震区柱的截面尺寸应适当加大。

同时，柱截面尺寸还受到长细比的控制。因为柱子过于细长时，其承载力受稳定控制，材料强度得不到充分发挥。一般情况下，对方形、矩形截面，$l_0/b \leqslant 30$，$l_0/h \leqslant 25$；对圆形截面，$l_0/d \leqslant 25$。此处 l_0 为柱的计算长度，b、h 分别为矩形截面短边及长边尺寸，d 为圆形截面直径。

为施工制作方便，柱截面尺寸还应符合模数化的要求，柱截面边长在 800mm 以下时，宜取 50mm 为模数，在 800mm 以上时，可取 100mm 为模数。

2. 材料强度等级

混凝土强度等级对受压构件的抗压承载力影响很大，特别对于轴心受压构件。为了充分利用混凝土承压、节约钢材、减小构件截面尺寸，受压构件宜采用较高强度等级的混凝土，一般设计中常用的混凝土强度等级为 C25～C50。

在受压构件中，钢筋与混凝土共同承压，两者变形保持一致，受混凝土峰值应变的控制，钢筋的压应力最高只能达到 $400N/mm^2$，采用高强度钢材不能充分发挥其作用。另外，在建设工程中提倡使用高强钢筋，能够降低钢筋用量，促进节能减排，推动钢铁工业和建筑业的结构调整与转型升级。以 HRB500 替代 HRB400 钢筋的省钢率为 5%～7%。在高层或大跨度建筑中应用高强钢筋效果更加明显，一般可节约钢材用量 30%。因此，一般设计中柱的纵向受力钢筋常采用 HRB400、HRB500、HRBF400、HRBF500 级钢筋，箍筋宜采用 HRB400、HRBF400、HPB300、HRB500、HRBF500 级钢筋。

3. 纵向钢筋

钢筋混凝土受压构件最常见的配筋形式是沿周边配置纵向受力钢筋及横向箍筋，如图 4-4 所示。

（1）纵向受力钢筋的作用　与混凝土共同承担由外荷载引起的纵向压力；防止构件突然脆裂破坏及增强构件的延性；减小混凝土材质不匀引起的不利影响；承担构件失稳破坏时凸出面出现的拉力，及由于荷载的初始偏心、混凝土收缩、徐变、温度应变等因素引起的拉力；减小持续压应力下混凝土收缩和徐变的影响。

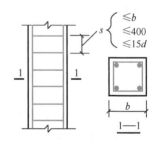

图 4-4　受压构件的钢筋骨架

（2）直径　为了增强钢筋骨架的刚度，减小钢筋在施工时的纵向弯曲及减少箍筋用量，受压构件宜采用较大直径的纵筋，以便形成刚性较好的骨架。纵向受力钢筋的直径不宜小于 12mm，一般选用 16～32mm。

（3）配置　在矩形截面受压构件中，纵向受力钢筋根数不得少于 4 根，以便与箍筋形成钢筋骨架。在轴心受压构件中，纵向钢筋应沿构件截面周边均匀布置，偏心受压构件中的纵向受力钢筋应布置在垂直于弯矩作用方向的两个对边。当矩形截面偏心受压构件的截面高度 $h \geqslant 600mm$ 时，为防止构件因混凝土收缩和温度变化产生裂缝，应沿长边设置直径为 10～16mm 的纵向构造钢筋，且间距不应超过 300mm，并相应地配置复合箍筋或拉筋。

为便于浇筑混凝土，纵向钢筋的净间距不应小于 50mm，对水平放置浇筑的预制受压构件，其纵向钢筋的间距要求与梁相同。偏心受压构件中，垂直于弯矩作用平面的侧面上的纵向受力钢筋及轴心受压构件中各边的纵向受力钢筋中距不宜大于 300mm。

（4）配筋率 《规范》规定，视钢筋强度等级的不同，全部纵向钢筋的最小配筋率为 0.5%~0.6%，一侧纵向钢筋的最小配筋率为 0.2%。同时为了施工方便和经济方面考虑，全部纵向钢筋的配筋率不宜超过 5%，一般为 1%~2%。

4. 箍筋

受压构件中，一般箍筋沿构件纵向等距布置，并与纵向钢筋构成空间骨架，如图 4-5 所示。

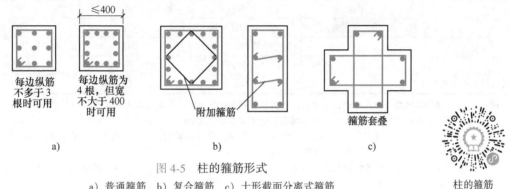

图 4-5 柱的箍筋形式
a）普通箍筋 b）复合箍筋 c）十形截面分离式箍筋

（1）箍筋的作用 在施工时对纵向钢筋起固定作用；为纵向钢筋提供侧向支点，防止纵向钢筋受压弯曲而降低承压能力；在柱中可抵抗水平剪力；密布箍筋还起到约束核心混凝土，改善混凝土变形性能的作用。

（2）直径 箍筋直径不应小于纵向钢筋的最大直径的 1/4，且不应小于 6mm；当柱中全部纵向受力钢筋配筋率大于 3% 时，箍筋直径不应小于 8mm，间距不应大于纵向钢筋的最小直径的 10 倍，且不应大于 200mm。

（3）配置 为了有效地阻止纵向钢筋的压屈破坏和提高构件斜截面抗剪能力，周边箍筋应做成封闭式；箍筋间距不应大于 400mm 及构件截面短边尺寸，且不应大于纵向钢筋的最小直径的 15 倍；箍筋末端应做成 135°弯钩且弯钩末端平直段长度不应小于箍筋直径的 10 倍；箍筋也可焊接成封闭环式；当柱截面短边尺寸大于 400mm 且各边纵向钢筋多于 3 根时，或当柱截面短边尺寸不大于 400mm 但各边纵向钢筋多于 4 根时，应设置复合箍筋，如图 4-5a、b 所示；对于截面形状复杂的柱，为了避免产生向外的拉力致使折角处的混凝土破损，不可采用具有内折角的箍筋，而应采用分离式箍筋，如图 4-5c 所示。

4.2 轴心受压构件正截面受压承载力计算

柱是工程中最具有代表性的受压构件。柱中所配置箍筋有普通箍筋和间接钢筋（螺旋箍筋或焊接环式箍筋）之分。不同箍筋的轴心受压柱，其受力性能及计算方法不同。以下分别就配普通箍筋轴心受压柱和间接钢筋轴心受压柱的受力性能与承载力计算进行分析。

4.2.1 普通箍筋轴心受压柱的受力性能与承载力计算

根据长细比 λ（$\lambda = l_0/i$，l_0 为柱的计算长度，i 为截面回转半径）大小不同，受压柱可

分为短柱和长柱。短柱是指长细比 $l_0/b \leqslant 8$（矩形截面，b 为截面较小边长）或 $l_0/d \leqslant 7$（圆形截面，d 为直径）或 $l_0/i \leqslant 28$（其他截面）的柱。实际结构中构件的计算长度取值方法见表 4-1 和表 4-2。

表 4-1　刚性屋盖单层房屋排架柱、露天吊车柱和栈桥柱的计算长度

柱 的 类 别		l_0		
		排架方向	垂直排架方向	
			有柱间支撑	无柱间支撑
无起重机房屋柱	单跨	$1.5H$	$1.0H$	$1.2H$
	两跨及多跨	$1.25H$	$1.0H$	$1.2H$
有起重机房屋柱	上柱	$2.0H_u$	$1.25H_u$	$1.5H_u$
	下柱	$1.0H_l$	$0.8H_l$	$1.0H_l$
露天吊车柱和栈桥柱	—	$2.0H_l$	$1.0H_l$	—

注：1. 表中 H 为从基础顶面算起的柱子全高；H_l 为从基础顶面至装配式吊车梁底面或现浇式吊车梁顶面的柱子下部高度；H_u 为从装配式吊车梁底面或从现浇式吊车梁顶面算起的柱子上部高度。

2. 表中有吊车房屋排架柱的计算长度，当计算中不考虑起重机荷载时，可按无起重机房屋柱的计算长度采用，但上柱的计算长度仍可按有起重机房屋采用。

3. 表中有起重机房屋排架柱的上柱在排架方向的计算长度，仅适用于 $H_u/H_l \geqslant 0.3$ 的情况；当 $H_u/H_l < 0.3$ 时，计算长度宜采用 $2.5H_u$。

表 4-2　框架结构各层柱的计算长度

楼盖类型	柱 的 类 别	l_0
现浇楼盖	底层柱	$1.0H$
	其余各层柱	$1.25H$
装配式楼盖	底层柱	$1.25H$
	其余各层柱	$1.5H$

注：表中 H 对底层柱从基础顶面到一层楼盖顶面的高度；对其余各层柱为上下两层楼盖顶面之间的高度。

（1）短柱的受力性能分析　从配有纵筋和普通箍筋的轴心受压短柱的大量试验结果可以看出，在轴心压力作用下，整个截面的应变基本上是均匀分布的。当荷载较小时，变形的增加与外力的增长成正比；当荷载较大时，变形增加的速度比外力增加的速度快，纵筋配筋量越少，这种现象就越明显。随着压力的继续增加，柱中开始出现细微裂缝，当达到极限荷载时，细微裂缝发展成明显的纵向裂缝，随着压应变的增长，这些裂缝将相互贯通，箍筋间的纵筋被压屈，混凝土被压碎而整个柱子破坏。在这个过程中，混凝土的侧向膨胀将向外推挤纵筋，使纵筋在箍筋之间呈灯笼状向外受压屈服，如图 4-6a 所示。

轴心受压短柱在逐级加载的过程中，由于钢筋和混凝土之间存在着黏结力，因此纵筋与混凝土共同变形，两者压应变相等，压应变沿构件长度基本是均匀的。通过量测纵筋的应变值，可以换算出纵筋的应力值。根据力的平衡条件，可以算得相应混凝土的应力，即

$$\sigma_s' = E_s \varepsilon_s' \tag{4-1}$$

$$\sigma_c = (N - \sigma_s' A_s')/A_c \tag{4-2}$$

式中　σ_s'、σ_c——纵筋和混凝土的压应力值；

A_s'、A_c——纵筋和混凝土的截面面积；

ε'_s——量测到的纵筋压应变值；

E_s——纵筋弹性模量；

N——在柱顶施加的轴向力。

试验得到的 N 与 σ'_s、σ_c 的关系曲线如图 4-6b 所示。

图 4-6b 所示的荷载-应力关系曲线表明，当荷载很小时（弹性阶段），N 与 σ'_s、σ_c 的关系基本呈线性，混凝土和钢筋均处在弹性阶段，基本上没有塑性变形。此时，钢筋应力 σ'_s 与混凝土应力 σ_c 成正比。随着荷载的增加，混凝土的塑性变形有所发展（弹塑性阶段），变形模量由弹性模量 E_c 降低为 μE_c，在相同的荷载增量下，钢筋的压应力比混凝土的压应力增加得快一些。钢筋和混凝土应力关系可用下式表示

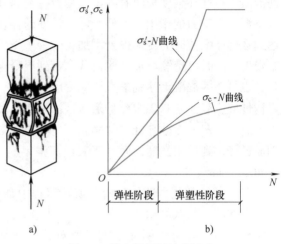

图 4-6 轴心受压短柱的试验

a）破坏形态 b）荷载-应力关系曲线

$$\sigma'_s/E_s = \sigma'_c/E'_c = \sigma_c/\mu E_c \qquad (4\text{-}3)$$

$$\sigma'_s = E_s \sigma_c/\mu E_c = \alpha_E \sigma_c/\mu \qquad (4\text{-}4)$$

式中 α_E——钢筋与混凝土弹性模量之比值，$\alpha_E = E_s/E_c$；

μ——混凝土的弹性特征系数。

以上加载过程中钢筋与混凝土应力增量速度的变化称为加载过程的应力重分布。若构件在加载后荷载维持不变，由于混凝土徐变的作用，混凝土和钢筋应力还会发生变化，如图 4-7 所示。从图中可以看出，随着荷载持续时间的增加，混凝土压应力逐渐变小，钢筋压应力逐渐变大，一开始变化较快，经过一定时间（约 150d）后，逐渐趋于稳定。混凝土应力变化幅度较小，而钢筋应力变化幅度较大。

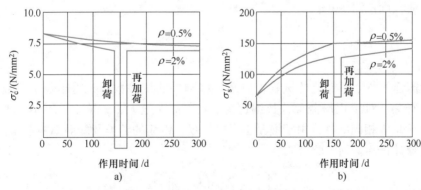

图 4-7 长期荷载作用下混凝土和钢筋的应力重分布

a）混凝土 b）钢筋

若在持续荷载过程中突然卸载，构件将回弹。由于混凝土的徐变变形的大部分不可恢复，在荷载为零的条件下，使钢筋受压，混凝土受拉，自相平衡。如果纵向配筋率过高，还

可能使混凝土的拉应力达到抗拉强度后而开裂。如重复加载到原数值，则钢筋和混凝土的应力仍按原曲线变化。

　　试验表明，混凝土棱柱体构件达到强度极限时的压应变值一般为 0.0015～0.002，而钢筋混凝土短柱在强度极限时的压应变值一般为 0.0025～0.0035，主要是因为柱中纵筋发挥了调整混凝土应力的作用。另外，由于箍筋的存在，混凝土能比较好地发挥其塑性性能，构件达到强度极限值时的变形得到增加，改善了受压脆性破坏性质。破坏时一般是纵筋先达到屈服强度，此时可持续增加一些荷载，直到混凝土达到最大压应变值。当采用高屈服强度纵筋时，也可能因混凝土达到最大压应变已经破坏，但钢筋还没有达到屈服强度。为安全起见，以构件的压应变 0.002 为控制条件，认为此时混凝土达到棱柱体抗压强度 f_c，相应的纵筋应力值 $\sigma'_s = E_s \varepsilon'_s \approx 2 \times 10^5 \times 0.002 \text{N/mm}^2 = 400 \text{N/mm}^2$。对于 HPB300、HRB400 以及 RRB400 级钢筋已经达到屈服强度，而对于其他高强钢筋（热处理钢筋、冷轧钢筋等）在计算时只能取 400N/mm²。

　　（2）长柱的受力性能分析　　实际工程中轴心受压构件是不存在的，荷载的微小初始偏心不可避免，这对轴心受压短柱的承载能力无明显影响，但对于长柱则不容忽视。长柱加载后，由于初始偏心距将产生附加弯矩，而这个附加弯矩产生的水平挠度又加大了原来的初始偏心距，这样相互影响的结果使长柱最终在弯矩及轴力共同作用下发生破坏。破坏时，受压一侧往往会产生较大的纵向裂缝，箍筋之间的纵筋向外压屈，构件高度中部的混凝土被压碎；而另一侧混凝土则被拉裂，在构件高度中部产生若干条以一定间距分布的水平裂缝。对于长细比很大的长柱，还可能发生失稳破坏，如图 4-8 所示。

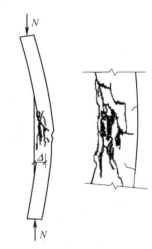

图 4-8　轴心受压长柱的破坏形态

　　试验表明，长柱的破坏荷载 N_u^l 低于其他条件相同的短柱的破坏荷载 N_u^s。《规范》中采用稳定系数 φ 来表示长柱承载力降低的程度，即

$$\varphi = \frac{N_u^l}{N_u^s} \tag{4-5}$$

　　根据中国建筑科学研究院的试验资料及一些国外的试验数据，得出稳定系数 φ 主要与柱的长细比有关。对于矩形截面，长细比为 l_0/b，l_0/b 越大，φ 越小。$l_0/b < 8$ 时，可以取 $\varphi = 1.0$。对于 l_0/b 相同的柱，由于混凝土强度等级、钢筋的种类及配筋率的不同，φ 略有不同。经数理统计得到下列经验公式

$$\varphi = \left[1 + 0.002 \left(\frac{l_0}{b} - 8 \right)^2 \right]^{-1} \tag{4-6}$$

式中　b——矩形截面的短边尺寸，任意截面取 $b = \sqrt{12}\, i$，圆形截面取 $b = \sqrt{3}\, d/2$；

　　　　l_0——构件计算长度，取值与构件两端的支承情况有关，两端铰支时取 $l_0 = l$（l 为构件的实际长度），两端固定时取 $l_0 = 0.5l$，一端固定、一端铰支时取 $l_0 = 0.7l$，

一端固定、一端自由时取 $l_0 = 2l$，实际结构构件的端部连接不能简单地简化成上述几种情况，l_0 的具体取值见表4-1和表4-2。

《规范》给出的稳定系数 φ 值见表4-3。当 $l_0/b \leqslant 40$ 时，式（4-6）的计算值与表4-3的值相差不超过3.5%。对于长细比 l_0/b 较大的构件，考虑到荷载初始偏心和长期荷载作用对其承载力的不利影响较大，为保证安全，φ 的取值比经验公式计算值略低一些。对于长细比 $l_0/b < 20$ 的构件，考虑到过去的使用经验，φ 的取值比经验公式计算值略高一些。

表 4-3　钢筋混凝土轴心受压构件的稳定系数 φ

l_0/b	l_0/d	l_0/i	φ	l_0/b	l_0/d	l_0/i	φ
$\leqslant 8$	$\leqslant 7$	$\leqslant 28$	1.0	30	26	104	0.52
10	8.5	35	0.98	32	28	111	0.48
12	10.5	42	0.95	34	29.5	118	0.44
14	12	48	0.92	36	31	125	0.40
16	14	55	0.87	38	33	132	0.36
18	15.5	62	0.81	40	34.5	139	0.32
20	17	69	0.75	42	36.5	146	0.29
22	19	76	0.70	44	38	153	0.26
24	21	83	0.65	46	40	160	0.23
26	22.5	90	0.60	48	41.5	167	0.21
28	24	97	0.56	50	43	174	0.19

注：表中 l_0 为构件计算长度；b 为矩形截面的短边尺寸；d 为圆形截面的直径；i 为截面最小回转半径。

（3）正截面受压承载力计算　根据以上分析，轴心受压构件承载力计算简图如图4-9所示，考虑稳定及可靠度因素后，得轴心受压构件的正截面承载力计算公式

$$N \leqslant 0.9\varphi(f_c A + f_y' A_s') \qquad (4\text{-}7)$$

式中　N——轴心压力设计值；

φ——钢筋混凝土轴心受压构件的稳定系数，按表4-3取值；

f_c——混凝土轴心抗压强度设计值，按附录表A-2取值；

f_y'——钢筋抗压强度设计值，按附录表A-5取值；

A——构件截面面积，纵筋配筋率 $\rho' > 3\%$ 时用 $A - A_s'$ 代替 A；

A_s'——截面全部受压纵筋截面面积，应满足附录表C-3规定的最小配筋率要求。

式（4-7）中等号右边乘以系数0.9是为了保持与偏心受压构件正截面承载力计算的可靠度相近。

（4）公式应用　实际工程中遇到的轴心受压构件的设计问题可以分为截面设计和截面复核两大类。

1）截面设计。截面设计时一般先选定材料的强度等级，结合建筑方案，根据构造要求或参考同类结构确定柱的截面形状及尺寸。也可通过假定合理的配筋率，由式（4-7）估算截面面积后确定截面尺寸。材料和截面确定后，利用表4-3确定稳定系数 φ，再由式（4-7）求出所需的纵筋数量，并验算其配筋率。截面纵筋按计算用量选配，箍筋按构造要求配置。

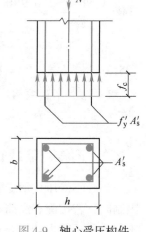

图 4-9　轴心受压构件承载力计算简图

应当指出的是，工程中轴心受压构件沿截面 x、y 两个主轴方向的杆端约束条件可能不同，因此计算长度 l_0 也就可能不同。在按式（4-7）中进行承载力计算时，稳定系数 φ 应分别按两个方向的长细比（l_0/b、l_0/h）确定，并取其中的较小者。

2）截面复核。截面复核步骤比较简单，只需将已知的截面尺寸、材料强度、配筋量及构件计算长度等相关参数代入式（4-7）即可。若该式成立，说明截面安全；否则，为不安全。

【例4-1】　某多层现浇钢筋混凝土框架结构房屋，现浇楼盖，二层层高 $H = 3.6\text{m}$，其中柱承受轴向压力设计值 $N = 2420\text{kN}$（含柱自重）。采用 C25 混凝土和 HRB400 级钢筋。求该柱截面尺寸及纵筋面积。

【解】　本例题属于截面设计类。

（1）初步确定截面形式和尺寸　由于是轴心受压构件，截面形式选用正方形。查附录表 A-2 和表 A-5，C25 混凝土，$f_c = 11.9\text{N/mm}^2$；HRB400 级钢筋，$f'_y = 360\text{N/mm}^2$。

假定 $\rho' = 3\%$，$\varphi = 0.9$，代入式（4-7）估算截面面积

$$A \geqslant \frac{N}{0.9\varphi(f_c + f'_y\rho')} = \frac{2420 \times 10^3}{0.9 \times 0.9 \times (11.9 + 0.03 \times 360)}\text{mm}^2 = 131614.7\ \text{mm}^2$$

$$b = h = \sqrt{A} \geqslant 362.8\text{mm}$$

选截面尺寸为 400mm×400mm。

（2）计算受压纵筋面积　查表 4-2，$l_0 = 1.25H$，$l_0/b = 1.25 \times 3.6/0.4 = 11.25$；查表 4-3，$\varphi = 0.961$。由式（4-7）得

$$A'_s = \frac{\dfrac{N}{0.9\varphi} - f_c A}{f_y} = \frac{\dfrac{2420 \times 10^3}{0.9 \times 0.961} - 11.9 \times 400 \times 400}{360}\text{mm}^2 = 2483.3\ \text{mm}^2$$

（3）选配钢筋　选配纵筋 8 ⊈ 20，实配纵筋面积 $A'_s = 2513\text{mm}^2$。$\rho' = A'_s/A = 2513/160000 = 1.57\% > \rho'_{\min} = 0.6\%$，满足配筋率要求；按构造要求，选配箍筋 Φ 8@300，截面配筋图如图 4-10 所示。

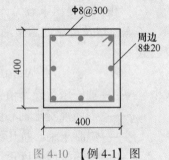

图 4-10　【例 4-1】图

4.2.2　间接钢筋轴心受压柱的受力性能与承载力计算

当轴心受压柱承受的轴向压力较大，而其截面尺寸由于建筑上或使用功能上的要求受到限制时，若按配有纵筋和普通箍筋的柱来计算，即使提高混凝土强度等级和增加纵筋用量仍不能满足承载力计算要求时，可考虑采用螺旋式或焊接环式箍筋柱，以提高构件的承载能力。螺旋式或焊接环式箍筋也称为"间接钢筋"，螺旋式与焊接环式箍筋柱的受力机理相同，一般统称为间接钢筋柱。间接钢筋柱的截面形状一般为圆形或正多边形，构造形式如图 4-11 所示。其中由螺旋式或焊接环式箍筋所包围的面积（按内径计算），称为核心面积 A_{cor}，即图 4-11 中阴影部分。由于这种柱的施工比较复杂，用钢量较大，造价较高，一般不宜普遍采用。

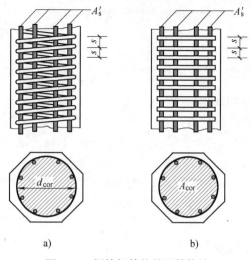

图 4-11　间接钢筋柱的配筋构造

a）螺旋箍筋柱　b）焊接环式箍筋柱

螺旋箍筋柱

（1）混凝土在间接钢筋约束下的受力性能分析　由试验研究得知，受压短柱破坏是构件在承受轴向压力时产生横向扩张，至横向拉应变达到混凝土极限拉应变所致。如果能在构件四周设置横向约束，以阻止受压构件的这种横向扩张，使核心混凝土处于三向受压状态，就能显著地提高构件抗压承载能力和变形能力。间接钢筋柱能够起到这种作用，它比一般矩形箍筋柱有更大的承载力和变形能力（或延性）。这是因为矩形箍筋水平肢的侧向抗弯刚度很弱，无法对核心混凝土形成有效的约束，只有箍筋的四个角才能通过向内的起拱作用对一部分混凝土形成有限的约束，如图 4-12 所示。

图 4-12　矩形箍筋约束下的混凝土

试验研究表明，间接钢筋的强度、直径及间距是影响柱的承载能力和变形能力的主要因素。间接钢筋强度越高、直径越粗、间距越小，约束作用越明显，其中间距的影响最为显著。配有间接钢筋的柱，在间接钢筋约束混凝土横向变形从而提高混凝土的强度和变形的同时，间接钢筋中产生拉应力。当它们的拉应力达到抗拉屈服强度时，不再能有效地约束混凝土的横向变形，混凝土的抗压强度就不能再提高，这时构件破坏。间接钢筋外侧的混凝土保护层在螺旋箍筋受到较大拉应力时会开裂，所以，在计算承载力时不考虑这部分混凝土的作用。

（2）配有间接钢筋的轴心受压柱的正截面承载力计算　间接钢筋所包围的核心截面混凝土处于三向受压状态，其实际抗压强度因套箍作用而高于混凝土轴心抗压强度。这类配筋柱在进行承载力计算时，与普通箍筋不同的是要考虑横向箍筋的作用。

根据圆柱体混凝土三向受压的试验结果，被约束混凝土的轴心抗压强度可近似地按下式计算

$$f=f_c+\beta\sigma_r \tag{4-8}$$

式中　f——被约束混凝土轴心抗压强度；

σ_r——间接钢筋屈服时，柱的核心混凝土受到的径向压应力。

当间接钢筋屈服时，如图 4-13 所示，根据力的平衡
条件可得

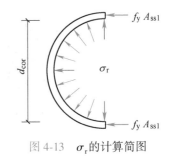

$$\sigma_r = \frac{2f_y A_{ss1}}{s d_{cor}} \qquad (4\text{-}9)$$

式中　A_{ss1}——单根间接钢筋的截面面积；

　　　f_y——间接钢筋的抗拉强度设计值；

　　　s——间接钢筋的间距；

　　　d_{cor}——构件的核心截面直径。

图 4-13　σ_r 的计算简图

将式（4-9）代入式（4-8），得间接钢筋所约束的核心截面面积内的混凝土强度为

$$f = f_c + \frac{2\beta f_y A_{ss1}}{s d_{cor}} = f_c + \frac{\beta f_y A_{ss0}}{2A_{cor}} \qquad (4\text{-}10)$$

式中　A_{ss0}——间接钢筋的换算截面面积，$A_{ss0} = \pi d_{cor} A_{ss1}/s$；

　　　A_{cor}——构件的核心截面面积。

令 $2\alpha = \beta/2$，受压构件破坏时纵筋达到其屈服强度，考虑间接钢筋对混凝土约束作用，核心混凝土强度达到 f，并考虑可靠度的调整系数 0.9，得到配有间接钢筋的轴心受压柱的正截面承载力计算公式为

$$N \leqslant 0.9(f_c A_{cor} + f'_y A'_s + 2\alpha f_y A_{ss0}) \qquad (4\text{-}11)$$

式中　α——间接钢筋对混凝土约束的折减系数，混凝土强度等级不超过 C50 时取 1.0，混凝土强度等级为 C80 时取 0.85，其间按线性内插法确定。

为了保证间接钢筋外面的混凝土保护层在正常使用阶段不至于过早剥落，按式（4-11）计算的间接钢筋柱的轴心受压承载力设计值，不应比按式（4-7）计算的同样材料和截面的普通箍筋柱的轴压承载力设计值大 50%。

凡属以下情况之一者，不考虑间接钢筋的影响，而按普通箍筋柱计算其承载力：

1）当 $l_0/d > 12$ 时，长细比较大，由于初始偏心距引起的侧向挠度和附加弯矩使构件处于偏心受压状态，有可能导致间接钢筋不起作用。

2）当外围混凝土较厚，混凝土核心面积较小时，按间接钢筋轴压构件算得的受压承载力小于按普通箍筋轴压构件算得的受压承载力。

3）当间接钢筋的换算截面面积 A_{ss0} 小于纵向普通钢筋全部截面面积的 25% 时，可以认为间接钢筋配置太少，它对混凝土的有效约束作用很弱，套箍作用的效果不明显。

另外，为了便于施工，间接钢筋间距不宜小于 40mm，也不应大于 80mm 及 $0.2d_{cor}$。

【例 4-2】　某宾馆门厅现浇的圆形钢筋混凝土柱，直径为 450mm，承受轴向压力设计值 $N = 4780$kN，计算长度 $l_0 = H = 4.5$m，混凝土强度等级为 C30，柱中纵筋和箍筋采用 HRB400 级钢筋。试进行该柱配筋计算。

【解】　本例题属于截面设计类。

（1）先按普通箍筋柱计算　查附录表 A-2 和表 A-5，C30 混凝土，$f_c = 14.3$N/mm²；HRB400 级钢筋，$f'_y = 360$N/mm²；由 $l_0/d = 4500/450 = 10$ 查表 4-3 并插值，得 $\varphi = 0.9575$。

圆柱截面面积为 $A = \dfrac{\pi d^2}{4} = \dfrac{3.14 \times 450^2}{4}$ mm^2 = 158962.5 mm^2

由式 (4-7) 得

$$A'_s = \frac{\dfrac{N}{0.9\varphi} - f_c A}{f'_y} = \frac{\dfrac{4780 \times 10^3}{0.9 \times 0.9575} - 14.3 \times 158962.5}{360} \text{mm}^2 = 9093.6 \text{ mm}^2$$

$$\rho' = A'_s / A = 9093.6/158962.5 = 5.72\% > \rho'_{max} = 5\%$$

配筋率太高，因 $l_0/d = 10 < 12$，若混凝土强度等级不再提高，则可改配螺旋箍筋，以提高柱的承载力。

（2）按配有螺旋式箍筋柱计算　假定 $\rho' = 3\%$，则

$$A'_s = 0.03A = 0.03 \times 158962.5 \text{mm} = 4768.88 \text{mm}^2$$

选配纵筋为 10 Φ 25，实际 $A'_s = 4909$mm^2。

查附录表 C-2，一类环境 $c = 20$mm。假定螺旋箍筋直径为 14mm，则 $A_{ss1} = 153.9$mm^2。

混凝土核心截面直径为 $d_{cor} = [450 - 2 \times (20 + 14)]$mm = 382mm

混凝土核心截面面积为 $A_{cor} = \dfrac{\pi d_{cor}^2}{4} = \dfrac{3.14 \times 382^2}{4}$mm^2 = 114550.3 mm^2

由式 (4-11) 得

$$A_{ss0} = \frac{\dfrac{N}{0.9} - (f_c A_{cor} + f'_y A'_s)}{2\alpha f_y} = \frac{\dfrac{4780 \times 10^3}{0.9} - 14.3 \times 114550.3 - 360 \times 4909}{2 \times 1.0 \times 360} \text{mm}^2 = 2646.9 \text{ mm}^2$$

因 $A_{ss0} > 0.25 A'_s$，故满足构造要求。

$$s = \frac{\pi d_{cor} A_{ss1}}{A_{ss0}} = \frac{3.14 \times 382 \times 153.9}{2646.9} \text{mm} = 69.7 \text{mm}$$

取 $s = 70$mm，满足 40mm $\leqslant s \leqslant$ 80mm，且不超过 $0.2 d_{cor} = 0.2 \times 358$mm = 72mm 的要求。

则

$$A_{ss0} = \frac{\pi d_{cor} A_{ss1}}{s} = \frac{3.14 \times 382 \times 153.9}{70} \text{mm}^2 = 2637.1 \text{ mm}^2$$

按式 (4-11) 计算

$$N_u = 0.9(f_c A_{cor} + f'_y A'_s + 2\alpha f_y A_{ss0}) = 0.9 \times (14.3 \times 114550.3 +$$
$$360 \times 4909 + 2 \times 1.0 \times 360 \times 2637.1) \text{N}$$
$$= 4773.6 \text{kN} > N = 4680 \text{ kN}$$

按式 (4-7) 计算

$$N_u = 0.9\varphi(f_c A + f'_y A'_s)$$
$$= 0.9 \times 0.9575 \times (14.3 \times 158962.5 + 360 \times 4909) \text{N}$$
$$= 3481.81 \text{kN}$$

$$4773.6/3481.81 = 1.371 < 1.5 (满足要求)$$

该柱配筋如图 4-14 所示。

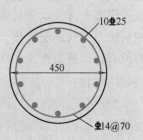

图 4-14 【例 4-2】图

4.3 偏心受压构件的正截面承载力计算

4.3.1 偏心受压构件正截面的受力特点与破坏形态

1. 偏心受压构件的破坏形态及其特征

根据钢筋混凝土偏心受压构件正截面的受力特点与破坏特征，偏心受压构件可分为大偏心受压构件和小偏心受压构件两种类型。

大小偏心
破坏的形态

（1）大偏心受压（受拉破坏） 大偏心受压构件破坏时，远离轴向力一侧的钢筋先受拉屈服，近轴向力一侧的混凝土被压碎。这种破坏一般发生在轴向力的偏心距较大，且受拉钢筋配置不多的情况。

大偏心受压构件破坏时的截面应力分布与构件上的裂缝分布情况如图 4-15 所示。在偏心轴向力的作用下，远离轴向力一侧的截面受拉，近轴向力一侧的截面受压。随着轴向力的增加，受拉区首先出现横向裂缝。偏心距越大，受拉钢筋越少，横向裂缝出现得越早，裂缝的开展与延伸越快。继续增加轴向力，主裂缝逐渐明显，受拉钢筋首先达到屈服，受拉变形的发展大于受压变形的发展，中和轴上升，混凝土压区的高度减少，压区边缘混凝土的应变达到其极限值，受压钢筋受压屈服，在压区出现纵向裂缝，最后混凝土被压碎崩脱。

由于大偏心受压破坏时受拉钢筋先屈服，因此又称为受拉破坏，其破坏特征与钢筋混凝土双筋截面适筋梁的破坏相似，属于延性破坏。

（2）小偏心受压（受压破坏） 相对大偏心受压，小偏心受压的截面应力分布较为复杂，可能大部分截面受压，也可能全截面受压。取决于偏心距的大小、截面的纵向钢筋配筋率等。

1）大部分截面受压，远离轴向力一侧钢筋受拉但不屈服。当偏心距较小，远离轴向力一侧的钢筋配置较多时，截面的受压区较大，随着荷载的增加，受压区边缘的混凝土首先达到极限压应变值，受压钢筋应力达到屈服强度，但受拉钢筋的应力没有达到屈服强度，其截面上的应力状态如图 4-16a 所示。

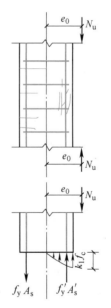

大偏心受压破坏

图 4-15 大偏心受压的破坏形态

2）全截面受压，远离轴向力一侧钢筋受压。当偏心距很小，截面可能全部受压，由于全截面受压，近轴向力一侧的应变大，远离轴向力一侧的应变小，截面应变呈梯形分布，远离轴向力一侧的钢筋也处于受压状态，构件不会出现横向裂缝。破坏时一般近轴向力一侧的混凝土应变首先达到极限值，混凝土压碎，钢筋受压屈服；远离轴向力一侧的钢筋可能达到屈服，也可能不屈服，如图 4-16b 所示。

当偏心距很小，且近轴向力一侧的钢筋配置较多时，截面的实际形心轴向配置较多钢筋一侧偏移，有可能使构件的实际偏心反向，出现反向偏心受压，如图 4-16c 所示。反向偏心受压使几何上远离轴向力一侧的应变大于近轴向力一侧的应变。此时，尽管构件截面的应变仍呈梯形分布，但与图 4-16b 所示的相反。破坏时远离轴向力一侧的混凝土首先被压碎，钢筋受压屈服。

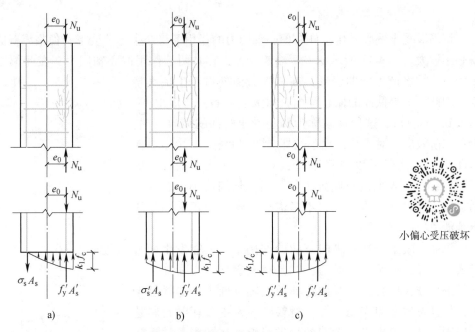

图 4-16 小偏心受压的破坏形态
a) 远侧钢筋受拉 b) 远侧钢筋受压 c) 反向受压

对于小偏心受压，无论何种情况，其破坏特征都是构件截面一侧混凝土的应变达到极限压应变，混凝土被压碎，另一侧的钢筋受拉但不屈服或处于受压状态。这种破坏特征与超筋的双筋受弯构件或轴心受压构件相似，无明显的破坏预兆，属脆性破坏。由于构件破坏起因于混凝土压碎，所以也称为受压破坏。

2. 两类偏心受压破坏的界限

从大、小偏心受压的破坏特征可见，两类构件破坏的相同之处是受压区边缘的混凝土都被压碎，都是"材料破坏"；不同之处是大偏心受压构件破坏时受拉钢筋能屈服，而小偏心受压构件的受拉钢筋不屈服或处于受压状态。因此，大小偏心受压破坏的界限是受拉钢筋应力达到屈服强度，同时受压区混凝土的应变达到极限压应变而被压碎。这与适筋梁与超筋梁的界限是一致的。

从截面的应变分布分析（图 4-17），要保

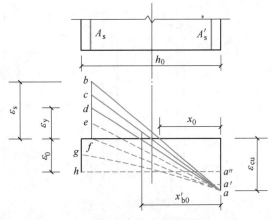

图 4-17 偏心受压构件截面应变分布

证受拉钢筋先达屈服强度，相对受压区高度必须满足 $\xi<\xi_b$ 的条件。ξ_b 的取值与受弯构件正截面承载能力分析时相同。尽管截面配筋率变化和偏心距变化会影响破坏形态，但只要相对受压区高度满足上述条件都为大偏心受压破坏，否则为小偏心受压破坏。

4.3.2   偏心受压引起的纵向弯曲对承载力的影响

1. 偏心受压柱的二阶效应

钢筋混凝土偏心受压构件在偏心轴向力的作用下将产生弯曲变形，使临界截面的轴向力偏心距增大。图 4-18 所示为一两端铰支柱，在其两端作用偏心轴向力，在此偏心轴向力的作用下，柱将产生弯曲变形，在临界截面处将产生最大挠度，因此，临界截面的偏心距由 e_i 增大到 e_i+f，弯矩由 Ne_i 增大到 $N(e_i+f)$，这种现象称为偏心受压构件的纵向弯曲，也称二阶效应。对于长细比小的柱，即"短柱"，由于纵向弯曲很小，一般可以忽略不计；对于长细比大的柱，即"长柱"，纵向弯曲的影响则不能忽略。长细比小于 5 的钢筋混凝土柱可认为是短柱，不考虑纵向弯曲对正截面受压承载能力的影响。

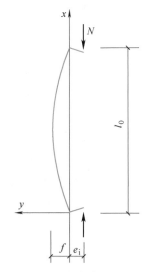

钢筋混凝土长柱在纵向弯曲的作用下，可能发生两种形式的破坏，一是失稳破坏，二是材料破坏。失稳破坏是指长细比较大的柱，其纵向弯曲效应随轴向力呈非线性增长，构件发生侧向失稳破坏；材料破坏是指破坏时材料达到极限强度。考虑纵向弯曲作用的影响，在同等条件下长柱的承载能力低于短柱的承载能力。

图 4-18   侧向弯曲影响

纵向弯曲效应对具有不同长细比的钢筋混凝土柱的影响，如图 4-19 所示。图中 ABCDE 为偏心受压构件的 M-N 关系曲线，它表示在截面尺寸、材料强度及纵筋量给定情况下，长细比不同的构件达到承载能力极限状态时，截面的弯矩和轴力存在的对应关系。

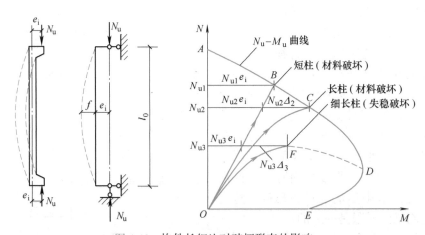

图 4-19   构件长细比对破坏形态的影响

　　当构件为短柱时，纵向弯曲效应可以忽略，偏心距保持不变，截面的弯矩与轴力呈线性关系，沿直线达到破坏点，破坏属于材料破坏。当构件为长柱时，纵向弯曲效应不能忽略，随着轴力的增大，纵向弯曲引起的偏心距呈非线性增大，截面的弯矩也随着偏心距的增大呈非线性增大，如图 4-19 中 OC 线所示。在长细比不是很大的情况下，也发生材料破坏于 C 点。在长细比很大的情况下，纵向弯曲效应非常明显，当轴向力达到一定值时（F 点），由于纵向弯曲引起的偏心距急剧增大，微小的轴力增量可引起不收敛的弯矩增量，导致构件侧向失稳破坏。由图可见，在初始偏心距相同的情况下，不同的长细比，偏心受压构件所能承受的极限压力是不同的，长细比越大，纵向弯曲效应越明显，轴力越小。因此，在偏心受压构件承载能力分析中不能忽略纵向弯曲的影响，而且要防止发生失稳破坏。

　　由以上分析可见，纵向弯曲影响的实质是临界截面的偏心距和弯矩大于初始偏心距和柱端弯矩。因此，研究纵向弯曲的影响，应研究纵向弯曲引起的弯矩及其随构件长细比变化的规律。纵向弯曲引起的弯矩称为二阶弯矩。二阶弯矩的大小与构件两端的弯矩情况和构件的长细比有关。

　　弯矩作用平面内截面对称的偏心受压构件，当同一主轴方向的杆端弯矩比 $M_1/M_2 \leqslant 0.9$，且轴压比 $\leqslant 0.9$ 时，若构件的长细比满足式（4-12）的要求时可不考虑轴向压力在该方向挠曲杆件中产生的附加弯矩影响，否则应按截面的两个主轴方向分别考虑轴向压力在挠曲杆件中产生的附加弯矩影响。

$$\frac{l_0}{i} \leqslant 34 - 12\left(\frac{M_1}{M_2}\right) \tag{4-12}$$

式中　M_1、M_2——已考虑侧移影响的偏心受压构件两端截面按结构弹性分析确定的对同一主轴的组合弯矩设计值，绝对值较大端为 M_2，绝对值较小端为 M_1，当构件按单曲率弯曲时 M_1/M_2 取正值，否则取负值；

　　　　l_0——构件的计算长度，可近似取偏心受压构件相应主轴方向上下支撑点之间的距离；

　　　　i——偏心方向的截面回转半径。

　　2. 弯矩增大系数

　　（1）两端弯矩相等的受压柱　对于两端铰支且两端作用有相等的轴向力，偏心距也相同的偏心受压柱，如图 4-20 所示。构件在弯矩的作用下会产生侧向挠度，构件各截面的弯矩随之增大，并产生新的附加侧向挠度。用 y 表示构件任意截面的侧向挠度，构件任意点的弯矩为

$$M = Ne_i + Ny \tag{4-13}$$

式中　Ne_i——初始弯矩；

　　　　Ny——纵向弯曲引起的二阶弯矩。

　　在构件中点的侧向挠度最大，二阶弯矩最大，因此构件的中点截面为临界截面。设计时应将临界截面的内力值作为内力控制值。

　　为考虑二阶弯矩对偏心受压构件的影响，确定极限状态下临界截面的实际偏心距和弯矩，引用弯矩增大系数 η_{ns} 求临界截面的偏心距，即

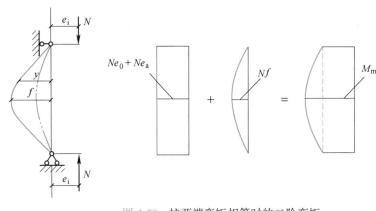

偏心受压长柱
的二阶弯矩

图 4-20　柱两端弯矩相等时的二阶弯矩

$$e_i+f=\left(1+\frac{f}{e_i}\right)e_i=\eta_{ns}e_i \tag{4-14a}$$

$$e_i=e_0+e_a \tag{4-14b}$$

式中　f——偏心受压长柱纵向弯曲后产生的最大侧向挠度值;

　　　η_{ns}——考虑二阶弯矩影响的弯矩增大系数;

　　　e_i——初始偏心距;

　　　e_0——轴向力对截面中心的偏心距;

　　　e_a——附加偏心矩,综合考虑荷载作用位置的不定性、混凝土质量的不均匀性和施工误差等因素的影响,其值取偏心方向截面尺寸的 1/30 和 20mm 中的较大者。

《规范》给出的弯矩增大系数的计算公式为

$$\eta_{ns}=1+\frac{1}{1300\left(\frac{M_2}{Nh_0}+\frac{e_a}{h_0}\right)}\left(\frac{l_0}{h}\right)^2\zeta_c \tag{4-15}$$

式中　ζ_c——偏心受压构件的截面曲率修正系数,$\zeta_c=0.5f_cA/N$,当 $\zeta_c>1.0$ 时取 1.0;

　　　l_0——构件的计算长度,按表 4-1 或表 4-2 中有关规定取值;

　　　h——截面高度,环形截面取外直径 d,圆形截面取直径 d;

　　　h_0——截面有效高度,环形截面取 $h_0=r_2+r_s$,圆形截面取 $h_0=r+r_s$;

r、r_2、r_s——圆形截面的半径、圆环的外直径、钢筋中心所在圆周的半径;

　　　A——受压构件的截面面积,T 形和 I 形截面均取 $A=bh+2(b_f'-b)h_f'$。

当偏心受压构件的长细比 $l_0/h \leqslant 5$ 或 $l_0/d \leqslant 5$ 或 $l_0/i \leqslant 17.5$ 时,可不考虑纵向弯曲对偏心距的影响,取 $\eta_{ns}=1.0$。

（2）两端弯矩不相等的受压柱　图 4-21 所示为两端弯矩不相等但符号相同的情况,这时构件的最大挠度不发生在中点,增大后的杆件中部弯曲有可能超过柱端控制截面的弯矩。当两端弯矩 $M_1/M_2>0.9$ 时,在该柱两端相同方向、几乎相同大小弯矩作用下将产生最大的偏心距,这时采用偏心距调整系数 C_m 考虑二阶弯矩的影响,《规范》规定 C_m 采用下式计算

$$C_m=0.7+0.3\frac{M_1}{M_2}\geqslant 0.7 \tag{4-16}$$

式中　M_1、M_2——已考虑侧移影响的偏心受压构件两端截面按弹性分析确定的对同一主轴
组合弯矩设计值，绝对值较大端为 M_2，绝对值较小端为 M_1，当构件按
单曲率弯曲时取正值，否则取负值。

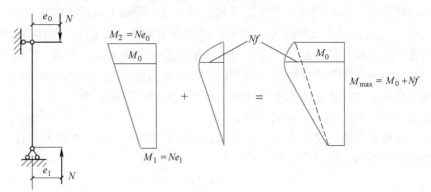

图 4-21　柱两端弯矩不相等时的二阶弯矩

图 4-22 所示为两端弯矩不相等但符号相反的情况。此时，构件产生反弯点，纵向弯曲
引起的二阶弯矩也有反弯点，因此，二阶弯矩可能并不使构件的最大弯矩发生变化，或仅有
较小的增加。因此，对于两端弯矩不相等的情况，取用比较小的弯矩增大系数是合理的。但
为了简化计算，《规范》偏于安全地取式（4-15）作为各类构件通用的弯矩增大系数。

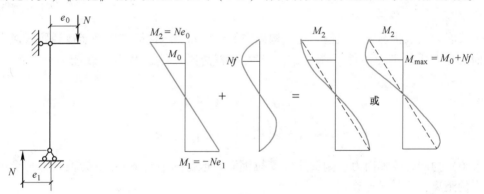

图 4-22　柱两端弯矩有反向弯矩时的二阶弯矩

上述分析中没有考虑柱有侧移，而实际的偏心受压柱会发生侧移。有侧移的情况下，偏
心受压柱的挠曲线与无侧移柱的不同，二阶弯矩增大，一般在结构整体分析中考虑。

3. 柱的计算长度

1）刚性屋盖的单层房屋排架柱、露天吊车柱和栈桥柱，其计算长度按表 4-1 取用。

2）一般多层房屋中的梁柱为刚接的框架结构，各层柱的计算长度按表 4-2 取用。

3）当水平荷载产生的弯矩设计值占总弯矩设计值的 75% 以上时，框架柱的计算长度可
按式（4-17a）、式（4-17b）计算，取其中的较小值。

$$l_0 = [1 + 0.15(\psi_u + \psi_l)]H \qquad (4\text{-}17a)$$

$$l_0 = (2 + 0.2\psi_{\min})H \qquad (4\text{-}17b)$$

式中　ψ_u、ψ_l——柱上、下端节点处交汇的各柱线刚度之和与交汇的各梁线刚度之和的比值；

$\psi_{\min}$——比值 ψ_u、ψ_l 中的较小值；

H——柱的高度，按表4-2取用。

也可采用弹性分析方法分析二阶效应。当采用考虑二阶效应的弹性分析方法时，宜在结构分析中对构件的弹性抗弯刚度 $E_c I$ 乘以下列折减系数：梁取 0.4，柱取 0.6，剪力墙及核心筒壁取 0.45。刚度折减系数的确定原则是使结构在不同的荷载组合下用折减刚度的弹性分析求得的各层间位移及其沿高度的分布规律与按线性分析所得结果相当，因而求得的内力也接近。用考虑二阶效应弹性分析算得的各杆件控制截面最不利内力可直接用于截面设计，而不需要通过弯矩增大系数增大截面的初始偏心距，但仍应考虑附加偏心距。

4. 柱的控制截面弯矩设计值计算方法

除排架柱结构外的偏心受压构件，在其偏心方向上考虑轴向压力在挠曲杆件中产生的附加弯矩后控制截面的弯矩设计值，按下式计算

$$M = C_m \eta_{ns} M_2 \tag{4-18}$$

当 $C_m \eta_{ns} < 1.0$ 时，取 $C_m \eta_{ns} = 1.0$；对剪力墙及核心筒，可取 $C_m \eta_{ns} = 1.0$。

4.3.3　矩形截面偏心受压构件正截面承载力的计算公式

矩形截面偏心受压构件正截面承载力计算采用与受弯构件正截面承载力计算相同的基本假定，用等效矩形应力图形代替混凝土受压区的实际应力图形。

偏心受压构件正截面
承载力的计算原理

1. 大偏心受压构件

承载能力极限状态时，大偏心受压构件中的受拉和受压钢筋应力都能达到屈服强度，根据截面力和力矩的平衡条件（图 4-23a），大偏心受压构件正截面承载能力计算的基本公式为

$$N \leqslant \alpha_1 f_c bx + f_y' A_s' - f_y A_s \tag{4-19}$$

$$Ne \leqslant \alpha_1 f_c bx \left(h_0 - \frac{x}{2}\right) + f_y' A_s' (h_0 - a_s') \tag{4-20}$$

式（4-20）为向远离轴向力一侧钢筋（受拉钢筋）取矩的平衡条件，e 为轴向力至受拉钢筋合力点的距离，按下式计算

$$e = e_i + \frac{h}{2} - a_s \tag{4-21}$$

为了保证受压钢筋 A_s' 应力到达 f_y' 及受拉钢筋 A_s 应力达到 f_y，构件截面的相对受压区高度应符合下列条件

$$2a_s' \leqslant x \leqslant \xi_b h_0 \tag{4-22}$$

$x = \xi_b h_0$ 为大小偏心受压的界限（图 4-23b），将 $x = \xi_b h_0$ 代入式（4-19）可写出界限情况下的轴向力 N_b 的表达式

$$N_b = \alpha_1 f_c b \xi_b h_0 + f_y' A_s' - f_y A_s \tag{4-23}$$

由式（4-23）可见，界限轴向力的大小只与构件的截面尺寸、材料强度和截面的配筋情况有关。当截面尺寸、配筋面积及材料强度已知时，N_b 为定值。如作用在截面上的轴向力设计值 $N \leqslant N_b$，则为大偏心受压构件；若 $N > N_b$，则为小偏心受压构件。

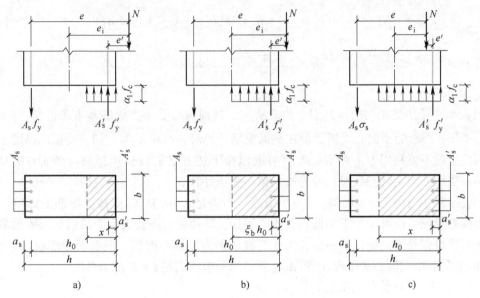

图 4-23　矩形截面偏心受压构件正截面承载能力计算图式

a）大偏心受压　b）界限偏心受压　c）小偏心受压

2. 小偏心受压构件

对于矩形截面小偏心受压构件而言，由于离轴力较远一侧纵筋受拉不屈服或处于受压状态，其应力大小与受压区高度有关，而在构件截面配筋计算中受压区高度也是未知的，所以计算相对较为复杂。根据截面力和力矩的平衡条件（图 4-23c），可得矩形截面小偏心受压构件正截面承载能力计算的基本公式为

$$N \leqslant \alpha_1 f_c bx + f_y' A_s' - \sigma_s A_s \tag{4-24}$$

$$Ne \leqslant \alpha_1 f_c bx \left(h_0 - \frac{x}{2} \right) + f_y' A_s' (h_0 - a_s') \tag{4-25}$$

或

$$Ne' \leqslant \alpha_1 f_c bx \left(\frac{x}{2} - a_s' \right) - \sigma_s A_s (h_0 - a_s') \tag{4-26}$$

$$e' = \frac{h}{2} - e_i - a_s' \tag{4-27}$$

式中　e'——轴力到受压钢筋合力点之间的距离；

σ_s——远离轴向力一侧钢筋的应力，理论上可按应变的平截面假定求出，但计算过于复杂，《规范》建议可按下式近似计算

$$\sigma_s = f_y \frac{\xi - \beta_1}{\xi_b - \beta_1} \tag{4-28}$$

按式（4-28）算得的钢筋应力应符合下列条件

$$-f_y' \leqslant \sigma_s \leqslant f_y \tag{4-29}$$

当 $\xi \geqslant 2\beta_1 - \xi_b$ 时，取 $\sigma_s = -f_y'$。当相对偏心距很小且 A_s' 比 A_s 大得很多时，也可能在离轴向力较远的一侧的混凝土先被压坏，称为反向破坏。为了避免发生反向压坏，对于小偏心受压构件除按式（4-24）和式（4-25）或式（4-26）计算外，还应满足下述条件

$$N\left[\frac{h}{2}-a_s'-(e_0-e_a)\right] \leqslant \alpha_1 f_c bh\left(h_0'-\frac{h}{2}\right)+f_y'A_s(h_0-a_s') \tag{4-30}$$

4.3.4　非对称配筋矩形截面偏心受压构件正截面承载力计算

1. 截面设计

（1）偏心受压类别的初步判别　如前所述，判别偏心受压类别的基本条件是：$\xi \leqslant \xi_b$ 为大偏心受压；$\xi > \xi_b$ 为小偏心受压。但在截面配筋计算时，A_s' 和 A_s 为未知，受压区高度 ξ 也未知，因此也就不能利用 ξ 来判别。此时可近似按下述方法进行初步判别：当 $e_i \leqslant 0.3h_0$ 时，为小偏心受压；当 $e_i > 0.3h_0$ 时，可先按大偏心受压计算。

一般来说，当满足 $e_i \leqslant 0.3h_0$ 时为小偏心；当满足 $e_i > 0.3h_0$ 时受截面配筋的影响，可能处于大偏心受压，也可能处于小偏心受压。例如，即使偏心距较大但受拉钢筋配置很多，极限破坏时受拉钢筋可能受拉不屈服，构件的破坏仍为小偏心破坏。但对于截面设计，在 $e_i > 0.3h_0$ 的情况下按大偏心受压求 A_s' 和 A_s，其结果一般能满足 $\xi \leqslant \xi_b$ 的条件。

（2）大偏心受压构件的配筋计算

情形 Ⅰ：受压钢筋 A_s' 及受拉钢筋 A_s 均未知

两个基本公式（4-19）及式（4-20）中有三个未知数：A_s'、A_s 及 x，故不能得出唯一解。为了使总的截面配筋面积（A_s+A_s'）最小，和双筋受弯构件一样，可取 $x=\xi_b h_0$，则由式（4-20）可得

$$A_s'=\frac{Ne-\alpha_1 f_c bh_0^2\xi_b(1-0.5\xi_b)}{f_y'(h_0-a_s')} \tag{4-31}$$

按式（4-31）算得 A_s' 应不小于 $\rho_{min}'bh$，否则可取 $A_s'=\rho_{min}'bh$，按 A_s' 为已知的情况计算。将式（4-31）求出的 A_s' 代入式（4-19）可得

$$A_s=\frac{\alpha_1 f_c bh_0\xi_b+f_y'A_s'-N}{f_y} \tag{4-32}$$

按式（4-32）求出的 A_s 应不小于 $\rho_{min}bh$。

情形 Ⅱ：受压钢筋 A_s' 为已知，求 A_s

当 A_s' 为已知时，式（4-19）及式（4-20）中有两个未知数 A_s 及 x 可求得唯一解。由式（4-20）可知 Ne 由两部分组成：$M'=f_y'A_s'(h_0-a_s')$ 及 $M_1=Ne-M'=\alpha_1 f_c bx(h_0-x/2)$。

M_1 为压区混凝土与对应的部分受拉钢筋 A_{s1} 所组成的力矩。与单筋矩形受弯截面构件相似，有

$$\alpha_s=\frac{M_1}{\alpha_1 f_c bh_0^2} \tag{4-33}$$

$$A_{s1}=\frac{M_1}{\gamma_s f_y h_0} \tag{4-34}$$

将 A_s' 及 A_{s1} 代入式（4-19）中可写出总的受拉钢筋面积 A_s 的计算公式

$$A_s=\frac{\alpha_1 f_c bx+f_y'A_s'-N}{f_y}=A_{s1}+\frac{f_y'A_s'-N}{f_y} \tag{4-35}$$

应该指出的是，如果 $\alpha_s \geqslant \alpha_{smax}$，则说明已知的 A_s' 还不足，需按 A_s' 为未知的情况重新计

算。如果 $\gamma_s h_0 > h_0 - a_s'$ 即 $x < 2a_s'$，与双筋受弯构件相似，可以近似取 $x = 2a_s'$，对 A_s' 的合力中心取矩，可求得

$$A_s = \frac{N(0.5h - e_i - a_s')}{f_y(h_0 - a_s')} \qquad (4\text{-}36)$$

（3）小偏心受压构件的配筋计算　由小偏心受压承载能力计算的基本公式可知，有两个基本方程，但要求 A_s'、A_s 和 x 三个未知数，因此仅根据平衡条件不能求出唯一解，需要补充一个使钢筋的总用量最小的条件求 ξ。但对于小偏心受压构件，要找到与经济配筋相对应的 ξ，需采用试算逼近法，计算较为复杂。小偏心受压构件的配筋应满足 $\xi > \xi_b$ 和 $-f_y' \leqslant \sigma_s \leqslant f_y$ 两个条件。当纵筋 A_s 的应力达到受压屈服时（$\sigma_s = -f_y'$），由式（4-28）可求得此时的受压区高度为

$$\xi_{cy} = 2\beta_1 - \xi_b \qquad (4\text{-}37)$$

当 $\xi_b < \xi < \xi_{cy}$ 时，A_s 不屈服，为了使用钢量最小，可按最小配筋率配置 A_s，取 $A_s = \rho_{min}bh$。因此，小偏心受压构件配筋计算可采用如下近似方法：假定 $A_s = \rho_{min}bh$，并将 A_s 代入基本公式中求 ξ 和 σ_s。若 σ_s 为负值，说明钢筋处于受压状态，取 $A_s = \rho_{min}'bh$ 重新代入基本公式中求 ξ 和 σ_s。

1）若满足 $\xi_b < \xi < \xi_{cy}$ 的条件，则直接利用式（4-25）求出 A_s'。

2）如果 $h/h_0 > \xi \geqslant \xi_{cy}$，说明 A_s 钢筋已屈服，取 $\sigma_s = -f_y'$，$\xi = \xi_{cy}$，利用小偏压基本公式求 A_s' 和 A_s，并验算反向破坏的截面承载能力。

3）如果 $\xi \geqslant h/h_0$，取 $\xi = h/h_0$ 和 $\sigma_s = -f_y'$，利用小偏压基本公式求 A_s' 和 A_s，并验算反向破坏的截面承载能力。

按上述方法计算的 A_s 应满足最小配筋率的要求。

2. 截面承载力复核

当构件截面尺寸、配筋面积 A_s 及 A_s'，材料强度及计算长度均已知，要求根据给定的轴力设计值 N（或偏心距 e_0）确定构件所能承受的弯矩设计值 M（或轴向力 N）时，属于截面承载力复核问题。一般情况下，单向偏心受压构件应进行两个平面内的承载力计算，即弯矩作用平面内的承载力计算及垂直于弯矩作用平面内的承载力计算。

（1）给定轴向力设计值 N，求弯矩设计值 M 或偏心距 e_0　由于截面尺寸、配筋及材料强度均为已知，故可首先按式（4-23）算得界限轴向力 N_b。如满足 $N \leqslant N_b$ 的条件，则为大偏心受压的情况，可按大偏心受压正截面承载力计算的基本公式求 x 和 e，由求出的 e 和弯矩增大系数 η_{ns}，根据式（4-21）求出偏心距 e_0，最后求出弯矩设计值 $M = Ne_0$。如 $N > N_b$，则为小偏心受压情况，可按小偏心受压正截面承载能力计算的基本公式求 x 和 e，采取与大偏心受压构件同样的步骤求弯矩设计值 $M = Ne_0$。

（2）给定偏心距 e_0，求轴向力设计值 N　根据 e_0 先求初始偏心距 e_i。

1）当 $e_i > 0.3h_0$ 时，可按大偏心受压情况，求 ζ_c 和弯矩增大系数 η_{ns}，再将 e_i 和 η_{ns} 代入式（4-21）中求 e。再将给定的截面尺寸、材料强度、配筋面积和 e 等参数代入基本公式，求解 x 和 N，并验算大偏心受压的条件是否满足。如满足 $x \leqslant \xi_b h_0$，为大偏心受压，计算的 N 即截面的设计轴力；若不满足，则按小偏心的情况计算。

2）当 $e_i \leqslant 0.3h_0$ 时，则属小偏心受压情况，将已知数据代入小偏心受压基本公式中求解 x 及 N。当求得 $N \leqslant \alpha_1 f_c bh$ 时，所得的 N 即构件的承载力；当 $N > \alpha_1 f_c bh$ 时，还需按式（4-20）求不发生反向破坏的轴向力 N，并取较小的值作为构件的正截面承载能力。

（3）垂直弯矩作用平面的承载力计算　当构件在垂直于弯矩作用平面内的长细比较大时，除了验算弯矩作用平面的承载能力外，还应按轴心受压构件验算垂直于弯矩作用平面内的受压承载力。这时应取截面高度 b 计算稳定系数 φ，按轴心受压构件的基本公式计算承载力 N。无论是截面设计还是截面校核，都应进行此项验算。

【例4-3】　已知矩形截面偏心受压柱，处于一类环境，截面尺寸为 $300\text{mm}\times400\text{mm}$，柱的计算长度为 3.6m，选用 C25 混凝土和 HRB400 级钢筋，承受轴力设计值为 $N=380\text{kN}$，弯矩设计值为 $M_1=M_2=230\text{kN}\cdot\text{m}$。求该柱的截面配筋 A_s 和 A_s'。

【解】　本例题属于截面设计类。

（1）基本参数　查附录表 A-2 和表 A-5，C25 混凝土 $f_\text{c}=11.9\text{N/mm}^2$，HRB400 级钢筋 $f_\text{y}=f_\text{y}'=360\text{N/mm}^2$；查表 3-2、表 3-3，$\alpha_1=1.0$，$\xi_\text{b}=0.518$；

查附录表 C-2，一类环境 $c=20\text{mm}$。$a_\text{s}=a_\text{s}'=c+d_\text{sv}+d/2=(20+8+20/2)\text{mm}=38\text{mm}$，取 40mm。$h_0=h-a_\text{s}=(400-40)\text{mm}=360\text{mm}$。

（2）计算设计弯矩

截面回转半径　$i=\sqrt{\dfrac{I}{A}}=\sqrt{\dfrac{bh^3/12}{bh}}=\sqrt{\dfrac{h^2}{12}}=\sqrt{\dfrac{400^2}{12}}\text{mm}=115.5\text{mm}$

$$\frac{l_0}{i}=\frac{3600}{115.5}=31.2>34-12\left(\frac{M_1}{M_2}\right)=34-12\times1=22$$

因此，需要考虑附加弯矩的影响。

偏心距调整系数　$C_\text{m}=0.7+0.3\dfrac{M_1}{M_2}=0.7+0.3\times1=1$

$$\zeta_\text{c}=\frac{0.5f_\text{c}bh}{N}=\frac{0.5\times11.9\times300\times400}{380\times10^3}=1.88>1.0,\text{取}\ \zeta_\text{c}=1.0$$

$$\frac{l_0}{h}=\frac{3600}{400}=9;e_\text{a}=\max\left\{\frac{h}{30},20\right\}=20\text{mm}$$

$$\eta_\text{ns}=1+\frac{1}{1300\left(\dfrac{M_2}{Nh_0}+\dfrac{e_\text{a}}{h_0}\right)}\left(\frac{l_0}{h}\right)^2\zeta_\text{c}=1+\frac{1}{1300\times\dfrac{625}{360}}\times9^2\times1.0=1.036$$

考虑附加弯矩后的设计弯矩：$M=C_\text{m}\eta_\text{ns}M_2=1\times1.036\times230\text{kN}\cdot\text{m}=238.3\text{kN}\cdot\text{m}$

（3）计算 e_i，判断偏压类型

$$e_0=\frac{M}{N}=\frac{238.28}{380}\text{mm}=627\text{mm}$$

$$e_\text{i}=e_0+e_\text{a}=(627+20)\text{mm}=647\text{mm}$$

由于 $e_\text{i}=647\text{mm}>0.3h_0=0.3\times360\text{mm}=108\text{mm}$，故可先按大偏心受压构件进行计算。

（4）计算 A_s 和 A_s'　为了配筋最经济，即使 $(A_\text{s}+A_\text{s}')$ 最小，令 $\xi=\xi_\text{b}$，则

$$e=e_\text{i}+\frac{h}{2}-a_\text{s}=(647+200-40)\text{mm}=807\text{mm}$$

将上述参数代入式（4-31）和式（4-32）得

$$A'_s = \frac{Ne - \alpha_1 f_c bh_0^2 \xi_b (1 - 0.5\xi_b)}{f'_y (h_0 - a'_s)}$$

$$= \frac{380 \times 10^3 \times 807 - 1.0 \times 11.9 \times 300 \times 360^2 \times 0.518 \times (1 - 0.5 \times 0.518)}{360 \times (360 - 40)} \text{mm}$$

$$= 1120\text{mm}^2 > \rho'_{\min} bh = 0.2\% \times 300 \times 400\text{mm} = 240\text{mm}^2$$

$$A_s = \frac{\alpha_1 f_c \xi_b bh_0 + f'_y A'_s - N}{f_y}$$

$$= \frac{1.0 \times 11.9 \times 0.518 \times 300 \times 360 + 360 \times 1120 - 380 \times 10^3}{360} \text{mm}^2$$

$$= 1913\text{mm}^2$$

（5）选配钢筋 受拉钢筋选用 4 Φ 25 （$A_s = 1964\text{mm}^2$），受压钢筋选用 4 Φ 20 （$A'_s = 1256\text{mm}^2$）。

总配筋率

$$\rho = \frac{A_s + A'_s}{A} = \frac{1964 + 1256}{300 \times 400} = 2.68\% > 0.6\% \text{且} < 5\%$$

单侧配筋率 $\quad \rho = \dfrac{A'_s}{A} = \dfrac{1256}{300 \times 400} = 1.05\% > 0.2\%$

满足最小配筋率和钢筋间距要求。配筋图如图 4-24 所示。

（6）验算垂直于弯矩作用平面的轴心受压承载力 由于 $l_0/b = 3600/300 = 12$，查表 4-3，$\varphi = 0.95$。

$$N_u = 0.9\varphi(f_c A_c + f'_y A'_s + f_y A_s)$$

$$= 0.9 \times 0.95 \times (11.9 \times 116294 + 360 \times 1256 + 360 \times 1964)\text{N}$$

$$= 2174.3\text{kN} > N = 380\text{kN}（满足要求）$$

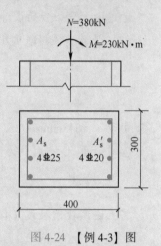

图 4-24 【例 4-3】图

【例 4-4】 某矩形截面偏心受压构件的截面尺寸为 400mm×500mm，选用 C30 混凝土和 HRB400 级钢筋，其他条件同【例 4-3】。求该柱的截面配筋 A_s 和 A'_s。

【解】 本例题属于截面设计类。

（1）基本参数 查附录表 A-2 和表 A-5，C30 混凝土 $f_c = 14.3\text{N/mm}^2$，HRB400 钢筋 $f_y = f'_y = 360\text{N/mm}^2$；查表 3-2、表 3-3，$\alpha_1 = 1.0$，$\xi_b = 0.52$。

查附录表 C-2，一类环境 $c = 20\text{mm}$。$a_s = a'_s = c + d_{sv} + d/2 = (20 + 8 + 20/2)\text{mm} = 38\text{mm}$，取 40mm，$h_0 = h - a_s = (500 - 40)\text{mm} = 460\text{mm}$。

（2）计算设计弯矩

截面回转半径 $\quad i = \sqrt{\dfrac{I}{A}} = \sqrt{\dfrac{bh^3/12}{bh}} = \sqrt{\dfrac{h^2}{12}} = \sqrt{\dfrac{500^2}{12}}\text{mm} = 144.3\text{mm}$

$$\frac{l_0}{i} = \frac{3600}{144.3} = 24.9 > 34 - 12\left(\frac{M_1}{M_2}\right) = 34 - 12 \times 1 = 22$$

因此，需要考虑附加弯矩的影响。

偏心距调整系数 $C_{\mathrm{m}} = 0.7 + 0.3\dfrac{M_1}{M_2} = 0.7 + 0.3 \times 1 = 1$

$$\zeta_{\mathrm{c}} = \frac{0.5 f_{\mathrm{c}} b h}{N} = \frac{0.5 \times 14.3 \times 400 \times 500}{380 \times 10^3} = 3.76 > 1.0，取 \zeta_{\mathrm{c}} = 1.0$$

$$\frac{l_0}{h} = \frac{3600}{500} = 7.2 ; e_{\mathrm{a}} = \max\left\{\frac{h}{30}, 20\mathrm{mm}\right\} = 20\mathrm{mm}$$

$$\eta_{\mathrm{ns}} = 1 + \frac{1}{1300\left(\dfrac{M_2}{Nh_0} + \dfrac{e_{\mathrm{a}}}{h_0}\right)}\left(\frac{l_0}{h}\right)^2 \zeta_{\mathrm{c}} = 1 + \frac{1}{1300 \times \dfrac{625}{460}} \times 7.2^2 \times 1.0 = 1.029$$

考虑附加弯矩后的设计弯矩 $M = C_{\mathrm{m}} \eta_{\mathrm{ns}} M_2 = 1 \times 1.029 \times 230\mathrm{kN} \cdot \mathrm{m} = 236.67\mathrm{kN} \cdot \mathrm{m}$

（3）计算 e_i，判断偏压类型

$$e_0 = \frac{M}{N} = \frac{236.67}{380}\mathrm{m} = 623\mathrm{mm}$$

$$e_i = e_0 + e_{\mathrm{a}} = (623 + 20)\mathrm{mm} = 643\mathrm{mm}$$

由于 $e_i = 643\mathrm{mm} > 0.3 h_0 = 0.3 \times 360\mathrm{mm} = 108\mathrm{mm}$，故可先按大偏心受压构件进行计算。

（4）计算 A_{s} 和 A_{s}'　为了配筋最经济，$(A_{\mathrm{s}} + A_{\mathrm{s}}')$ 最小，令 $\xi = \xi_{\mathrm{b}}$，则

$$e = e_i + \frac{h}{2} - a_{\mathrm{s}} = (643 + 250 - 40)\mathrm{mm} = 853\mathrm{mm}$$

将上述参数代入式（4-31）和式（4-32）得

$$A_{\mathrm{s}}' = \frac{Ne - \alpha_1 f_{\mathrm{c}} b h_0^2 \xi_{\mathrm{b}}(1 - 0.5\xi_{\mathrm{b}})}{f_{\mathrm{y}}'(h_0 - a_{\mathrm{s}}')}$$

$$= \frac{380 \times 10^3 \times 853 - 1.0 \times 14.3 \times 300 \times 460^2 \times 0.52 \times (1 - 0.5 \times 0.52)}{360 \times (460 - 40)}\mathrm{mm}^2$$

$$= -169.0\mathrm{mm}^2 < 0$$

取 $\rho_{\min}' b h = 0.002 \times 400 \times 500\mathrm{mm}^2 = 400\mathrm{mm}^2$。选 3 ⊈16 为受压钢筋（$A_{\mathrm{s}}' = 600\mathrm{mm}^2$），满足构造要求。将 $A_{\mathrm{s}}' = 600\mathrm{mm}^2$ 代入式（4-33）得

$$\alpha_{\mathrm{s}} = \frac{Ne - f_{\mathrm{y}}' A_{\mathrm{s}}'(h_0 - a_{\mathrm{s}}')}{\alpha_1 f_{\mathrm{c}} b h_0^2} = \frac{380 \times 10^3 \times 853 - 360 \times 600 \times (460 - 40)}{1.0 \times 14.3 \times 400 \times 460^2} = 0.193$$

查表 3-4，$\xi = 0.216$，则

$\xi h_0 = 0.216 \times 460\mathrm{mm} = 99.4\mathrm{mm} > 2a_{\mathrm{s}}' = 80\mathrm{mm}$，满足适用条件。

$$A_{\mathrm{s}} = \frac{\alpha_1 f_{\mathrm{c}} \xi b h_0 + f_{\mathrm{y}}' A_{\mathrm{s}}' - N}{f_{\mathrm{y}}}$$

$$= \frac{1.0 \times 14.3 \times 0.216 \times 460 \times 400 + 600 \times 360 - 380 \times 10^3}{360}\mathrm{mm}^2 = 1123\mathrm{mm}^2$$

选用 3 ⊈22 钢筋，符合构造要求。配筋如图 4-25 所示。

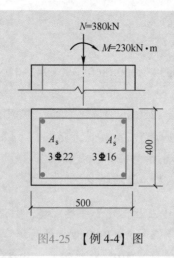

$$N=380\text{kN}$$
$$M=230\text{kN}\cdot\text{m}$$

图4-25 【例4-4】图

【例4-5】 已知某矩形偏心受压构件，轴力设计值$N=380\text{kN}$，弯矩设计值$M=176\text{kN}\cdot\text{m}$，在近轴向力一侧配钢筋$A'_s=942\text{mm}^2$，其他条件同【例4-3】。求受拉钢筋$A_s$。

【解】 由【例4-3】计算可知，可按两端弯矩相等的柱计算。

偏心距调整系数
$$C_m=0.7+0.3\frac{M_1}{M_2}=1$$

弯矩增大系数

$$\eta_{ns}=1+\frac{1}{1300\left(\dfrac{M_2}{Nh_0}+\dfrac{e_a}{h_0}\right)}\left(\frac{l_0}{h}\right)^2\zeta_c$$

$$=1+\frac{1}{1300\times\left(\dfrac{176\times10^6}{380\times10^3\times360}+\dfrac{20}{360}\right)}\times9^2\times1.0=1.046$$

考虑附加弯矩后的设计弯矩：$M=C_m\eta_{ns}M_2=1\times1.046\times176\text{kN}\cdot\text{m}=184.1\text{kN}\cdot\text{m}$

$$e_0=\frac{M}{N}=\frac{184.1\times10^6}{380\times10^3}\text{mm}=484.5\text{mm}$$

$$e_i=e_0+e_a=504.5\text{mm}>0.3h_0$$

可先按大偏心受压构件进行计算。

首先求已知受压钢筋向受拉钢筋取矩能抵抗的截面弯矩M'：

$$M'=f'_y A'_s(h_0-a'_s)=360\times942\times(360-40)\text{N}\cdot\text{mm}=108.52\text{kN}\cdot\text{m}$$

则压区混凝土与部分受拉钢筋抵抗的力矩为

$$M_1=M-M'=Ne-M'=[380\times10^3\times(504.5+200-40)-108.52\times10^6]\text{N}\cdot\text{mm}=144.0\text{kN}\cdot\text{m}$$

$$\alpha_s=\frac{M_1}{\alpha_1 f_c bh_0^2}=\frac{144.0\times10^6}{1.0\times11.9\times300\times360^2}=0.311$$

$$\xi=1-\sqrt{1-2\alpha_s}=1-\sqrt{1-2\times0.311}=0.385<\xi_b=0.55,\ \text{且}>\frac{2a'_s}{h_0}=0.222,\ \text{为大偏心受压}。$$

$$A_s = \frac{\alpha_1 f_c \xi b h_0 + f'_y A'_s - N}{f_y}$$

$$= \frac{1.0 \times 11.9 \times 0.385 \times 300 \times 360 + 360 \times 942 - 380 \times 10^3}{360} \text{mm}^2 = 1260 \text{mm}^2$$

受拉钢筋选用 4 Φ 20（$A_s = 1256\text{mm}^2$），经验算，满足最小配筋率和钢筋间距要求，也满足垂直于弯矩作用平面的轴心受压承载能力要求。

与【例 4-3】比较可见，本例的弯矩小，截面配筋也小。在大偏心受压的情况下，如轴力设计值相同，弯矩设计值越大，配筋越多。

【例 4-6】　某矩形截面偏心受压柱，处于一类环境，截面尺寸为 400mm×600mm，柱的计算长度为 6.9m，承受轴力设计值为 $N = 1000\text{kN}$，柱两端弯矩设计值为 $M_1 = -125\text{kN·m}$，$M_2 = 450\text{kN·m}$。若选用 C30 混凝土和 HRB400 级钢筋，试求该柱的截面配筋 A_s 和 A'_s。

【解】　本例题属于截面设计类。

(1) 基本参数　查附录表 A-2 和表 A-5，C30 混凝土 $f_c = 14.3\text{N/mm}^2$，HRB400 级钢筋 $f_y = f'_y = 360\text{N/mm}^2$；查表 3-2、表 3-3，$\alpha_1 = 1.0$，$\xi_b = 0.518$。

查附录表 C-2，一类环境 $c = 20\text{mm}$。初步确定箍筋直径采用 8mm，纵筋直径 20~25mm。$a_s = a'_s = c + d_{sv} + d/2 = (20 + 8 + 20/2)\text{mm} = 38\text{mm}$，取 40mm，$h_0 = h - a_s = (600 - 40)\text{mm} = 560\text{mm}$。

(2) 计算设计弯矩

截面回转半径　$i = \sqrt{\dfrac{I}{A}} = \sqrt{\dfrac{bh^3/12}{bh}} = \sqrt{\dfrac{h^2}{12}} = \sqrt{\dfrac{600^2}{12}}\text{mm} = 173.2\text{mm}$

$$\frac{l_0}{i} = \frac{6900}{173.2} = 39.84 > 34 - 12\frac{M_1}{M_2} = 37.33$$

因此，需要考虑附加弯矩的影响。

偏心距调整系数 $C_m = 0.7 + 0.3\dfrac{M_1}{M_2} = 0.7 + 0.3\dfrac{(-125)}{450} < 0.7$，取 $C_m = 0.7$

$$\zeta_c = \frac{0.5 f_c bh}{N} = \frac{0.5 \times 14.3 \times 400 \times 600}{1000 \times 10^3} = 1.716 > 1.0，取 \zeta_c = 1.0$$

$$\frac{l_0}{h} = \frac{6900}{600} = 11.5；e_a = \max\left\{\frac{h}{30}, 20\text{mm}\right\} = 20\text{mm}$$

$$\eta_{ns} = 1 + \frac{1}{1300\left(\dfrac{M_2}{Nh_0} + \dfrac{e_a}{h_0}\right)}\left(\frac{l_0}{h}\right)^2 \zeta_c$$

$$= 1 + \frac{1}{1300 \times \left(\dfrac{450 \times 10^6}{1000 \times 10^3 \times 560} + \dfrac{20}{560}\right)} \times 11.5^2 \times 1.0 = 1.12$$

考虑附加弯矩后的设计弯矩：由于 $C_m \eta_{ns} = 0.7 \times 1.12 = 0.784 < 1.0$，故取 $C_m \eta_{ns} = 1.0$

$$M = C_m \eta_{ns} M_2 = 1.0 \times 450\text{kN·m} = 450\text{kN·m}$$

（3）计算 e_i，判断偏压类型

$$e_0 = \frac{M}{N} = \frac{450\times 10^6}{1000\times 10^3}\text{mm} = 450\text{mm}$$

$$e_i = e_0 + e_a = (450+20)\text{mm} = 470\text{mm}$$

由于 $e_i = 470\text{mm} > 0.3h_0 = 0.3\times 560\text{mm} = 168\text{mm}$，故可先按大偏心受压构件进行计算。

（4）计算 A_s 和 A_s' 为了配筋最经济，即（$A_s + A_s'$）最小，令 $\xi = \xi_b$，则

$$e = e_i + \frac{h}{2} - a_s = (470+300-40)\text{mm} = 730\text{mm}$$

将上述参数代入式（4-31）和式（4-32）得

$$A_s' = \frac{Ne - \alpha_1 f_c b h_0^2 \xi_b (1-0.5\xi_b)}{f_y'(h_0 - a_s')}$$

$$= \frac{1000\times 10^3 \times 730 - 1.0\times 14.3\times 400\times 560^2 \times 0.518\times (1-0.5\times 0.518)}{360\times (560-40)}\text{mm}^2$$

$$= 221.6\text{mm}^2 < \rho_{\min}' bh = (0.2\%\times 400\times 600)\text{mm}^2 = 480\text{mm}^2$$

故按最小配筋率选取受压钢筋为 2 $\underline{\Phi}$ 18（$A_s' = 509\text{mm}^2$）。

用 ξ_b 求受拉钢筋的面积 A_s

$$A_s = \frac{\alpha_1 f_c \xi_b b h_0 + f_y' A_s' - N}{f_y}$$

$$= \frac{1.0\times 11.9\times 0.518\times 400\times 560 + 360\times 509 - 1000\times 10^3}{360}\text{mm}^2$$

$$= 1803.7\text{mm}^2$$

（5）求受压区相对高度 由式（4-20），有

$$\xi = 1 - \sqrt{1 - \frac{Ne - f_y' A_s'(h_0 - a_s')}{0.5\alpha_1 f_c b h_0^2}}$$

$$= 1 - \sqrt{1 - \frac{1000\times 10^6 \times 730 - 360\times 509\times (560-40)}{0.5\times 1.0\times 14.3\times 400\times 560^2}}$$

$$= 0.459 < \xi_b = 0.518, \text{且} > \frac{2a_s'}{h_0} = \frac{2\times 40}{560} = 0.143$$

（6）用 ξ 求受拉钢筋面积

$$A_s = \frac{\alpha_1 f_c \xi b h_0 + f_y' A_s' - N}{f_y}$$

$$= \frac{1.0\times 14.3\times 0.459\times 400\times 560 + 360\times 509 - 1000\times 10^3}{360}\text{mm}$$

$$= 1815.3\text{mm}^2$$

由此可见，用 ξ_b 与 ξ 来求 A_s，结果相差不大。受拉钢筋选用 5 $\underline{\Phi}$ 22（$A_s = 1900\text{mm}^2$）。

总配筋率

$$\rho = \frac{A_s + A_s'}{A} = \frac{1900 + 509}{400 \times 600} = 1.0\% > 0.55\%, \text{且} < 5\%$$

满足最小配筋率和钢筋间距要求。

（7）验算垂直于弯矩作用平面的轴心受压承载能力　由于 $l_0/b = 6900/400 = 17.25$，查表 4-3 得 $\varphi = 0.85$，则

$$
\begin{aligned}
N_u &= 0.9\varphi(f_c A + f_y' A_s' + f_y A_s) \\
&= 0.9 \times 0.85 \times (14.3 \times 400 \times 600 + 360 \times 509 + 360 \times 1900) \text{N} \\
&= 3288.9 \text{kN} > N = 1000 \text{kN}（满足要求）
\end{aligned}
$$

【例 4-7】　已知某偏心受压构件，处于一类环境，截面尺寸为 500mm×500mm，柱的计算长度为 4.5m，选用 C35 混凝土和 HRB400 级钢筋，承受轴力设计值为 $N = 1200$kN，$A_s = 1256 \text{mm}^2$，$A_s' = 1016 \text{mm}^2$，求该柱能承受的弯矩设计值。

【解】　本例题属于截面复核类。

（1）基本参数　查附录表 A-2 和表 A-5，C35 混凝土 $f_c = 16.7 \text{N/mm}^2$，HRB400 级钢筋 $f_y = f_y' = 360 \text{N/mm}^2$；查表 3-2、表 3-3，$\alpha_1 = 1.0$，$\xi_b = 0.52$。

查附录表 C-2，一类环境 $c = 20 \text{mm}$。$a_s = a_s' = c + d_{sv} + d/2 = (20 + 8 + 20/2) \text{mm} = 38 \text{mm}$，取 40mm，$h_0 = h - a_s = (500 - 40) \text{mm} = 460 \text{mm}$。

（2）判断截面类型　由式（4-19）得

$$x = \frac{N - f_y' A_s' + f_y A_s}{\alpha_1 f_c b} = \frac{1200 \times 10^3 + (1256 - 1016) \times 360}{1.0 \times 16.7 \times 500} \text{mm} = 154 \text{mm}$$

因此，满足 $2a_s' \le x \le \xi_b h_0$ 的条件，构件为大偏心受压，且受压钢筋能屈服。

（3）计算 e_i

$$\frac{l_0}{h} = \frac{4.5}{0.5} = 9, e_a = \max\left\{\frac{h}{30}, 20 \text{mm}\right\} = 20 \text{mm}$$

$$\zeta_c = \frac{0.5 f_c bh}{N} = \frac{0.5 \times 16.7 \times 500 \times 500}{1200 \times 10^3} = 1.74 > 1.0，\text{取} \zeta_c = 1.0$$

由式（4-20）得

$$
\begin{aligned}
e &= \frac{f_y' A_s'(h_0 - a_s') + \alpha_1 f_c bx\left(h_0 - \dfrac{x}{2}\right)}{N} \\
&= \frac{360 \times 1016 \times (460 - 40) + 1.0 \times 16.7 \times 500 \times 154 \times (460 - 0.5 \times 154)}{1200 \times 10^3} \text{mm} = 538 \text{mm}
\end{aligned}
$$

由式（4-21）得

$$e_i = e - \frac{h}{2} + a_s = \left(538 - \frac{1}{2} \times 500 + 40\right) \text{mm} = 328 \text{mm}$$

则 $e_0 = e_i - e_a = (328 - 20) \text{mm} = 308 \text{mm}$

（4）计算 M_2

$$M = N e_0 = 1200 \times 0.308 \text{kN} \cdot \text{m} = 369.6 \text{kN} \cdot \text{m}$$

偏心距调整系数 $C_m = 0.7 + 0.3\dfrac{M_1}{M_2} = 1$

由 $M = C_m \eta_{ns} M_2 = 1 \times \left(1 + \dfrac{1}{1300\left(\dfrac{M_2}{Nh_0} + \dfrac{e_a}{h_0}\right)}\left(\dfrac{l_0}{h}\right)^2 \zeta_c\right) \times M_2$，得

$$M_2 = 355 \text{kN} \cdot \text{m}$$

因此，截面能够承受的弯矩设计值为 355kN·m。

【例4-8】 已知一偏心受压构件，处于一类环境，截面尺寸为 450mm×450mm，柱的计算长度为 3.3m，选用 C35 混凝土和 HRB400 级钢筋，承受轴力设计值为 $N = 3500$kN，弯矩设计值为 $M = 85$kN·m（图4-26）。求该柱的截面配筋 A_s 和 A_s'。

【解】 本例题属于截面设计类。

（1）基本参数 查附录表 A-2 和表 A-5，C35 混凝土 $f_c = 16.7$N/mm²，HRB400 级钢筋 $f_y = f_y' = 360$N/mm²；查表 3-2、表 3-3，$\alpha_1 = 1.0$，$\xi_b = 0.52$。

查附录表 C-2，一类环境，$c = 20$mm。$a_s = a_s' = c + d_{sv} + d/2 = (20 + 8 + 20/2)$mm $= 38$mm，取 40mm。$h_0 = h - a_s = (450 - 40)$mm $= 410$mm。

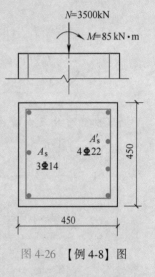

图4-26 【例4-8】图

（2）计算设计弯矩 截面回转半径为

$$i = \sqrt{\dfrac{I}{A}} = \sqrt{\dfrac{bh^3/12}{bh}} = \sqrt{\dfrac{h^2}{12}} = \sqrt{\dfrac{450^2}{12}}\text{mm} = 129.9\text{mm}$$

$$\dfrac{l_0}{i} = \dfrac{3300}{129.9} = 25.4 > 34 - 12\left(\dfrac{M_1}{M_2}\right) = 34 - 12 \times 1 = 22$$

因此，需要考虑附加弯矩的影响。

偏心距调整系数 $C_m = 0.7 + 0.3\dfrac{M_1}{M_2} = 0.7 + 0.3 \times 1 = 1$

$$\zeta_c = \dfrac{0.5 f_c bh}{N} = \dfrac{0.5 \times 16.7 \times 450 \times 450}{3500 \times 10^3} = 0.483$$

$$\dfrac{l_0}{h} = \dfrac{3.3}{0.45} = 7.33; \quad e_a = \max\left\{\dfrac{h}{30}, 20\text{mm}\right\} = 20\text{mm}$$

$$\eta_{ns} = 1 + \dfrac{1}{1300\left(\dfrac{M_2}{Nh_0} + \dfrac{e_a}{h_0}\right)}\left(\dfrac{l_0}{h}\right)^2 \zeta_c = 1 + \dfrac{1}{1300 \times \dfrac{44.3}{410}} \times 7.33^2 \times 0.483 = 1.185$$

考虑附加弯矩后的设计弯矩 $M = C_m \eta_{ns} M_2 = 1 \times 1.185 \times 85$kN·m $= 100.73$kN·m

（3）计算 e_i，判断偏压类型

$$e_0 = \dfrac{M}{N} = \dfrac{100.73}{3500}\text{m} = 28.8\text{mm}$$

$$e_i = e_0 + e_a = (28.8 + 20)\text{mm} = 48.8\text{mm} < 0.3h_0 = 0.3 \times 410\text{mm} = 123\text{mm}$$

因此，该构件为小偏心受压构件。

（4）计算 A_s 和 A_s'

$$e = e_i + \frac{h}{2} - a_s = \left(48.4 + \frac{450}{2} - 40\right)\text{mm} = 233.4\text{mm}$$

$$e' = \frac{h}{2} - e_i - a_s' = \left(\frac{450}{2} - 48.8 - 40\right)\text{mm} = 136.2\text{mm}$$

小偏心受压构件远离轴向力一侧的钢筋不屈服，为使配筋较少，令 $A_s = \rho_{\min}bh = 0.002 \times 450 \times 450\text{mm}^2 = 405\text{mm}^2$，选 3 Φ 14 钢筋，实配 $A_s = 462\text{mm}^2$。

代入式（4-26）和式（4-28）得受压区高度为 $x = 410.7\text{mm}$，满足 $\xi_b \leqslant \xi \leqslant \xi_{cy}$ 的条件，则

$$A_s' = \frac{Ne - \alpha_1 f_c bx\left(h_0 - \dfrac{x}{2}\right)}{f_y'(h_0 - a_s')}$$

$$= \frac{35 \times 10^5 \times 233.8 - 1.0 \times 16.7 \times 450 \times 410.7 \times (410 - 0.5 \times 410.7)}{360 \times (410 - 40)}\text{mm} = 1401\text{mm}^2$$

为了防止发生反向破坏，利用式（4-30）验算 A_s

$$A_s \geqslant \frac{N\left[\dfrac{h}{2} - a_s' - (e_0 - e_a)\right] - \alpha_1 f_c bh\left(h_0' - \dfrac{h}{2}\right)}{f_y'(h_0 - a_s')}$$

$$= \frac{3500 \times 10^3 \times \left[\dfrac{450}{2} - 40 - (28.8 - 20)\right] - 1.0 \times 16.7 \times 450 \times 450 \times \left(410 - \dfrac{450}{2}\right)}{360 \times (410 - 40)}\text{mm}^2$$

$$= -67\text{mm}^2$$

故不会发生反向破坏。

受压钢筋 A_s' 选配 4 Φ 22 钢筋，$A_s' = 1536\text{mm}^2$；A_s 选配 3 Φ 14 钢筋，$A_s = 462\text{mm}^2$。

总配筋率

$$\rho = \frac{A_s + A_s'}{A} = \frac{462 + 1536}{450 \times 450} = 0.99\% > 0.6\%，且 < 5\%$$

单侧配筋率 $\rho = \dfrac{A_s}{A} = \dfrac{462}{450 \times 450} = 0.23\% > 0.2\%$

满足最小配筋率和钢筋间距要求。

（5）验算垂直于弯矩作用平面的轴心受压承载能力 由于 $l_0/b = 3300/450 = 7.3$，查表 4-3，$\varphi = 1.0$，配筋率小于 3%，则

$$N_u = 0.9\varphi(f_c A + f_y' A_s' + f_y A_s)$$

$$= 0.9 \times 1.0 \times (16.7 \times 450 \times 450 + 360 \times 1536 + 360 \times 462)\text{N}$$

$$= 3690.9\text{kN} > N = 3500\text{kN}（满足要求）$$

【例4-9】 已知一偏心受压构件，处于一类环境，截面尺寸为400mm×500mm，柱的计算长度为6m，选用C30混凝土和HRB400级钢筋，$A_s=1016\text{mm}^2$，$A'_s=1256\text{mm}^2$，轴力设计值为$N=2600\text{kN}$。求该柱能承受的弯矩设计值。

【解】 本例题属于截面复核类。

(1) 基本参数　查附录表A-2和表A-5，C30混凝土$f_c=14.3\text{N/mm}^2$，HRB400级钢筋$f_y=f'_y=360\text{N/mm}^2$；查表3-2、表3-3，$\alpha_1=1.0$，$\beta_1=0.8$，$\xi_b=0.518$。

查附录表C-2，一类环境，$c=20\text{mm}$。$a_s=a'_s=c+d_{sv}+d/2=40\text{mm}$，$h_0=h-a_s=(500-40)\text{mm}=460\text{mm}$。

(2) 判断截面类型　先按大偏心受压计算

$$x=\frac{N-f'_yA'_s+f_yA_s}{\alpha_1f_cb}=\frac{2600\times10^3-1256\times360+1016\times360}{1.0\times14.3\times400}\text{mm}=439\text{mm}$$

$$>\xi_bh_0=0.518\times460\text{mm}=238\text{mm}$$

因此，实际为小偏心受压构件。

(3) 验算垂直于弯矩作用平面的轴心受压承载能力　由$l_0/b=6/0.4=15$，查表4-3得$\varphi=0.895$，经计算配筋率小于3%，则

$$N_u=0.9\varphi(f_cA+f_yA_s+f'_yA'_s)$$
$$=0.9\times0.895\times[14.3\times400\times500+360\times(1256+1016)]\text{N}$$
$$=2962\text{kN}>N=2600\text{kN}（安全）$$

(4) 计算e_i，计算M　由式（4-24）和式（4-28）得

$$\frac{x}{h_0}=\frac{N-f'_yA'_s-\frac{0.8}{\xi_b-0.8}f_yA_s}{\alpha_1f_cbh_0-\frac{1}{\xi_b-0.8}f_yA_s}=0.81$$

$$x=0.81\times460\text{mm}=372\text{mm}<\xi_{cy}h_0$$

$$e=\frac{\alpha_1f_cbx(h_0-0.5x)+f'_yA'_s(h_0-a'_s)}{N}$$
$$=\frac{1.0\times14.3\times400\times372\times(460-0.5\times372)+360\times1256\times(460-40)}{2600\times10^3}\text{mm}=297.3\text{mm}$$

$$e_i=e-\frac{h}{2}+a_s=\left(297.3-\frac{1}{2}\times500+40\right)\text{mm}=87.3\text{mm}$$

则$e_0=e_i-e_a=(87.3-20)\text{mm}=67.3\text{mm}$

(5) 计算M_2

$$M=Ne_0=2600\times67.3\text{kN}\cdot\text{m}=174.9\text{kN}\cdot\text{m}$$

偏心距调整系数$C_m=0.7+0.3\dfrac{M_1}{M_2}=1$

$$\zeta_c=\frac{0.5f_cA}{N}=\frac{0.5\times14.3\times400\times500}{2600\times10^3}=0.55,e_a=20\text{mm}$$

由 $M=C_{\mathrm{m}}\eta_{\mathrm{ns}}M_2=1\times\left(1+\dfrac{1}{1300\left(\dfrac{M_2}{Nh_0}+\dfrac{e_{\mathrm{a}}}{h_0}\right)}\left(\dfrac{l_0}{h}\right)^2\zeta_{\mathrm{c}}\right)\times M_2$，得

$$M_2=118.2\mathrm{kN\cdot m}$$

因此，截面能够承受的弯矩设计值为 $118.2\mathrm{kN\cdot m}$。

4.3.5 对称配筋矩形截面偏心受压构件正截面承载能力计算

在工程设计中，考虑各种荷载的组合，偏心受压构件常常要承受变号弯矩的作用，或为了构造简单便于施工，避免施工错误，一般采用对称配筋截面，即 $A_{\mathrm{s}}=A_{\mathrm{s}}'$，$f_{\mathrm{y}}=f_{\mathrm{y}}'$，且 $a_{\mathrm{s}}=a_{\mathrm{s}}'$。

1. 截面受压类型的判别

由式（4-23）可知，当 $A_{\mathrm{s}}=A_{\mathrm{s}}'$，$f_{\mathrm{y}}=f_{\mathrm{y}}'$ 时，$N_{\mathrm{b}}=\alpha_1f_{\mathrm{c}}b\xi_{\mathrm{b}}h_0$。因此，当 $N>N_{\mathrm{b}}$ 时，为小偏心受压；当 $N\leqslant N_{\mathrm{b}}$ 时，为大偏心受压。

2. 大偏心受压构件截面设计

由式（4-19）可求出受压区高度

$$x=\frac{N}{\alpha_1f_{\mathrm{c}}b}\tag{4-38}$$

将式（4-38）求出的 x 代入式（4-20）可得

$$A_{\mathrm{s}}'=A_{\mathrm{s}}=\frac{Ne-\alpha_1f_{\mathrm{c}}bx(h_0-x/2)}{f_{\mathrm{y}}'(h_0-a_{\mathrm{s}}')}\tag{4-39}$$

若 $x<2a_{\mathrm{s}}'$，近似取 $x=2a_{\mathrm{s}}'$，对受压钢筋合力点取矩，按下式求 A_{s} 和 A_{s}'

$$A_{\mathrm{s}}'=A_{\mathrm{s}}=\frac{N(e_{\mathrm{i}}-h/2+a_{\mathrm{s}}')}{f_{\mathrm{y}}'(h_0-a_{\mathrm{s}}')}\tag{4-40}$$

3. 小偏心受压构件截面设计

在小偏心的情况下，远离纵向力一侧的钢筋不屈服，且 $A_{\mathrm{s}}=A_{\mathrm{s}}'$，$f_{\mathrm{y}}=f_{\mathrm{y}}'$，由式（4-24）和式（4-28）可得

$$N=\alpha_1f_{\mathrm{c}}bh_0\xi+f_{\mathrm{y}}'A_{\mathrm{s}}'\frac{\xi_{\mathrm{b}}-\xi}{\xi_{\mathrm{b}}-\beta_1}\tag{4-41}$$

即

$$f_{\mathrm{y}}'A_{\mathrm{s}}'=(N-\alpha_1f_{\mathrm{c}}bh_0\xi)\frac{\xi_{\mathrm{b}}-\beta_1}{\xi_{\mathrm{b}}-\xi}\tag{4-42}$$

将式（4-42）代入式（4-25）可得

$$Ne\frac{\xi_{\mathrm{b}}-\xi}{\xi_{\mathrm{b}}-\beta_1}=\alpha_1f_{\mathrm{c}}bh_0^2\xi(1-0.5\xi)\frac{\xi_{\mathrm{b}}-\xi}{\xi_{\mathrm{b}}-\beta_1}+(N-\alpha_1f_{\mathrm{c}}bh_0\xi)(h_0-a_{\mathrm{s}}')\tag{4-43}$$

这是一个 ξ 的三次方程，用于设计是非常不便的。为了简化计算，把式（4-43）等号右侧第一项中含有 ξ 的项用 Y 表示，即

$$Y=\xi(1-0.5\xi)\frac{(\xi_{\mathrm{b}}-\xi)}{(\xi_{\mathrm{b}}-\beta_1)}\tag{4-44}$$

当钢材强度给定时，ξ_{b} 为已知定值。由式（4-44）可画出 Y-ξ 关系曲线，如图4-27所示，

当 $\xi > \xi_b$ 时，Y 与 ξ 的关系近似直线，对常用的钢材可近似取

$$Y = 0.43 \frac{\xi_b - \xi}{\xi_b - \beta_1} \qquad (4\text{-}45)$$

将式（4-45）代入式（4-43），经整理后可得 ξ 的计算公式为

$$\xi = \frac{N - \xi_b \alpha_1 f_c b h_0}{\dfrac{Ne - 0.43\alpha_1 f_c b h_0^2}{(\beta_1 - \xi_b)(h_0 - a_s')} + \alpha_1 f_c b h_0} + \xi_b$$

$$(4\text{-}46)$$

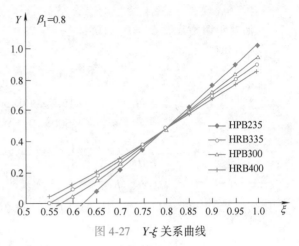

图 4-27　$Y\text{-}\xi$ 关系曲线

将算得的 ξ 代入式（4-25），则计算矩形截面对称配筋小偏心受压构件钢筋截面积的公式为

$$A_s' = A_s = \frac{Ne - \xi(1 - 0.5\xi)\alpha_1 f_c b h_0^2}{f_y'(h_0 - a_s')} \qquad (4\text{-}47)$$

4. 截面承载能力复核

对称配筋矩形截面承载力的复核与非对称矩形截面相同，只是引入对称配筋条件 $A_s = A_s'$，$f_y = f_y'$。与非对称配筋一样，应同时考虑弯矩作用平面的承载力及垂直于弯矩作用平面的承载力。

【例4-10】 已知一偏心受压构件，处于一类环境，截面尺寸为 300mm×500mm，其计算长度为 4m。选用 C35 混凝土和 HRB400 级钢筋，轴力设计值为 $N=500$kN，梁端弯矩为 $M_1 = M_2 = 200$kN·m，求对称配筋面积。

【解】 本例题属于截面设计类。

（1）基本参数　查附录表 A-2 和表 A-5，C35 混凝土 $f_c = 16.7$N/mm^2，HRB400 级钢筋 $f_y = f_y' = 360$N/mm^2；查表 3-2、表 3-3，$\alpha_1 = 1.0$，$\xi_b = 0.52$。

查附录表 C-2，一类环境 $c = 20$mm。$a_s = a_s' = c + d_{sv} + d/2 = 38$mm，取 40mm。$h_0 = h - a_s = (500 - 40)$mm $= 460$mm。

（2）判断截面类型

$N_b = \alpha_1 f_c b \xi_b h_0 = 1.0 \times 16.7 \times 300 \times 0.52 \times 460$N $= 1198392$N $= 1198.392$ kN $> N = 500$kN

因此，截面为大偏心受压。

（3）计算弯矩设计值和初始偏心距 e_i

截面回转半径 $i = \sqrt{\dfrac{I}{A}} = \sqrt{\dfrac{bh^3/12}{bh}} = \sqrt{\dfrac{h^2}{12}} = \sqrt{\dfrac{500^2}{12}}$mm $= 144.3$mm

$$\frac{l_0}{i} = \frac{4800}{144.3} = 27.7 > 34 - 12\frac{M_1}{M_2} = 34 - 12 \times 1 = 22$$

因此，需要考虑附加弯矩的影响。

偏心距调整系数 $C_m = 0.7 + 0.3\dfrac{M_1}{M_2} = 0.7 + 0.3 \times 1 = 1.0$

$$\frac{l_0}{h} = \frac{4}{0.5} = 8, \quad e_a = \max\left\{\frac{h}{30}, 20\text{mm}\right\} = 20\text{mm}$$

$$\zeta_c = \frac{0.5 f_c bh}{N} = \frac{0.5 \times 16.7 \times 300 \times 500}{500 \times 10^3} = 2.51 > 1.0, \text{取} \ \zeta_c = 1.0$$

$$\eta_{ns} = 1 + \frac{1}{1300\left(\dfrac{M_2}{Nh_0} + \dfrac{e_a}{h_0}\right)}\left(\frac{l_0}{h}\right)^2 \zeta_c = 1 + \frac{1}{1300 \times \left(\dfrac{200 \times 10^6}{500 \times 10^6} + 20\right)} \times 8^2 \times 1.0 = 1.054$$

$$M = C_m \eta_{ns} M_2 = 1.0 \times 1.054 \times 200\text{kN} \cdot \text{m} = 210.8\text{kN} \cdot \text{m}$$

$$e_0 = \frac{M}{N} = \frac{210.8}{500}\text{m} = 421.6\text{mm}, \quad e_i = e_0 + e_a = (421.6 + 20)\text{mm} = 441.6\text{mm}$$

（4）计算 A_s 和 A_s'

$$x = \frac{N}{\alpha_1 f_c b} = \frac{500 \times 10^3}{1.0 \times 16.7 \times 300}\text{mm} = 99.8\text{mm} > 2a_s' = 80\text{mm}$$

$$e = e_i + \frac{h}{2} - a_s = (441.6 + 250 - 40)\text{mm} = 651.6\text{mm}$$

将上述参数代入式（4-39）得

$$A_s' = \frac{Ne - \alpha_1 f_c bx(1 - 0.5x)}{f_y'(h_0 - a_s')}$$

$$= \frac{500 \times 10^3 \times 651.6 - 1.0 \times 16.7 \times 300 \times 99.8 \times (460 - 0.5 \times 99.8)}{360 \times (460 - 40)}\text{mm}^2$$

$$= 798.6\text{mm}^2 > \rho_{min}' bh$$

受拉和受压钢筋选用 3 ⊈ 16（$A_s = A_s' = 804\text{mm}^2$），满足构造要求。

（5）验算垂直于弯矩作用平面的轴心受压承载力　由 $l_0/b = 4000/300 = 13.3$，查表 4-3，$\varphi = 0.93$，则

$$N_u = 0.94(f_c A + f_y' A_s' + f_y A_s)$$

$$= 0.9 \times 0.93 \times (16.7 \times 300 \times 500 + 2 \times 360 \times 804)\text{N}$$

$$= 2581.2\text{kN} > N = 500\text{kN}（满足要求）$$

【例4-11】　已知一偏心受压构件，处于一类环境，截面尺寸为 400mm×600mm，其计算长度为 3m，选用 C25 混凝土和 HRB400 级钢筋，轴力设计值为 $N = 2000$kN，梁端弯矩为 $M_1 = M_2 = 180$kN·m，求对称配筋面积。

【解】　本例题属于截面设计类。

（1）基本参数　查附录表 A-2 和表 A-5，C25 混凝土 $f_c = 11.9\text{N/mm}^2$，HRB400 级钢筋 $f_y = f_y' = 360\text{N/mm}^2$；查表 3-2、表 3-3，$\alpha_1 = 1.0$，$\beta_1 = 0.8$，$\xi_b = 0.518$。

查附录表 C-2，一类环境 $c=20\text{mm}$。$a_s=a_s'=c+d_{sv}+d/2=(20+8+2012)\text{mm}=38\text{mm}$，取 40mm。$h_0=h-a_s=(600-40)\text{mm}=560\text{mm}$。

（2）判断截面类型

$N_b=\alpha_1 f_c b\xi_b h_0=1.0\times11.9\times400\times0.518\times560\text{N}=1380781\text{N}=1380.78\text{kN}<N=2000\text{kN}$

因此，截面为小偏心受压。

（3）计算弯矩设计值

$$\text{截面回转半径} \, i=\sqrt{\frac{I}{A}}=\sqrt{\frac{bh^3/12}{bh}}=\sqrt{\frac{h^2}{12}}=\sqrt{\frac{600^2}{12}}\text{mm}=173.2\text{mm}$$

$$\frac{l_0}{i}=\frac{4200}{173.2}=24.2>34-12\frac{M_1}{M_2}=34-12\times1=22$$

因此，应考虑附加弯矩的影响。

$$\text{偏心距调整系数} \quad C_m=0.7+0.3\frac{M_1}{M_2}=0.7+0.3\times1=1.0$$

$$\frac{l_0}{h}=\frac{4.2}{0.6}=7,\, e_a=\max\left\{\frac{h}{30},20\text{mm}\right\}=20\text{mm}$$

$$\zeta_c=\frac{0.5f_c bh}{N}=\frac{0.5\times11.9\times400\times600}{2000\times10^3}=0.714$$

$$\eta_{ns}=1+\frac{1}{1300\left(\frac{M_2}{Nh_0}+\frac{e_a}{h_0}\right)}\left(\frac{l_0}{h}\right)^2\zeta_c=1+\frac{1}{1300\times\frac{110}{560}}\times7^2\times0.714=1.137$$

$$M=C_m\eta_{ns}M_2=1.0\times1.137\times180\text{kN}\cdot\text{m}=204.66\text{kN}\cdot\text{m}$$

$$e_0=\frac{M}{N}=\frac{180\times10^6}{2000\times10^3}\text{mm}=90\text{mm},\, e_i=e_0+e_a=(90+20)\text{mm}=110\text{mm}$$

$$e=e_i+\frac{h}{2}-a_s=(110+300-40)\text{mm}=370\text{mm}$$

（4）计算 A_s 和 A_s' 由式（4-46）得

$$\xi=\frac{N-\xi_b\alpha_1 f_c bh_0}{\alpha_1 f_c bh_0+\frac{Ne-0.43\alpha_1 f_c bh_0^2}{(0.8-\xi_b)(h_0-a_s')}}+\xi_b$$

$$=\frac{2000\times10^3-0.518\times1.0\times11.9\times400\times560}{1.0\times11.9\times400\times560+\frac{2000\times10^3\times370-0.43\times1.0\times11.9\times400\times560^2}{(0.8-0.518)(560-40)}}+0.518$$

$$=0.704$$

$$\sigma_s=\frac{\xi-\beta_1}{\xi_b-\beta_1}f_y=\frac{0.704-0.8}{0.518-0.8}\times360\text{N/mm}^2=122.6\text{N/mm}^2$$

因 $-f_y<\sigma_s<f_y$，故由式（4-47）得

$$A_s = A_s' = \frac{Ne - \alpha_1 f_c bx \left(h_0 - \frac{1}{2}x\right)}{f_y'(h_0 - a_s')}$$

$$= \frac{2 \times 10^6 \times 370 - 1.0 \times 11.9 \times 400 \times 394 \times (560 - 197)}{360 \times (560 - 40)} = 315\text{mm}^2$$

取 $A_s' = A_s = 0.002 \times 400 \times 600 = 480\text{mm}^2$，实配 3 ⚫16（603$\text{mm}^2$），满足构造要求。

（5）验算垂直于弯矩作用平面的轴心受压承载能力　由 $l_0/b = 3000/400 = 7.5$，查表 4-3 得 $\varphi = 1.0$，则

$$N_u = 0.9\varphi(f_c A + f_y' A_s' + f_y A_s)$$
$$= 0.9 \times 1.0 \times (11.9 \times 400 \times 600 + 360 \times 603 \times 2)\text{N}$$
$$= 2961\text{kN} > N = 2000\text{kN}（满足要求）$$

4.3.6　对称配筋 I 形截面偏心受压构件正截面承载力计算

在现浇刚架及拱架中，由于结构构造的原因，经常出现 I 形截面的偏心受压构件；在单层工业厂房中，为了节省混凝土和减轻构件自重，对于截面高度大于 600mm 的柱，也常采用 I 形截面。

I 形截面的一般截面形式如图 4-28 所示，其两侧翼缘的宽度及厚度通常是对应相同的，即 $b_f' = b_f$、$h_f' = h_f$，翼缘厚度不宜小于 120mm，腹板厚度 b 不宜小于 100mm。

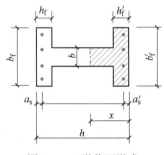

图 4-28　I 形截面形式

1. 基本计算公式

因为 I 形截面偏心受压构件的正截面破坏特征与矩形截面的相似，同样存在大偏心受压和小偏心受压两种破坏情况。所以 I 形截面偏心受压构件的正截面承载力计算方法与矩形截面的也基本相同，区别只在于需要考虑受压翼缘的作用，受压区的截面形状一般较为复杂。

（1）大偏心受压情况　当截面受压区高度 $x \leq \xi_b h_0$ 时，属于大偏心受压情况。按 x 的不同，可分为以下两类：

1）当 $x \leq h_f'$ 时，截面受力情况如图 4-29 所示，受压区为矩形，整个截面相当于宽度为 b_f' 的矩形截面，则

$$N \leq \alpha_1 f_c b_f' x + f_y' A_s' - f_y A_s \tag{4-48}$$

$$Ne \leq \alpha_1 f_c b_f' x (h_0 - 0.5x) + f_y' A_s' (h_0 - a_s') \tag{4-49}$$

适用条件：$x \geq 2a_s'$。

2）当 $h_f' < x \leq \xi_b h_0$ 时，截面受力情况如图 4-30 所示，受压区为 T 形，则

$$N \leq \alpha_1 f_c [bx + (b_f' - b)h_f'] + f_y' A_s' - f_y A_s \tag{4-50}$$

$$Ne \leq \alpha_1 f_c [bx(h_0 - 0.5x) + (b_f' - b)h_f'(h_0 - 0.5h_f')] + f_y' A_s'(h_0 - a_s') \tag{4-51}$$

适用条件：$x \leq \xi_b h_0$，且 $x \geq 2a_s'$。

（2）小偏心受压情况　当截面受压区高度 $x > \xi_b h_0$ 时，属于小偏心受压情况，按 x 的不同，也可分为以下两类：

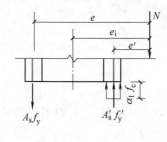

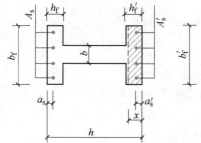

图 4-29 $x \leqslant h'_f$ 时截面受力

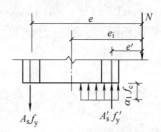

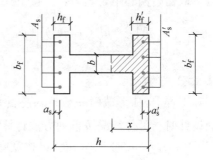

图 4-30 $h'_f < x \leqslant \xi_b h_0$ 时截面受力

1）当 $\xi_b h_0 < x \leqslant h - h_f$ 时，截面受力情况如图 4-31 所示，受压区仍为 T 形，则

$$N \leqslant \alpha_1 f_c \left[bx + (b'_f - b) h'_f \right] + f'_y A'_s - \sigma_s A_s \tag{4-52}$$

$$Ne \leqslant \alpha_1 f_c \left[bx \left(h_0 - \frac{x}{2} \right) + (b'_f - b) h'_f \left(h_0 - \frac{h'_f}{2} \right) \right] + f'_y A'_s (h_0 - a'_s) \tag{4-53}$$

2）当 $h - h_f < x \leqslant h$ 时，截面受力情况如图 4-32 所示，受压区成为 I 形，则

$$N \leqslant \alpha_1 f_c A_c + f'_y A'_s - \sigma_s A_s \tag{4-54}$$

$$Ne \leqslant \alpha_1 f_c S_c + f'_y A'_s (h_0 - a'_s) \tag{4-55}$$

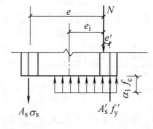

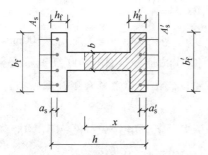

图 4-31 $\xi_b h_0 < x \leqslant h - h_f$ 时截面受力

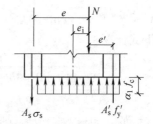

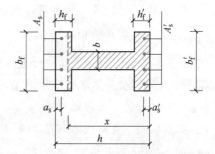

图 4-32 $h - h_f < x \leqslant h$ 时截面受力

其中

$$A_c = bx + (b'_f - b) h'_f + (b_f - b) (x - h + h_f)$$

$$S_c = bx(h_0 - 0.5x) + (b'_f - b)h'_f(h_0 - 0.5h'_f) + (b_f - b)(x - h + h_f)[h_f - a_s - 0.5(x - h + h_f)]$$

与矩形截面相同，钢筋应力 σ_s 可按下式计算

$$\sigma_s = \frac{\xi - \beta_1}{\xi_b - \beta_1} f_y \tag{4-56}$$

按式（4-56）算得的钢筋应力需符合 $-f'_y \leqslant \sigma_s \leqslant f_y$ 的要求。

当全截面受压（$x \geqslant h$）时，应考虑附加偏心距 e_a 与 e_0 反向对 A_s 的不利影响，不计弯矩增大系数，取初始偏心距 $e_i = e_0 - e_a$，按下式计算 A_s

$$A_s = \frac{N\left[\dfrac{h}{2} - a'_s - (e_0 - e_a)\right] - \alpha_1 f_c [bh + (b'_f - b)h'_f + (b_f - b)h_f]\left(\dfrac{h}{2} - a'_s\right)}{f'_y(h_0 - a_s)} \tag{4-57}$$

2. 基本公式的应用

在实际工程中，I 形截面一般按对称配筋原则进行配筋，即取 $A'_s = A_s$，$f'_y = f_y$，$a'_s = a_s$。进行截面设计时，可分情况按下列方法计算：

1）当 $N \leqslant \alpha_1 f_c b'_f h'_f$ 时，$x \leqslant h'_f$，可按宽度为 b'_f 的大偏心受压矩形截面计算

$$x = \frac{N}{\alpha_1 f_c b'_f} \tag{4-58}$$

$$A'_s = A_s = \frac{Ne - \alpha_1 f_c b'_f x(h_0 - 0.5x)}{f'_y(h_0 - a'_s)} \tag{4-59}$$

2）当 $\alpha_1 f_c b'_f h'_f \leqslant N \leqslant \alpha_1 f_c [\xi_b bh_0 + (b'_f - b)h'_f]$ 时，$h'_f \leqslant x \leqslant \xi_b h_0$，可按大偏心压处理

$$x = \frac{N - \alpha_1 f_c (b'_f - b)h'_f}{\alpha_1 f_c b} \tag{4-60}$$

$$A'_s = A_s = \frac{Ne - \alpha_1 f_c [bx(h_0 - 0.5x) + (b'_f - b)h'_f(h_0 - 0.5h'_f)]}{f'_y(h_0 - a'_s)} \tag{4-61}$$

3）当 $N > \alpha_1 f_c [\xi_b bh_0 + (b'_f - b)h'_f]$ 时，$x > \xi_b h_0$，为小偏心受压为了避免求解关于 ξ 的三次方程，可按下式计算 ξ

$$\xi = \frac{N - \alpha_1 f_c [\xi_b bh_0 + (b'_f - b)h'_f]}{\dfrac{Ne - \alpha_1 f_c [0.43bh_0^2 + (b'_f - b)h'_f(h_0 - 0.5h'_f)]}{(\beta_1 - \xi_b)(h_0 - a'_s)} + \alpha_1 f_c bh_0} + \xi_b \tag{4-62}$$

进而可算得 $x = \xi h_0$。如果 $x \leqslant h - h_f$，则可代入式（4-53）计算得到 $A'_s = A_s$；如果 $x > h - h_f$，则需按式（4-54）和式（4-55）等重新计算 ξ，然后计算 $A'_s = A_s$。

【例 4-12】　某对称 I 形截面柱，$b'_f = b_f = 400\text{mm}$，$b = 100\text{mm}$，$h'_f = h_f = 100\text{mm}$，$h = 600\text{mm}$，计算长度 $l_0 = 5.6\text{m}$，处于一类环境。选用 C30 混凝土和 HRB400 级钢筋，承受轴向压力设计值 $N = 726\text{kN}$，弯矩设计值 $M = 380\text{kN} \cdot \text{m}$。试按对称配筋原则计算纵筋用量。

【解】　本例题属于截面设计类。

（1）基本参数　查附录表 A-2 和表 A-5，C30 混凝土 $f_c = 14.3\text{N/mm}^2$，HRB400 级钢筋 $f_y = f'_y = 360\text{N/mm}^2$；查表 3-2、表 3-3，$\alpha_1 = 1.0$，$\beta_1 = 0.8$，$\xi_b = 0.518$。

查附录表 C-2，一类环境 $c = 20\text{mm}$。$a_s = a'_s = c + d_{sv} + d/2 = (20 + 8 + 20/2)\text{mm} = 38\text{mm}$，取 40mm。$h_0 = h - a_s = (600 - 40)\text{mm} = 560\text{mm}$。

（2）计算设计弯矩和 e_i

$$A=bh+2(b_f'-b)h_f'=[100\times600+2\times(400-100)\times100]\,\mathrm{mm}^2=120000\mathrm{mm}^2$$

$$I=\frac{b_fh^3}{12}-\frac{(b_f-b)(h-2h_f)^3}{12}$$

$$=\frac{400\times600^3}{12}\mathrm{mm}^4-\frac{(400-100)(600-2\times100)^3}{12}\mathrm{mm}^4$$

$$=56\times10^8\mathrm{mm}^4$$

对 I 形截面，截面回转半径 $i\approx\sqrt{\dfrac{I}{A}}=216\mathrm{mm}$

$$\frac{l_0}{i}=\frac{5600}{216}=25.9>34-12\left(\frac{M_1}{M_2}\right)=34-12\times1=22$$

因此，需要考虑附加弯矩的影响。

偏心距调整系数 $C_m=0.7+0.3\dfrac{M_1}{M_2}=0.7+0.3\times1=1$

$$\zeta_c=\frac{0.5f_cA}{N}=\frac{0.5\times14.3\times[100\times600+2\times(400-100)\times100]}{726\times10^3}=1.18>1,\ \text{取}\ \zeta_c=1$$

$$e_a=\max\left\{\frac{h}{30},20\mathrm{mm}\right\}=20\mathrm{mm}$$

$$\eta_{ns}=1+\frac{1}{1300\left(\dfrac{M_2}{Nh_0}+\dfrac{e_a}{h_0}\right)}\left(\frac{l_0}{h}\right)^2\zeta_c$$

$$=1+\frac{560}{1300\times\left(\dfrac{380\times10^6}{726\times10^3}+20\right)}\times\left(\frac{5600}{600}\right)^2\times1=1.069$$

考虑附加弯矩后的设计弯矩 $M=C_m\eta_{ns}M_2=1.0\times1.069\times380\mathrm{kN\cdot m}=406.2\mathrm{kN\cdot m}$

$$e_0=\frac{M}{N}=\frac{406.2\times10^6}{726\times10^3}\mathrm{mm}=559.5\mathrm{mm}$$

$$e_i=e_0+e_a=(559.5+20)\mathrm{mm}=579.5\mathrm{mm}$$

$$e=e_i+\frac{h}{2}-a_s=\left(579.5+\frac{600}{2}-40\right)\mathrm{mm}=839.5\mathrm{mm}$$

（3）判断截面类型

$$\alpha_1f_cb_f'h_f'=1.0\times14.3\times400\times100\mathrm{N}=572000\mathrm{N}<N=726\mathrm{kN}$$

$$\alpha_1f_c[\xi_bbh_0+(b_f'-b)h_f']=1.0\times14.3\times[0.518\times100\times560+(400-100)\times100]\mathrm{N}$$

$$=818854\mathrm{N}>N=726\mathrm{kN}$$

则该截面为中和轴通过腹板的大偏心受压 I 形截面，按式（4-60）和式（4-61）计算。

（4）确定受压区高度，检验适用条件

$$x=\frac{N-\alpha_1f_c(b_f'-b)h_f'}{\alpha_1f_cb}=\frac{726\times10^3-1.0\times14.3\times(400-100)\times100}{1.0\times14.3\times100}\mathrm{mm}=208\mathrm{mm}$$

$$\xi_b h_0 = 0.518 \times 560\text{mm} = 290\text{mm} > x > h_f' = 100\text{mm} \quad (\text{满足适用条件})$$

（5）计算 A_s 和 A_s'　受压区混凝土面积

$$S_c = bx(h_0 - 0.5x) + (b_f' - b)h_f'(h_0 - 0.5h_f')$$

$$= [100 \times 208 \times (560 - 0.5 \times 208) + (400 - 100) \times 100 \times (560 - 0.5 \times 100)]\text{mm}^2 = 24784800\text{mm}^2$$

$$A_s = A_s' = \frac{Ne - \alpha_1 f_c S_c}{f_y'(h_0 - a_s')} = \frac{726 \times 10^3 \times 839 - 1.0 \times 14.3 \times 24784800}{360 \times (560 - 40)}\text{mm}^2 = 1362\ \text{mm}^2$$

钢筋选用 3 ⚏ 22 + 2 ⚏ 18（$A_s = A_s' = 1649\text{mm}^2$）

截面总配筋率

$$\rho = \frac{A_s + A_s'}{A} = \frac{2 \times 1649}{120000} = 2.75\% > 0.6\%，且 < 5\%（满足要求）$$

$$A_s = A_s' = 1649\text{mm}^2 > 0.2\%A = 0.002 \times 120000 = 240\text{mm}^2（满足要求）$$

（6）验算垂直于弯矩作用平面的轴心受压承载能力　由于 $l_0/i = 5600/216 = 25.9$，查表 4-3，$\varphi = 1.0$，则

$$N_u = 0.9\varphi(f_c A + f_y' A_s' + f_y A_s)$$

$$= 0.9 \times 1 \times (14.3 \times 120000 + 360 \times 1649 \times 2)\text{N}$$

$$= 2612.9\text{kN} > N = 726\text{kN}（满足要求）$$

【例 4-13】　某单层工业厂房柱，其下柱为 I 形截面，处于一类环境，计算高度 $l_0 = 6.7\text{m}$，$b_f' = b_f = 350\text{mm}$，$b = 80\text{mm}$，$h_f' = h_f = 112\text{mm}$，$h = 700\text{mm}$。截面控制内力设计值为 $M = 352.5\text{kN} \cdot \text{m}$，$N = 953.5\text{kN}$；选用 C30 混凝土和 HRB400 级钢筋。试按对称配筋原则计算纵筋用量。

【解】　本例题属于截面设计类。

（1）基本参数　查附录表 A-2 和表 A-5，C30 混凝土 $f_c = 14.3\text{N/mm}^2$，HRB400 级钢筋 $f_y = f_y' = 360\text{N/mm}^2$；查表 3-2、表 3-3，$\alpha_1 = 1.0$，$\beta_1 = 0.8$，$\xi_b = 0.518$。

查附录表 C-2，一类环境 $c = 20\text{mm}$。$a_s = a_s' = c + d_{sv} + d/2 = (20 + 8 + 20/2)\text{mm} = 38\text{mm}$，取 40mm。$h_0 = h - a_s = (700 - 40)\text{mm} = 660\text{mm}$。

（2）计算设计弯矩和 e_i

$$A = bh + 2(b_f' - b)h_f' = [80 \times 700 + 2 \times (350 - 80) \times 112]\text{mm}^2 = 116480\text{mm}^2$$

$$I = \frac{b_f h^3}{12} - \frac{(b_f - b)(h - 2h_f)^3}{12}$$

$$= \left[\frac{350 \times 700^3}{12} - \frac{(350 - 80)(700 - 2 \times 112)^3}{12}\right]\text{mm}^4$$

$$= 7577537707\text{mm}^4$$

对 I 形截面，截面回转半径 $i \approx \sqrt{\dfrac{I}{A}} = 255\text{mm}$

$$\frac{l_0}{i}=\frac{6700}{255}=26.3>34-12\left(\frac{M_1}{M_2}\right)=34-12\times1=22$$

因此，需要考虑附加弯矩的影响。

偏心距调整系数 $C_m=0.7+0.3\dfrac{M_1}{M_2}=0.7+0.3\times1=1$

$$\zeta_c=\frac{0.5f_cA}{N}=\frac{0.5\times14.3\times116480}{95.35\times10^4}=0.873$$

$$e_a=\max\left\{\frac{h}{30},20\text{mm}\right\}=23.3\text{mm}$$

$$\eta_{ns}=1+\frac{1}{1300\left(\dfrac{M_2}{Nh_0}+\dfrac{e_a}{h_0}\right)}\left(\frac{l_0}{h}\right)^2\zeta_c$$

$$=1+\frac{660}{1300\times\left(\dfrac{352.5\times10^6}{953.5\times10^3}+23.3\right)}\times\left(\frac{6700}{700}\right)^2\times0.873=1.103$$

考虑附加弯矩后的设计弯矩 $M=C_m\eta_{ns}M_2=1.0\times1.103\times352.5\text{kN}\cdot\text{m}=388.8\text{kN}\cdot\text{m}$

$$e_0=\frac{M}{N}=\frac{388.8\times10^6}{953.5\times10^3}\text{mm}=407.8\text{mm}$$

$$e_i=e_0+e_a=(407.8+23.3)\text{mm}=431\text{mm}$$

$$e=e_i+\frac{h}{2}-a_s=\left(431+\frac{700}{2}-40\right)\text{mm}=741\text{mm}$$

（3）判断截面类型

$$\alpha_1f_c[\xi_bbh_0+(b'_f-b)h'_f]=1.0\times14.3\times[0.518\times80\times660+(350-80)\times112]\text{N}$$

$$=798383\text{N}<N=953.5\text{kN}$$

故该截面为小偏心受压I形截面，应先按式（4-62）计算 x。

（4）确定压区高度 x，检验适用条件

$$\xi=\frac{N-\alpha_1f_c[\xi_bbh_0+(b'_f-b)h'_f]}{\dfrac{Ne-\alpha_1f_c[0.43bh_0^2+(b'_f-b)h'_f(h_0-0.5h'_f)]}{(\beta_1-\xi_b)(h_0-a'_s)}+\alpha_1f_cbh_0}+\xi_b$$

$$=\frac{95.35\times10^4-1.0\times14.3\times[0.518\times80\times660+(350-80)\times112]}{\dfrac{95.35\times10^4\times741-1.0\times14.3\times[0.43\times80\times660^2+(350-80)\times112\times(660-0.5\times112)]}{(0.8-0.518)\times(660-40)}+1.0\times14.3\times80\times660}$$

$$+0.518=0.753$$

则

$$x=\xi h_0=0.753\times660\text{mm}=497\text{mm}$$

$$x>\xi_bh_0=0.518\times660\text{mm}=342\text{mm}，且x<h-h_f=(700-112)\text{mm}=588\text{mm}$$

满足中和轴在腹板内的小偏心受压适用条件。

（5）计算 A_s 和 A'_s

$$S_c = bx(h_0 - 0.5x) + (b'_f - b)h'_f(h_0 - 0.5h'_f)$$

$$= 80 \times 497 \times (660 - 0.5 \times 497) + (350 - 80) \times 112 \times (660 - 0.5 \times 112) \text{mm}^2 = 34626200 \text{mm}^2$$

$$A_s = A'_s = \frac{Ne - \alpha_1 f_c S_c}{f'_y(h_0 - a'_s)} = \frac{95.35 \times 10^4 \times 741 - 1.0 \times 14.3 \times 34626200}{360 \times (660 - 40)} \text{mm}^2 = 947 \text{ mm}^2$$

钢筋选用 4 Φ 18（$A_s = A'_s = 1017 \text{mm}^2$）

总配筋率

$$\rho = \frac{A_s + A'_s}{A} = \frac{2 \times 1017}{116480} = 1.75\% > 0.6\%，且 < 5\%（满足要求）$$

单侧配筋率

$$\rho = \frac{A'_s}{A} = \frac{1017}{116480} = 0.87\% > 0.2\%（满足要求）$$

（6）验算垂直于弯矩作用平面的轴心受压承载能力　由 $l_0/i = 6700/255 = 26.3$，查表 4-3，$\varphi = 1.0$，则

$$N_u = 0.9\varphi(f_c A + f'_y A'_s + f_y A_s)$$

$$= 0.9 \times 1 \times (14.3 \times 116480 + 360 \times 1017 \times 2) \text{N}$$

$$= 2158.1 \text{kN} > N = 953.5 \text{kN}（满足要求）$$

4.3.7　偏心受压构件的正截面承载力 N_u 和 M_u 的关系

M_u-N_u 曲线

　　分析偏心受压构件正截面承载力的计算公式可以发现，对于给定截面、配筋及材料的偏心受压构件，无论是大偏心受压，还是小偏心受压，到达承载力能力极限状态时截面所能承受的内力设计值 N_u 和 M_u 并不是相互独立的，而是相互制约的。偏心受压构件承载力 N_u 和 M_u 的这种相关性，会直接甚至从根本上影响着构件截面的破坏形态、承载能力及配筋情况，从而决定了截面的工作性质和性能，进而也就决定了结构设计的经济性。因此，深刻认识偏心受压构件承载力的 N_u 与 M_u 之间的相关性，对于结构构件的合理设计，控制结构设计的经济指标，提高结构设计的综合效益，具有很强的指导意义。

1. 大偏心受压情况

　　为了使表达式简练且不失一般性，采用无量纲的轴力 $\tilde{N}$ 和弯矩 $\tilde{M}$ 来分别代替 N 和 M

$$\tilde{N} = \frac{N}{\alpha_1 f_c b h_0}, \quad \tilde{M} = \frac{M}{\alpha_1 f_c b h_0^2} \tag{4-63}$$

引入截面含钢特征值

$$\alpha = \frac{A_s f_y}{\alpha_1 f_c b h_0}, \quad \alpha' = \frac{A'_s f'_y}{\alpha_1 f_c b h_0} \tag{4-64}$$

设 $\eta = 1.0$，则

$$e = \frac{M}{N} + e_a + \frac{h}{2} - a_s \tag{4-65}$$

注意到 $x=\xi h_0$，对称配筋时 $\alpha'=\alpha$，将上述各式代入式（4-38）和式（4-39），经简化、整理得

$$\tilde{N}=\frac{x}{h_0}=\xi \tag{4-66}$$

$$\tilde{M}=-\frac{1}{2}\tilde{N}^2+\left(\frac{1}{2}+\delta+A\right)\tilde{N}+(1-\delta)\alpha \tag{4-67}$$

其中，$\delta=\dfrac{a_s}{h_0}$，$A=-\dfrac{2e_a+h}{2h_0}$。

由此看出，$\tilde{M}$ 与 $\tilde{N}$ 为二次函数关系。随着 $\tilde{N}$ 的增大，$\tilde{M}$ 也相应地增大；当 $\tilde{N}=\tilde{N}_b=\xi_b$（界限破坏）时，$\tilde{M}$ 达到其最大值 $\tilde{M}_b$。

2. 小偏心受压情况

仿照大偏心受压情况，将式（4-63）~式（4-65）代入式（4-41）或式（4-42），经整理得

$$\xi=\frac{(\xi_b-\beta_1)\tilde{N}+\xi_b}{\xi_b-\beta_1-a} \tag{4-68}$$

$$\tilde{M}=\xi-\frac{1}{2}\xi^2-\left(\frac{e_a}{h_0}+\frac{1-\delta}{2}\right)\tilde{N}+(1-\delta)a' \tag{4-69}$$

由此看出，$\tilde{N}$ 与 $\tilde{M}$ 也为二次函数关系。随着 $\tilde{N}$ 的增大，$\tilde{M}$ 相应地减小。

3. 内力组合

（1）M_u-N_u 相关曲线与极限状态内力组合　将上面分析出的大、小偏压两种情况下的 $\tilde{M}$ 与 $\tilde{N}$ 之间的关系（M_u 与 N_u 之间的关系）以图的形式表示出来，得到偏心受压构件的 M_u-N_u 相关曲线，如图4-33所示。该图表明：

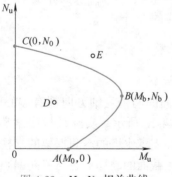

对称配筋时 M_u-N_u 曲线

图4-33　M_u-N_u 相关曲线

1）偏心受压构件的极限承载力 N_u 与 M_u 之间是互为相关的。当截面处于大偏心受压状态时，随着 N_u 的增大，M_u 也将增大；当截面处于小偏心受压状态时，随着 N_u 的增大，M_u 反而减小。图中，B 点为大、小偏心受压状态的分界点，此时构件的抗弯能力达到最大值；A 点代表截面处于受弯状态，此时从理论上讲构件没有抗压能力；C 点代表截面处于轴心受

压状态，此时构件的抗压能力达到最大值。

2）对于某一构件，当其截面尺寸、配筋情况及材料强度均给定时，构件的受弯承载力 M_u 与受压承载力 N_u 可以存在不同的组合，曲线上任意一点的坐标（M，N）均代表了截面处于承载力极限状态的一种 M 与 N 的内力组合，构件可以在不同的 M 与 N 的组合下达到其承载力极限状态。

3）任意给定的内力组合（M，N）是否会使截面达到某种承载力极限状态，可以从该组合在图中所代表的点与曲线之间的相对位置关系上来考察。如果该点处于曲线的内侧（如 D 点），表明该组合不能使截面达到承载力极限状态，是一种安全的内力组合；如果该点处于曲线的外侧（如 E 点），表明该组合已使截面超过了承载力极限状态，截面的承载能力不足；如果该点恰好处于曲线上，表明该组合正好使截面达到承载力极限状态，为一种承载力极限状态的内力组合。

（2）最不利内力组合及其判定原则　如上所述，对于某一偏心受压的截面，其极限承载力状态的内力组合可以存有多种，实际设计时，最关心的是其中的最不利内力组合。通常以配筋量为指标来判断某种组合是否为最不利内力组合，配筋量最多的那种组合即截面的最不利内力组合。

当一个截面承受一定的组合内力（M，N）作用时，达到极限状态时的配筋量并非单独取决于 M 或 N 的大小，而是从根本上取决于截面的破坏状态及偏心距的大小。当截面处于大偏心受压状态时，偏心距越大，则其所需的抗弯能力越高，配筋量也将越多；当截面处于小偏心受压状态时，偏心距越小，则其所需的抗压能力越高，配筋量也将越多。

因此，对于已知的若干组内力（M，N）而言，想从中判断出哪些可能是使截面达到极限状态的内力组合，理论上讲就需要首先逐个分析它们会使截面处于什么偏心受压的状态，然后根据偏心距的大小做抉择；而想确定其中的最不利内力组合，就需要进一步进行配筋计算，由最终的配筋量来定夺。

理论分析和工程设计实践表明，对称配筋时的最不利内力组合有可能是下列组合之一：①$|M|_{max}$ 及其相应的 N；②N_{max} 及其相应的 M；③N_{min} 及其相应的 M；④当 $|M|$ 虽然不是最大，但其相应的 N 很小时的 $|M|$ 及其相应的 N。

4.3.8　双向偏心受压构件正截面承载力计算

1. 双向偏心受压构件正截面承载力计算

双向偏心受压构件是指轴力 N 在截面的两个主轴方向都有偏心距，或构件同时承受轴心压力及两个方向的弯矩的作用，如图 4-1c 所示。实际结构中常遇到双向偏心受压构件，如框架结构的角柱、地震作用下的边柱和支承水塔的空间框架的支柱等。

试验结果表明，双向偏心受压构件正截面的破坏形态与单向偏心受压构件正截面的破坏形态相似，也可分为大偏心受压和小偏心受压。因此，单向偏心受压构件正截面承载力计算时所采用的基本假定也可应用于双向偏心受压构件承载力的计算。

在单向偏心受压构件正截面承载力计算中，因截面对称于弯矩作用平面，中性轴与弯矩作用平面垂直，所以压区混凝土面积和内力臂均比较容易确定。而双向偏心受压构件正截面承载力计算时，其中性轴一般不与截面主轴垂直，而是与主轴呈 ψ 角斜交，如图 4-34 所示。混凝土受压区形状较为复杂，对于矩形截面，可能是三角形、四边形或多边形；对于 L 形、

T 形截面就更复杂。同时，钢筋的应力也不均匀，距中性轴越近，其应力越小。

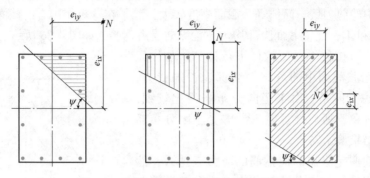

图 4-34　双向偏心受压构件的受压区形状

　　对于双向偏心受压构件正截面承载力的计算，《规范》给出了两种算法，一种是基本计算方法，计算烦琐，适用于计算机程序；另一种是简化计算方法，能达到一般设计要求的精度，便于手算，是工程设计中常采用的算法。

　　《规范》采用的近似简化方法是应用弹性阶段应力叠加的方法推导求得的。设计时，先拟定构件的截面尺寸和钢筋布置方案，并假定材料处于弹性阶段，根据材料力学原理，可推导出双向偏心受压构件正截面承载力的计算公式。

　　假设构件截面能够承受的最大压应力为 σ，截面面积为 A_0，两个方向的截面抵抗矩分别为 W_x 及 W_y，如图 4-35 所示。按照材料力学公式，在不同情况下截面的破坏条件分别为

当轴心受压时　　$\sigma = \dfrac{N_{u0}}{A_0}$　　　　　　（4-70）

当单向偏心受压时　$\sigma = \left(\dfrac{1}{A_0} + \dfrac{e_{ix}}{W_x} \right) N_{ux}$　（4-71a）

　　　　　　　　$\sigma = \left(\dfrac{1}{A_0} + \dfrac{e_{iy}}{W_y} \right) N_{uy}$　（4-71b）

当双向偏心受压时　$\sigma = \left(\dfrac{1}{A_0} + \dfrac{e_{ix}}{W_x} + \dfrac{e_{iy}}{W_y} \right) N_u$　（4-72）

在以上各式中消去 σ、A_0、W_x 及 W_y，可得

$$N_u = \cfrac{1}{\dfrac{1}{N_{ux}} + \dfrac{1}{N_{uy}} - \dfrac{1}{N_{u0}}}$$　　（4-73）

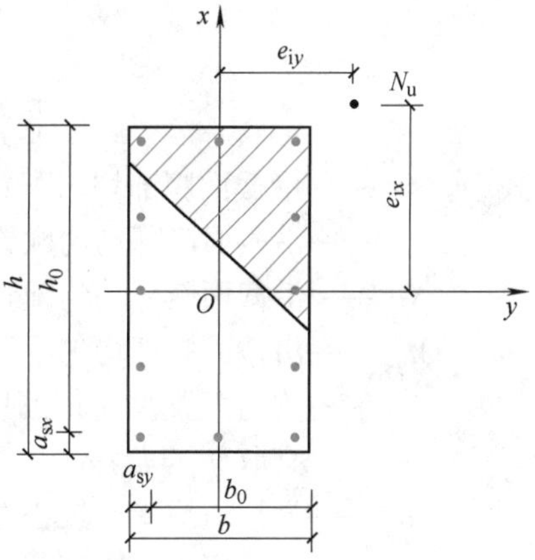

图 4-35　双向偏心受压构件截面

式中　　N_{u0}——构件截面轴心受压承载力设计值；

　N_{ux}、N_{uy}——轴向压力作用于 x 轴及 y 轴，并考虑相应的计算偏心距 e_{ix}、e_{iy} 后按全部纵向钢筋计算的构件偏心受压承载力设计值。

　　构件的截面轴心受压承载力设计值 N_{u0} 可按式（4-7）计算，不考虑稳定系数及系数 0.9。

　　构件的偏心受压承载力设计值 N_{ux} 可按下列情况计算：

　　1）当纵向钢筋沿截面两对边配置时，N_{ux} 可按一般配筋单向偏心受压构件计算。

　　2）当纵向钢筋沿截面腹部均匀配置时，N_{ux} 可按下面所述方法计算。

2. 截面均匀配筋的偏心受压构件正截面承载力计算

受压构件中的剪力墙、筒体等，截面高度较大，除了在弯矩作用方向截面的两端集中布置纵向钢筋 A_s 和 A_s'，还沿截面腹部均匀布置纵向受力钢筋，如图 4-36 所示。这种构件的正截面抗弯承载力可按偏心受压构件进行计算。与柱配筋不同的是，墙肢截面中的分布钢筋都能参加受力，计算中应当考虑。但是，由于竖向分布筋都比较细，容易产生压屈现象，所以计算时不考虑受压区分布筋的作用，设计结果偏于安全。

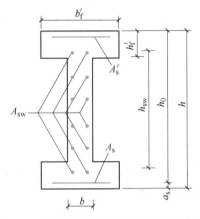

图 4-36　沿截面腹部均匀配筋的 I 形截面

根据平截面假定求出纵向钢筋的应力表达式，然后列出平衡方程计算其正截面承载力。但由于计算公式较复杂，不便于设计应用，为此《规范》给出了经过简化后的近似计算公式。对于沿截面腹部均匀配置纵向钢筋的矩形、T 形或 I 形截面钢筋混凝土偏心受压构件，其正截面受压承载力均可按式（4-74）～式（4-77）计算。

$$N=\alpha_1 f_c\left[\xi bh_0+(b_f'-b)h_f'\right]+f_y'A_s'-\sigma_s A_s+N_{sw} \tag{4-74}$$

$$Ne=\alpha_1 f_c\left[\xi(1-0.5\xi)bh_0^2+(b_f'-b)h_f'\left(h_0-\frac{h_f'}{2}\right)\right]+f_y'A_s'(h_0-a_s')+M_{sw} \tag{4-75}$$

$$N_{sw}=\left(1+\frac{\xi-\beta_1}{0.5\beta_1\omega}\right)f_{yw}A_{sw} \tag{4-76}$$

$$M_{sw}=\left[0.5-\left(\frac{\xi-\beta_1}{\beta_1\omega}\right)^2\right]f_{yw}A_{sw}h_{sw} \tag{4-77}$$

式中　A_{sw}——沿截面腹部均匀配置的全部纵向钢筋截面面积；

　　　f_{yw}——沿截面腹部均匀配置的纵向钢筋强度设计值；

　　　N_{sw}——沿截面腹部均匀配置的纵向钢筋所承担的轴向压力，$\xi>\beta_1$ 时取 $\xi=\beta_1$；

　　　M_{sw}——沿截面腹部均匀配置的纵向钢筋的内力对 A_s 重心的力矩，$\xi>\beta_1$ 时取 $\xi=\beta_1$；

　　　ω——均匀配置纵向钢筋区段的高度 h_{sw} 与截面有效高度 h_0 的比值，即 $\omega=h_{sw}/h_0$，宜取 $h_{sw}=h_0-a_s'$；

　　　σ_s——受拉边或受压较小边钢筋中 A_s 的应力，按式（4-56）计算设计时，一般先按构造要求确定腹部纵筋的数量，然后计算 A_s 和 A_s'。

4.4　偏心受压构件斜截面受剪承载力计算

实际结构中的偏心受力构件在承受轴力与弯矩共同作用时，往往还会受到较大的剪力作用（特别是在地震作用下）。为了防止构件发生斜截面受剪破坏，对于钢筋混凝土偏心受力构件，既要进行正截面的受压承载力计算，又要进行斜截面的受剪承载力计算。

1. 轴向压力的作用

轴向力对偏心受力构件的斜截面承载力会产生一定的影响。轴向压力能够阻滞构件斜裂缝的出现和发展，使混凝土的剪压区高度增大，提高了混凝土承担剪力的能力，从而构件的受剪承载力会有所提高。试验研究表明,当 $N<0.3f_c bh$ 时,轴向压力 N 所引起的构件受剪承载力的增量 ΔV_N 会随 N 的增大成比例地增大;当 $N>0.3f_c bh$ 时,ΔV_N 不再随 N 的增大而增大。因此,轴向压力对偏心受力构件的受剪承载力是有利的,但其作用效果是有限的。

2. 计算公式

基于上述考虑,通过大量试验资料的分析,对于钢筋混凝土偏心受力构件斜截面受剪承载力的计算问题,《规范》在集中荷载作用下矩形截面独立梁斜截面承载力计算方法的基础上,给出了矩形、T 形和 I 形截面斜截面承载力的计算公式

$$V \leqslant \frac{1.75}{\lambda+1.0}f_t bh_0 + f_{yv}\frac{A_{sv}}{s}h_0 + 0.07N \tag{4-78}$$

式中　V——构件控制截面的剪力设计值;

N——与 V 相应的轴向压力设计值,$N>0.3f_c A$ 时取 $N=0.3f_c A$;

A_{sv}——构件横截面面积;

λ——构件的计算剪跨比(对各类结构中的框架柱,$\lambda=M/Vh_0$,其中框架结构中的框架柱可按 $\lambda=H_n/2h_0$ 计算,且需满足 $1\leqslant\lambda\leqslant3$;对其他的偏心受压构件,承受均布荷载时 $\lambda=1.5$,承受集中荷载时 $\lambda=a/h_0$,且需满足 $1.5\leqslant\lambda\leqslant3$);

M——与 V 相对应的弯矩设计值;

H_n——柱净高;

a——集中荷载至支座或节点边缘的距离。

当满足式(4-79)时,可不进行斜截面受剪承载力计算,而仅按构造要求配置箍筋。

$$V \leqslant \frac{1.75}{\lambda+1.0}f_t bh_0 + 0.07N \tag{4-79}$$

【例 4-14】　某钢筋混凝土框架结构中的矩形截面偏心受压柱,处于一类环境,$H_n=3.0$m,$b\times h=400$mm$\times600$mm,承受轴向压力设计值 $N=1500$kN,剪力设计值 $V=282$kN,采用 C30 混凝土和 HRB400 级箍筋,已配纵筋直径为 16mm。试求箍筋用量。

【解】　本例题属于截面设计类。

(1) 基本参数　查附录表 A-2 和表 A-5 可知,C30 混凝土 $f_c=14.3$N/mm²,$\beta_c=1.0$;HRB400 级钢筋 $f_y=360$N/mm²。

查附录表 C-2,一类环境 $c=20$mm。$a_s=c+d_{sv}+d/2=40$mm,$h_0=h-a_s=(600-40)$mm$=560$mm。

(2) 验算截面尺寸

$$h_w=h_0=560\text{mm},h_w/b=560/400=1.4<4$$

$$V=282\text{kN}<0.25\beta_c f_c bh_0=0.25\times1.0\times14.3\times400\times560\text{N}=800.8\text{kN(满足要求)}$$

(3) 考察是否需按计算配箍

$$\lambda=\frac{H_n}{2h_0}=\frac{3000}{2\times560}=2.68$$

$$0.3f_c A=0.3\times14.3\times400\times600\text{N}=1029.6\text{kN}<N=1500\text{ kN,取 }N=1029.6\text{kN}$$

$$V_c = \frac{1.75}{\lambda+1}f_t bh_0 + 0.07N$$

$$= \left[\frac{1.75}{2.68+1}\times 1.43\times 400\times 560 + 0.07\times 1029.6\times 10^3\right]N = 224398N < V$$

故需按计算配箍。

（4）计算箍筋

$$\frac{nA_{sv1}}{s} = \frac{V-V_c}{f_{yv}h_0} = \frac{282\times 10^3 - 224398}{360\times 560}mm^2/mm = 0.286\ mm^2/mm$$

（5）选配箍筋　选取双肢箍筋，$n=2$，直径 $d_{sv} = \max\{d/4,6mm\} = 6mm$，$A_{sv1} = 28.3mm^2$，则 $s = 180mm$，满足 $s\leqslant \min\{400,15d,b\} = 300mm$ 的构造要求。

4.5　偏心受压构件的裂缝验算

试验表明，钢筋混凝土偏心受压构件 $e_0/h_0 \leqslant 0.55$ 时，裂缝宽度较小，均能符合规范要求，可不必验算；但当 $e_0/h_0 > 0.55$ 时，裂缝宽度较大，需验算是否满足要求。

偏心受压构件的最大裂缝宽度计算公式与受弯构件相同。

（1）平均裂缝间距

$$l_m = \beta\left(1.9c_s + 0.08\frac{d_{eq}}{\rho_{te}}\right)$$

（2）平均裂缝宽度

$$w_m = \alpha_c \psi \frac{\sigma_{sq}}{E_s} l_m$$

（3）钢筋应变不均匀系数

$$\psi = 1.1 - 0.65\frac{f_{tk}}{\rho_{te}\sigma_{sq}}$$

当 $\psi < 0.2$ 时，取 $\psi = 0.2$；当 $\psi > 1.0$ 时，取 $\psi = 1.0$。

（4）裂缝截面处纵向受拉钢筋的应力　裂缝截面处纵向受拉钢筋的应力 σ_{sq}，要按荷载效应的准永久组合计算。假定大偏心受压构件的应力图形同受弯构件，如图 4-37 所示。按照受压区三角形应力分布假定和平截面假定求得内力臂，但因需求解三次方程，不便于设计。为此，《规范》给出了考虑截面形状的内力臂近似计算公式

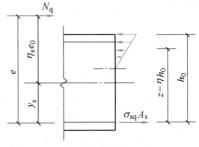

图 4-37　大偏心受压构件截面应力

$$z = \eta h_0 = \left[0.87 - 0.12(1-\gamma_f')\left(\frac{h_0}{e}\right)^2\right]h_0 \tag{4-80}$$

$$\gamma'_f = \frac{(b'_f - b)h'_f}{bh_0}$$

当偏心受压构件的 $l_0/h > 14$，还应考虑侧向挠度的影响，即取 $e = \eta_s e_0 + y_s$。其中，y_s 为截面中心至纵向受拉钢筋合力点的距离，η_s 是指使用阶段的轴向压力偏心距增大系数，可近似地取

$$\eta_s = 1 + \frac{1}{4000\dfrac{e_0}{h_0}}\left(\frac{l_0}{h}\right)^2 \tag{4-81}$$

由图 4-37 的力矩平衡条件可得

$$\sigma_{sq} = \frac{N_q}{A_s}\left(\frac{e}{z} - 1\right) \tag{4-82}$$

式中　e——轴向压力作用点至纵向受拉钢筋合力点的距离；

　　　z——纵向受拉钢筋合力点至受压区合力点的距离；

　　　η_s——使用阶段的偏心距增大系数，$l_0/h \leqslant 14$ 时取 $\eta_s = 1.0$；

　　　γ'_f——受压翼缘面积与腹板有效面积的比值，$h'_f > 0.2h_0$ 时取 $h'_f = 0.2h_0$。

（5）最大裂缝宽度的计算　最大裂缝宽度可以采用平均裂缝宽度 w_m 乘以扩大系数 α_s 得到。该系数可由实测裂缝宽度分布直方图按可靠概率为 95% 的要求统计分析求得，偏心受压构件的变异系数 $\delta = 0.4$，则 $\alpha_s = 1 + 1.645\delta = 1 + 1.645 \times 0.4 = 1.66$。

同时，考虑荷载长期作用的影响，最大裂缝宽度还需乘以荷载长期效应的裂缝扩大系数 α_l。《规范》考虑荷载短期效应与长期效应的组合作用，对各种受力构件均取 $\alpha_l = 1.50$。

在上述理论分析和试验研究基础上，对于矩形、T 形、倒 T 形及 I 形截面的钢筋混凝土偏心受压构件，按荷载效应的准永久组合并考虑长期作用影响的最大裂缝宽度 w_{max} 按下式计算

$$w_{max} = \alpha_s \alpha_l \omega_m = \alpha_s \alpha_l \alpha_c \psi \frac{\sigma_{sq}}{E_s} l_m = \alpha_{cr}\psi\frac{\sigma_{sq}}{E_s}\left(1.9c_s + 0.08\frac{d_{eq}}{\rho_{te}}\right) \tag{4-83}$$

式中　α_{cr}——构件受力特征系数，$\alpha_{cr} = \alpha_s \alpha_l \alpha_c \beta$，偏心受压构件取 $\alpha_{cr} = 1.9$。

【例 4-15】　某矩形截面柱，处于二 a 类环境，$b \times h = 400mm \times 600mm$，计算长度 6m，采用 C30 混凝土，HRB400 级钢筋。纵向受拉和受压钢筋均配置为 4 ⏀ 20（$A_s = 1256mm^2$），箍筋直径 6mm。按荷载准永久组合计算的 $N_q = 400kN$，$M_q = 150kN \cdot m$。试验算其裂缝宽度是否满足非严寒非寒冷地区露天环境的控制要求。

【解】　查附录表 A-2，C30 混凝土 $f_{tk} = 2.01N/mm^2$，查表 A-8，HRB400 级钢筋 $E_s = 2.0 \times 10^5 N/mm^2$；查附录表 C-2，二 a 类环境 $c = 25mm$，查表 C-5，$w_{lim} = 0.2mm$。

$d_{eq} = 20mm$，$a_s = c + d_{sv} + d/2 = (25 + 6 + 20/2)mm = 41mm$，$h_0 = h - a_s = (600 - 41)mm = 559mm$

$$e_0 = \frac{M_q}{N_q} = \frac{150 \times 10^3}{400}mm = 375mm$$

$$\frac{e_0}{h_0} = \frac{375}{559} = 0.671 > 0.55 \,(\text{需要验算裂缝宽度})$$

$$\frac{l_0}{h} = \frac{6000}{600} = 10 < 14 \,(\text{取}\ \eta_s = 1.0)$$

$$e = \eta_s e_0 + h/2 - a_s = (1.0 \times 375 + 600/2 - 41)\,\text{mm} = 634\,\text{mm}$$

$$z = \left[0.87 - 0.12(1 - \gamma_f')\left(\frac{h_0}{e}\right)^2\right]h_0$$

$$= \left[0.87 - 0.12 \times (1 - 0)\times\left(\frac{559}{634}\right)^2\right]\times 559\,\text{mm} = 434.2\,\text{mm}$$

$$\rho_{te} = \frac{A_s}{A_{te}} = \frac{A_s}{0.5bh} = \frac{1256}{0.5 \times 400 \times 600} = 0.0105 > 0.01$$

$$\sigma_{sq} = \frac{N_q(e-z)}{A_s z} = \frac{400 \times 10^3 \times (634 - 434.2)}{1256 \times 434.2}\,\text{N/mm}^2 = 146.5\,\text{N/mm}^2$$

$$\psi = 1.1 - 0.65\frac{f_{tk}}{\rho_{te}\sigma_{sq}} = 1.1 - 0.65 \times \frac{2.01}{0.0105 \times 146.5} = 0.251 > 0.2,\ \text{且}\ \psi < 1.0$$

$$w_{max} = \alpha_{cr}\psi\frac{\sigma_{sq}}{E_s}\left(1.9c_s + 0.08\frac{d_{eq}}{\rho_{te}}\right)$$

$$= 1.9 \times 0.251 \times \frac{146.5}{2.0 \times 10^5}\left(1.9 \times 31 + 0.08 \times \frac{20}{0.0105}\right)\text{mm}$$

$$= 0.074\,\text{mm} < w_{lim} = 0.20\,\text{mm}\,(\text{满足要求})$$

4.6   拓展阅读

环形和圆形截面偏心受压构件正截面承载力计算

土木工程中许多构筑物采用环形或圆形截面，如管柱、烟囱、塔身、电线杆、桩、支柱等。环形或圆形截面偏心受压构件正截面承载力计算的基本假定和基本原理与矩形截面偏心受压构件基本相同。

当环形截面受到偏心压力作用时，中性轴一般已进入截面的空心部分，其受压区面积类似于 T 形截面的翼缘，如图 4-38a 所示。当受压区高度很小时，混凝土应力图形强度的取值对截面承载力的影响很小。当圆形截面受到偏心压力作用时，受压区面积为弓形，理论上其等效矩形应力图形的强度将低于截面宽度不变的矩形截面情况。为简化计算，《规范》均取等效矩形应力图形的应力值与矩形及 T 形截面相同，仍取为 $\alpha_1 f_c$。

当纵向钢筋的根数不少于 6 根时，一般纵向受力钢筋均沿周边均匀配置，为计算方便起见，一般将纵向钢筋的总面积换算为面积为 A_s、半径为 r_s 的钢环。

1. 混凝土受压区面积 A_c

设环形截面内、外半径为 r_1、r_2，当 $r_1/r_2 \geq 0.5$ 时，构件截面面积 $A = \pi(r_2^2 - r_1^2)$ 可将混

凝土受压区面积 A_c 近似地取为对应于圆心角为 $2\pi\alpha$（α 为对应于受压混凝土截面面积的圆心角与 2π 的比值）的扇形面积 $A_c = \alpha\pi(r_2^2 - r_1^2)$。

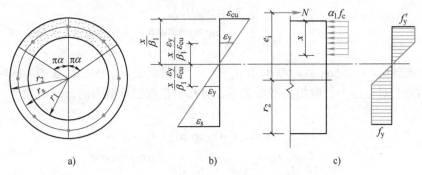

图 4-38 环形截面偏心受压构件

设圆形截面的半径为 r，构件截面面积为 $A = \pi r^2$，弓形混凝土受压区面积为 A_c，其对应的圆心角为 $2\pi\alpha$。则

$$A_c = r^2(\alpha\pi - \sin\pi\alpha\cos\pi\alpha) = \alpha\left(1 - \frac{\sin 2\pi\alpha}{2\pi\alpha}\right)A$$

2. 基本公式

构件在偏心压力作用下，受压区混凝土受到的合力 N_c 及其对截面中心的力矩 M_c 为

环形截面

$$N_c = \alpha_1 f_c \alpha A \tag{4-84}$$

$$M_c = \alpha_1 f_c \frac{r_1 + r_2}{2} A \frac{\sin\pi\alpha}{\pi} \tag{4-85}$$

圆形截面

$$N_c = \alpha_1 f_c \alpha\left(1 - \frac{\sin 2\pi\alpha}{2\pi\alpha}\right)A \tag{4-86}$$

$$M_c = \frac{2}{3}\alpha_1 f_c A r \frac{\sin^3\pi\alpha}{\pi} \tag{4-87}$$

钢环中应力一般存在矩形分布的塑性区及三角形分布的弹性区（图 4-38c 及图 4-39c）。为了简化计算，可将受压区及受拉区钢环的梯形分布应力近似地简化为应力值为 f_y' 和 f_y 的

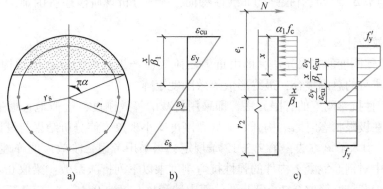

图 4-39 圆形截面偏心受压构件

等效矩形分布应力。等效矩形分布应力的受压区及受拉区钢环面积分别为 αA_s 及 $\alpha_t A_s$。经简化后，可导出钢环承担的轴力 N_s 及其对截面中心力矩 M_s 为

$$N_s = (\alpha - \alpha_t) f_y A_s \tag{4-88}$$

$$M_s = f_y A_s r_s \frac{\sin\pi\alpha + \sin\pi\alpha_t}{\pi} \tag{4-89}$$

式中，环形截面 $\alpha_t = 1 - 1.5\alpha$，$\alpha > 2/3$ 时取 $\alpha_t = 0$；圆形截面 $\alpha_t = 1.25 - 2\alpha$，$\alpha > 0.625$ 时取 $\alpha_t = 0$。

根据轴力及对截面中心取矩的平衡关系，可写出正截面承载力的计算公式

环形截面

$$N = \alpha\alpha_1 f_c A + (\alpha - \alpha_t) f_y A_s \tag{4-90}$$

$$Ne_i = \alpha_1 f_c \frac{r_1 + r_2}{2} A \frac{\sin\pi\alpha}{\pi} + f_y A_s r_s \frac{\sin\pi\alpha + \sin\pi\alpha_t}{\pi} \tag{4-91}$$

圆形截面

$$N = \alpha\alpha_1 f_c \left(1 - \frac{\sin 2\pi\alpha}{2\pi\alpha}\right) A + (\alpha - \alpha_t) f_y A \tag{4-92}$$

$$Ne_i = \frac{2}{3} \alpha_1 f_c A r \frac{\sin^3 \pi\alpha}{\pi} + f_y A_s r_s \frac{\sin\pi\alpha + \sin\pi\alpha_t}{\pi} \tag{4-93}$$

式中　e_i——计算初始偏心距，取 $e_i = e_0 + e_a$，此处 $e_0 = M/N$，附加偏心距取 $e_a = 20\text{mm}$ 及 $2r_2/30$ 两者中的较大值。

弯矩增大系数 η_{ns} 按式（4-15）计算，其中取 $h = 2r_2$，$h_0 = r_2 + r_s$。

式（4-90）~式（4-93）可用于进行截面承载力的复核，但用于计算截面的纵向配筋面积 A_s 将出现超越方程，异常复杂，需用迭代方法求解，不便于设计应用。为此可利用一些实用设计手册的计算图表进行设计。

P-δ 与 *P-Δ* 效应

混凝土柱计算长度系数与结构二阶效应有着密切的关系，混凝土结构的二阶效应由两部分组成：$P\text{-}\delta$ 效应与 $P\text{-}\Delta$ 效应。$P\text{-}\delta$ 效应是指由于构件在轴压力作用下自身发生挠曲引起的附加效应，可称之为构件挠曲二阶效应；$P\text{-}\Delta$ 效应是指由于结构的水平变形而引起的重力二阶效应，结构发生的水平绝对侧移越大，$P\text{-}\Delta$ 效应越显著，若结构的水平变形过大，则有可能因重力二阶效应而导致结构失稳。

$P\text{-}\delta$ 效应与 $P\text{-}\Delta$ 效应具有很强的非线性特征，准确分析现阶段还有困难，主要分析方法如下：

（1）$P\text{-}\Delta$ 效应计算

1）等效几何刚度的有限元法，即由重力二阶效应产生的内力反算出结构的几何刚度，再将其与结构本身的总刚集合，最终形成等效刚度矩阵。

2）折减弹性抗弯刚度的有限元法，即采用折减的等效刚度，近似地考虑钢筋混凝土结构中各类构件在极限状态时因结构开裂而导致刚度减小现象，使分析结果与设计状态尽可能一致；《规范》引入了该方法，第 7.3.12 条规定，当采用考虑二阶效应的弹性分析方法时，宜在结构分析中对钢筋混凝土构件的弹性抗弯刚度乘以下列折减系数：梁取 0.4，柱取 0.6，未开裂的剪力墙和核心筒取 0.7，已开裂的剪力墙和核心筒取 0.45。

3）结构位移和构件内力增大系数法，即对不考虑重力二阶效应的分析结果乘以增大系数，近似考虑重力二阶效应。JGJ 3—2010《高层建筑混凝土结构技术规程》第 5.4.2 与 5.4.3 条做了相关规定。

4）等效水平力的有限元迭代法，即根据楼层重力荷载及楼层在水平荷载作用下产生的层间位移，计算出考虑效应的近似等效水平荷载矢量，然后对结构的有限元方程进行迭代求解，直到迭代结构收敛，得到最终的位移和相应的构件内力。

（2）P-δ 效应计算

1）采用考虑二阶效应的弹性分析方法（折减弹性抗弯刚度的有限元法），直接计算出结构构件各控制截面的内力设计值。

2）偏小距增大系数法，短柱可不考虑，长柱则要考虑。

某钢筋混凝土框剪结构柱事故

某教学楼为现浇 10 层框剪结构，高 41.8m，长 59.4m，宽 15.6m，标准层高 3.6m，建筑面积 9510m^2，在第 4、5 层结构完成后，发现这两层柱的钢筋配错，其中内跨柱少配钢筋 4453mm^2，外跨柱少配 1315mm^2。

分析其事故原因，发现施工图中第 4、5 层柱的配筋相同，第 6 层起配筋减少，施工时，误将 6 层的柱子断面用于 4、5 层，造成配筋错误。作为加固措施，凿去第 4、5 层柱的保护层，露出柱四角的主筋和全部箍筋，用通长钢筋加固，加固直径及间距与原设计相同。

这是一起典型的责任事故，技术人员责任心不强，作风不严谨，质检部门也没有尽责。

小　　结

受压构件是工程结构中的重要受力构件，其设计内容包括正截面承载力计算、斜截面承载力计算和变形验算。设计时既需要准确计算，又要综合考虑、优化选择。这要求在学习时注意工匠精神的培养。

正截面承载力计算主要解决如何计算受压构件中纵向钢筋的数量及布置与构造问题。单向偏心受压构件根据偏心距大小和配筋率情况，有大偏心受压和小偏心受压两种破坏形式。这两种破坏形式与受弯构件的适筋破坏和超筋破坏基本相同。两种偏心受压构件的正截面承载力计算方法不同，故在计算时首先必须进行判别。实际设计时，非对称配筋截面用 e_i 进行近似判别，当 $e_i > 0.3h_0$ 时可先按大偏心受压构件计算，否则先按小偏心受压构件计算。对称配筋截面计算，往往用 N_b 的大小直接判断。

当结构发生层间位移和挠曲变形时，会产生 P-Δ 效应和 P-δ 效应。本章重点介绍了不考虑 P-δ 效应的条件和考虑 P-δ 效应的计算方法 C_m-η_{ns} 法。截面设计时，应针对结构内力分析的结果，结合构件的长细比、柱两端弯矩的大小及方向求得考虑侧向挠曲效应后的弯矩设计值，再进行柱截面承载力设计。

偏心受压构件正截面承载力计算公式建立时的基本假定与受弯构件完全相同，平衡条件与分析方法也基本相同。大偏心受压构件的计算方法与受弯构件双筋截面的计算方法大同小异。小偏心受压构件由于受拉边或受压较小边钢筋的应力在 $-f_y \sim f_y$ 之间，使计算较为复杂。

实际工程中通常采用对称配筋，因此要很好掌握对称配筋的承载能力计算问题，掌握对

称配筋大小偏心的判别条件及意义、对称配筋 M_u-N_u 相关曲线的意义及应用，对课程学习及工程设计都有重要的帮助。

受弯构件和偏压构件的正截面设计可以归结为一类问题，在偏心受力构件中只是增加了轴力而已，因此偏心受力构件又称为压弯构件。实际上轴心受压构件和受弯构件只是压弯构件的特例。从弯矩-轴力相关曲线可以清楚地看到，弯矩等于零和轴力等于零分别是 M_u-N_u 相关曲线在小偏心受力和大偏心受力的起点或交点。

轴心受压构件及偏心受压构件中都要考虑长细比对承载能力的影响。在轴心受压构件中，引进稳定系数 φ 考虑长细比的影响，而在偏心受压构件中主要引进弯矩增大系数 η_{ns}，但长细比都是这两个系数的重要影响因素。在偏心受压构件中，除了要进行弯矩平面内的偏心受压承载能力计算，还要进行垂直于弯矩平面的轴心受压承载能力计算。

受压构件的变形主要是侧向变形，实际结构中既要保证在弹性阶段有足够的刚度，又要保证在偶然荷载（如地震作用）作用下有足够的侧向变形能力，一般通过柱端约束、柱端弯矩放大、限制轴压比等措施实现。

偏心受压构件的斜截面承载力计算，与受弯构件矩形截面独立梁集中荷载的抗剪公式有密切联系，区别在于考虑了轴向压力对受剪承载力的有利影响。

思　考　题

1. 钢筋混凝土柱中配置纵向钢筋的作用是什么？对纵向受力钢筋的直径、根数和间距有什么要求？为什么要有这些要求？为什么对纵向受力钢筋要有最小配筋率的要求，其数值为多少？

2. 钢筋混凝土柱中配置箍筋的目的是什么？对箍筋的直径和间距有什么要求？在什么情况下要设置附加箍筋和附加纵筋？为什么不能采用内折角钢筋？

3. 轴心受压柱的破坏特征是什么？长柱和短柱的破坏特点有何不同？计算中如何考虑长柱的影响？

4. 试分析轴心受压柱受力过程中，纵向受压钢筋和混凝土由于混凝土徐变和随荷载不断增加的应力变化规律。

5. 轴心受压柱在什么情况下混凝土压应力能达到 f_c，钢筋压应力达到 f'_y？在什么情况下混凝土压应力能达到 f_c，钢筋压应力却达不到 f'_y？

6. 配置间接钢筋柱承载力提高的原因是什么？若用矩形加密箍筋能否达到同样效果？为什么？

7. 间接钢筋柱的适用条件是什么？为何限制这些条件？

8. 偏心受压构件的长细比对构件的破坏有什么影响？

9. 钢筋混凝土柱大小偏心受压破坏有何本质区别？大小偏心受压的界限是什么？截面设计时如何初步判断？截面校核时如何判断？

10. 为什么有时虽然偏心距很大，也会出现小偏心受压破坏？为什么在小偏心受压的情况下，有时要验算反向偏心受压的承载能力？

11. 偏心受压构件正截面承载能力计算中的设计弯矩与基本计算公式中的 Ne 是否相同？Ne 的物理意义是什么？

12. 在偏心受压构件承载力计算中，为什么要考虑弯矩增大系数 η_{ns} 的影响？

13. 为什么要考虑附加偏心距？附加偏心距的取值与哪些因素有关？

14. 在计算大偏心受压构件的配筋时：①什么情况下假定 $\xi=\xi_b$？当求得的 $A'_s \leq 0$ 或 $A_s \leq 0$ 时，应如何处理？②当 A'_s 已知时，是否也可假定 $\xi=\xi_b$ 求 A_s？③什么情况下会出现 $\xi < 2a'_s/h_0$？此时如何求钢筋面积？

15. 小偏心受压构件中远离轴向力一侧的钢筋可能有哪几种受力状态？

16. 为什么偏心受压构件一般采用对称配筋截面？对称配筋的偏心受压构件如何判别大小偏心？

17. 对偏心受压构件，除了应计算弯矩作用平面的受压承载能力，还应按轴心受压构件验算垂直于弯矩作用平面的承载能力，而一般认为实际上只有小偏心受压才有必要进行此项验算，为什么？

18. I 形截面与矩形截面偏心受压构件的正截面承载力计算方法相比有何特点？其关键何在？

19. 在进行 I 形截面对称配筋的计算过程中，截面类型是根据什么来区分的？具体如何判别？

20. 当根据轴力的大小来判别截面类型时，若 $\alpha_1 f_c [\xi_b b h_0 + (b_f' - b) h_f'] \geq N \geq \alpha_1 f_c b_f' h_f'$，表明中和轴处于什么位置？此时如何确定实际的受压区高度？如何计算受压区混凝土的应力的合力？又如何考虑钢筋的应力？

21. 若完全根据公式计算，是否会出现 $x > h$ 的情况？这种情况表明了什么？实际设计时，如何对待并处理此种情况？

22. 偏心受压构件的 M-N 相关曲线说明了什么？偏心距的变化对构件的承载力有什么影响？

23. 轴向压力对钢筋混凝土偏心受力构件的受剪承载力有何影响？它在计算公式中是如何反映的？

24. 受压构件的受剪承载力计算公式的适用条件是什么？如何防止发生其他形式的破坏？

习　题

1. 某多层房屋现浇钢筋混凝土框架的底层中柱，处于一类环境，截面尺寸 350mm×350mm，计算长度 $l_0 = 5$m，轴向力设计值 $N = 1600$kN，混凝土采用 C30，纵向钢筋采用 HRB400 级钢筋。试进行截面配筋设计。

2. 某多层房屋现浇钢筋混凝土框架的底层中柱，处于一类环境，截面尺寸为 400mm×400mm，配有 8 ⾦ 20 的 HRB400 级钢筋。混凝土采用 C25，计算长度 $l_0 = 7$m。试确定该柱承受的轴向力 N_u 为多少？

3. 已知某建筑底层门厅内现浇钢筋混凝土圆形柱，处于一类环境，直径为 $d = 450$mm，承受轴心压力设计值 $N = 3060$kN，从基础顶面至 2 层楼面高度为 5.4m。混凝土强度等级为 C30，柱中纵筋用 HRB400 级钢筋，配置为 6 ⾦ 25，螺旋箍筋用 HPB300 级钢筋。求螺旋箍筋的直径和间距。

4. 已知某矩形截面柱，处于一类环境，截面尺寸为 300mm×600mm，轴力设计值为 600kN，弯矩设计值为 $M = 260$kN·m，计算长度为 6m，选用 C30 混凝土和 HRB400 级钢筋。求截面纵向配筋。

5. 已知矩形截面柱，处于一类环境，截面尺寸为 400mm×400mm，计算长度为 3m，轴力设计值为 $N = 350$kN，荷载作用偏心距 $e_0 = 150$mm，计算长度为 4m，选用 C25 混凝土和 HRB400 级钢筋。求截面纵向配筋。

6. 在上题中，若已知近轴向力一侧配受压钢筋 $A_s' = 600$mm²，其他条件不变，求另一侧的纵向配筋。

7. 已知某矩形截面柱，处于一类环境，截面尺寸为 400mm×500mm，计算长度为 4.5m，轴力设计值为 800kN，选用 C25 混凝土和 HRB400 级钢筋，截面配筋为 $A_s = 942$mm²，$A_s' = 762$mm²。求该构件在高度方向能承受的设计弯矩。

8. 某 I 形截面柱，处于一类环境，截面尺寸 $b = 80$mm，$h = 700$mm，$b_f = b_f' = 360$mm，$h_f = h_f' = 112$mm，计算长度 $l_0 = 6.0$m，截面控制内力设计值 $M = 250$kN·m，$N = 400$kN，选用 C25 混凝土和 HRB400 级钢筋。试按对称配筋原则确定该柱的纵筋用量。

9. 某 I 形截面柱，处于一类环境，截面尺寸 $b = 100$mm，$h = 600$mm，$b_f = b_f' = 400$mm，$h_f = h_f' = 112.5$mm，计算长度 $l_0 = 7.6$m，截面控制内力设计值 $M = 150$kN·m、$N = 650$kN，选用 C25 混凝土和 HRB400 级钢筋。试按对称配筋原则确定该柱的纵筋用量。

10. 钢筋混凝土框架结构中的一矩形截面偏心受压柱，处于一类环境，$b = 400$mm，$h = 600$mm，$a_s = 40$mm，柱净高 $H_n = 4.8$m，计算长度 $l_0 = 6.3$m，选用 C25 混凝土，纵筋选用 HRB400 级钢筋，箍筋 HPB300 级钢筋，控制内力设计值 $M = 420$kN·m，$N = 1250$kN，$V = 350$kN。试采用对称配筋方案，对该柱进行配筋计算并绘制配筋截面施工图。

第5章

受拉构件的基本原理

【学习目标】

1. 了解轴心受拉构件的受力特点及破坏特征。

2. 掌握轴心受拉构件的正截面承载力计算方法。

3. 了解偏心受压构件正截面承载力试验的基本知识，了解其受力特点及破坏特征。

4. 熟悉大小偏心受压的概念及判别方法；掌握各类大小偏心受拉构件的正截面和斜截面承载能力计算方法。

5. 掌握偏心受拉构件裂缝宽度的验算方法。

6. 增强科技报国的家国情怀和精益求精的工匠精神。

受拉构件是指承受轴向拉力或承受轴向拉力及弯矩共同作用的构件，分为轴心受拉构件和偏心受拉构件两大类。其中，轴向拉力作用点通过截面质量中心连线且不受弯矩作用的构件称为轴心受拉构件，轴向拉力作用点偏离构件截面质量中心连线或构件承受轴向拉力及弯矩共同作用的构件称为偏心受拉构件。由于混凝土是一种非匀质材料，加之施工上的误差，无法做到纵向拉力能通过构件任意横截面的质量中心连线，因此严格地说实际工程中没有真正的轴心受拉构件。但当构件上弯矩很小（或偏心距很小）时，为方便计算，可将此类构件简化为轴心受拉构件进行设计。如圆形水池的池壁、钢筋混凝土屋架的下弦杆等就是轴心受拉构件，如图 5-1a、b 所示；矩形水池的池壁，承受节间荷载的桁架下弦杆则是偏心受拉件，如图 5-1c 所示。

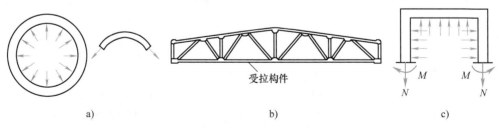

受拉构件

a)   b)   c)

图 5-1　受拉构件工程示例

轴心受拉构件需要进行正截面承载力计算。偏心受拉构件的截面上一般有剪力存在，因此，除了要进行正截面承载力计算，还要进行斜截面承载力计算。另外，受拉构件要进行裂缝宽度的验算。

5.1　轴心受拉构件正截面承载力计算

1. 轴心受拉构件的受力特点

与适筋受弯构件相似，轴心受拉构件从开始加载到破坏，其受力过程也可分为三个受力阶段：第一阶段从加载到混凝土开裂前；第二阶段从混凝土开裂到受拉钢筋屈服前；第三阶段从受拉钢筋达到屈服，此时拉力 N 值基本不变，构件裂缝开展很大，可认为构件达到极限承载力。

2. 轴心受拉构件正截面承载力计算

轴心受拉构件破坏时，混凝土不承受拉力，全部拉力由钢筋来承受，故轴心受拉构件正截面承载力计算公式如下

$$N \leqslant A_{\mathrm{s}} f_{\mathrm{y}} \tag{5-1}$$

式中　N——轴向拉力设计值；

A_{s}——受拉钢筋截面面积；

f_{y}——钢筋抗拉强度设计值。

5.2　偏心受拉构件正截面承载力计算

1. 偏心受拉构件的分类

根据偏心拉力 N 的作用位置不同，将偏心受拉构件分为大偏心受拉构件和小偏心受拉构件两种。如图 5-2 所示，设轴向拉力 N 的作用点距构件截面重心轴的距离为 e_0，在截面上靠近偏心拉力 N 一侧的钢筋截面积为 A_{s}，在截面另一侧的钢筋截面积为 A_{s}'。

当纵向拉力 N 作用在 A_{s} 合力点与 A_{s}' 合力点之间时（图 5-2a），构件全截面混凝土裂通，仅由钢筋 A_{s} 和 A_{s}' 提供的拉力 $A_{\mathrm{s}} f_{\mathrm{y}}$ 和 $A_{\mathrm{s}}' f_{\mathrm{y}}'$ 与轴向拉力 N 平衡，构件的破坏取决于 A_{s} 和 A_{s}' 的抗拉强度。这类情况称为小偏心受拉。

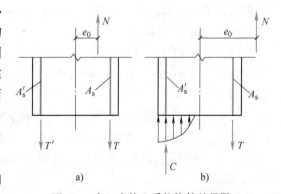

偏心受拉构件

图 5-2　大、小偏心受拉构件的界限

当纵向拉力 N 作用在 A_{s} 外侧时（图 5-2b），构件截面 A_{s} 侧受拉，A_{s}' 侧受压，截面部分开裂但不会裂通，构件的破坏取决于 A_{s} 的抗拉强度或混凝土受压区的抗压能力。这类情况称为大偏心受拉。

可见，大、小偏心受拉构件的本质界限是构件截面上是否存在受压区。由于截面上受压区的存在与否与轴向拉力 N 作用点的位置有直接关系，所以在实际设计中，以轴向拉力 N 的作用点在钢筋 A_{s} 和 A_{s}' 之间或钢筋 A_{s} 和 A_{s}' 之外作为判定大小偏心受拉的界限，即

1）偏心距 $e_0 \leqslant h/2 - a_{\mathrm{s}}$ 时，属于小偏心受拉构件。

2）偏心距 $e_0 > h/2 - a_{\mathrm{s}}$ 时，属于大偏心受拉构件。

2. 小偏心受拉构件正截面承载力计算

（1）计算公式　小偏心受拉构件在截面达到极限承载力时，全截面混凝土裂通，拉力全部由钢筋承担，其应力均达到屈服强度f_y。分别对A_s'及A_s取矩（图5-3），可得到矩形截面小偏心受拉构件正截面承载力的基本计算公式

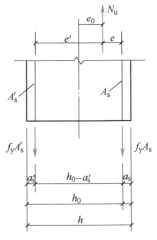

$$Ne' \leqslant f_y A_s (h_0 - a_s') \tag{5-2}$$

$$Ne \leqslant f_y A_s' (h_0 - a_s') \tag{5-3}$$

式中　e'——轴向拉力至钢筋A_s'合力点的距离，$e' = \dfrac{h}{2} - a_s' + e_0$；

e——轴向拉力至钢筋A_s合力点的距离，$e = \dfrac{h}{2} - (a_s + e_0)$。

以$M = Ne_0$代入式（5-2）和式（5-3），换算得

$$A_s \geqslant \frac{N(h - 2a_s')}{2f_y(h_0 - a_s')} + \frac{M}{f_y(h_0 - a_s')} \tag{5-4a}$$

$$A_s' \geqslant \frac{N(h - 2a_s)}{2f_y(h_0 - a_s')} - \frac{M}{f_y(h_0 - a_s')} \tag{5-4b}$$

图5-3　小偏心受拉构件的正截面受拉承载力计算简图

从式（5-4a、b）可知：公式右端的第一项表示构件承受轴心拉力N所需的配筋；第二项表示由于弯矩M的存在对截面两侧配筋量的影响。也就是说弯矩M在截面内产生了等量的拉应力和压应力，拉应力的存在增加了A_s的用量，而压应力的存在降低了A_s'的用量，因此小偏心受拉构件A_s与A_s'的总量等于仅在轴心拉力N作用时的钢筋用量。因此，在设计时，如果有若干组不同的内力组合（M、N），应按N_{max}、M_{max}的内力组合计算A_s，而按N_{max}、M_{min}的内力组合计算A_s'。

（2）截面设计与截面复核　截面设计时，已知轴向拉力N及作用点的位置（或轴向拉力N及截面弯矩M），可计算出轴向拉力N是否在A_s与A_s'之间，如在A_s与A_s'之间，计算出轴向拉力N至A_s与A_s'的距离e和e'，按式（5-2）、式（5-3）计算出A_s与A_s'，或直接按式（5-4a、b）计算。求得的A_s和A_s'要满足最小配筋率条件。

承载力复核时，根据已知的A_s与A_s'及其设计强度，可由式（5-2）、式（5-3）分别求得N_u值，其中较小者即构件正截面的极限承载能力。

【例5-1】　某偏心受拉力构件，处于一类环境，截面尺寸$b \times h = 300mm \times 450mm$，承受轴向拉力设计值$N = 672kN$，弯矩设计值$M = 60.5kN \cdot m$，采用C30混凝土和HRB400级钢筋。试进行配筋计算。

【解】　（1）基本参数　查附录表A-2和表A-6，C30混凝土$f_t = 1.43MPa$，HRB400级钢筋$f_y = 360MPa$。

查附录表C-2，一类环境$c = 20mm$。假定钢筋单排布置，则$a_s = c + d_{sv} + d/2 = (20 + 8 + 20/2)mm = 38mm$，取$a_s = a_s' = 35mm$。$h_0 = h - a_s = 415mm$

$$\rho_{min} = 45 \frac{f_t}{f_y}\% = 45 \times \frac{1.43}{360}\% = 0.179\% > 0.2\%$$

（2）判断偏心类型

$$e_0 = \frac{60.5 \times 10^6}{672 \times 10^3}\text{mm} = 90\text{mm} < \frac{h}{2} - a_s = \left(\frac{450}{2} - 35\right)\text{mm} = 190\text{mm}$$

故为小偏心受拉。

（3）计算几何条件

$$e' = \left(\frac{450}{2} + 90 - 35\right)\text{mm} = 280\text{mm}$$

$$e = \left(\frac{450}{2} - 90 - 35\right)\text{mm} = 100\text{mm}$$

（4）求 A_s 和 A'_s

$$A_s = \frac{Ne'}{f_y(h_0 - a'_s)} = \frac{672000 \times 280}{360 \times 380}\text{mm}^2$$

$$= 1375\text{mm}^2 > \rho_{min}bh = 0.2\% \times 300 \times 450\text{mm}^2$$

$$= 270\text{mm}^2$$

$$A'_s = \frac{Ne}{f_y(h_0 - a'_s)} = \frac{672000 \times 100}{360 \times 380}\text{mm}^2$$

$$= 491\text{mm}^2 > \rho'_{min}bh = 270\text{mm}^2$$

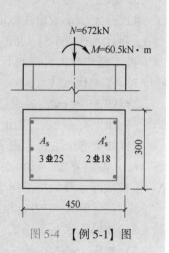

（5）选用钢筋并绘制配筋图 A_s 选用 3 $\underline{\Phi}$ 25（$A_s =$ 1473mm²），A'_s 选用 2 $\underline{\Phi}$ 18（$A'_s = 509\text{mm}^2$），截面配筋如图 5-4 所示。

图 5-4 【例 5-1】图

3. 大偏心受拉构件正截面承载力计算

（1）计算公式　大偏心受拉构件在截面达到极限承载力时，截面受拉侧混凝土产生裂缝，拉力全部由钢筋承担，受拉钢筋达到屈服；在对应的另一侧形成受压区，混凝土达到极限压应变。如图 5-5 所示，由力和力矩平衡条件，可得大偏心受拉构件正截面承载力的基本计算公式

$$N \leqslant f_y A_s - \alpha_1 f_c bx - f'_y A'_s \qquad (5-5)$$

$$Ne \leqslant \alpha_1 f_c bx(h_0 - 0.5x) + f'_y A'_s(h_0 - a'_s) \qquad (5-6)$$

式中　e——轴向拉力至 A_s 合力点的距离，$e = e_0 - h/2 + a_s$。

为了保证构件不发生超筋和少筋破坏，使纵向受压钢筋 A'_s 应力达到屈服强度，上述公式的适用条件为：

1）$x \leqslant \xi_b h_0$。

2）$x \geqslant 2a'_s$。

3）$A_s \geqslant \rho_{min}bh'$。

当 $x < 2a'_s$ 时，A'_s 不会受压屈服，即 A'_s 的应力是未知数，此时式（5-5）和式（5-6）不再适用。这时，可令 $x = 2a'_s$，对 A'_s 合力点取矩得

$$Ne' \leqslant f_y A_s(h_0 - a'_s) \qquad (5-7)$$

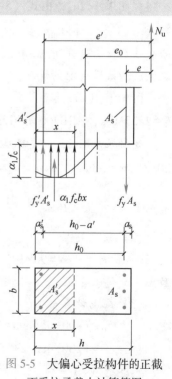

图 5-5　大偏心受拉构件的正截面受拉承载力计算简图

式中　e'——轴向拉力至 A'_s 合力点之间的距离，$e'=h/2-a'_s+e_0$。

（2）截面设计　已知截面尺寸（b、h），材料强度（f_c、f_y、f'_y）及轴向拉力设计值 N 和弯矩设计值 M，要求计算截面所需钢筋 A_s 及 A'_s。

当 A'_s 未知时，可按如下步骤进行：

1）判别类型。当 $e_0>h/2-a_s$ 时为大偏心受拉。

2）求 A'_s。为充分发挥受压区混凝土抗压作用，减少受压钢筋用量，令 $x=\xi_b h_0$，并代入式（5-6）求 A'_s。

3）求 A_s。将 A'_s 及 $x=\xi_b h_0$ 代入式（5-5）得 A_s。

4）若 A'_s 太小或出现负值时，可按构造要求选配 A'_s，并把 A'_s 作为已知代入式（5-6）求得 x，再代入式（5-5）求 A_s；若 $x<2a'_s$，可由式（5-5）求得 A_s。A_s 要满足 $A_s \geq \rho_{min} bh$。

当 A'_s 已知时，可按如下步骤进行：

1）将 A'_s 代入式（5-6）计算 x。

2）如 $2a'_s \leq x \leq \xi_b h_0$ 成立，将 A'_s 及 x 代入式（5-5）计算 A_s。

3）如果有 $x<2a'_s$，则由式（5-7）计算 A_s，需要满足 $A_s \geq \rho_{min} bh$。

4）如果有 $x>\xi_b h_0$，则表示构件截面尺寸偏小，此时应重新拟定截面尺寸再进行计算。

（3）截面复核　已知截面尺寸（b、h）、材料强度（f_c、f'_y、f_y）及截面作用效应 M 和 N，复核截面承载力按下列步骤进行：

1）联立解式（5-5）和式（5-6）得 x。

2）如果 $x<\xi_b h_0$，由式（5-5）计算轴向拉力 N。

3）如果 $x>\xi_b h_0$，取 $x=\xi_b h_0$，并代入式（5-5）计算轴向拉力 N。

4）如果 $x<2a'_s$，由式（5-7）计算轴向拉力 N。

【例 5-2】　钢筋混凝土偏心受拉构件，处于一类环境，截面尺寸 $b \times h=300mm \times 400mm$。承受轴心拉力设计值 $N=450kN$，弯矩设计值 $M=90kN \cdot m$，采用 C30 级混凝土和 HRB400 级钢筋。试进行配筋计算，并绘制配筋图。

【解】　（1）基本参数　查附录表 A-2、表 A-6 及表 3-3，C30 混凝土 $f_t=1.43MPa$，$f_c=14.3MPa$，HRB400 级钢筋 $f_y=360MPa$，$\xi_b=0.518$；

查附录表 C-2，一类环境 $c=20mm$。假定钢筋单排布置，则 $a_s=c+d_{sv}+d/2=(20+8+20/2)mm=38mm$，取 $a_s=a'_s=35mm$。

$$\rho_{min}=45\frac{f_t}{f_y}\%=45 \times \frac{1.43}{360}\%=0.179\%<0.2\%,\rho'_{min}=0.2\%$$

（2）判别类型

$$e_0=M/N=90 \times 10^3/450mm=200mm>h/2-a_s=(400/2-35)mm=165mm$$

故属于大偏心受拉。

（3）配筋计算

$$h_0=(400-35)mm=365mm, x=\xi_b h_0=0.518 \times 365mm=189.1mm, e=e_0-h/2+a_s$$
$$=(200-400/2+35)mm=35mm$$

代入式（5-6）得

$$A'_s = \frac{Ne - f_c bx(h_0 - 0.5x)}{f'_y(h_0 - a'_s)}$$

$$= \frac{450 \times 10^3 \times 35 - 14.3 \times 300 \times 189.1 \times (365 - 0.5 \times 189.1)}{360 \times (365 - 35)} < 0$$

查附录表 C-3，按构造要求配置 $A'_s = \rho'_{\min}bh = 0.2\% \times 300 \times 400\text{mm}^2 = 240\text{mm}^2$，实配 2 Φ 14 ($A'_s = 308\text{mm}^2$)。

$$\alpha_s = \frac{Ne - f'_y A'_s (h_0 - a'_s)}{f_c b h_0^2}$$

$$= \frac{450000 \times 35 - 308 \times 360 \times (365 - 35)}{14.3 \times 300 \times 365^2} < 0$$

即 $\xi < 0$，$x < 2a'_s$。因此，由式（5-7）得

$$\frac{h}{2} + e_0 - a'_s = \left(\frac{400}{2} + 200 - 35\right)\text{mm} = 365\text{mm}$$

$$A_s = \frac{Ne'}{f_y(h_0 - a'_s)} = \frac{450 \times 10^3 \times 365}{360 \times (365 - 35)}\text{mm}^2 = 1382\text{mm}^2$$

$$> \rho_{\min}bh = 0.2\% \times 300 \times 400\text{mm}^2 = 240\text{mm}^2$$

选配受拉钢筋 3 Φ 25（实配 $A_s = 1473\text{mm}^2$）。配筋如图 5-6 所示。

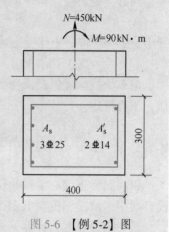

图 5-6 【例 5-2】图

5.3 偏心受拉构件斜截面承载力计算

对于偏心受拉构件，截面往往在受到弯矩 M 及轴力 N 共同作用的同时，还受到较大的剪力 V 作用。因此，需验算斜截面受剪承载力。

研究表明，由于轴向拉力的存在，使混凝土的剪压区高度比仅受弯矩 M 作用时小，同时也增大了构件中的主拉应力，使得构件中的斜裂缝扩展得较长、较宽，且倾角也较大，从而导致构件的斜截面受剪承载力降低。轴向拉力对斜截面受剪承载力的不利影响为（0.06~0.16）N，考虑到结构试验条件与实际工程条件的差别，以及轴向拉力对构件抗剪的不利影响，通过可靠度的分析计算，将这种不利影响取为 $0.2N$。

偏心受拉构件承受轴向拉力、弯矩和剪力的作用，可视为受弯构件同时承受轴向拉力的受力状态，因此以受弯构件斜截面受剪承载力计算公式为基础，考虑轴向拉力对斜截面受剪承载力的不利影响，得到矩形、I 形、T 形截面的偏心受拉构件斜截面受剪承载力计算公式

$$V \leqslant \frac{1.75}{\lambda + 1} f_t b h_0 + f_{yv}\frac{A_{sv}}{s}h_0 - 0.2N \tag{5-8}$$

式中　λ——计算剪跨比，承受均布荷载时取 $\lambda = 1.5$，承受集中荷载时取 $\lambda = a/h_0$（a 为集中荷载到支座截面或节点边缘的距离），$\lambda < 1.5$ 时取 $\lambda = 1.5$，$\lambda > 3$ 时取 $\lambda = 3$；

　　　　N——与剪力设计值 V 相对应的轴向拉力设计值。

在式（5-8）中，由于箍筋的存在，至少可以承担大小为 $f_{yv}\dfrac{A_{sv}}{s}h_0$ 的剪力。所以，当式

（5-8）右边的计算值小于 $f_{yv}\dfrac{A_{sv}}{s}h_0$ 时，应取为 $f_{yv}\dfrac{A_{sv}}{s}h_0$。同时，为了防止箍筋过少过稀，保

证箍筋承担一定数量的剪力，要满足 $f_{yv}\dfrac{A_{sv}}{s}h_0 \geqslant 0.36f_t bh_0$。

同时，偏心受拉构件的截面尺寸应满足下式要求

$$V \leqslant 0.25\beta_c f_c bh_0 \tag{5-9}$$

式中　β_c——混凝土强度影响系数，混凝土强度等级低于 C50 时 $\beta_c = 1.0$，混凝土强度等级
　　　　　高于 C80 时 $\beta_c = 0.8$，其间按线性内插法确定。

偏心受拉构件斜截面受剪承载力计算的步骤和受弯构件斜截面受剪承载力的计算步骤类似，不再赘述。

5.4　偏心受拉构件的裂缝验算

钢筋混凝土偏心受拉构件在正常使用极限状态下的裂缝宽度是设计中重点关注的问题。设计时很多情况下控制截面设计的是裂缝，而不是承载能力。

最大裂缝宽度的计算见式（5-10），对于轴心受拉构件和偏心受拉构件稍有不同。本节只介绍不同之处，与受弯构件、偏心受压构件相同的部分不再赘述。

$$w_{max} = \alpha_s \alpha_l \alpha_c \psi \frac{\sigma_{sq}}{E_s} l_m = \alpha_{cr} \psi \frac{\sigma_{sq}}{E_s}\left(1.9c_s + 0.08\frac{d_{eq}}{\rho_{te}}\right) \tag{5-10}$$

（1）轴心受拉构件

$$\rho_{te} = \frac{A_s}{A_{te}} = \frac{A_s}{bh} \tag{5-11}$$

$$\sigma_{sq} = \frac{N_q}{A_s} \tag{5-12}$$

轴心受拉构件的构件受力特征系数 $\alpha_{cr} = \alpha_s \alpha_l \alpha_c \beta$。扩大系数的变异系数为 0.55，$\alpha_s = 1 + 1.645\delta = 1 + 1.645 \times 0.55 = 1.90$，$\alpha_l = 1.50$，$\alpha_c = 0.85$，$\beta = 1.1$，故

$$\alpha_{cr} = \alpha_s \alpha_l \alpha_c \beta = 1.9 \times 1.5 \times 0.85 \times 1.1 = 2.7$$

（2）偏心受拉构件

$$\rho_{te} = \frac{A_s}{A_{te}} = \frac{A_s}{0.5bh} \tag{5-13}$$

$$\sigma_{sq} = \frac{N_q e'}{A_s(h_0 - a_s')} \tag{5-14}$$

偏心受拉构件的构件受力特征系数 $\alpha_{cr} = \alpha_s \alpha_l \alpha_c \beta$。扩大系数的变异系数为 0.55，$\alpha_s = 1 + 1.645\delta = 1 + 1.645 \times 0.55 = 1.90$，$\alpha_l = 1.50$，$\alpha_c = 0.85$，$\beta = 1.0$，故

$$\alpha_{cr} = \alpha_s \alpha_l \alpha_c \beta = 1.9 \times 1.5 \times 0.85 \times 1.0 = 2.4$$

【例 5-3】　某屋架下弦按轴心受拉构件设计，处于一类环境，截面尺寸为 $b \times h =$ 200mm×200mm，纵向配置 HRB400 级钢筋 4⊕16（$A_s = 804mm^2$），箍筋直径 6mm，采用

C40 混凝土。按荷载准永久组合计算的轴向拉力 $N_k = 180\text{kN}$。试验算其裂缝宽度是否满足控制要求。

【解】 查附录表 A-2，C40 混凝土 $f_{tk} = 2.40\text{N/mm}^2$，查表 A-6，HRB400 级钢筋 $E_s = 2.0 \times 10^5 \text{N/mm}^2$；查附录 C-2，一类环境 $c = 20\text{mm}$，查表 C-5，$w_{lim} = 0.3\text{mm}$。

$$d_{eq} = 16\text{mm}$$

$$\rho_{te} = \frac{A_s}{A_{te}} = \frac{A_s}{b \times h} = \frac{804}{200 \times 200} = 0.0201 > 0.01$$

$$\sigma_{sq} = \frac{N_q}{A_s} = \frac{180000}{804}\text{N/mm}^2 = 223.9\ \text{N/mm}^2$$

$$\psi = 1.1 - 0.65\frac{f_{tk}}{\rho_{te}\sigma_{sq}} = 1.1 - 0.65 \times \frac{2.40}{0.0201 \times 223.9} = 0.753 > 0.2，且\ \psi < 1.0$$

对轴心受拉构件 $\alpha_{cr} = 2.7$，则

$$w_{max} = \alpha_{cr}\psi\frac{\sigma_{sq}}{E_s}\left(1.9c_s + 0.08\frac{d_{eq}}{\rho_{te}}\right) = 2.7 \times 0.753 \times \frac{223.9}{2.0 \times 10^5}\left(1.9 \times 26 + 0.08 \times \frac{16}{0.0201}\right)\text{mm}$$

$$= 0.26\text{mm} < w_{lim} = 0.30\text{mm}(满足要求)$$

5.5 拓展阅读

中国江河架桥要中国人自己做

李国豪（1913—2005），著名土木工程、桥梁工程及力学专家，教育家，1955 年被聘为中国科学院学部委员（院士），1994 年当选为中国工程院院士。李国豪在结构力学和桥梁工程领域的成就举世公认，1981 年被国际桥梁与结构工程协会推荐入选世界十大著名结构工程专家。

他向来主张中国江河架桥要由中国人来做。1986 年底，他得知象征着浦东开发开放的上海南浦大桥可能接受日本方面提出的免费设计、低息贷款帮助建造的消息。他和项海帆向时任上海市市长江泽民同志建议由中国人自己建造南浦大桥。1987 年 7 月，项海帆给市领导写信："中国桥梁工程界完全有能力自己设计和建造像黄浦江大桥这样规模和技术难度的大跨度桥梁。由外国人在国际桥梁会议上的讲台上演讲有关中国大桥的论文是难以想象的，中国工程界需要用实践来提高自己的水平。"1991 年南浦大桥建成通车，日本桥梁界权威参观后感慨地说："我们本来以为中国工程师不敢自主建设这一工程，但是你们完成了，而且做得很好。你们会了，我们就很难竞争了，按照你们的造价我们做不下来"。

20 世纪 80 年代末，虎门珠江大桥经国家计委立项后，传来由一家英国公司承担大桥设计任务的消息。李国豪致信时任广东省省长叶选平，虎门是当年林则徐焚烟之处，虎门大桥的建设不但有着经济意义，也包含着特殊的政治意义；我国桥梁工程界，尤其是广东省的有关工程技术人员都十分关心此事，盼望能为大桥建设出力，并为国争光。1992 年 10 月，由

中国人自己设计的虎门大桥终于破土动工,李国豪亲自担任大桥的顾问组组长。1997年虎门大桥飞架珠江口,全长15.76km,建成时被誉为"世界第一跨"。

两座大桥的设计建造,迎来了中国大跨度桥梁自主创新的新时代,标志着我国大跨度桥梁建设的理论和技术取得了重大突破。其后,李国豪又担任了武汉长江二桥,南京长江二桥,上海杨浦大桥、卢浦大桥,江苏润扬长江大桥、江阴长江大桥,广东汕头海湾大桥、伶仃洋大桥,以及长江口交通通道、杭州湾交通通道、琼州海峡交通通道等重大工程的顾问或专家组组长,很多桥梁在跨径、桥塔高度、技术难度等方面都创造当时的世界第一。他把论文与情怀写在了祖国大地上,为民族自尊自信自立自强奠定了基石!

小   结

轴心受拉构件的正截面承载能力完全由配筋决定。实际工程中轴心受拉构件一般采用预应力混凝土。小偏心受拉构件全截面受拉,大偏心受拉构件截面有受压区,因此大偏心受拉构件的受力性质与受弯构件类似,小偏心受拉构件的受力性质与轴心受拉构件类似。

思 考 题

1. 举例说明工程中受拉构件的实例,并说明应按哪种受拉构件计算?
2. 钢筋混凝土轴心受拉构件达到极限承载力的标志是什么?
3. 大偏心受拉构件、小偏心受拉构件的受力特点和破坏特征有什么不同?
4. 轴心受拉构件有哪些配筋构造要求?
5. 偏心受拉构件的破坏形态是否只与力的作用位置有关? 与钢筋用量是否有关?
6. 在大偏心受拉构件的正截面承载力计算中,x_b 取值为什么与受弯构件相同?
7. 轴向拉力的存在对偏心受拉构件斜截面承载力有何影响? 箍筋的抗剪承载力是否受到影响?

习   题

1. 某偏心受拉矩形截面柱,处于一类环境,截面尺寸为 300mm×450mm,$a_s = a_s' = 40$mm,承受轴向拉力设计值为 720kN,弯矩设计值为 $M = 65$kN·m,选用 C25 混凝土和 HRB400 级钢筋。求截面纵向配筋。

2. 已知某矩形截面柱,处于一类环境,截面尺寸为 250mm×450mm,$a_s = a_s' = 40$mm,承受轴向拉力设计值为 600kN,弯矩设计值为 $M = 70$kN·m,选用 C30 混凝土和 HRB400 级钢筋。求截面纵向配筋并绘制配筋截面施工图。

第6章

受扭构件的基本原理

【学习目标】

1. 了解受扭构件的受力性能及破坏特点，以及配筋对破坏形态的影响。

2. 掌握受扭构件的承载力计算方法。

3. 熟悉受扭构件的构造要求。

4. 强化辩证思维方法，提高分析和解决复杂受力问题的本领，树立构造与计算同等重要的结构设计观念。

钢筋混凝土结构中，构件受到的扭矩作用通常可分为平衡扭转和协调扭转两类。"平衡扭转"是由荷载作用直接引起的，并且由结构的平衡条件所确定的扭矩，是维持结构平衡不可缺少的主要内力之一。常见的平衡扭转构件有雨篷梁（图 6-1a）、起重机横向制动力作用下的吊车梁（图 6-1b）及螺旋楼梯等。"协调扭转"是指在超静定结构中的扭矩，是由相邻构件的变形受到约束而产生的，扭矩大小与构件受力阶段的抗扭刚度比有关，不是定值，需要考虑内力重分布进行扭矩计算。常见的协调扭转结构和构件有平面折梁、框架边梁（图 6-1c）等。

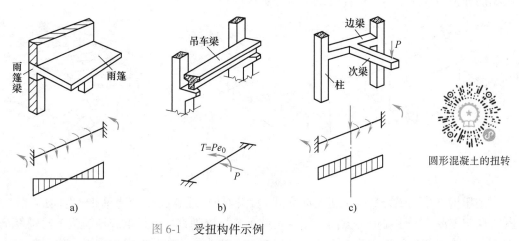

图 6-1 受扭构件示例

实际工程中只承受扭矩作用的纯扭构件是很少见的，大多数情况下还同时承受弯矩和剪力的共同作用。通常，将同时承受弯矩与扭矩作用的构件称为弯扭构件，同时承受剪力与扭矩作用的称为剪扭构件，同时承受弯矩、剪力与扭矩作用的称为弯剪扭构件，这些构件与纯扭构件统称为受扭构件。

6.1 纯扭构件的试验研究

6.1.1 矩形截面纯扭构件的破坏形态

矩形截面素混凝土构件在扭矩作用下的破坏过程中，首先在一个长边侧面的中点 m 附近出现斜裂缝（图 6-2a），该裂缝沿着与构件轴线约呈 45°的方向迅速延伸，到达该侧面的上、下边缘 a、b 两点后，在顶面和底面大致沿 45°方向继续延伸到 c、d 两点，构成三面开裂一面受压的受力状态。最后，cd 连线受压面上的混凝土被压碎，构件破坏。破坏面为一个空间扭曲面（图 6-2b）。构件破坏具有突然性，属脆性破坏。

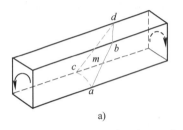
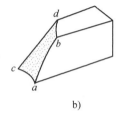

矩形素混凝土
受扭破坏过程

a)　　　　　　　　　　　　　b)

图 6-2　素混凝土纯扭构件破坏面

配有适量纵筋和箍筋的矩形截面构件在扭矩作用下，裂缝出现前，钢筋应力很小，抗裂扭矩 T_{cr} 与同截面的素混凝土构件极限扭矩 T_u 几乎相等，配置的钢筋对抗裂扭矩 T_{cr} 的贡献很少。裂缝出现后，由于钢筋的存在，这时构件并不立即破坏，而是随着外扭矩的增加，构件表面逐渐形成大体连续、近于 45°方向呈螺旋式向前发展的斜裂缝（图 6-3），而且裂缝之间的距离从总体来看是比较均匀的。此时，原来由混凝土承担的主拉力大部分由与斜裂缝相交的箍筋和抗扭纵筋承担，构件可继续承受更大的扭矩。

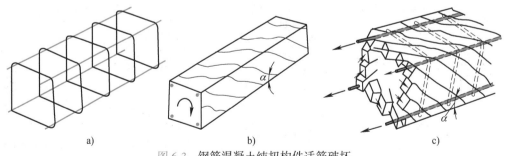

a)　　　　　　　　　　b)　　　　　　　　　　c)

图 6-3　钢筋混凝土纯扭构件适筋破坏

纯扭构件中，最合理的抗扭配筋方式是在构件靠近表面处设置呈 45°走向的螺旋箍筋，其方向与混凝土的主拉应力方向平行，也就是与裂缝垂直，但是螺旋箍筋施工比较复杂，同时这种螺旋箍筋的配置方法也不能适应扭矩方向的改变，实际上很少采用。实际工程中，一般是采用由靠近构件表面设置的横向箍筋和沿构件周边均匀对称布置的纵向钢筋共同组成抗扭钢筋骨架。它恰好与构件中抗弯钢筋和抗剪钢筋的配置方式相协调。

图 6-4 所示为不同配筋量的钢筋混凝土构件扭矩 T-扭转角 θ 关系曲线。从图中可以看

出，裂缝出现前，截面扭转角很小，T-θ 关系曲线为直线，其斜率接近于弹性抗扭刚度。裂缝出现后，由于钢筋应变突然增大，T-θ 曲线出现水平段，配筋率越小，钢筋应变增加值越大，水平段相对就越长。随后，扭转角随着扭矩增加近似地呈线性增大，但直线的斜率比开裂前要小得多，说明构件的扭转刚度大大降低，且配筋率越小，降低得就越多。试验表明，当配筋率很小时会出现扭矩增加很小甚至不再增大，而扭转角不断增加而导致构件破坏的现象。

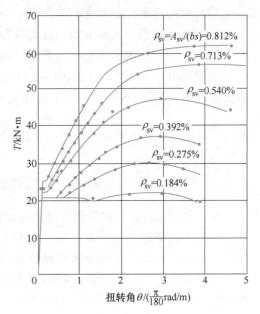

图 6-4　不同配筋量的 T-θ 曲线

根据国内外的钢筋混凝土纯扭构件的试验结果，受扭构件的破坏可分为以下四类：

（1）少筋破坏　当构件中的箍筋和纵筋均配置过少，配筋构件的抗扭承载力与素混凝土构件的抗扭承载力几乎相等。裂缝一旦出现，构件立即破坏。这种破坏具有脆性，没有任何预兆，在工程设计中应予以避免。因此，应控制受扭构件箍筋和纵筋的最小配筋率。

（2）适筋破坏　当构件中的箍筋和纵筋配置适当时，构件上先后出现多条呈 45°走向的螺旋形裂缝，随着与其中一条裂缝相交的箍筋和纵筋达到屈服，该条裂缝不断加宽，形成三面开裂、一边受压的空间破坏面，最后受压边混凝土被压碎，构件破坏。整个破坏过程有一定的延性和较明显的预兆，工程设计中应尽可能设计成具有这种破坏特征的构件。

（3）部分超筋破坏　当构件中的箍筋或纵筋配置过多时，构件破坏前，数量相对较少的那部分钢筋受拉屈服，而另一部分钢筋直到构件破坏，仍未能屈服。由于构件破坏时有部分钢筋达到屈服，破坏特征并非完全脆性，所以这类构件在设计中允许采用，但不经济。

（4）完全超筋破坏　当构件中的箍筋和纵筋配置过多时，在两者都未达到屈服前，构件中混凝土被压碎而导致突然破坏。这类构件破坏具有明显的脆性，工程设计中也应予以避免。

6.1.2　纵向钢筋与箍筋的配筋强度比值

试验研究表明，为了使箍筋和纵筋相互匹配，共同发挥抗扭作用，应将两种钢筋的用量比控制在合理的范围内。采用纵向钢筋与箍筋的配筋强度比值 ζ 进行控制，即

$$\zeta = \frac{f_y A_{stl}/u_{cor}}{f_{yv}A_{st1}/s} = \frac{f_y A_{stl}s}{f_{yv}A_{st1}u_{cor}} \qquad (6-1)$$

式中　A_{stl}——受扭计算中取对称布置的全部纵向钢筋截面面积，如图 6-5 所示；

$\quad\quad A_{st1}$——受扭计算中沿截面周边配置的箍筋单肢截面面积；

$\quad\quad f_y$——受扭纵筋抗拉强度设计值；

$\quad\quad f_{yv}$——受扭箍筋抗拉强度设计值；

$\quad\quad s$——箍筋间距；

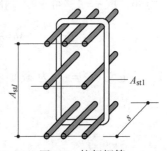

图 6-5　抗扭钢筋

u_{cor}——截面核心部分的周长，$u_{cor}=2(b_{cor}+h_{cor})$；

b_{cor}——箍筋内表面范围内截面核心部分的短边，$b_{cor}=b-2c$；

h_{cor}——箍筋内表面范围内截面核心部分的长边，$h_{cor}=h-2c$。

试验表明，只有当 ζ 值在 $0.5\sim2.0$ 范围内，才能保证构件破坏时纵筋和箍筋的强度得到充分利用。因此，《规范》要求 $0.6\leqslant\zeta\leqslant1.7$，当 $\zeta>1.7$ 时，取 $\zeta=1.7$。

6.2　纯扭构件的承载力计算

6.2.1　矩形截面纯扭构件的开裂扭矩计算

配筋混凝土纯扭构件裂缝出现前处于弹性阶段工作，构件的变形很小，钢筋的应力也很小。因此可忽略钢筋对开裂扭矩的影响，按素混凝土构件计算。由材料力学可知，矩形截面匀质弹性材料构件在扭矩作用下，截面中各点均产生剪应力 τ，其分布规律如图 6-6 所示。最大剪应力 τ_{max} 发生在截面长边的中点，与该点剪应力作用相对应的主拉应力 σ_{tp} 和主压应力 σ_{cp} 的方向分别与构件轴线呈 45°，大小均为 τ_{max}。当主拉应力 σ_{tp} 超过混凝土的抗拉强度时，混凝土将沿主压应力方向开裂，并发展成螺旋形裂缝。

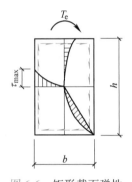

图 6-6　矩形截面弹性状态的剪应力分布

按照弹性理论，当最大扭剪应力 τ 或最大主拉应力 σ_{tp} 达到混凝土抗拉强度 f_t 时的扭矩即开裂扭矩 T_{cr}，即

$$T_{cr}=f_t W_{te} \tag{6-2}$$

式中　W_{te}——截面的受扭弹性抵抗矩，$W_{te}=\alpha b^2 h$；

b、h——矩形截面的短边和长边尺寸；

α——系数，$h/b=1.0$ 时 $\alpha=0.208$，$h/b\approx\infty$ 时 $\alpha=0.33$。

按照塑性理论，当截面某一点的应力达到极限强度时，构件进入塑性状态。该点应力保持在极限应力，而应变可继续增长，荷载仍可增加，直到截面上的应力全部达到材料的极限强度，构件才达到极限承载力。图 6-7 所示为矩形截面纯扭构件在全塑性状态时的剪应力分布。截面上的剪应力分为四个区域，分别计算其合力及所组成的力偶，取 $\tau=f_t$，可求得总扭矩 T 为

$$T=f_t\frac{b^2}{6}(3h-b) \tag{6-3}$$

定义 $W_t=\dfrac{T}{f_t}$ 为截面受扭塑性抵抗矩，则

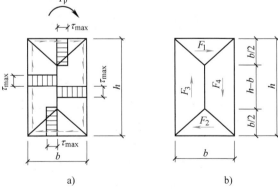

图 6-7　矩形截面全塑性状态时的剪应力分布

$$W_t=\frac{b^2}{6}(3h-b) \tag{6-4}$$

实际上，混凝土既非弹性材料，又非理想塑性材料，而是介于两者之间的弹塑性材料，为了实用，开裂扭矩可按全塑性状态的截面应力分布计算，而将混凝土抗拉强度适当降低。根据试验资料，《规范》取混凝土抗拉强度降低系数为 0.7，故开裂扭矩的计算式为

$$T_{cr} = 0.7 f_t W_t \qquad (6\text{-}5)$$

6.2.2 矩形截面纯扭构件的承载力计算

矩形截面的
抗扭承载力

对比试验表明，钢筋混凝土矩形截面纯扭构件的极限扭矩，与挖去部分核心混凝土的空心截面的极限扭矩基本相同，因此可忽略中间部分混凝土的抗扭作用，按箱形截面构件来分析。

存在螺旋形斜裂缝的混凝土管壁通过纵筋和箍筋的联系形成空间桁架作用抵抗外扭矩。假想斜裂缝间的混凝土为斜压杆，纵筋为受拉弦杆，箍筋为受拉腹杆。假定桁架节点为铰接，在每个节点处的斜向压力由纵筋和箍筋的拉力所平衡。不考虑裂缝面上的集料咬合力及钢筋的销栓作用。由于混凝土斜压杆与构件轴线的倾斜角 φ 不一定等于 $45°$，而是与配筋强度比 ζ 有关，故称为变角空间桁架模型，如图 6-8 所示。

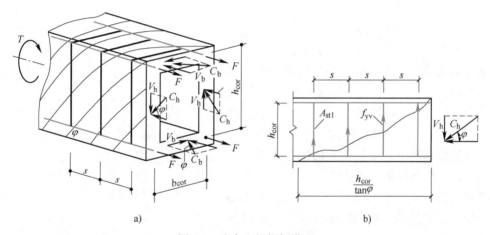

图 6-8 变角空间桁架模型

设 C_h 和 C_b 为作用在箱形截面长边和短边上的斜压杆的总压力；V_h 和 V_b 为其沿管壁方向的分力，由对构件轴线取矩的平衡条件，可得

$$T = V_h b_{cor} + V_b h_{cor} \qquad (6\text{-}6)$$

设 F 为第一根纵筋中的拉力，则由轴向力的平衡条件得

$$4F = A_{stl} f_y = \frac{2(V_h + V_b)}{\tan\varphi} \qquad (6\text{-}7)$$

由图 6-8b 中节点力的平衡可得

$$C_h \sin\varphi = V_h = \frac{A_{st1}}{s} \frac{h_{cor}}{\tan\varphi} f_{yv} \qquad (6\text{-}8)$$

$$C_b \sin\varphi = V_b = \frac{A_{st1}}{s} \frac{b_{cor}}{\tan\varphi} f_{yv} \qquad (6\text{-}9)$$

消去式（6-7）~式（6-9）中的 V_h 和 V_b，可得

$$\tan^2\varphi = \frac{f_{yv}A_{st1}u_{cor}}{f_yA_{st l}s}, \text{或} \tan\varphi = \sqrt{1/\zeta} \tag{6-10}$$

将式（6-8）及式（6-9）中的 V_h 和 V_b 代入式（6-6），并利用式（6-10），则按变角空间桁架模型得出的极限扭矩表达式为

$$T = 2\sqrt{\zeta}\frac{f_{yv}A_{st1}A_{cor}}{s} \tag{6-11}$$

钢筋混凝土纯扭构件试验研究结果表明，构件的抗扭承载力由混凝土的抗扭承载力 T_c 和钢筋（纵筋和箍筋）的抗扭承载力 T_s 两部分组成，即

$$T = T_c + T_s \tag{6-12}$$

对于混凝土的抗扭承载力 T_c，可以把 f_tW_t 作为基本变量；对钢筋的抗扭承载力 T_s，把变角空间桁架模型计算式（6-11）中的 $f_{yv}A_{st1}A_{cor}/s$ 作为基本变量，再用 $\sqrt{\zeta}$ 来反映纵筋和箍筋的共同工作。式（6-12）可进一步表达为

$$T = \alpha_1 f_tW_t + \alpha_2\sqrt{\zeta}\frac{f_{yv}A_{st1}}{s}A_{cor} \tag{6-13}$$

以 $T/(f_tW_t)$ 和 $\sqrt{\zeta}A_{st1}f_{yv}A_{cor}/(f_tW_ts)$ 为纵横坐标建立无量纲坐标系（图6-9），并标出纯扭试件的实测抗扭承载力结果。由回归分析可求得抗扭承载力的双直线表达式，即图中 AB 和 BC 两段直线。其中，B 点以下的试验点一般具有适筋构件的破坏特征，BC 之间的试验点一般具有部分超配筋构件的破坏特征，C 点以上的试验点则大都具有完全超配筋构件的破坏特征。

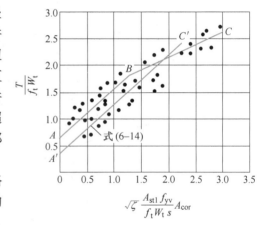

图 6-9　纯扭构件抗扭承载力试验数据图

考虑到设计应用上的方便，《规范》采用略为偏低的直线表达式，即与图中直线 $A'C'$ 相应的表达式。在式（6-13）中取 $\alpha_1 = 0.35$，$\alpha_2 = 1.2$，则矩形截面钢筋混凝土纯扭构件的抗扭承载力设计计算公式为

$$T \leqslant 0.35f_tW_t + 1.2\sqrt{\zeta}\frac{f_{yv}A_{st1}}{s}A_{cor} \tag{6-14}$$

式中　T——扭矩设计值；

　　　f_t——混凝土的抗拉强度设计值；

　　　W_t——截面的抗扭塑性抵抗矩；

　　　f_{yv}——箍筋抗拉强度设计值；

　　　A_{st1}——箍筋单肢截面面积；

　　　s——箍筋间距；

　　　A_{cor}——截面核心部分的面积，箍筋内皮所包围的面积，取截面尺寸减去保护层厚度算得；

ζ——抗扭纵筋与箍筋的配筋强度比，《规范》中取 $\zeta = 0.6 \sim 1.7$，$\zeta > 1.7$ 时取 $\zeta = 1.7$，设计中一般取 $\zeta = 1.0 \sim 1.2$。

钢筋混凝土矩形截面纯扭构件的配筋计算步骤：先假定 ζ 值，然后按式（6-14）和式（6-1）分别求得箍筋和纵筋用量。

6.2.3 带翼缘截面纯扭构件的承载力计算

钢筋混凝土受扭构件常为带翼缘的截面，如 T 形和 I 形截面。试验研究表明，对 T 形和 I 形截面的纯扭构件，第一条斜裂缝首先出现在腹板侧面中部，其破坏形态和规律与矩形截面纯扭构件相似。

试验观察一腹板宽度大于翼缘高度的 T 形截面纯扭构件的裂缝开展情况。如果将其翼缘部分去掉，则可见其腹板侧面裂缝与其顶面裂缝基本相连，形成了断断续续、互相贯通的螺旋形裂缝。这表明腹板裂缝的形成有其自身的独立性，受翼缘的影响不大。这就提供了可将腹板和翼缘分别进行受扭计算的试验依据。因此，在计算 T 形、I 形等组合截面纯扭构件的承载力时，可将整个截面划分为多个矩形截面，并将扭矩 T 按各个矩形分块的受扭塑性抵抗矩分配给各个矩形分块，以求得各个矩形分块所承担的扭矩。

T 形和 I 形截面划分原则：首先满足腹板矩形截面的完整性，然后划分受压翼缘或受拉翼缘，如图 6-10 所示。试验表明，充分参与腹板受力的翼缘宽度一般不超过厚度的 3 倍，故计算受扭构件承载力时，截面的有效翼缘宽度应符合 $b'_f \leqslant b + 6h'_f$ 及 $b_f \leqslant b + 6h_f$ 的条件。所划分的矩形截面抗扭塑性抵抗矩，按表 6-1 的近似值取用。

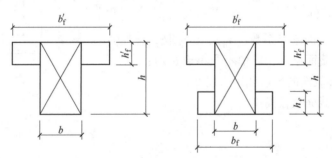

图 6-10 T 形和 I 形截面划分矩形截面方法

表 6-1 T 形和 I 形截面抗扭塑性抵抗矩

截 面	W_t
全截面	$W_t = W_{tw} + W'_{tf} + W_{tf}$
腹板	$W_{tw} = \dfrac{b^2}{6}(3h - b)$
受压和受拉翼缘	$W'_{tf} = \dfrac{h'^2_f}{2}(b'_f - b)$；$W_{tf} = \dfrac{h^2_f}{2}(b_f - b)$

为了简化计算，按各矩形截面的受扭塑性抵抗矩的比例来分配截面总扭矩，以确定各矩形截面所承担的扭矩。当已知腹板、受压翼缘和受拉翼缘的受扭塑性抵抗矩 W_{tw}、W_{tf} 和 W'_{tf} 时，则各矩形截面所承担的扭矩如下：

腹板矩形分块 $$T_{\mathrm{w}}=\frac{W_{\mathrm{tw}}}{W_{\mathrm{t}}}T \qquad (6\text{-}15)$$

受压翼缘矩形分块 $$T_{\mathrm{f}}'=\frac{W_{\mathrm{tf}}'}{W_{\mathrm{t}}}T \qquad (6\text{-}16)$$

受拉翼缘矩形分块 $$T_{\mathrm{f}}=\frac{W_{\mathrm{tf}}}{W_{\mathrm{t}}}T \qquad (6\text{-}17)$$

其中 $$W_{\mathrm{t}}=W_{\mathrm{tw}}+W_{\mathrm{tf}}'+W_{\mathrm{tf}}$$

式中　　T——带翼缘截面所承受的扭矩设计值；

T_{w}、T_{f}'、T_{f}——腹板、受压翼缘和受拉翼缘的扭矩设计值。

6.2.4　箱形截面纯扭构件的承载力计算

试验表明，具有一定壁厚的箱形截面（图6-11）的受扭承载力与实心截面是基本相同的。因此，箱形截面受扭承载力公式可以在矩形截面受扭承载力公式（6-14）的基础上，对 T_{c} 项乘以壁厚修正系数 α_{h} 得出。具体表达式为

$$T\leqslant0.35\alpha_{\mathrm{h}}f_{\mathrm{t}}W_{\mathrm{t}}+1.2\sqrt{\zeta}\frac{f_{\mathrm{yv}}A_{\mathrm{st1}}}{s}A_{\mathrm{cor}} \qquad (6\text{-}18)$$

$$\alpha_{\mathrm{h}}=\frac{2.5t_{\mathrm{w}}}{b_{\mathrm{h}}} \qquad (6\text{-}19)$$

$$W_{\mathrm{t}}=\frac{b_{\mathrm{h}}^2}{6}(3h_{\mathrm{h}}-b_{\mathrm{h}})-\frac{(b_{\mathrm{h}}-2t_{\mathrm{w}})^2}{6}[3h_{\mathrm{w}}-(b_{\mathrm{h}}-2t_{\mathrm{w}})] \qquad (6\text{-}20)$$

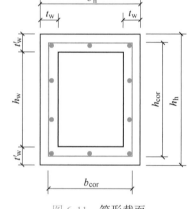

式中　α_{h}——箱形截面壁厚系数，$\alpha_{\mathrm{h}}>1.0$ 时取 $\alpha_{\mathrm{h}}=1.0$；

t_{w}——箱形截面壁厚，其值不应小于 $b_{\mathrm{h}}/7$；

h_{h}、b_{h}——箱形截面的长边和短边尺寸；

h_{w}——箱形截面腹板高度。

图6-11　箱形截面

6.2.5　构造要求

1. 截面尺寸

为了防止构件发生超筋破坏，截面尺寸应符合如下条件

$$T\leqslant0.2\beta_{\mathrm{c}}f_{\mathrm{c}}W_{\mathrm{t}} \qquad (6\text{-}21)$$

2. 最小配筋率

当 $T\leqslant0.7f_{\mathrm{t}}W_{\mathrm{t}}$ 时，截面处于抗裂状态，因此可不进行抗扭承载力计算，按配筋率的下限及构造要求配筋。纯扭构件最小配筋率原则上应根据 $T=T_{\mathrm{cr}}$ 的条件得出。《规范》规定抗扭箍筋的配筋率应满足

$$\rho_{\mathrm{sv}}=\frac{nA_{\mathrm{sv1}}}{bs}\geqslant\rho_{\mathrm{sv,min}}=0.28\frac{f_{\mathrm{t}}}{f_{\mathrm{yv}}} \qquad (6\text{-}22)$$

相应地，抗扭纵筋的最小配筋率应满足

$$\rho_{\mathrm{t}l}=\frac{A_{\mathrm{st}l}}{bh}\geqslant\rho_{\mathrm{t}l,\min}=0.85\frac{f_{\mathrm{t}}}{f_{\mathrm{y}}} \qquad (6\text{-}23)$$

3. 钢筋布置

图 6-12 所示为受扭构件的配筋形式及构造要求。由于扭矩引起的剪应力在截面四周最大，并为满足扭矩变号的要求，抗扭钢筋应由抗扭纵筋和抗扭箍筋组成。抗扭纵筋应沿截面周边均匀对称布置，且截面四角处必须放置，其间距不应大于200mm，也不应大于截面宽度 b，抗扭纵筋的两端应按受拉钢筋锚固长度要求锚固在支座内。

抗扭箍筋必须采用封闭形式并沿截面周边布置。当采用复合箍筋时，位于截面内部的箍筋不应计入受扭所需的箍筋面积。每边都能承担拉力，故箍筋末端弯钩应大于 135°（采用绑扎骨架时），且弯钩端平直长度应大于 $5d_{sv}$（d_{sv} 为箍筋直径）和

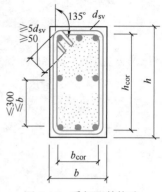

图 6-12　受扭配筋构造

50mm，以使箍筋末端锚固在截面核心混凝土内。抗扭箍筋的直径和最大间距应满足第 5 章对箍筋的有关规定。

【例 6-1】　钢筋混凝土矩形截面纯扭构件，承受的扭矩设计值 $T = 20$kN·m。截面尺寸 $b×h = 250$mm×500mm，混凝土强度等级为 C30，纵筋采用 HRB400 级钢筋，箍筋采用 HPB300 级钢筋。求此构件所需配置的受扭纵筋和箍筋。

【解】　本题属于设计类。

（1）基本参数　查附录表 A-2 和表 A-5 可知，C30 混凝土 $f_c = 14.3$N/mm^2，$f_t = 1.43$N/mm^2，$\beta_c = 1.0$；HRB400 级钢筋 $f_y = 360$N/mm^2，HPB300 级钢筋 $f_{yv} = 270$N/mm^2。

查附录表 C-2，一类环境 $c = 20$mm。$b_{cor} = b - 2c = 200$mm，$h_{cor} = h - 2c = 450$mm，$A_{cor} = 200×450$mm$^2 = 90000$mm^2。

（2）验算截面尺寸

$$W_t = \frac{b^2}{6}(3h - b) = \frac{250^2}{6}(3×500 - 250)\,\text{mm}^2 = 1.3×10^7\,\text{mm}^2$$

$$0.7f_t = 1.00\text{N/mm}^2 < \frac{T}{W_t} = \frac{2.0×10^7}{1.3×10^7}\text{N/mm}^2 = 1.54\text{N/mm}^2 < 0.2\beta_c f_c = 2.86\text{N/mm}^2$$

截面尺寸满足要求，按计算配筋。

（3）计算箍筋　取 $\zeta = 1.2$，代入式（6-14）求 A_{st1}/s。

$$\frac{A_{st1}}{s} = \frac{T - 0.35 f_t W_t}{1.2\sqrt{\zeta} f_{yv} A_{cor}} = \frac{20×10^6 - 0.35×1.43×10^6}{1.2\sqrt{1.2}×270×90000} = 0.42$$

选用 ϕ 8 箍筋 $A_{st1} = 50.3$mm^2，$s = 50.3/0.42$mm $= 119.8$mm，取 $s = 120$mm。

配箍率为

$$\rho_{sv} = \frac{2A_{st1}}{bs} = \frac{2×50.3}{250×120} = 0.00335 > \rho_{sv,min} = 0.28\frac{f_t}{f_{yv}} = \frac{0.28×1.43}{270} = 0.00148(\text{满足要求})$$

（4）计算纵筋

$$u_{cor} = 2(b_{cor} + h_{cor}) = 2×(450 + 200)\,\text{mm} = 1300\text{mm}$$

按式（6-1）计算 A_{stl}

$$A_{stl} = \frac{\zeta f_{yv} A_{st1} u_{cor}}{f_y s} = \frac{1.2 \times 270 \times 50.3 \times 1300}{360 \times 120} mm^2 = 490\ mm^2$$

选用 6 ⚎ 12，$A_{stl} = 678 mm^2$。抗扭纵筋的最小配筋率 $\rho_{tl,min}$ 为

$$\rho_{tl} = \frac{A_{stl}}{bh} = \frac{678}{250 \times 500} = 0.542\% > \rho_{tl,min} = 0.85\frac{f_t}{f_y} = \frac{0.85 \times 1.43}{360} = 0.338\%\ (满足要求)$$

截面配筋如图 6-13 所示。

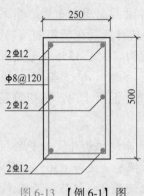

图 6-13 【例 6-1】图

【例 6-2】　钢筋混凝土 I 形截面纯扭构件，截面尺寸如图 6-14 所示，承受的扭矩设计值 $T = 28.65 kN \cdot m$。所用材料同【例 6-1】。求此构件所需配置的受扭纵筋和箍筋。

【解】　本题属于设计类。

（1）验算截面尺寸　将截面划分为腹板 $b \times h = 250mm \times 500mm$，受压翼缘 $h_f'(b_f'-b) = 150 \times (500-250)$，受拉翼缘 $h_f(b_f-b) = 150 \times (500-250)$ 三块矩形截面。

由表 6-1 计算得 $W_{tw} = 1.300 \times 10^7 mm^3$，$W_{tf}' = 2.81 \times 10^6 mm^3$，$W_{tf} = 2.81 \times 10^6 mm^3$，则

$$W_t = W_{tw} + W_{tf}' + W_{tf} = [13.00 \times 10^6 + 2.81 \times 10^6 + 2.81 \times 10^6]\ mm^3 = 1.862 \times 10^7 mm^3$$

$$0.7f_t = 1.00 N/mm^2 < \frac{T}{W_t} = \frac{2.865 \times 10^7}{1.862 \times 10^7} N/mm^2 = 1.54 N/mm^2 < 0.2\beta_c f_c = 2.86 N/mm^2$$

截面尺寸合适，按计算配筋。

（2）分配各矩形截面所承受的扭矩

$$T_w = \frac{W_{tw}}{W_t}T = \frac{1.300 \times 10^7}{1.862 \times 10^7} \times 28.65 kN \cdot m = 20.00 kN \cdot m$$

$$T_f' = \frac{W_{tf}'}{W_t}T = \frac{2.81 \times 10^6}{1.862 \times 10^7} \times 28.65 kN \cdot m = 4.325 kN \cdot m$$

$$T_f = \frac{W_{tf}}{W_t}T = \frac{2.81 \times 10^6}{1.862 \times 10^7} \times 28.65 kN \cdot m = 4.325 kN \cdot m$$

（3）腹板的配筋计算　同【例 6-1】。

（4）受压翼缘配筋计算　取 $\zeta = 1.2$，$A_{cor} = 100 \times 200 mm^2 = 20000 mm^2$。

$$\frac{A_{st1}}{s} = \frac{T_f' - 0.35f_t W_{tf}'}{1.2\sqrt{\zeta}f_{yv}A_{cor}'} = \frac{4.325\times10^6 - 0.35\times1.43\times2.81\times10^6}{1.2\sqrt{1.2}\times270\times20000} = 0.42$$

选用 ϕ 8 箍筋 $A_{st1} = 50.3\text{mm}^2$，$s = 50.3/0.42\text{mm} = 120\text{mm}$，取 $s = 120\text{mm}$。

$$\rho_{sv} = \frac{2A_{st1}}{bs} = \frac{2\times50.3}{100\times120} = 0.00838 > \rho_{sv,min} = 0.28\frac{f_t}{f_{yv}} = \frac{0.28\times1.43}{270} = 0.00148(\text{满足要求})$$

计算纵筋

$$A_{stl}' = \frac{1.2\times270\times50.3\times2\times(100+200)}{360\times120}\text{mm}^2 = 226\text{ mm}^2$$

选用 4 Φ 12，$A_{stl} = 452\text{mm}^2 > \rho_{tl,min}bh = 0.00405\times150\times250\text{mm}^2 = 152\text{mm}^2$（满足要求）。

（5）受拉翼缘配筋计算　同受压翼缘配筋，选取箍筋 ϕ 8@120，纵筋 4 Φ 12。截面配筋构造如图 6-14 所示。

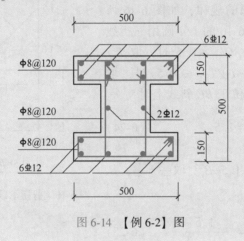

图 6-14 【例 6-2】图

6.3　剪扭共同作用下的构件承载力计算

1. 剪扭相关性

同时承受剪力和扭矩作用的构件，其承载力总是低于承受剪力或扭矩单独作用时构件的承载力，即存在着剪扭相关性。这是因为由剪力和扭矩产生的剪应力在构件的一个侧面上总是叠加的。图 6-15 给出了无腹筋构件在不同扭矩和剪力比值下的承载力试验结果，图中无量纲坐标系的纵坐标为 T_c/T_{c0}，横坐标为 V_c/V_{c0}。这里，V_{c0}、T_{c0} 为剪力、扭矩单独作用时的无腹筋构件承载力，V_c、T_c 为剪扭共同作用时的无腹筋构件的受剪、受扭承载力。从图中可以看出，无腹筋构件的抗剪和抗扭承载力相关关系大致按 1/4 圆规律变化：随着同时作用扭矩的增大，构件抗剪承载力逐渐降低，当扭矩达到构件的纯抗扭承载力时，其

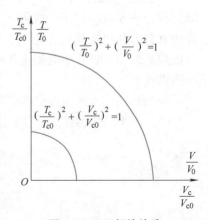

图 6-15 T-V 相关关系

抗剪承载力下降为零；反之亦然。

试验研究表明，对于有腹筋构件的剪扭相关曲线也近似于 1/4 圆（图 6-15）。图 6-15 中，V_0、T_0 为剪力、扭矩单独作用时的有腹筋构件承载力，V、T 为剪扭共同作用时的有腹筋构件的受剪、受扭承载力。

2. 简化计算方法

剪扭构件的受力性能是比较复杂的，完全按照其相关关系进行承载力计算是很困难的。由于受剪承载力和纯扭承载力中均包含混凝土部分和钢筋部分两项，《规范》在试验研究的基础上，采用混凝土部分相关、钢筋部分不相关的近似计算方法。箍筋按剪扭构件的受剪承载力和受扭承载力分别计算其所需箍筋用量，采用叠加配筋方法。混凝土部分为了防止双重利用而降低承载能力，考虑其相关关系。

剪扭共同作用下矩形截面有腹筋构件中混凝土部分所贡献的剪扭承载力与无腹筋梁一样，其相关曲线基本符合 1/4 圆的规律，如图 6-16 所示。为了简化计算，将图 6-16 的 1/4 圆用三折线 AB、BC 和 CD 代替。当 $V_c/V_{c0} \leq 0.5$ 时，取 $T_c/T_{c0} = 1.0$（AB 段）；当 $T_c/T_{c0} \leq 0.5$ 时，取 $V_c/V_{c0} = 1.0$（CD 段）；当位于 BC 斜线上时

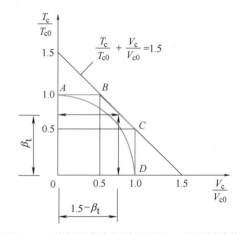

图 6-16　剪扭承载力相关关系及 β_t 的近似计算

$$\frac{T_c}{T_{c0}} + \frac{V_c}{V_{c0}} = 1.5 \qquad (6\text{-}24)$$

设 $\beta_t = \dfrac{T_c}{T_{c0}}$，则有 $\dfrac{V_c}{V_{c0}} = 1.5 - \beta_t$。取 $\dfrac{V_c}{T_c} = \dfrac{V}{T}$，从而得到

$$\beta_t = \frac{1.5}{1 + \dfrac{V_c}{T_c} \cdot \dfrac{T_{c0}}{V_{c0}}} = \frac{1.5}{1 + \dfrac{V}{T} \cdot \dfrac{T_{c0}}{V_{c0}}} \qquad (6\text{-}25)$$

式中　　T_c、V_c——有腹筋构件混凝土的受扭承载力和受剪承载力；

T_{c0}、V_{c0}——有腹筋纯扭构件及扭矩为零的受剪构件的受扭承载力和受剪承载力。

由于式（6-25）是根据 BC 段导出的，所以 $\beta_t < 0.5$ 时取 $\beta_t = 0.5$，$\beta_t > 1.0$ 时取 $\beta_t = 1.0$，即应符合 $0.5 \leq \beta_t \leq 1.0$，故称 β_t 为剪扭构件的混凝土受扭承载力降低系数。因此，当构件中有剪力和扭矩共同作用时，应对构件的抗剪承载力和抗扭承载力计算式进行修正：对抗剪承载力计算式中混凝土作用项乘以 $(1.5 - \beta_t)$，对抗扭承载力计算式中混凝土作用项乘以 β_t。

3. 矩形截面剪扭构件的承载力计算

（1）一般剪扭构件　一般剪扭构件的受剪承载力和受扭承载力按下列公式计算

$$V \leq (1.5 - \beta_t) 0.7 f_t b h_0 + f_{yv} \frac{A_{sv}}{s} h_0 \qquad (6\text{-}26)$$

$$T \leq 0.35 \beta_t f_t W_t + 1.2 \sqrt{\zeta} f_{yv} \frac{A_{st1} A_{cor}}{s} \qquad (6\text{-}27)$$

式中　　A_{sv}——受剪承载力所需的箍筋截面面积。

将 $V_{c0}=0.7f_tbh_0$，$T_{c0}=0.35f_tW_t$ 代入式（6-25）得

$$\beta_t=\frac{1.5}{1+0.5\dfrac{V}{T}\cdot\dfrac{W_t}{bh_0}}\tag{6-28a}$$

（2）集中荷载作用下的独立剪扭构件　集中荷载作用下的独立剪扭构件，其受扭按式（6-27）计算，受剪承载力按下列公式计算

$$V\leqslant(1.5-\beta_t)\frac{1.75}{\lambda+1}f_tbh_0+f_{yv}\frac{A_{sv}}{s}h_0\tag{6-29}$$

将 $V_{c0}=\dfrac{1.75}{\lambda+1}f_tbh_0$，$T_{c0}=0.35f_tW_t$ 代入式（6-25）得

$$\beta_t=\frac{1.5}{1+0.2(\lambda+1)\dfrac{V}{T}\dfrac{W_t}{bh_0}}\tag{6-28b}$$

式中　λ——计算截面的剪跨比。

4. 带翼缘截面剪扭构件的承载力计算

T形和I形截面剪扭构件的受剪承载力不考虑翼缘板的受剪作用，按截面宽度等于腹板宽度、高度等于截面总高度的矩形截面按式（6-26）与式（6-28a）或式（6-29）与式（6-28b）进行计算，计算时应将 T 和 W_t 分别以 T_w 和 W_{tw} 代替。

T形和I形截面剪扭构件的受扭承载力，根据第6.2节图6-10中的规定将截面划分为几个矩形截面分别进行计算；腹板可按式（6-27）与式（6-28a）或式（6-29）与式（6-28b）进行计算，计算时应将 T 和 W_t 分别以 T_w 和 W_{tw} 代替；受压翼缘及受拉翼缘可按矩形截面纯扭构件的规定进行计算，计算时应将 T 和 W_t 分别以 T_f' 和 W_{tf}' 或 T_f 和 W_{tf} 代替。

5. 箱形截面剪扭构件的承载力计算

箱形截面构件的受剪承载力和受扭承载力与实心截面是基本相同的。

（1）一般剪扭构件　在一般剪扭条件下，可按式（6-26）与式（6-28a），或式（6-27）与式（6-28a）进行计算。计算受扭承载力时应考虑相对壁厚的影响，W_t 均乘以系数 α_h，α_h 按式（6-19）计算；计算受剪承载力时，只考虑侧壁的作用。

（2）集中荷载作用下的独立剪扭构件　集中荷载作用下的独立剪扭构件，其受剪和受扭承载力可按式（6-29）与式（6-28b），或式（6-27）与式（6-28b）进行计算。

6. 构造要求

（1）构件的截面尺寸　为了保证弯剪扭构件的破坏不是始于混凝土压碎，对 $h_w/b\leqslant6$ 的矩形、T形、I形截面和 $h_w/t_w\leqslant6$ 的箱形截面构件（图6-17），其截面应符合下列条件：

当 h_w/b（或 h_w/t_w）$\leqslant4$ 时

$$\frac{V}{bh_0}+\frac{T}{0.8W_t}\leqslant0.25\beta_cf_c\tag{6-30}$$

当 h_w/b（或 h_w/t_w）$=6$ 时

$$\frac{V}{bh_0}+\frac{T}{0.8W_t}\leqslant0.2\beta_cf_c\tag{6-31}$$

当 $4<h_w/b$（或 h_w/t_w）<6 时，按线性内插法确定。

式中　T——扭矩设计值;

　　　 b——矩形截面的宽度,T形或I形截面的腹板厚度,箱形截面的侧壁总厚度 $2t_w$;

W_t——受扭构件的截面受扭塑性抵抗矩;

h_w——截面的腹板高度,矩形截面取有效高度,T形截面取有效高度减去翼缘高度,I形和箱形截面取腹板净高。

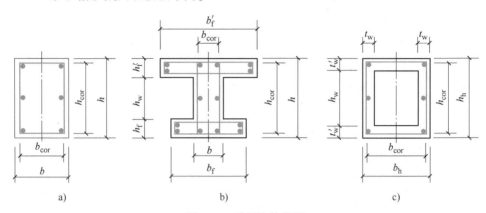

图 6-17　受扭构件截面

a)矩形截面　b)T形、I形截面　c)箱形截面

（2）最小配筋率　为了避免发生少筋破坏,《规范》规定,弯剪扭构件受扭纵筋的最小配筋率为

$$\rho_{tl} \geqslant \rho_{tl,\min} = \frac{A_{stl,\min}}{bh} = 0.6\sqrt{\frac{T}{Vb}} \cdot \frac{f_t}{f_y} \tag{6-32}$$

式中　ρ_{tl}——受扭纵筋钢筋的配筋率, $\rho_{tl} = A_{stl}/bh$;

　　　 b——受剪截面的宽度,即矩形和箱形截面的宽度,T形或I形截面的腹板宽度;

A_{stl}——沿截面周边布置的受扭纵向钢筋总截面面积。

采用式（6-32）计算时,如 $\frac{T}{Vb}>2$,取 $\frac{T}{Vb}=2$ 。

抗扭箍筋的最小配筋率同纯扭构件,应满足式（6-22）的要求。

当符合下式要求时

$$\frac{V}{bh_0} + \frac{T}{W_t} \leqslant 0.7f_t \tag{6-33}$$

可不进行构件受剪扭承载力计算,但为了防止构件的脆断,保证构件破坏时具有一定的延性,需按构造要求配置纵向钢筋和箍筋。

【例 6-3】　已知矩形截面构件, $b \times h = 250\text{mm} \times 500\text{mm}$,承受扭矩设计值 $T = 12\text{kN} \cdot \text{m}$,剪力设计值 $V = 100\text{kN}$,采用 C25 混凝土和 HPB300 级钢筋。试计算其配筋。

【解】　本题属于设计类。

（1）设计参数　查附录表 A-2 和表 A-5 可知,C25 混凝土 $f_c = 11.9\text{N/mm}^2$, $f_t = 1.27\text{N/mm}^2$;HPB300 级钢筋 $f_y = f_{yv} = 270\text{N/mm}^2$ 。

查附录表 C-2，一类环境 $c=25\text{mm}$。$b_{\text{cor}}=b-2c=200\text{mm}$，$h_{\text{cor}}=h-2c=450\text{mm}$，则

$A_{\text{cor}}=b_{\text{cor}}h_{\text{cor}}=200\times450\text{mm}^2=90000\text{mm}^2$，$u_{\text{cor}}=2(b_{\text{cor}}+h_{\text{cor}})=2\times(200+450)\text{mm}^2=1300\text{mm}^2$

取 $a_{\text{s}}=35\text{mm}$，$h_0=h-35\text{mm}=465\text{mm}$，则

$$W_t=\frac{b^2}{6}(3h-b)=\frac{250^2}{6}\times(3\times500-250)\text{m}^3=1.302\times10^7\ \text{mm}^3$$

（2）验算截面尺寸　C25 混凝土 $\beta_c=1.0$。

$$\frac{V}{bh_0}+\frac{T}{0.8W_t}=\left(\frac{100000}{250\times465}+\frac{12\times10^6}{0.8\times1.302\times10^7}\right)\text{N/mm}^2=2.01\text{N/mm}^2<0.25\beta_cf_c=2.98\text{N/mm}^2$$

$$\frac{V}{bh_0}+\frac{T}{W_t}=\left(\frac{100000}{250\times465}+\frac{12\times10^6}{1.302\times10^7}\right)\text{N/mm}^2=1.78\text{N/mm}^2>0.7f_t=0.889\text{N/mm}^2$$

截面合适，但需按计算配筋。

（3）计算剪扭构件混凝土强度折减系数

$$\beta_t=\frac{1.5}{1+0.5\dfrac{VW_t}{Tbh_0}}=\frac{1.5}{1+0.5\times\dfrac{100\times10^3\cdot13.02\times10^6}{12\times10^6\times250\times465}}=1.02>1.0\,(\text{取 }\beta_t=1.0)$$

（4）计算抗剪箍筋　由式（6-26）得

$$\frac{nA_{\text{sv1}}}{s}\geqslant\frac{V-0.5\times0.7f_tbh_0}{f_{\text{yv}}h_0}=\frac{100000-0.5\times0.7\times1.27\times250\times465}{270\times465}\text{mm}^2/\text{mm}=0.385\ \text{mm}^2/\text{mm}$$

采用双肢箍，$n=2$，则 $\dfrac{A_{\text{sv1}}}{s}\geqslant0.192\ \text{mm}^2/\text{mm}$。

（5）计算抗扭箍筋和纵筋　取配筋强度比 $\zeta=1.2$，由式（6-27）得

$$\frac{A_{\text{st1}}}{s}\geqslant\frac{T-0.35\beta_tf_tW_t}{1.2\sqrt{\zeta}f_{\text{yv}}A_{\text{cor}}}=\frac{12\times10^6-0.35\times1.0\times1.27\times13.02\times10^6}{1.2\sqrt{1.2}\times270\times90000}\text{mm}^2/\text{mm}=0.194\ \text{mm}^2/\text{mm}$$

所需抗扭纵筋的面积为

$$A_{\text{st}l}=\zeta\frac{A_{\text{st1}}}{s}\cdot\frac{u_{\text{cor}}f_{\text{yv}}}{f_{\text{y}}}=1.2\times0.194\times\frac{1300\times270}{270}\text{mm}^2=302.6\ \text{mm}^2$$

$$\frac{T}{Vb}=\frac{12\times10^6}{100\times10^3\times250}=0.48<2$$

$$\rho_{\text{t}l,\text{min}}=0.6\sqrt{\frac{T}{Vb}}\cdot\frac{f_t}{f_{\text{y}}}=0.6\times\sqrt{0.48}\times\frac{1.10}{270}=0.00169=0.169\%$$

$$A_{\text{st}l}>\rho_{\text{t}l,\text{min}}bh=0.00169\times250\times500\text{mm}^2=211\ \text{mm}^2$$

（6）选配钢筋

1）抗剪扭箍筋。

$$\frac{A_{\text{sv1}}}{s}+\frac{A_{\text{st1}}}{s}\geqslant(0.192+0.194)\text{mm}^2/\text{mm}=0.386\text{mm}^2/\text{mm}$$

$$>\rho_{\text{sv,min}}\frac{b}{n}=0.28\frac{f_t}{f_{yv}}\frac{b}{2}=0.28\times\frac{1.10}{270}\times\frac{250}{2}\text{mm}^2/\text{mm}=0.14\text{mm}^2/\text{mm}$$

选φ8，单肢面积为50.3mm²，则 $s\leqslant 50.3/0.386\text{mm}=130.3\text{mm}$，实取 $s=120\text{mm}$。

2）抗扭纵筋。根据构造要求，抗扭纵筋不少于6根，所以选用6φ10（471mm²）。

截面配筋如图6-18所示。

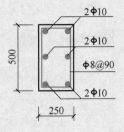

图6-18 【例6-3】图

【例6-4】 已知某钢筋混凝土T形截面梁如图6-19所示。$h=400\text{mm}$，$b=200\text{mm}$，$h'_f=800\text{mm}$，$b'_f=400\text{mm}$。承受扭矩设计值 $T=8\text{kN}\cdot\text{m}$，剪力设计值 $V=45\text{kN}$，采用C25混凝土，箍筋采用HPB300级钢筋，纵向受力钢筋采用HRB400级钢筋。试计算其配筋。

【解】 本题属于设计类。

（1）设计参数 查附录表A-2和表A-5可知，C25混凝土 $f_c=11.9\text{N}/\text{mm}^2$，$f_t=1.27\text{N}/\text{mm}^2$；HPB300级钢筋 $f_y=300\text{N}/\text{mm}^2$，$f_{yv}=270\text{N}/\text{mm}^2$。

查附录表C-2，一类环境，因混凝土强度等级不大于C25，保护层厚度增加5mm，故 $c=25\text{mm}$，则

$$b_{\text{cor}}=150\text{mm},h_{\text{cor}}=400\text{mm},b'_{f,\text{cor}}=350\text{mm},h'_{f,\text{cor}}=30\text{mm}$$

$$A_{\text{cor}}=b_{\text{cor}}h_{\text{cor}}=150\times400\text{mm}^2=6.0\times10^4\text{mm}^2,u_{\text{cor}}=2(b_{\text{cor}}+h_{\text{cor}})=2\times(150+400)\text{mm}=1100\text{mm}$$

$$A'_{f,\text{cor}}=b'_{f,\text{cor}}h'_{f,\text{cor}}=350\times30\text{mm}^2=10500\text{mm}^2,\ u'_{f,\text{cor}}=2(b'_{f,\text{cor}}+h'_{f,\text{cor}})=2\times(350+30)\text{mm}=760\text{mm}$$

取 $a_s=35\text{mm}$，$h_0=h-35\text{mm}=415\text{mm}$，则

$$W_{\text{tw}}=\frac{b^2}{6}(3h-b)=\frac{200^2}{6}\times(3\times450-200)\text{mm}^3=7.67\times10^6\text{mm}^3$$

$$W'_{\text{tf}}=\frac{h'^2_f}{6}(b'_f-b)=\frac{80^2}{6}\times(400-200)\text{mm}^3=0.64\times10^6\text{mm}^3$$

$$W_t=W_{\text{tw}}+W'_{\text{tf}}=8.31\times10^6\text{mm}^3$$

（2）验算截面尺寸 C25混凝土 $\beta_c=1.0$。

$$\frac{V}{bh_0}+\frac{T}{0.8W_t}=\left(\frac{45000}{200\times415}+\frac{8\times10^6}{0.8\times8.31\times10^6}\right)\text{N}/\text{mm}^2=1.75\text{N}/\text{mm}^2<0.25\beta_cf_c=2.98\text{N}/\text{mm}^2$$

$$\frac{V}{bh_0}+\frac{T}{W_t}=\left(\frac{45000}{200\times415}+\frac{8\times10^6}{8.31\times10^6}\right)\text{N}/\text{mm}^2=1.50\text{N}/\text{mm}^2>0.7f_t=0.889\text{N}/\text{mm}^2$$

截面合适，按计算配筋。

（3）扭矩分配

腹板

$$T_W=\frac{W_{\text{tw}}}{W_t}T=\frac{7.67\times10^6}{8.31\times10^6}\times8\text{kN}\cdot\text{m}=7.38\text{kN}\cdot\text{m}$$

翼缘

$$T'_f=\frac{W'_{t,f}}{W_t}T=\frac{0.64\times10^6}{8.31\times10^6}\times8\text{kN}\cdot\text{m}=0.62\text{kN}\cdot\text{m}$$

(4) 计算剪扭构件混凝土强度折减系数

$$\beta_t = \frac{1.5}{1+0.5\dfrac{VW_{tw}}{T_w bh_0}} = \frac{1.5}{1+0.5\times\dfrac{45\times10^3\times7.67\times10^6}{7.38\times10^6\times200\times415}} = 1.17 > 1.0 \; (\text{取}\;\beta_t = 1.0)$$

(5) 计算腹板剪扭钢筋

1) 计算抗剪箍筋。由式 (6-26) 得

$$\frac{nA_{sv1}}{s} \geqslant \frac{V-0.5\times0.7f_t bh_0}{f_{yv}h_0} = \frac{45000-0.5\times0.7\times1.27\times200\times415}{270\times415}\,\text{mm}^2/\text{mm} = 0.072\;\text{mm}^2/\text{mm}$$

采用双肢箍，$n=2$，则 $\dfrac{A_{sv1}}{s} \geqslant 0.036\;\text{mm}^2/\text{mm}$

2) 计算腹板抗扭钢筋。取配筋强度比 $\zeta = 1.2$，由式 (6-27) 得

$$\frac{A_{stl}}{s} \geqslant \frac{T-0.35\beta_t f_t W_{t,w}}{1.2\sqrt{\zeta}f_{yv}A_{cor}} = \frac{7.38\times10^6-0.35\times1.0\times1.27\times7.67\times10^6}{1.2\sqrt{1.2}\times270\times60000}\,\text{mm}^2/\text{mm} = 0.186\;\text{mm}^2/\text{mm}$$

所需抗扭纵筋的面积为

$$A_{stl} = \zeta\frac{A_{stl}}{s}\cdot\frac{u_{cor}f_{yv}}{f_y} = 1.2\times0.186\times\frac{1100\times270}{360}\,\text{mm}^2 = 184.1\;\text{mm}^2$$

$$\frac{T_w}{Vb} = \frac{7.38\times10^6}{45\times10^3\times200} = 0.82 < 2,\;\text{则}$$

$$\rho_{tl,min} = 0.6\sqrt{\frac{T}{Vb}}\cdot\frac{f_t}{f_y} = 0.6\times\sqrt{0.82}\times\frac{1.27}{360} = 0.192\%$$

$$A_{stl} > \rho_{tl,min}bh = 0.00192\times200\times450\,\text{mm}^2 = 172.8\;\text{mm}^2$$

(6) 计算受压翼缘抗扭钢筋 按纯扭构件计算，仍取配筋强度比 $\zeta = 1.2$，则

$$\frac{A'_{stl}}{s} \geqslant \frac{T'_f-0.35f_t W'_{t,f}}{1.2\sqrt{\zeta}f_{yv}A'_{f,cor}} = \frac{0.62\times10^6-0.35\times1.27\times0.64\times10^6}{1.2\sqrt{1.2}\times270\times10500}\,\text{mm}^2/\text{mm} = 0.090\;\text{mm}^2/\text{mm}$$

$$A'_{stl} = \zeta\frac{A'_{stl}}{s}\cdot\frac{u'_{f,cor}f_{yv}}{f_y} = 1.2\times0.090\times\frac{760\times270}{360}\,\text{mm}^2 = 61.56\;\text{mm}^2$$

(7) 选配钢筋

1) 腹板。

① 抗剪扭箍筋。

$$\frac{A_{sv1}}{s} + \frac{A_{stl}}{s} \geqslant (0.036+0.186)\,\text{mm}^2/\text{mm} = 0.222\,\text{mm}^2/\text{mm}$$

$$> \rho_{sv,min}\frac{b}{n} = 0.28\frac{f_t}{f_{yv}}\times\frac{b}{2} = 0.28\times\frac{1.27}{270}\times\frac{200}{2}\,\text{mm}^2/\text{mm} = 0.132\,\text{mm}^2/\text{mm}$$

选ϕ 8 双肢箍，单肢面积为 50.3mm^2，则

$\qquad s \leqslant 50.3/0.222$mm $= 226.6$mm，实取 $s = 200$mm

② 抗扭纵筋。根据构造要求，抗扭纵筋不少于 6 根，所以选用 6 Φ 10（471mm^2）。

2）受压翼缘。

① 抗剪扭箍筋选ϕ 8 双肢箍，单肢面积为 50.3mm^2，则

$\qquad s \leqslant 50.3/0.090$mm $= 558.9$mm，实取 $s = 200$mm

② 抗扭纵筋选用 4 Φ 8，$A'_{stl} = 201$mm^2。

截面配筋如图 6-19 所示。

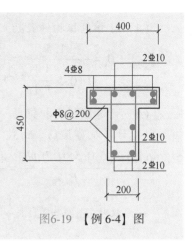

图6-19　【例 6-4】图

6.4　弯剪扭共同作用下的构件的承载力计算

弯剪扭构件的
计算原理

构件承受弯矩、剪力和扭矩共同作用时，其破坏特征及承载力与外部荷载条件和构件的内在因素有关。通常以扭弯比 $\psi = T/M$ 和扭剪比 $\chi = T/Vb$ 表示荷载条件。构件的内在因素是指构件的截面尺寸、配筋及材料强度。

试验表明，在配筋适当的条件下，扭弯比较小即弯矩作用显著时，裂缝首先在弯曲受拉面出现，然后延伸发展到两侧面，形成图 6-20a 所示的扭曲破坏面，第四面即弯曲受压面无裂缝。最终，与螺旋形裂缝相交的纵筋及箍筋均受拉屈服，第四面压坏而告破坏。此类破坏称为弯型破坏。若扭弯比较大，且弯曲受压区的纵筋又少于受拉区纵筋时，可能形成压区在构件弯曲受拉区的扭型破坏，破坏形态如图 6-20b 所示。若剪力和扭矩起控制作用，则裂缝首先在侧面出现，然后向底面和顶面扩展，另一侧面则为受压区。破坏时与螺旋形裂缝相交的纵筋和箍筋均达到屈服强度，另一侧面压坏。此类破坏形态称为剪扭型破坏，如图 6-20c 所示。

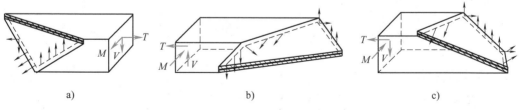

图 6-20　弯剪扭构件的破坏类型

a）弯型破坏　b）扭型破坏　c）剪扭型破坏

1. 弯扭共同作用下的构件承载力计算

构件在弯矩和扭矩作用下的承载能力也存在一定的相关关系，如图 6-21 所示。对于一给定的截面，当扭矩起控制作用时，随着弯矩的增加，截面抗扭承载力增加；当弯矩起控制作用时，随着扭矩的减小，截面抗弯承载力增强。

对于弯扭构件截面的配筋计算，《规范》采用叠加法的原则，即按纯弯和纯扭分别计算构件所需的纵筋和箍筋，然后将钢筋在相应的部分叠加。因此，弯扭构件的纵筋为受弯和受扭所需的纵筋截面面积之和，箍筋则由受扭所需箍筋决定。应注意，抗弯所配置的钢筋应放在弯曲受拉区，抗扭纵筋则必须沿截面周边均匀布置。

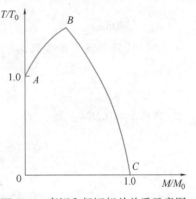

图 6-21　弯矩和扭矩相关关系示意图

2. 弯剪扭共同作用下的构件承载力计算

根据前述剪扭构件和弯扭构件配筋计算的方法，矩形、T形、I形和箱形截面钢筋混凝土弯剪扭构件配筋计算的一般原则是：①纵向钢筋应按受弯构件正截面受弯承载力和剪扭构件的受扭承载力分别计算，并按所需的钢筋截面面积和相应的位置配置；②箍筋应按剪扭构件的受剪承载力和受扭承载力分别计算，并按所需的箍筋截面面积和相应的位置配置。

在弯矩、剪力和扭矩共同作用下但剪力或扭矩较小的矩形、T形、I形和箱形截面钢筋混凝土构件，可按以下规定进行承载力计算：

1）当 $V \leq 0.35 f_t bh_0$ 或 $V \leq 0.875 f_t bh_0/(\lambda+1)$ 时，可仅按受弯构件的正截面承载力和纯扭构件的受扭承载力分别进行计算，即忽略剪力对构件承载力的影响，按弯矩和扭矩共同作用构件计算配筋。

2）当 $T \leq 0.175 f_t W_t$ 或 $T \leq 0.175 \alpha_h f_t W_t$ 时，可仅按受弯构件的正截面承载力和斜截面承载力分别进行计算，即忽略扭矩的影响，按弯矩和剪力共同作用构件计算配筋。

【例6-5】　已知矩形截面构件，截面尺寸与材料选用与设计参数同【例6-3】，纵筋采用 HRB400，承受扭矩设计值 $T=12$kN·m，弯矩设计值 $M=90$kN·m。试计算其配筋。

【解】　本题属于设计类。

（1）验算截面尺寸

$$\frac{T}{W_t}=\frac{1.2\times10^7}{1.302\times10^7}\text{N/mm}^2=0.92\text{ N/mm}^2$$

$\dfrac{T}{W_t}<0.25\beta_c f_c=2.98\text{ N/mm}^2$，且 $>0.7f_t=0.89\text{ N/mm}^2$，截面可用，按计算配筋。

（2）计算抗扭钢筋　取配筋强度比 $\zeta=1.2$，由式（6-18）得

$$\frac{A_{st1}}{s}\geq\frac{T-0.35f_t W_t}{1.2\sqrt{\zeta}f_{yv}A_{cor}}=\frac{1.2\times10^7-0.35\times1.27\times1.302\times10^7}{1.2\sqrt{1.2}\times270\times90000}\text{mm}^2/\text{mm}=0.194\text{ mm}^2/\text{mm}$$

所需抗扭纵筋的面积为

$$A_{stl}=\zeta\frac{A_{st1}}{s}\cdot\frac{u_{cor}f_{yv}}{f_y}=1.2\times0.194\times\frac{1300\times270}{360}\text{mm}^2=227.0\text{ mm}^2$$

$$\rho_{tl,min}=0.85\frac{f_t}{f_y}=0.85\times\frac{1.27}{360}=0.00312=0.3\%$$

$$A_{stl}<\rho_{tl,min}bh=0.003\times250\times500\text{mm}^2=375\text{ mm}^2$$

取 $A_{stl} = 390\text{mm}^2$。

（3）计算抗弯所需纵向钢筋

$$\alpha_s = \frac{M}{\alpha_1 f_c b h_0^2} = \frac{90 \times 10^6}{1.0 \times 11.9 \times 250 \times 465^2} = 0.140 < \alpha_{s,max} = 0.410$$

对应的 $\gamma_s = 0.924$，则

$$A_s = \frac{M}{f_y \gamma_s h_0} = \frac{90 \times 10^6}{360 \times 0.924 \times 465} \text{mm}^2 = 582 \text{ mm}^2$$

$$\rho_{min} = 0.45 \frac{f_t}{f_y} = 0.45 \times \frac{1.27}{360} = 0.00159 = 0.159\% < 0.2\%$$

$$A_s > \rho_{min} bh = 0.2\% \times 250 \times 500 \text{mm}^2 = 250 \text{ mm}^2$$

（4）选配钢筋

1）抗扭箍筋。选 Φ 8 双肢箍，单肢面积为 50.3mm^2，则

$$s \leq 50.3/0.194 \text{mm} = 259.3 \text{mm}, \quad \text{实取} s = 220 \text{mm}$$

2）纵筋。抗扭纵筋 $A_{stl} = 390\text{mm}^2$，分上、中、下三排布置，每排面积为 $A_{stl}/3 = 130\text{mm}^2$，则上、中部可以选用 2 Φ 10 （157mm^2）。

下部所需钢筋面积为

$$A_s + \frac{A_{stl}}{3} = 712 \text{ mm}^2$$

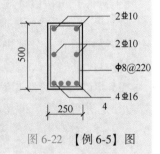

图 6-22　【例 6-5】图

可选用 4 Φ 16 （804mm^2）。截面配筋如图 6-22 所示。

6.5　压弯剪扭共同作用下的矩形截面框架柱的受扭承载力计算

在轴向压力、弯矩、剪力和扭矩共同作用下的混凝土矩形截面框架柱，其剪扭承载力应按下列公式计算：

（1）受剪承载力

$$V \leq (1.5 - \beta_t) \left(\frac{1.75}{\lambda + 1} f_t b h_0 + 0.07N \right) + f_{yv} \frac{A_{sv}}{s} h_0 \qquad (6\text{-}34)$$

（2）受扭承载力

$$T \leq \beta_t \left(0.35 f_t W_t + 0.07 \frac{N}{A} W_t \right) + 1.2 \sqrt{\zeta} f_{yv} \frac{A_{st1} A_{cor}}{s} \qquad (6\text{-}35)$$

式中，β_t 近似按式（6-28b）计算。

在轴向压力、弯矩、剪力和扭矩共同作用下的混凝土矩形截面框架柱配筋计算的一般原则：①纵向钢筋应按偏心受压构件的正截面承载力和剪扭构件的受扭承载力分别计算，并按所需的钢筋截面面积和相应的位置进行配置；②箍筋应按剪扭构件的受剪承载力和受扭承载力分别计算，并按所需的钢筋截面面积和相应的位置进行配置；③当 $T \leq$

$\dfrac{1}{2}\left(0.35f_{t}W_{t}+0.07\dfrac{N}{A}W_{t}\right)$ 时，可仅按偏心受压构件的正截面承载力和斜截面受剪承载力分别进行计算。

6.6　拓展阅读

协调扭转构件的受扭承载力计算

对属于协调扭转的钢筋混凝土构件，在弯矩、剪力和扭矩共同作用下，当构件开裂以后，由于内力重分布将导致作用于构件的扭矩降低。一般有以下两种计算方法：

1）零刚度设计法。一般情况下可取扭转刚度为零，即忽略扭矩的作用，但应按构造要求配置受扭纵向钢筋和箍筋，以保证构件有足够的延性和满足正常使用时裂缝宽度的要求。

2）《规范》方法。《规范》考虑了内力重分布的影响，将扭矩设计值降低，按弯剪扭构件进行承载力计算。

混凝土无裂缝控制技术

北京大兴国际机场集成了世界上先进的建设科技成果，被英国《卫报》评为"新世界七大奇迹"榜首。2019 年 9 月 25 日，北京大兴国际机场正式投运。大兴国际机场能够在不到 5 年的时间里就完成预定的建设任务，顺利投入运营，充分展现了中国工程建筑的雄厚实力，充分体现了中国精神和中国力量，充分体现了中国共产党领导和我国社会主义制度能够集中力量办大事的政治优势。

机场共有 5 条跑道，其中 4 条运行跑道，东一跑道宽 60m、长 3400m，北一和西一跑道均宽 60m、长 3800m，西二跑道宽 45m、长 3800m，第五跑道为专用跑道。

是用沥青混凝土道面跑道，还是用水泥混凝土道面跑道，这是设计者首先要解决的问题。国际民航组织统计表明：采用沥青混凝土道面跑道的占 48.9%，采用水泥混凝土道面跑道的占 25.2%。但设计者经过对两种道面的刚度、强度、耐久性、整体性、使用寿命、养护工作量、造价等技术经济指标比较，最终选择了水泥混凝土道面。但水泥混凝土道面存在着混凝土硬化收缩致裂的世界级难题，怎么解决？

以杨文科工程师为首的研究团队迎难而上，第一次把水泥生产纳入混凝土致裂因素，研制了抗裂水泥。用蚂蚁啃骨头的方法，对粉煤灰、矿粉、外加剂对裂缝的影响进行实验排查，逐一提出相应的措施和方案，最后找到了解决收缩致裂问题的钥匙。打破了混凝土原材料、拌合物制备与工程施工的行业隔离的传统模式，形成了水泥定制、混凝土拌合物制备、施工过程控制及现场管理等一体化裂缝控制技术，实践证明断板率为 0.26/万，大幅度降低了混凝土裂缝的形成，总体上达到国际先进水平。该成果应用于北京新机场跑道，在近千平方米的混凝土跑道上实现了无裂缝施工，并且在北京市政地下管廊、地下汽车通道，以及京张高铁八达岭地下火车站、桥梁等不同类型的工程中，进行了无裂缝实验性施工，取得了满意的效果。

杨文科能够取得成功，源于他实事求是的态度与专业精神，遇到重大技术问题坚持"五步工作法"：①先查大量资料，看看别人是怎么做的；②对别人的东西不能盲目相信，要进行实验室验证；③要明白实验室数据和工程实际是有区别的，有时甚至还会区别很大，必须做试验段来进一步验证；④应用到工程实际并做好记录；⑤完工后进行总结。运用"五步工作法"，他先后解决了钢纤维混凝土、聚酯纤维混凝土、粉煤灰掺量、碱骨料混凝土等工程实践中存在的问题。

杨文科敢于坚持批判性思维、质疑权威结论。他发现比表面积法、水胶比原理、鲍罗米公式等理论和公式都与现在的工程实践对不上，是不是有问题？他潜心研究30年实践数据、前人理论及工程实践，发明了"三阶段原理"。"三阶段原理"的应用，可以大幅度提高机场混凝土工程的质量，可以将机场跑道的使用寿命大幅度延长到30年，也可以大幅度延长高速公路、高铁、码头和其他混凝土建筑的使用寿命。

目前是解决混凝土工程中复杂问题的极好机会。世界每年工程建设项目中约有60%在中国，可以说所有世界上最难、最复杂、体量最大的混凝土工程都集中在中国，同时高温、干旱、大风、冰冻、硫酸盐侵蚀等极端自然条件也增加了问题的复杂性。另外，工程实践证明，用实验室的小试件试验结果来解决混凝土的重大技术问题，是有缺陷的。这需要从业者强化批判性思维，运用科学的思维方法和手段，尽快实现理论突破和技术创新。

小　结

杆件在扭矩作用下，截面产生剪应力，剪应力引起的主拉应力超过材料的抗拉强度而导致截面出现裂缝，因此，受扭构件采用承受主拉应力的螺旋式配筋或采用纵筋及箍筋的配筋形式。这是钢筋混凝土受扭构件破坏的基本原理。

纯扭在建筑工程结构中很少，大多数情况的结构都是受弯矩、剪力和扭矩的复合作用。考虑最复杂的情况，把压（拉）弯剪扭复合受力作为钢筋混凝土构件的一般情况，纯扭、剪扭、弯剪扭等则可理解为特例。学习压（拉）弯剪扭复合受力构件的承载能力计算，要注意理解三方面的问题：一是截面上哪些力虽然性质一样，但其承载能力会受到影响；二是力的性质不一样，但其承载能力也会受到影响；三是作用相同，但承载能力计算中分别计算。

扭矩和剪力在截面上都产生剪应力，因此其力的性质是相同。由于都产生剪应力，剪应力互相叠加导致了剪扭构件的受扭和受剪承载力都比纯扭和纯剪低。轴力在截面上产生正应力、扭矩和剪力在截面上产生剪应力，因此轴力和扭矩、剪力的性质是不同。但由于压应力能提高受剪承载力、拉应力则降低受剪承载力，因此在压（拉）弯剪扭构件中，除了要考虑剪扭的影响，还要考虑轴力对抗剪和抗扭的提高（压力）和降低（拉力）作用。对于承受扭矩，纵向钢筋和箍筋都有作用，在配筋计算中，正截面计算的纵向钢筋和扭截面计算的纵向钢筋线性叠加即可，不需要考虑扭曲截面对正截面的影响，也不考虑正截面对扭曲截面的影响。

I形、T形截面翼缘、腹板等部分对正截面、斜截面受剪、斜截面受扭的作用是不同的。例如：I形受弯正截面不考虑受拉翼缘的作用，而考虑受压翼缘的作用；斜截面受剪中不考虑上下翼缘的作用；受扭中上下翼缘都考虑。每一部分的纵向钢筋和箍筋的配筋总量，既要考虑各部分承载能力计算中的互相影响，又要将各部分的计算结果叠加。

在斜截面受剪承载力计算中，为防止发生斜压破坏，要控制最小截面尺寸；当截面有扭矩作用时，也要考虑截面限制条件。截面限制条件的原理及具体规定与受剪完全一样。不同的是，在公式左侧增加 $T/0.8W_t$ 一项。也就是说在有扭矩存在的情况下，截面限制条件变得更加严格。

受扭截面也有最小配筋率的要求，包括纵向钢筋和箍筋。实际受扭箍筋和受剪箍筋要完全叠加在一切，因此《规范》规定了有扭矩作用时截面的最小配箍率。受扭纵向钢筋和正截面纵向钢筋不完全叠加，只在配置正截面纵向钢筋的侧边叠加，其他边均匀分布，因此《规范》单独规定了最小受扭纵向钢筋配筋率。

思 考 题

1. 素混凝土纯扭构件截面承力如何计算？

2. 弯扭构件什么情况下按构造配置受扭钢筋？

3. 受扭构件的截面抗扭塑性抵抗如何计算？

4. T形、I形截面抗扭构件承载力计算时，有效翼缘宽度应符合哪些条件？

5. 采用什么钢筋抵抗扭矩？

6. 钢筋混凝土纯扭构件的破坏有哪几种类型？各有何特点？

7. 为使抗扭纵筋与箍筋相互匹配，有效地发挥抗扭作用，两者配筋强度比应满足什么条件？

8. 在抗扭计算中如何避免少筋破坏？

9. 抗扭纵筋配筋率与抗弯纵筋配筋率计算有何区别？

10. 纯扭构件承载力计算公式中 ζ 的物理意义是什么？起什么作用？

11. 什么是剪扭相关关系？

12. 对于弯扭构件，什么情况下可仅按弯矩和扭共同作用进行计算？什么情况下可仅按弯矩和剪扭力共同作用进行计算？

13. T形和I形截面弯剪构件承载力的计算原则是什么？

14. 受扭构件对截面有哪些限制条件？

15. 受扭构件中箍筋有哪些要求？

16. 受扭构件中抗扭纵筋有哪些要求？

习 题

1. 已知钢筋混凝土矩形截面纯扭构件，其截面尺寸 $b = 200\text{mm}$，$h = 350\text{mm}$，承受设计扭矩 $T = 8.6 \times 10^6 \text{N} \cdot \text{mm}$；混凝土采用 C25，钢筋采用 HPB300 级。试计算其配筋。

2. 已知构件截面尺寸 $b = 250\text{mm}$，$h = 600\text{mm}$，承受设计弯矩 $M = 14.2 \times 10^4 \text{N} \cdot \text{mm}$，设计剪力 $V = 9.7 \times 10^4 \text{N}$，设计扭矩 $T = 1.2 \times 10^7 \text{N} \cdot \text{mm}$，混凝土选用 C25，钢筋采用 HPB300 级。试计算其配筋。

3. 钢筋混凝土框架梁，截面尺寸为 500mm×500mm，净跨为 6.3m，跨中有一短挑梁，挑梁上作用有距梁轴线 400mm 的集中荷载 P，梁上均布荷载（包括自重）设计值 $q = 9\text{kN/m}$，集中荷载设计值 $P = 250\text{kN}$，混凝土为 C25（$f_t = 1.27 \text{N/mm}^2$，$f_c = 11.9 \text{N/mm}^2$），纵筋采用 HRB400 级钢筋（$f_y = 360 \text{N/mm}^2$），箍筋采用 HPB300 级钢筋（$f_y = 270 \text{N/mm}^2$）。试计算梁的配筋。

第7章
预应力混凝土构件的基本原理

【学习目标】
1. 了解预应力混凝土的基本概念和分类。
2. 熟悉预应力损失及计算方法。
3. 掌握轴心受拉构件和受弯构件各阶段的受力分析及计算方法。
4. 熟悉预应力混凝土构件的施工工艺及构造要求。
5. 强化职业道德和社会责任感，培养严谨求实的职业品格。

7.1 预应力混凝土概述

预应力是指结构在承受荷载之前就施加的应力，其目的是充分发挥材料特性，抵消荷载应力，呈现更好的工作性能。古代，人们就应用了预应力的概念，例如：在木桶或木盆制作时应用了预压应力的概念，用几道竹箍箍紧，使桶壁中产生环向预压应力。盛水后，桶壁在水压力下产生环向拉应力，只要木板之间的预压应力大于水压产生的环向拉应力，木桶就不会漏水。木锯制作时应用了预拉应力的概念，薄长的锯条工作时局部产生压应力，易发生压屈，但通过拧紧拉绳预先使锯条受拉，只要工作时锯条的预拉应力大于荷载产生的压应力，锯条就不会产生压屈，如图 7-1 所示。

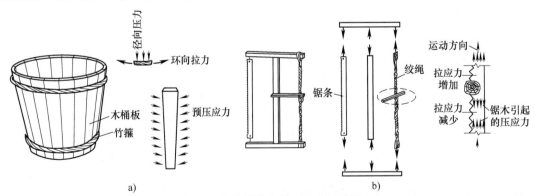

图 7-1 古代预应力概念的应用示例

将预应力的概念应用于混凝土结构中，就产生了预应力混凝土结构。最早提出预应力混凝土概念的是美国加利福尼亚旧金山工程师 P. H. Jackson，他于 1886 年申请了在混凝土拱内张紧钢拉杆作楼板的专利。但早期的混凝土和钢筋强度较低，且对预应力损失问题缺乏认识，一直未能实现工程应用。直到 1928 年法国工程师 E. Freyssinet 考虑了混凝土收缩和徐变产生的预应力损失，提出预应力混凝土必须采用高强钢材和高强混凝土，才使得预应力混凝土在理论上有了关键性的突破。1939 年，E. Freyssinet 发明了端部锚固用的锥形楔等，在工艺上提供了切实可行的方法，使预应力结构得到了工程应用的真正推广，并于 20 世纪 40 年代形成了较为成熟的预应力体系及相关技术。

7.1.1 预应力混凝土基本原理

预应力混凝土结构的基本原理是：在结构承受外荷载作用之前，在其可能开裂的部位预先施加压应力，以抵消或减少外荷载所引起的拉应力，使结构在使用荷载作用下不开裂或者推迟开裂，或减小裂缝开展宽度，提高构件的抗裂度和刚度。

预应力的作用可用图 7-2 的简支梁来说明。在外荷载作用下，梁下边缘产生拉应力 σ_3，如图 7-2b 所示。如果在荷载作用以前，给梁先施加一偏心压力 N，使得梁下边缘产生预压应力 σ_1，如图 7-2a 所示。那么在外荷载作用后，截面的应力分布将是两者的叠加，如图 7-2c 所示。梁的下边缘应力可为压应力（如 $\sigma_1-\sigma_3>0$）或数值很小的拉应力（如 $\sigma_1-\sigma_3<0$）。从而使结构构件在使用荷载作用下不至于开裂，或推迟开裂，或减小裂缝开展的宽度。

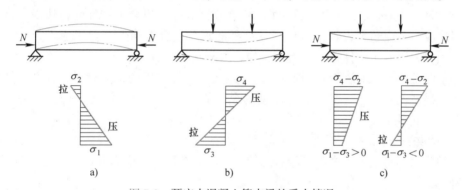

图 7-2 预应力混凝土简支梁的受力情况
a) 预压力作用 b) 外荷载作用 c) 预压力与外荷载共同作用

7.1.2 预应力混凝土的特点

与钢筋混凝土结构相比，预应力混凝土结构具有如下的特点：

（1）抗裂性好、刚度大 对构件施加预应力后，只有当外荷载产生的混凝土拉应力超过混凝土的预压应力且拉应变超过混凝土的极限拉应变时，构件才会开裂，从而推迟或控制裂缝的出现。同时，也能提高正常使用极限状态下的构件刚度，减小变形。

（2）提高构件的抗剪承载能力 构件中有预压应力，可以减小构件中的主拉应力，降低斜裂缝产生的风险或延缓斜裂缝的开展。预应力筋的曲线部分起到了弯起钢筋的作用，增大了支座附近的抗剪承载力。

（3）提高结构的抗疲劳性能 承受重复荷载的结构或构件，如吊车梁、桥梁等，因为荷载经常往复的作用，结构长期处于加载与卸载的变化之中，当这种反复变化超过一定次数后，材料就会发生低于静力强度的破坏。预应力可以降低钢筋的疲劳应力变化幅度，从而提高结构或构件的抗疲劳性能。

（4）改善结构的耐久性　预应力能有效控制混凝土的开裂或裂缝宽度，使钢筋免受外界有害介质的侵蚀，大大提高了结构的耐久性。对于水池、压力管道、污水沉淀池和污泥消化池等，施加预应力后还可提高其抗渗性能。

（5）节约材料、减轻自重　预应力混凝土充分发挥了混凝土抗压强度高、钢筋抗拉强度高的优点，有效地减小了构件截面尺寸和钢筋用量，节省了钢材和混凝土，减轻了结构自重。这对于大跨度、大悬臂、高耸、重载结构，可以减小变形、降低层高，有利于抗震和抗风。

虽然预应力混凝土有明显的优点，但也存在着一些缺点，如制作工艺复杂、施工技术要求高，需要专门的张拉机具、灌浆设备和锚具，施工时的预应力反拱不易控制等。

7.1.3　预应力混凝土的分类

1. 按裂缝控制等级分类

《规范》根据构件受拉边缘的应力或正截面裂缝宽度，将预应力混凝土构件分为以下三类：

1）一级——严格要求不出现裂缝的构件，在荷载标准组合下构件受拉边缘不允许出现拉应力。这种预应力混凝土构件称为"全预应力混凝土"构件。

2）二级——一般要求不出现裂缝的构件，在荷载标准组合下构件受拉边缘允许出现拉应力，但拉应力不应超过设计允许值；在荷载准永久组合下构件受拉边缘不允许出现拉应力。这种预应力混凝土构件称为"有限预应力混凝土"构件。

3）三级——允许出现裂缝的构件，按荷载效应的标准组合，并且考虑荷载长期作用影响的最大裂缝宽度不应超过最大裂缝宽度的允许值。这种预应力混凝土构件称为"部分预应力混凝土"构件。

2. 按黏结方式分类

根据预应力筋与混凝土之间是否有黏结，可分为有黏结预应力混凝土和无黏结预应力混凝土两种。

1）有黏结预应力混凝土。沿预应力筋全长其周围均与混凝土黏结、握裹在一起。先张法预应力混凝土及预留孔道穿筋压浆的后张法预应力混凝土均属于有黏结预应力混凝土。

2）无黏结预应力混凝土。预应力筋表面涂有防腐蚀材料、外套防老化的塑料管，防止预应力筋与混凝土黏结。预应力筋可与混凝土发生相对滑动，靠端部锚固传递预应力。

3. 按施工工艺分类

根据张拉钢筋和浇筑混凝土的先后顺序，可将预应力混凝土分为先张法预应力混凝土和后张法预应力混凝土两种。

1）先张法预应力混凝土先张拉预应力筋，后浇筑混凝土。

2）后张法预应力混凝土先浇筑混凝土，待混凝土达到规定强度后再张拉预应力筋。

7.1.4　预应力混凝土的应用

由于预应力混凝土构件具有很多优点，经过多年的发展，现已广泛应用于土木工程中，如预应力空心楼板、Ⅱ形屋面板、屋面大梁、屋架、吊车梁、预应力桥梁、电杆、桩、闸门、压力水管、储罐和铁路轨枕等已大量采用预应力混凝土构件，预应力混凝土结构在房屋

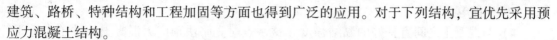

建筑、路桥、特种结构和工程加固等方面也得到广泛的应用。对于下列结构，宜优先采用预应力混凝土结构。

1）要求裂缝控制等级较高的工程结构，如水池、油罐、压力管道、核反应堆，受到侵蚀性介质作用的工业厂房、水利、海洋、港口工程等。

2）水利工程中的基岩加固、护坡工程中的预应力混凝土锚桩，坝工程结构中的预应力混凝土闸墩等。

3）大跨度或承受重型荷载的构件，如大跨度桥梁中的梁式构件、预应力混凝土地坪及路面，建筑结构中的大柱网大面积预应力混凝土结构、楼盖与屋盖结构、预应力混凝土基础等。

4）对构件的刚度和变形控制要求较高的结构构件，如工业厂房的吊车梁等，采用了预应力混凝土结构，可提高抗裂度或减小裂缝宽度。同时，由于预加压力的偏心作用使构件产生反拱，可以抵消或减小在使用荷载作用下所产生的挠度变形。

7.1.5　预应力混凝土材料

1. 混凝土

预应力混凝土结构构件所用的混凝土，需满足下列要求：

（1）高强度　预应力混凝土结构要求高强度混凝土配合高强度钢筋，即所用预应力筋的强度越高，混凝土等级相应要求越高，从而由预应力筋获得的预压应力值越大，能更有效地减小构件截面尺寸，减轻构件自重，使建造跨度较大的结构在技术上、经济上成为可能。高强度混凝土的弹性模量较高，混凝土的徐变较小；高强度混凝土有较高的黏结强度，可减小先张法构件的预应力筋锚固长度；高强度混凝土具有较高的抗拉强度，使结构具有较高的抗裂强度；后张法构件采用高强度混凝土，可承受构件端部强大的局部预压力。

（2）收缩、徐变小　以减少由于收缩、徐变引起的预应力损失。

（3）快硬、早强　混凝土能较快地获得强度，尽早地施加预应力，可以提高台座、模具、夹具和张拉设备的周转率，加快施工进度，降低间接管理费用。

《规范》规定，预应力混凝土结构的混凝土强度等级不宜低于C30；当采用碳素钢丝、刻痕钢丝、钢绞线和热处理钢筋作为预应力筋时，混凝土强度等级不得低于C40。

2. 钢筋

在预应力混凝土构件中，使混凝土建立预压应力是通过张拉预应力筋来实现的。预应力筋在构件中，从制造直到破坏，始终处于高应力状态。因此，对使用的预应力筋有较高的要求，包括以下五个方面：

（1）强度高　混凝土预压应力的大小，取决于预应力筋张拉应力的大小。若要在混凝土中建立起较高的预压应力，预应力筋必须在混凝土发生弹性回缩、收缩、徐变及预应力筋本身的应力松弛发生后仍存在较高的应力，这就需要采用较高的张拉应力，因此要求预应力筋要有较高的抗拉强度。

（2）具有一定的塑性　为了避免预应力混凝土构件发生脆性破坏，要求预应力筋在拉断时，具有一定的断后伸长率。当构件处于低温或受到冲击荷载时，更应注意对钢筋塑性和抗冲击性的要求。一般对冷拉热轧钢筋要求伸长率≥6%（RRB400）、≥8%（HRB400）；对碳素钢丝和钢绞线则要求伸长率≥4%。

（3）良好的加工性能　要有良好的焊接性，同时要求钢筋"镦粗"后并不影响原来的物理力学性能等。

（4）与混凝土之间有良好的黏结强度　这一点对先张法预应力混凝土构件尤为重要，因为在传递长度内钢筋与混凝土间的黏结强度是先张法构件建立预应力的保证。

（5）钢筋的应力松弛要低　预应力钢筋的发展趋势是高强度、粗直径、低松弛和耐腐蚀。

目前预应力钢筋产品的主要种类有高强度钢丝（碳素钢丝、刻痕钢丝）、钢绞线、热处理钢筋和冷拉 HRB500 钢筋。中小型预应力构件的预应力钢筋可采用甲级冷拔低碳钢和冷轧带肋钢筋。

1）钢绞线一般由 7 股 $\phi3mm$、$\phi4mm$ 或 $\phi5mm$ 的高强钢丝用绞盘拧成螺旋状，再经低温回火制成，公称直径分别为 9.5mm、12.7mm 和 15.2mm 三种。抗拉强度设计值分别为 $1130N/mm^2$、$1070N/mm^2$ 和 $1000N/mm^2$，断后伸长率一般不小于 4%。钢绞线具有易盘弯运输、与混凝土黏结强度高、成束工序简单等优点。钢绞线在后张法预应力混凝土结构中采用较多。高强度、低松弛钢绞线在国内外的应用日趋广泛。

2）高强钢丝（碳素钢丝、刻痕钢丝）是用高碳钢热轧制成盘圆条后再经过多次冷拔制成的。高强钢丝的直径有 3.0mm、4.0mm、5.0mm、6.0mm 及 7.0mm 五种。直径越小，强度越高，其抗拉强度设计值可达 $1110\sim1250N/mm^2$，而伸长率仅为 2%～6%，适用于大跨度构件，如桥梁用预应力大梁等。

3）冷拔低碳钢丝一般由直径为 6mm 的盘圆 I 级钢筋经多次冷拔加工而成。常用的钢丝直径为 5mm、4mm 和 3mm。钢筋经多次冷拔后，变得无明显流幅，强度明显提高，塑性明显降低。由于 I 级钢筋各地钢厂均能生产，且冷拔工艺简单，故被广泛用于中小型构件中。冷拔低碳钢丝分甲、乙两级，预应力筋应采用甲级冷拔低碳钢丝，非预应力筋宜采用乙级冷拔低碳钢丝。光圆冷拔钢丝由于与混凝土的黏结锚固性能较差，故不宜用于承受动荷载作用的构件。

4）热处理钢筋是对某些热轧 IV 级钢筋经调制处理而形成的无明显流幅的高强度硬钢，利用热轧钢筋的余热进行淬火，然后经中温回火等热处理后形成的。热处理钢筋具有强度高（抗拉强度设计值可达 $1000N/mm^2$）、松弛小等特点。它以盘圆形式供应，可省掉冷拉、对焊和整直等工序，使施工更为方便。与相同强度的高强冷拔钢丝相比，这种钢材的生产效率高、价格低。

钢筋、钢丝和钢绞线各有特点。高强钢丝的强度最高，钢绞线的强度接近于钢丝，但价格最贵。钢筋的强度低时，其在构件中的用量相应有所增加，但价格最低。钢筋和钢绞线的直径大，使用根数相对较少，便于施工，钢绞线的锚具最贵。由于钢筋束或钢绞线的长度越长，锚具价格在整个构件造价中所占比例越小，因此在选择钢材时，应综合考虑上述各种因素，根据实际情况合理选用。

钢筋和钢丝的强度设计值、强度标准值和弹性模量见附录 A。

7.2　预应力施工工艺

7.2.1　预应力的施加方法

预应力的施加方法，按混凝土浇筑成型和预应力筋张拉的先后顺序，可分为先张法和后张法两大类。

1. 先张法

先张法是制作预应力混凝土构件时，先张拉预应力筋后浇筑混凝土的一种方法。其施工的主要工序（图7-3）如下：①在台座上按设计规定的拉力张拉预应力筋，并用锚具临时固定在台座上（图7-3a）；②支模、绑扎非预应力筋和浇筑混凝土构件（图7-3b）；③待构件混凝土达到一定的强度后（一般不低于混凝土设计强度值的75%，以保证预应力筋与混凝土之间具有足够的黏结力），切断或放松钢筋，预应力筋的弹性回缩受到混凝土阻止而使混凝土受到挤压，产生了预压应力（图7-3c）。

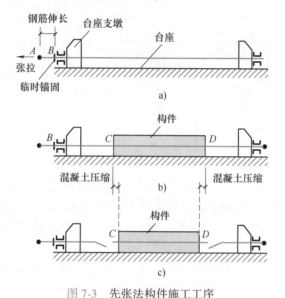

图7-3　先张法构件施工工序
a）预应力筋张拉并锚固　b）浇筑混凝土　c）切断预应力筋

先张法施工工序

先张法是将张拉后的预应力筋直接浇筑在混凝土内，依靠预应力筋与周围混凝土之间的黏结力来传递预应力的。先张法需要有用来张拉和临时固定钢筋的台座，因此初期投资费用较大。但先张法施工工序简单，钢筋靠黏结力自锚，在构件上不需设永久性锚具，临时固定的锚具都可以重复使用。因此在大批量生产时先张法构件比较经济，质量易保证。为了便于吊装运输，先张法一般适用于生产中小型构件。

2. 后张法

后张法是先浇筑混凝土构件，当构件混凝土达到一定的强度后，再在构件上张拉预应力筋的一种方法。按照预应力筋的形式及其与混凝土的关系，具体分为有黏结和无黏结两类。

（1）后张有黏结　该方法施工的主要工序（图7-4）如下：①浇筑混凝土构件，并在预应力筋位置处预留孔道（图7-4a）；②待混凝土达到一定强度（不低于混凝土设计强度值的75%）后，将预应力筋穿过孔道，以构件本身作为支座张拉预应力筋（图7-4b），此时构件混凝土将同时受到压缩；③当预应力筋张拉至要求的控制应力时，在张拉端用锚具将其锚固，使构件的混凝土受到预压应力（图7-4c）；④在预留孔道中压入水泥浆，使预应力筋与混凝土黏结在一起。

有黏结预应力
梁板的施工

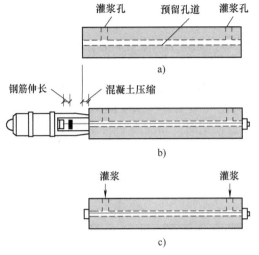

后张法构件施工工序

图 7-4　后张法构件施工工序

a）浇筑混凝土　b）穿预应力筋并张拉　c）锚固、灌浆

无黏结预应力
梁板的施工

（2）后张无黏结　预应力筋沿全长与混凝土接触表面之间不存在黏结作用，但可产生相对滑移，一般做法是预应力筋外涂防腐油脂并设外包层。现使用较多的是钢绞线外涂油脂并外包 PE 塑料管的无黏结预应力筋，将无黏结预应力筋按预定位置固定在钢筋骨架上浇筑混凝土，待混凝土达到规定强度后即可张拉。

后张无黏结预应力混凝土与后张有黏结预应力混凝土相比，有以下特点：

1）无黏结预应力混凝土不需要留孔、穿筋和灌浆，简化了施工工艺，还可在工厂制作，减少了现场施工工序。

2）如果忽略摩擦的影响，无黏结预应力混凝土中预应力筋的应力沿全长是相等的，在单一截面上与混凝土不存在应变协调关系，当截面混凝土开裂时对混凝土没有约束作用，裂缝疏而宽，挠度较大，需设置一定数量的非预应力筋以改善构件的受力性能。

3）无黏结预应力混凝土的预应力筋完全依靠端头锚具来传递预压力，所以对锚具的质量及防腐蚀要求较高。

后张法不需要台座，构件可以在工厂预制，也可以在现场施工，应用比较灵活，但是对构件施加预应力需要逐个进行，操作比较麻烦。而且每个构件均需要永久性锚具，用钢量大，因此成本比较高。后张法适用于运输不方便的大型预应力混凝土构件。本章所述计算方法仅限于后张有黏结预应力混凝土。

7.2.2　锚具与孔道成型材料

1. 锚具

锚具是锚固钢筋时所用的工具，是保证预应力混凝土结构安全可靠的关键部件之一。通常把在构件制作完毕后，能够取下重复使用的称为夹具；锚固在构件端部，与构件连成一体共同受力，不能取下重复使用的称为锚具。

锚具的制作和选用应满足下列要求：①安全可靠，锚具要有足够的强度和刚度，要满足结构要求的静载锚固性能、疲劳性能和抗震性能；②构造简单，便于机械高精度加工；③施工简便，预应力损失小；④使用方便，省材料，价格低。

锚具的种类很多，常用的锚具有支承式锚具、锥形锚具、夹片式锚具及固定端锚具。

（1）支承式锚具

1）螺纹端杆锚具。如图 7-5 所示，主要用于预应力筋张拉端。预应力筋与螺纹端杆直接对焊连接或通过套筒连接，螺纹端杆另一端与张拉千斤顶相连。张拉终止时，通过螺母和垫板将预应力筋锚固在构件上。这种锚具的优点是比较简单、滑移小和便于再次张拉；缺点是对预应力筋长度的精度要求高，不能太长或太短，否则螺纹长度不够用。需要特别注意焊接接头的质量，以防发生脆断。

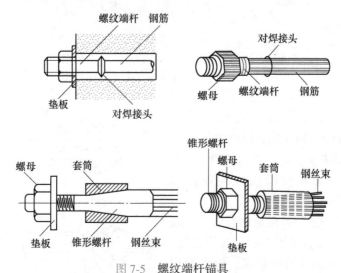

图 7-5　螺纹端杆锚具

2）镦头锚具。如图 7-6 所示，这种锚具用于锚固钢筋束。张拉端采用锚杯，固定端采用锚板。先将钢丝端头镦粗成球形，穿入锚杯孔内，边张拉边拧紧锚杯的螺母。每个锚具可同时锚固几根到 100 多根 5~7mm 的高强度钢丝，也可用于锚固单根粗钢筋。

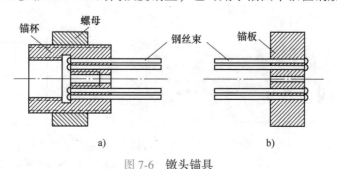

a)　　　　　　　　　　　　　　　b)

图 7-6　镦头锚具

a）张拉端镦头锚　b）固定端镦头锚

这种锚具锚固性能可靠，锚固力大，张拉方便，但要求钢筋（丝）长度有较高的精确度，否则钢筋（丝）将受力不均。

（2）锥形锚具　如图7-7所示，这种锚具用于锚固多根直径为5mm、7mm、8mm、12mm的平行钢丝束，或锚固多根直径为12.7mm、15.2mm的平行钢绞线束。锚具由锚环和锚塞两部分组成，锚环在构件混凝土浇筑前埋置在构件端部，锚塞中间有小孔作锚固后灌浆用。由双作用千斤顶张拉钢丝后再将锚塞顶压入锚圈内，利用钢丝在锚塞与锚圈之间的摩擦力锚固钢丝。这种锚具的缺点是滑移大，而且不能保证每根钢筋（丝）受力均匀。

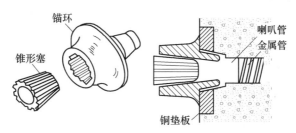

图7-7　锥形锚具

（3）夹片式锚具　如图7-8所示，每套锚具是由一个锚环和若干个夹片组成的，钢绞线在每个孔道内通过有牙齿的钢夹片夹住。可以根据需要，每套锚具锚固数根直径为15.2mm或12.7mm的钢绞线。国内常见的热处理钢筋夹片式锚具有JM-12型（图7-8）和JM-15型等，预应力钢绞线夹片式锚具有OVM型、QM型和XM型等形式。

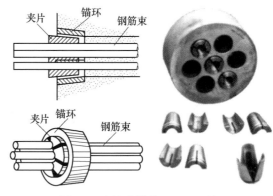

JM-12型锚具的主要缺点是钢筋内缩量较大。其余几种锚具具有锚固可靠、互换性好、自锚性能强、张拉钢筋的根数多、施工操作也较简便等优点。

（4）固定端锚具

图7-8　夹片式锚具（JM-12型）

1）H型锚具。利用钢绞线梨形（通过压花设备成形，见图7-9）自锚头与混凝土的黏结进行锚固。适用于55根以下钢绞线束的锚固。

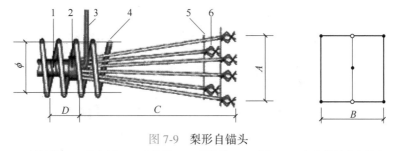

图7-9　梨形自锚头

1—波纹管　2—约束圈　3—出浆管　4—螺旋筋　5—支架　6—钢绞线梨形自锚头

2）P型锚具。由挤压筒和锚板组成，利用挤压筒对钢绞线的挤压握裹力进行锚固（图7-10）。适用于锚固19根以下的钢绞线束。

预应力锚具的选用，可根据预应力筋品种和锚固部位的不同，以及锚具的锚固性能和结构的受力条件按表7-1选用。

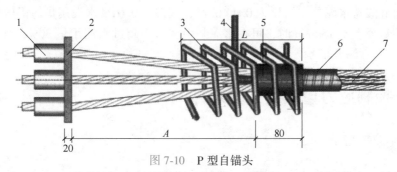

图 7-10　P 型自锚头

1—挤压头　2—固定端锚板　3—螺旋筋　4—出浆管　5—约束圈　6—扁波纹管　7—钢绞线

表 7-1　预应力锚具选用表

预应力筋品种	张 拉 端	固 定 端	
		安装在结构外部	安装在结构内部
钢绞线	夹片锚具 压接锚具	夹片锚具 挤压锚具 压接锚具	压花锚具 挤压锚具
单根钢丝	夹片锚具 镦头锚具	夹片锚具 镦头锚具	镦头锚具
钢丝束	镦头锚具 冷（热）铸锚	镦头锚具 冷（热）铸锚	镦头锚具
预应力螺纹钢筋	螺母锚具	螺母锚具	螺母锚具

施工时需要锚具代换的，必须经设计单位同意。代换原则是：较高强度等级预应力筋用锚、夹具可用于较低强度等级的预应力筋；较低强度等级预应力筋用锚具、夹具不得用于较高强度等级的预应力筋。

2. 孔道成型与灌浆材料

后张有黏结预应力筋的孔道成型方法分为抽拔型和预埋型两类。

抽拔型是在浇筑混凝土前预埋钢管或充水（充压）的橡胶管，在浇筑混凝土后并达到一定强度时抽拔出预埋管，便形成了预留在混凝土中的孔道，适用于直线形孔道。

预埋型是在浇筑混凝土前预埋金属波纹管（或塑料波纹管，如图7-11所示），在浇筑混凝土后不再拔出预埋管而永久留在混凝土中，便形成了预留孔道，适用于各种线形孔道。

a)　　　　　　　　　　　b)

图 7-11　孔道成型材料（波纹管）

a）金属波纹管　b）SBG 塑料波纹管及连接套管

预留孔道的灌浆材料应具有流动性、密实性和微膨胀性，一般采用32.5或32.5以上强度等级的普通硅酸盐水泥，水胶比为0.4~0.45，宜掺入0.01%水泥用量的铝粉作为膨胀剂。当预留孔道的直径大于150mm时，可在水泥浆中掺入不超过水泥用量30%的细砂或研磨很细的石灰石。

7.3 张拉控制应力与预应力损失

预应力损失

7.3.1 张拉控制应力 σ_{con}

张拉控制应力是指预应力筋张拉时需要达到的最大应力值，即用张拉设备所控制施加的张拉力除以预应力筋截面面积所得到的应力，用 σ_{con} 表示。

张拉控制应力的取值对预应力混凝土构件的受力性能影响很大。张拉控制应力越高，混凝土所受到的预压应力越大，构件的抗裂性能越好，还可以节约预应力筋，所以张拉控制应力不能过低。但张拉控制应力过高会引起如下问题：①造成构件在施工阶段的预拉区拉应力过大甚至开裂，对后张法构件造成端部混凝土局部受压破坏；②过大的预应力会使构件开裂荷载与极限荷载很接近，构件破坏前无明显预兆，构件的延性较差；③有时为了减小预应力损失，需要进行超张拉，而过高的张拉应力可能使个别预应力筋超过它的实际屈服强度，使钢筋产生塑性变形或发生脆断；④张拉控制应力越高，预应力损失越大。

张拉控制应力值大小主要与张拉方法及钢筋种类有关。先张法的张拉控制应力值高于后张法。后张法在张拉预应力筋时，混凝土即产生弹性压缩，所以张拉控制应力为混凝土压缩后的预应力筋应力值；而先张法构件，混凝土是在预应力筋放张后才产生弹性压缩，故需考虑混凝土弹性压缩引起的预应力值的降低。消除应力钢丝和钢绞线这类钢材材质稳定，对后张法张拉时的高应力，在预应力筋锚固后降低很快，不会发生拉断，故其张拉控制应力值较高些。

根据国内外设计与施工经验，并参考国内外的相关规范，《规范》规定，预应力筋的张拉控制应力不宜超过表7-2规定的限值。消除应力钢丝、钢绞线、中强度预应力钢丝的张拉控制应力值不应小于 $0.4f_{ptk}$，f_{ptk} 为预应力钢筋抗拉强度标准值；预应力螺纹钢筋的张拉控制应力不宜小于 $0.5f_{pyk}$，f_{pyk} 为预应力螺纹钢筋屈服强度标准值。

表 7-2 张拉控制应力限值

钢 筋 种 类	张 拉 方 法	
	先 张 法	后 张 法
消除应力钢丝、钢绞线	$0.75f_{ptk}$	$0.75f_{ptk}$
中强度预应力钢丝	$0.70f_{ptk}$	
预应力螺纹钢筋	$0.85f_{pyk}$	$0.65f_{ptk}$

当符合下列情况之一时，表7-2中的张拉控制应力限值可提高 $0.05f_{ptk}$ 或 $0.05f_{pyk}$。

1）要求提高构件在施工阶段的抗裂性能而在使用阶段受压区内设置的预应力筋。

2）要求部分抵消由于应力松弛、摩擦、钢筋分批张拉及预应力筋与张拉台座之间的温差等因素产生的预应力损失。

7.3.2　预应力损失

在预应力混凝土构件施工及使用过程中，预应力筋的张拉应力值由于张拉工艺和材料特性等原因逐渐降低，这种现象称为预应力损失。预应力损失会降低预应力的效果，因此，尽可能减小预应力损失并对其进行正确的估算，对预应力混凝土结构的设计是非常重要的。

引起预应力损失的因素很多，而且许多因素之间相互影响，所以要精确计算预应力损失非常困难。对预应力损失的计算，《规范》采用的是将各种因素产生的预应力损失值分别计算然后叠加的方法。下面对这些预应力损失分项进行讨论。

1. 锚具变形和钢筋内缩引起的预应力损失 σ_{l1}

预应力筋张拉完毕后，用锚具锚固在台座或构件上。由于锚具压缩变形、垫板与构件之间的缝隙被挤紧、钢筋和楔块在锚具内滑移等因素的影响，而使预应力筋产生的预应力损失，用符号 σ_{l1} 表示。计算这项损失时，只需考虑张拉端，不需考虑锚固端，因为锚固端的锚具变形在张拉过程中已经完成。

（1）直线形预应力筋　直线形预应力筋 σ_{l1} 可按下式计算

$$\sigma_{l1} = \frac{a}{l} E_s \qquad (7\text{-}1)$$

式中　a——张拉端锚具变形和预应力筋内缩值（mm），按表 7-3 取用；

l——张拉端至锚固端之间的距离（mm）；

E_s——预应力筋的弹性模量（N/mm²）。

表 7-3　锚具变形和钢筋内缩值 a　　　　　（单位：mm）

锚 具 类 别		a
支承式锚具（钢丝束镦头锚具等）	螺母缝隙	1
	每块后加垫板的缝隙	1
锥塞式锚具（钢丝束的钢质锥形锚具等）		5
夹片式锚具	有预压时	5
	无预压时	6~8

对于块体拼成的结构，其预应力损失还应计及块体间填缝的预压变形。当采用混凝土或砂浆为填缝材料时，每条填缝的预压变形值可取 1mm。

（2）后张法曲线预应力筋　对后张法曲线预应力筋，当锚具变形和钢筋内缩引起钢筋回缩时，钢筋与孔道之间产生反向摩擦力，阻止钢筋的回缩（图 7-12）。因此，锚固损失在张拉端最大，沿预应力筋向内逐步减小，直至消失。对圆心角 $\theta \leqslant 30°$ 的圆弧形（抛物线形）曲线预应力钢筋的锚固损失 σ_{l1} 可按下式计算

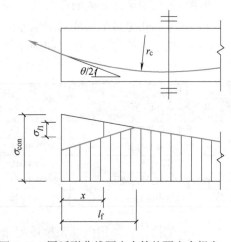

图 7-12　圆弧形曲线预应力筋的预应力损失 σ_{l1}

$$\sigma_{l1} = 2\sigma_{con} l_f \left(\frac{\mu}{r_c} + \kappa \right) \left(1 - \frac{x}{l_f} \right) \tag{7-2}$$

反向摩擦影响长度 l_f（mm）可按下式计算

$$l_f = \sqrt{\frac{aE_s}{1000\sigma_{con}(\mu/r_c+\kappa)}} \tag{7-3}$$

式中　r_c——圆弧形曲线预应力筋的曲率半径（m）;

　　　μ——预应力筋与孔道壁之间的摩擦系数，按表7-4取用;

　　　κ——考虑孔道每米长度局部偏差的摩擦系数（m^{-1}），按表7-4取用;

　　　x——张拉端至计算截面的距离（m）;

　　　a——张拉端锚具变形和钢筋内缩值（mm），按表7-3取用。

　　减小 σ_{l1} 的措施：①选择锚具变形和钢筋内缩值 a 较小的锚具；②尽量减少垫板的数量；③对先张法，可增加台座的长度 l。

　　2. 预应力筋与孔道壁之间的摩擦引起的预应力损失 σ_{l2}

　　采用后张法张拉预应力筋时，钢筋与孔道壁之间产生摩擦力，使预应力筋的应力从张拉端向里逐渐降低（图7-13）。预应力筋与孔道壁间摩擦力产生的原因为：①直线预留孔道因施工原因发生凹凸和轴线的偏差，使钢筋与孔道壁产生法向压力而引起摩擦力；②曲线预应力筋与孔道壁之间的法向压力引起摩擦力。

　　预应力筋与孔道壁之间的摩擦引起的预应力损失 σ_{l2}，按下列公式计算

$$\sigma_{l2} = \sigma_{con} \left[1 - e^{-(\kappa x + \mu\theta)} \right] \tag{7-4}$$

　　当 $(\kappa x + \mu\theta) \leq 0.3$ 时，σ_{l2} 可按下述近似公式计算

$$\sigma_{l2} = \sigma_{con}(\kappa x + \mu\theta) \tag{7-5}$$

图 7-13　摩擦引起的预应力损失 σ_{l2}

式中　x——张拉端至计算截面的孔道长度（m），可近似取该段孔道在纵轴上的投影长度;

　　　θ——张拉端至计算截面曲线孔道部分切线的夹角（rad）;

　　　κ——考虑孔道每米长度局部偏差的摩擦系数（m^{-1}），按表7-4取用;

　　　μ——预应力筋与孔道壁之间的摩擦系数，按表7-4取用。

表 7-4　**摩擦系数**

孔道成型方式	κ	μ	
		钢绞线、钢丝束	预应力螺纹钢筋
预埋金属波纹管	0.0015	0.25	0.50
预埋塑料波纹管	0.0015	0.15	—
预埋钢管	0.0010	0.30	—
橡胶管或钢管抽芯成形	0.0014	0.55	0.60
无黏结预应力筋	0.0040	0.09	—

　　减小 σ_{l2} 的措施：采用两端张拉或超张拉。由图7-14a、b可见，采用两端张拉时，孔道长度可取构件长度的1/2计算，其摩擦损失也减小一半。采用超张拉的张拉方法为：

$$0 \rightarrow 1.1\sigma_{con} \xrightarrow{\text{持荷 2min}} 0.85\sigma_{con} \xrightarrow{\text{持荷 2min}} \sigma_{con}$$

当张拉至 $1.1\sigma_{con}$ 时，预应力筋中的应力分布曲线为 EHD（图7-14c）；当卸荷至 $0.85\sigma_{con}$ 时，由于孔道与钢筋之间的反向摩擦，预应力筋中的应力沿 $FGHD$ 分布；再次张拉至 σ_{con} 时，预应力筋中应力沿 $CGHD$ 分布。

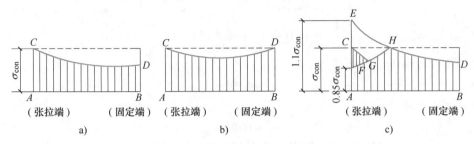

图7-14 一端张拉、两端张拉及超张拉时预应力筋的应力分布

当采用电热后张法时，不考虑这项损失。先张法构件当采用折线形预应力筋时，在转向装置处也有摩擦力，由此产生的预应力摩擦损失按实际情况确定。

3. 预应力筋与台座之间温差引起的预应力损失 σ_{l3}

为了缩短生产周期，先张法构件在浇筑混凝土后采用蒸汽养护。在养护的升温阶段钢筋受热伸长，而台座长度不变，故钢筋应力值降低，而此时混凝土还未硬化。降温时，混凝土已经硬化，并与钢筋黏结成整体，钢筋应力不能恢复原值，于是就产生了预应力损失 σ_{l3}。

预应力筋的变形量为 Δl，台座间的距离为 l，预应力筋与台座之间的温差为 Δt，钢筋的线膨胀系数 $\alpha = 0.00001/℃$，则预应力筋与台座之间的温差引起的预应力损失为

$$\sigma_{l3} = E_s \varepsilon_s = E_s \Delta l / l = E_s \alpha l \Delta t / l = E_s \alpha \Delta t = 2.0 \times 10^5 \times 0.00001 \times \Delta t = 2\Delta t \tag{7-6}$$

为了减小温差引起的预应力损失 σ_{l3}，可采取以下措施：

1）采用二次升温养护方法。先在常温或略高于常温（20~25）℃下养护，待混凝土达到一定强度（7.5~10）MPa后，混凝土与钢筋间已具有足够的黏结力而结成整体，能够一起伸缩而不会引起应力变化，再逐渐升温至养护温度，这时二者可共同变形，不再有预应力损失。

2）采用整体式钢模板。预应力筋锚固在钢模上，钢模与构件一起加热养护，无温差，因此不会引起此项预应力损失。

4. 预应力筋应力松弛引起的预应力损失 σ_{l4}

在高拉应力作用下，随时间的增长，钢筋中将产生塑性变形，在钢筋长度保持不变的情况下，钢筋的拉应力会随时间的增长而逐渐降低，这种现象称为钢筋的应力松弛。钢筋的应力松弛与下列因素有关：①时间，受力开始阶段松弛发展较快，1h和24h松弛损失分别达总松弛损失的50%和80%左右，以后发展缓慢；②钢筋品种，热处理钢筋的应力松弛值比钢丝、钢绞线小；③初始应力，初始应力越高，应力松弛越大。当钢筋的初始应力小于 $0.7f_{ptk}$ 时，松弛与初始应力呈线性关系，当钢筋的初始应力大于 $0.7f_{ptk}$ 时，松弛显著增大。

由于预应力筋的应力松弛引起的应力损失按下列公式计算：

（1）预应力钢丝、钢绞线

1）普通松弛。

$$\sigma_{l4} = 0.4\left(\frac{\sigma_{con}}{f_{ptk}} - 0.5\right)\sigma_{con} \tag{7-7}$$

2）低松弛。

当 $\sigma_{con} \leqslant 0.7 f_{ptk}$ 时 $\sigma_{l4} = 0.125\left(\frac{\sigma_{con}}{f_{ptk}} - 0.5\right)\sigma_{con} \tag{7-8}$

当 $0.7 f_{ptk} < \sigma_{con} \leqslant 0.8 f_{ptk}$ 时 $\sigma_{l4} = 0.2\left(\frac{\sigma_{con}}{f_{ptk}} - 0.575\right)\sigma_{con} \tag{7-9}$

（2）中强度预应力钢丝

$$\sigma_{l4} = 0.08\sigma_{con} \tag{7-10}$$

（3）预应力螺纹钢筋

$$\sigma_{l4} = 0.03\sigma_{con} \tag{7-11}$$

当 $\sigma_{con}/f_{ptk} \leqslant 0.5$ 时，预应力筋应力松弛损失值可取为零。考虑时间影响的预应力筋应力松弛引起的预应力损失值，可由式（7-7）~式（7-11）算得的预应力损失值 σ_{l4} 乘以相应的系数确定（参考《规范》附录 E）。

为减小预应力筋应力松弛损失可采用超张拉，先将预应力筋张拉至 $1.05\sigma_{con}$，持荷 2min，再卸荷至张拉控制应力 σ_{con}。因为在高应力状态下，短时间所产生的应力松弛值即可达到在低应力状态下较长时间才能完成的松弛值。所以，经超张拉后部分松弛已经完成，锚固后的松弛值即可减小。

5. 混凝土收缩和徐变引起的预应力损失 σ_{l5}

混凝土在硬化时发生体积收缩，在压应力作用下，混凝土还会产生徐变。混凝土收缩和徐变都使构件长度缩短，预应力筋也随之回缩，造成预应力损失。混凝土收缩和徐变虽是两种性质不同的现象，但它们的影响是相似的，为了简化计算，将此两项预应力损失一起考虑。

混凝土收缩、徐变引起受拉区和受压区预应力筋的预应力损失 σ_{l5}、σ'_{l5} 可按下列公式计算：

（1）一般情况

1）先张法构件。

$$\sigma_{l5} = \frac{60 + 340\dfrac{\sigma_{pc}}{f'_{cu}}}{1 + 15\rho} \tag{7-12}$$

$$\sigma'_{l5} = \frac{60 + 340\dfrac{\sigma'_{pc}}{f'_{cu}}}{1 + 15\rho'} \tag{7-13}$$

$$\rho = \frac{A_p + A_s}{A_0}, \quad \rho' = \frac{A'_p + A'_s}{A_0}$$

2）后张法构件。

$$\sigma_{l5} = \frac{55 + 300\dfrac{\sigma_{pc}}{f'_{cu}}}{1 + 15\rho} \tag{7-14}$$

$$\sigma'_{l5} = \frac{55+300\dfrac{\sigma'_{pc}}{f'_{cu}}}{1+15\rho'} \tag{7-15}$$

$$\rho = \frac{A_p+A_s}{A_n}, \quad \rho' = \frac{A'_p+A'_s}{A_n}$$

式中　σ_{pc}、σ'_{pc}——受拉区、受压区预应力筋合力点处的混凝土法向压应力；

f'_{cu}——施加预应力时的混凝土立方体抗压强度；

ρ、ρ'——受拉区、受压区预应力筋和非预应力筋的配筋率，对于对称配置预应力筋和非预应力筋的构件，配筋率 ρ、ρ' 应按钢筋总截面面积的一半计算；

A_0——混凝土换算截面面积；

A_n——混凝土净截面面积。

此时，预应力损失值仅考虑混凝土预压前（第一批）的损失，σ_{pc}、σ'_{pc} 值不得大于 $0.5f'_{cu}$；当 σ'_{pc} 为拉应力时，则式（7-13）、式（7-15）中的 σ'_{pc} 应取为零。计算混凝土法向应力 σ_{pc}、σ'_{pc} 时，可根据构件的制作情况考虑自重的影响。

由式（7-12）~式（7-15）可见，后张法中构件的 σ_{l5} 与 σ'_{l5} 比先张法构件的小，这是因为后张法构件在施加预应力时，混凝土的收缩已完成了一部分。另外，式中给出的是线性徐变下的预应力损失，因此要求 $\sigma_{pc}(\sigma'_{pc})<0.5f'_{cu}$。否则，将发生非线性徐变，由此所引起的预应力损失将显著增大。

当结构处于年平均相对湿度低于 40% 的环境下，σ_{l5} 与 σ'_{l5} 值应增加 30%。当采用泵送混凝土时，宜根据实际情况考虑混凝土收缩、徐变引起的应力损失值的增大。

（2）对重要的结构构件　当需要考虑与时间相关的混凝土收缩、徐变损失值时，可按《规范》附录 E 进行计算。

混凝土收缩和徐变引起的预应力损失 σ_{l5} 在预应力总损失中占的比重较大，为 40%~50%，在设计中应注意采取措施减少混凝土的收缩和徐变。可采取的措施有：①采用高强度等级水泥，以减少水泥用量；②采用高效减水剂，以减小水胶比；③采用级配好的集料，加强振捣，提高混凝土的密实性；④加强养护，以减小混凝土的收缩。

6. 用螺旋式预应力筋作配筋的环形构件，因混凝土的局部挤压引起的预应力损失 σ_{l6}

采用螺旋式预应力筋作配筋的环形构件，由于预应力筋对混凝土的挤压，使构件的直径减小（图 7-15），从而引起预应力损失 σ_{l6}。

σ_{l6} 的大小与构件的直径成反比，直径越小，损失越大。《规范》规定：当构件直径 $d \leqslant 3m$ 时，$\sigma_{l6} = 30 \text{N/mm}^2$；当构件直径 $d>3m$ 时，$\sigma_{l6} = 0$。

除上述六种损失外，后张法构件采用分批张拉预应力筋时，应考虑后批张拉钢筋所产生的混凝土弹性压缩（或伸长）对先批张拉钢筋的影响，将先批张拉钢筋的张拉控制应力 σ_{con} 增大（或减小）$\alpha_E \sigma_{pci}$（α_E 为钢筋与混凝土弹性模

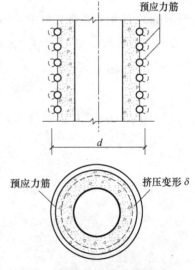

图 7-15　螺旋式预应力筋对环形构件的局部挤压变形

量之比，$\alpha_E = E_s/E_c$，σ_{pci} 为后批张拉钢筋在先批张拉钢筋重心处产生的混凝土法向应力）。

7.3.3 预应力损失值的组合

1. 预应力损失值的组合

上述预应力损失有的只发生在先张法中，有的只发生在后张法中，有的在先张法和后张法中均有，而且是分批出现的。为了便于分析和计算，设计时可将预应力损失分为两批：①混凝土预压完成前出现的损失，称第一批损失 σ_{lI}；②混凝土预压完成后出现的损失，称第二批损失 σ_{lII}。先、后张法预应力构件在各阶段的预应力损失组合见表7-5，其中先张法构件由于钢筋应力松弛引起的损失值 σ_{l4} 在第一批和第二批损失中所占的比例，如需区分，可根据实际情况定，一般将 σ_{l4} 全部计入第一批损失中；先张法构件的 σ_{l2}，是对折线预应力筋，考虑钢筋转向装置处摩擦引起的应力损失，其数值按实际情况确定。

表 7-5   各阶段的预应力损失组合

预应力的损失组合	先张法构件	后张法构件
混凝土预压前（第一批）损失	$\sigma_{l1}+\sigma_{l2}+\sigma_{l3}+\sigma_{l4}$	$\sigma_{l1}+\sigma_{l2}$
混凝土预压后（第二批）损失	σ_{l5}	$\sigma_{l4}+\sigma_{l5}+\sigma_{l6}$

2. 预应力总损失的下限值

考虑到预应力损失的计算值与实际值可能存在一定差异，为确保预应力构件的抗裂性，《规范》规定，当计算求得的预应力总损失 $\sigma_l = \sigma_{lI}+\sigma_{lII}$ 小于下列数值时，应按下列数据取用：先张法构件，$\sigma_l = 100\text{N}/\text{mm}^2$；后张法构件，$\sigma_l = 80\text{N}/\text{mm}^2$。

【例7-1】 某24m屋架预应力混凝土下弦拉杆，其截面构造如图7-16所示。采用后张法在一端施加预应力。孔道直径50mm，预埋波纹管成孔。每个孔道配置3根 $7\phi^S 15.2$ 普通松弛钢绞线（$A_p = 840\text{mm}^2$，$f_{ptk} = 1720\text{N}/\text{mm}^2$），非预应力筋采用HRB400级钢筋 $4\,\Phi\,12$（$A_s = 461\text{mm}^2$）。采用XM型锚具，张拉控制应力采用 $\sigma_{con} = 0.65 f_{ptk}$，采用C45混凝土，施加预应力时 $f'_{cu} = 45\text{N}/\text{mm}^2$。要求计算预应力损失。

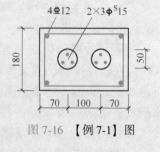

图 7-16 【例7-1】图

【解】 （1）截面几何特征   预应力钢绞线 $E_p = 1.95 \times 10^5 \text{N}/\text{mm}^2$，非预应力筋 $E_s = 2.0 \times 10^5 \text{N}/\text{mm}^2$，C45混凝土 $E_c = 3.35 \times 10^4 \text{N}/\text{mm}^2$，则

$$\alpha_E = \frac{E_s}{E_c} = \frac{2.0 \times 10^5}{3.35 \times 10^4} = 5.97$$

扣除孔道的净换算截面面积为

$$A_n = \left[240 \times 180 - 2 \times \frac{\pi}{4} \times 50^2 + (5.97-1) \times 461 \right]\text{mm}^2 = 41566.2\text{mm}^2$$

张拉控制应力为

$$\sigma_{con} = 0.65 f_{ptk} = 0.65 \times 1720\text{N}/\text{mm}^2 = 1118\text{N}/\text{mm}^2$$

（2）锚具变形及钢筋内缩损失 σ_{l1}　XM 型锚具采用钢绞线内缩值 $a=5\mathrm{mm}$，构件长 $l=24\mathrm{m}$，则

$$\sigma_{l1}=\frac{a}{l}E_{\mathrm{p}}=\frac{5}{24000}\times1.95\times10^5\mathrm{N/mm^2}=40.625\mathrm{N/mm^2}$$

（3）孔道摩擦损失 σ_{l2}　预埋波纹管成孔，$k=0.0015\mathrm{m^{-1}}$，直线配筋 $\mu\theta=0$，则

$$\sigma_{l2}=\sigma_{\mathrm{con}}(kx+\mu\theta)=1118\times(0.0015\times24+0)\mathrm{N/mm^2}=40.25\mathrm{N/mm^2}$$

第一批损失 $\sigma_{l\mathrm{I}}=\sigma_{l1}+\sigma_{l2}=80.88\mathrm{N/mm^2}$

（4）预应力筋应力松弛损失 σ_{l4}

$$\sigma_{l4}=0.4\left(\frac{\sigma_{\mathrm{con}}}{f_{\mathrm{ptk}}}-0.5\right)\sigma_{\mathrm{con}}=0.4\times\left(\frac{1118}{1720}-0.5\right)\times1118\mathrm{N/mm^2}=67.1\mathrm{N/mm^2}$$

（5）混凝土收缩徐变损失 σ_{l5}　张拉终止后混凝土的预压应力为

$$\sigma_{\mathrm{pc}}=\frac{(\sigma_{\mathrm{con}}-\sigma_{l\mathrm{I}})A_{\mathrm{p}}}{A_{\mathrm{n}}}=\frac{(1118-80.88)\times840}{41566.2}\mathrm{N/mm^2}=20.96\mathrm{N/mm^2}$$

$$\frac{\sigma_{\mathrm{pc}}}{f_{\mathrm{cu}}'}=\frac{20.96}{45}=0.47<0.5\quad（满足要求）$$

$$\rho=\rho'=\frac{A_{\mathrm{p}}+A_{\mathrm{s}}}{2A_{\mathrm{n}}}=\frac{840+461}{2\times41566.2}=0.0156$$

$$\sigma_{l5}=\frac{55+300\dfrac{\sigma_{\mathrm{pcI}}}{f_{\mathrm{cu}}'}}{1+15\rho}=\frac{55+300\times0.47}{1+15\times0.0156}\mathrm{N/mm^2}=158.8\mathrm{N/mm^2}$$

第二批损失 $\sigma_{l\mathrm{II}}=\sigma_{l4}+\sigma_{l5}=225.9\mathrm{N/mm^2}$

全部预应力损失 $\sigma_l=\sigma_{l\mathrm{I}}+\sigma_{l\mathrm{II}}=306.8\mathrm{N/mm^2}$

7.4　预应力混凝土轴心受拉构件计算

对于预应力混凝土轴心受拉构件的设计计算，主要包括有荷载作用下的正截面承载力计算、使用阶段的裂缝控制验算和施工阶段的局部承压验算等内容，其中使用阶段的裂缝控制验算包括有抗裂验算和裂缝宽度验算。

7.4.1　预应力张拉施工阶段应力分析

预应力混凝土轴心受拉构件在施工阶段的应力状况，包括若干个具有代表性的受力过程，它们与施加预应力是采用先张法还是后张法有着密切的关系。

1. 先张法施工阶段

先张法预应力混凝土轴心受拉构件施工阶段的主要工序有张拉预应力筋、预应力筋锚固后浇筑和养护混凝土、放松预应力筋等。

1）张拉预应力筋阶段。在固定的台座上穿好预应力筋（其截面面积为 A_p），用张拉设备张拉预应力筋直至达到张拉控制应力 σ_{con}，预应力筋所受到的总拉力 $N_p = \sigma_{con}A_p$，此时该拉力由台座承担。

2）预应力筋锚固、混凝土浇筑完毕并进行养护阶段。由于锚具变形和预应力筋内缩、预应力筋的应力部分松弛和混凝土养护时引起的温差等原因，使得预应力筋产生了第一批预应力损失 σ_{lI}，此时预应力筋的有效拉应力为 $(\sigma_{con} - \sigma_{lI})$，预应力筋的合力为

$$N_{pI} = (\sigma_{con} - \sigma_{lI})A_p \tag{7-16}$$

该拉力同样由台座来承担，而混凝土和非预应力筋 A_s 的应力均为零，如图 7-17a 所示。

3）放张预应力筋后，预应力筋发生弹性回缩而缩短，但由于预应力筋与混凝土之间存在黏结力，所以预应力筋的回缩量与混凝土受预压的弹性压缩量相等。假设混凝土受到的预压应力为 σ_{pcI}，由变形协调条件可得，非预应力筋受到的预压应力为 $\alpha_{E_s}\sigma_{pcI}$。预应力筋的应力减少了 $\alpha_{E_p}\sigma_{pcI}$。因此，放张后预应力筋的有效拉应力（图 7-17b）σ_{peI} 为

$$\sigma_{peI} = \sigma_{con} - \sigma_{lI} - \alpha_{E_p}\sigma_{pcI} \tag{7-17}$$

此时，预应力构件处于自平衡状态，由内力平衡条件可知，预应力筋所受的拉力等于混凝土和非预应力筋所受的压力，即

$$\sigma_{peI}A_p = \sigma_{pcI}A_c + \alpha_{E_s}\sigma_{pcI}A_s \tag{7-18}$$

将式（7-17）代入并整理得

$$\sigma_{pcI} = \frac{(\sigma_{con} - \sigma_{lI})A_p}{(A_c + \alpha_{E_s}A_s + \alpha_{E_p}A_p)} = \frac{N_{pI}}{A_0} \tag{7-19}$$

式中　N_{pI}——预应力筋在完成第一批损失后的合力，$N_{pI} = (\sigma_{con} - \sigma_{lI})A_p$；

　　　A_0——换算截面面积，为混凝土截面面积与非预应力筋和预应力筋换算成混凝土的截面面积之和，即 $A_0 = A_c + \alpha_{E_s}A_s + \alpha_{E_p}A_p$；

　　α_{E_s}、α_{E_p}——非预应力筋、预应力筋的弹性模量与混凝土弹性模量的比值。

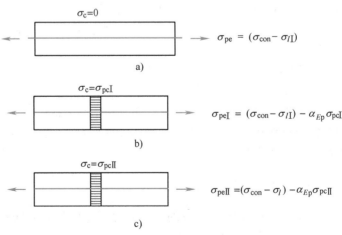

图 7-17　先张法施工阶段受力分析

a）放张前　b）放张后　c）完成第二批损失

4）构件在预应力 σ_{peI} 的作用下，混凝土发生收缩和徐变，预应力筋继续松弛，构件进一步缩短，完成第二批应力损失 σ_{lII}。此时混凝土的应力由 σ_{pcI} 减少为 σ_{pcII}，非预应力筋的预

压应力由 $\alpha_{E_s}\sigma_{pcI}$ 变为 $\alpha_{E_s}\sigma_{pcII}+\sigma_{l5}$，预应力筋中的应力由 σ_{peI} 减少了 $(\alpha_{E_p}\sigma_{pcII}-\alpha_{E_p}\sigma_{pcI})+\sigma_{lII}$，因此，预应力筋的有效拉应力（图 7-17c）$\sigma_{peII}$ 为

$$\sigma_{pe}=\sigma_{peI}-(\alpha_{E_p}\sigma_{pc}-\alpha_{E_p}\sigma_{pcI})-\sigma_{lII}=\sigma_{con}-\sigma_{lI}-\sigma_{lII}-\alpha_{E_p}\sigma_{pcII}=\sigma_{con}-\sigma_l-\alpha_{E_p}\sigma_{pcII} \quad (7\text{-}20)$$

式中　σ_l——全部预应力损失，$\sigma_l=\sigma_{lI}+\sigma_{lII}$。

根据构件截面的内力平衡条件 $\sigma_{peII}A_p=\sigma_{pcII}A_c+(\alpha_{E_s}\sigma_{pcII}+\sigma_{l5})A_s$ 可得

$$\sigma_{pcII}=\frac{(\sigma_{con}-\sigma_l)A_p-\sigma_{l5}A_s}{(A_c+\alpha_{E_s}A_s+\alpha_{E_p}A_p)}=\frac{N_{pII}}{A_0} \quad (7\text{-}21)$$

式中　N_{pII}——预应力筋完成全部预应力损失后预应力筋和非预应力筋的合力，$N_{pII}=(\sigma_{con}-\sigma_l)A_p-\sigma_{l5}A_s$。

式（7-21）说明预应力筋按张拉控制应力 σ_{con} 进行张拉，在放张后并完成全部预应力损失 σ_l 时，先张法预应力混凝土轴心受拉构件在换算截面 A_0 上建立了预压应力 σ_{pcII}。

2. 后张法施工阶段

后张法预应力混凝土轴心受拉构件施工阶段的主要工序有浇筑混凝土并预留孔道、穿束并张拉预应力筋、锚固预应力筋和孔道灌浆。从施工工艺来看，后张法与先张法的主要区别虽然仅在于张拉预应力筋与浇筑混凝土的先后次序不同，但是其应力状况与先张法有本质的区别。

1）张拉预应力筋之前，即从浇筑混凝土开始至穿预应力筋后，构件不受任何外力作用，所以构件截面不存在任何应力，如图 7-18a 所示。

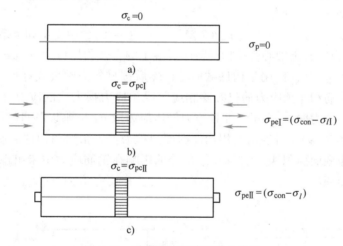

图 7-18　后张法施工阶段受力分析

a）张拉前　b）完成第一批损失　c）完成第二批损失

2）张拉预应力筋，与此同时混凝土受到与张拉力反向的压力作用，并发生了弹性压缩变形，如图 7-18b 所示。同时，在张拉过程中预应力筋与孔壁之间的摩擦引起预应力损失 σ_{l2}；锚固预应力筋后，锚具的变形和预应力筋的回缩引起预应力损失 σ_{l1}，从而完成了第一批损失 σ_{lI}。此时，混凝土受到的压应力为 σ_{pcI}，非预应力筋所受到的压应力为 $\alpha_{E_s}\sigma_{pcI}$。预应力筋的有效拉应力 σ_{peI} 为

$$\sigma_{peI}=\sigma_{con}-\sigma_{lI} \quad (7\text{-}22)$$

由构件截面的内力平衡条件 $\sigma_{peI}A_p=\sigma_{pcI}A_c+\alpha_{E_s}\sigma_{pcI}A_s$，可得到

$$\sigma_{pcI} = \frac{(\sigma_{con} - \sigma_{lI}) A_p}{A_c + \alpha_{E_s} A_s} = \frac{N_{pI}}{A_n} \tag{7-23}$$

式中　N_{pI}——完成第一批预应力损失后，预应力筋的合力；

　　　　A_n——构件的净截面面积，即扣除孔道后混凝土的截面面积与非预应力筋换算成混凝土的截面面积之和，$A_n = A_c + \alpha_{E_s} A_s$。

3）在预应力张拉全部完成之后，构件中混凝土受到预压应力的作用而发生了收缩和徐变、预应力筋松弛以及预应力筋对孔壁混凝土的挤压，从而完成了第二批预应力损失 σ_{lII}，此时混凝土的应力由 σ_{pcI} 减少为 σ_{pcII}，非预应力筋的预压应力由 $\alpha_{E_s} \sigma_{pcI}$ 减少为 $\alpha_{E_s} \sigma_{pcII} + \sigma_{l5}$，如图 7-18c 所示，预应力筋的有效应力 σ_{peII} 为

$$\sigma_{pe} = \sigma_{peI} - \sigma_{lII} = \sigma_{con} - \sigma_{lI} - \sigma_{lII} = \sigma_{con} - \sigma_l \tag{7-24}$$

由构件截面的内力平衡条件 $\sigma_{peII} A_p = \sigma_{pcII} A_c + (\alpha_{E_s} \sigma_{pcII} + \sigma_{l5}) A_s$，可得

$$\sigma_{pcII} = \frac{(\sigma_{con} - \sigma_l) A_p - \sigma_{l5} A_s}{A_c + \alpha_{E_s} A_s} = \frac{N_{pII}}{A_n} \tag{7-25}$$

式中　N_{pII}——预应力筋完成全部预应力损失后预应力筋和非预应力筋的合力，$N_{pII} = (\sigma_{con} - \sigma_l) A_p - \sigma_{l5} A_s$。

式（7-25）说明预应力筋按张拉控制应力 σ_{con} 进行张拉，在放张后并完成全部预应力损失 σ_l 时，后张法预应力混凝土轴心受拉构件在构件净截面 A_n 上建立了预压应力 σ_{pcII}。

3. 先张法与后张法的比较

比较式（7-19）与式（7-23）、式（7-21）与式（7-25），可得出如下结论：

1）计算预应力混凝土轴心受拉构件截面混凝土的有效预压应力 σ_{pcI}、σ_{pcII} 时，可分别将一个轴向压力 N_{pI}、N_{pII} 作用于构件截面上，然后按材料力学公式计算。压力 N_{pI}、N_{pII} 由相应时刻预应力筋和非预应力筋仅扣除相应阶段预应力损失后的应力（如完成第二批损失后，预应力筋拉应力取 $\sigma_{con} - \sigma_l$，非预应力筋压应力取 σ_{l5}）乘以各自的截面面积并反向，最后叠加而得（图 7-19）。计算时所用构件截面面积为：先张法用构件的换算截面面积 A_0，后张法用构件的净截面面积 A_n。弹性压缩部分的影响在钢筋应力中未出现，是由于其已经隐含在构件截面面积内。

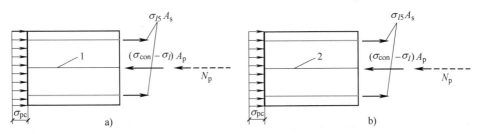

图 7-19　轴心受拉构件预应力筋及非预应力筋合力位置

a）先张法构件　b）后张法构件

1—换算截面重心轴　2—净截面重心轴

2）在先张法预应力混凝土轴心受拉构件中，存在着放松预应力筋后由混凝土弹性压缩变形而引起的预应力损失；在后张法预应力混凝土轴心受拉构件中，混凝土的弹性压缩变形

是在预应力筋张拉过程中发生的，因此没有相应的预应力损失。所以，相同条件的预应力混凝土轴心受拉构件，当预应力筋的张拉控制应力相等时，先张法预应力筋中的有效预应力比后张法的小，相应建立的混凝土预压应力也就比后张法的小，具体的数量差别取决于混凝土弹性压缩变形的大小。

3）在施工阶段中，当考虑到所有的预应力损失后，计算混凝土的预压应力 σ_{pcII} 的式（7-21）（先张法）与式（7-25）（后张法），从形式上来讲大致相同，主要区别在于公式中的分母分别为 A_0 和 A_n 的不同。由于 $A_0 > A_n$，因此先张法预应力混凝土轴心受拉构件的混凝土预压应力小于后张法预应力混凝土轴心受拉构件。

以上结论可推广应用于计算预应力混凝土受弯构件的混凝土预应力，只需将 N_{pI} 和 N_{pII} 改为偏心压力。

7.4.2 使用阶段应力分析

预应力混凝土轴心受拉构件在使用荷载作用下，其整个受力都经历消压、开裂和达到承载能力极限状态等过程。

1. 消压轴力

当对构件施加的轴心拉力 N_0 在该构件截面上产生的拉应力 $\sigma_{c0} = N_0/A_0$ 刚好与混凝土的预压应力 σ_{pcII} 相等，即 $|\sigma_{c0}| = |\sigma_{pcII}|$ 时，称 N_0 为消压轴力。此时，非预应力筋的应力由原来的 $\alpha_{E_s}\sigma_{pcII} + \sigma_{l5}$ 减小了 $\alpha_{E_s}\sigma_{pcII}$，即非预应力筋的应力 $\sigma_{s0} = \sigma_{l5}$；预应力筋的应力则由原来的 σ_{peII} 增加了 $\alpha_{E_p}\sigma_{pcII}$。

对于先张法预应力混凝土轴心受拉构件，结合式（7-21），得到预应力筋的应力 σ_{p0} 为

$$\sigma_{p0} = \sigma_{con} - \sigma_l \tag{7-26a}$$

对于后张法预应力混凝土轴心受拉构件，结合式（7-25），得到预应力筋的应力 σ_{p0} 为

$$\sigma_{p0} = \sigma_{con} - \sigma_l + \alpha_{E_p}\sigma_{pcII} \tag{7-26b}$$

预应力混凝土轴心受拉构件的消压状态，相当于普通混凝土轴心受拉构件承受荷载的初始状态，混凝土不参与受拉，轴心拉力 N_0 由预应力筋和非预应力筋承受，则

$$N_0 = \sigma_{p0}A_p - \sigma_s A_s \tag{7-27}$$

将式（7-26a）代入式（7-27），结合式（7-21），得到先张法预应力混凝土轴心受拉构件的消压轴力 N_0 为

$$N_0 = (\sigma_{con} - \sigma_l)A_p - \sigma_{l5}A_s = \sigma_{pcII}A_0 \tag{7-28a}$$

将式（7-26b）分别代入式（7-27），结合式（7-25），得到后张法预应力混凝土轴心受拉构件的消压轴力 N_0 为

$$N_0 = (\sigma_{con} - \sigma_l + \alpha_{E_p}\sigma_{pcII})A_p - \sigma_{l5}A_s = \sigma_{pcII}(A_n + \alpha_{E_p}A_p) = \sigma_{pcII}A_0 \tag{7-28b}$$

式（7-28）表明，消压轴力都等于混凝土有效预压应力乘以换算截面面积，全部由预应力筋和非预应力筋承受。消压后，先张法和后张法的计算公式相同。

2. 开裂轴力

在消压轴力 N_0 基础上，继续施加足够的轴心拉力使得构件中混凝土的拉应力达到其抗拉强度 f_{tk}，混凝土处于受拉即将开裂但还未开裂的极限状态，称该轴力为开裂轴力 N_{cr}。此时混凝土所受到的拉应力为 f_{tk}；非预应力筋由压应力 σ_{l5} 增加了拉应力 $\alpha_{E_s}f_{tk}$，预应力筋的

拉应力由 σ_{p0} 增加了 $\alpha_{E_p} f_{tk}$，即 $\sigma_{s,cr} = \alpha_{E_s} f_{tk} - \sigma_{l5}$，$\sigma_{p,cr} = \sigma_{p0} + \alpha_{E_p} f_{tk}$。

此时构件所承受的轴心拉力为

$$N_{cr} = N_0 + f_{tk} A_c + \alpha_{E_s} f_{tk} A_s + \alpha_{E_p} f_{tk} A_p = N_0 + (A_c + \alpha_{E_s} A_s + \alpha_{E_p} A_p) f_{tk} = (\sigma_{pcII} + f_{tk}) A_0 \quad (7\text{-}29)$$

3. 极限轴力

当构件开裂后，混凝土不再承受荷载的作用，全部荷载完全由钢筋承受，破坏时预应力筋和非预应力筋都达到各自的屈服强度，其极限轴力为

$$N_u = f_{py} A_p + f_y A_s \quad (7\text{-}30)$$

式中　f_{py}、f_y——预应力筋和非预应力筋的设计强度；

　　A_p、A_s——预应力筋和非预应力筋的截面面积。

当构件所承受的轴心拉力 N 超过开裂轴力 N_{cr} 后，构件受拉开裂，并出现多道大致垂直于构件轴线的裂缝，裂缝所在截面处的混凝土退出工作，不参与受拉。轴心拉力全部由预应力筋和非预应力筋来承担，根据变形协调和力的平衡条件，可得预应力筋的拉应力 σ_p 和非预应力筋的拉应力 σ_s 分别为

$$\sigma_p = \sigma_{p0} + \frac{(N - N_0)}{A_p + A_s} \quad (7\text{-}31a)$$

$$\sigma_s = \sigma_{s0} + \frac{(N - N_0)}{A_p + A_s} \quad (7\text{-}31b)$$

由上式可知：

1）无论是先张法还是后张法，消压轴力 N_0、开裂轴力 N_{cr} 的计算公式具有对应相同的形式，只是在具体计算 σ_{pcII} 时分别对应式（7-21）和式（7-25）。

2）要使预应力混凝土轴拉构件开裂，需要施加比普通混凝土构件更大的轴心拉力，显然在同等荷载水平下，预应力构件具有较高的抗裂能力。

7.4.3　预应力混凝土轴心受拉构件的设计计算

预应力混凝土轴心受拉构件的设计内容主要包括使用阶段承载力计算和抗裂验算，施工阶段（制作、运输、安装）承载力验算，以及后张法构件锚具垫板下局部受压承载力验算等。

1. 使用阶段的承载力计算

进行使用阶段正截面承载力计算的目的是保证构件在使用阶段具有足够的安全性。因属于承载能力极限状态的计算，故荷载效应及材料强度均采用设计值。计算简图如图 7-20 所示，计算式如下

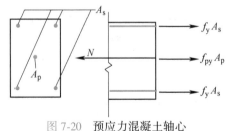

图 7-20　预应力混凝土轴心
受拉构件计算简图

$$\gamma_0 N \leqslant N_u = f_{py} A_p + f_y A_s \quad (7\text{-}32)$$

式中　N——轴向拉力设计值；

　　N_u——构件截面所能承受的轴向拉力设计值；

　　γ_0——结构重要性系数。

应用式（7-32）计算时，一个方程只能求解一个未知量。一般是先按构件要求或经验定出普通钢筋的数量（确定 A_s），再由公式求解。

2. 使用阶段的抗裂验算

预应力混凝土轴心受拉构件，应按所处环境类别和结构类别选用相应的裂缝控制等级，并按下列规定进行混凝土拉应力或正截面裂缝宽度验算。正常使用极限状态的验算，荷载应采用标准组合或准永久组合，材料强度采用标准值。

对预应力轴心受拉构件的抗裂验算，通过对构件受拉边缘应力大小的验算来实现，应按两个控制等级进行验算，计算简图如图 7-21 所示。

1) 一级裂缝控制等级的构件，严格要求不出现裂缝。在荷载标准组合下轴心受拉构件受拉边缘不允许出现拉应力，即 $N_k \leqslant N_0$，结合式 (7-28a)、式 (7-28b) 得

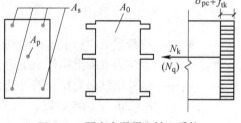

图 7-21　预应力混凝土轴心受拉构件抗裂验算简图

$$\frac{N_k}{A_0} - \sigma_{pc\mathrm{II}} \leqslant 0 \qquad (7\text{-}33)$$

2) 二级裂缝控制等级的构件，一般要求不出现裂缝。在荷载效应的标准组合下轴心受拉构件受拉边缘不允许超过混凝土轴心抗拉强度标准值 f_{tk}，即 $N_k \leqslant N_{cr}$，结合式 (7-29) 得

$$\frac{N_k}{A_0} - \sigma_{pc\mathrm{II}} \leqslant f_{tk} \qquad (7\text{-}34)$$

在荷载效应的准永久组合下轴心受拉构件受拉边缘不允许出现拉应力，即 $N_q < N_0$，结合式 (7-28a)、式 (7-28b) 得

$$\frac{N_q}{A_0} - \sigma_{pc\mathrm{II}} \leqslant 0 \qquad (7\text{-}35)$$

式中　N_k、N_q——按荷载的标准组合、准永久组合计算的轴心拉力。

3) 三级裂缝控制等级的构件，允许出现裂缝。对在使用阶段允许出现裂缝的预应力混凝土轴心受拉构件，要求按荷载效应的标准组合并考虑荷载长期作用影响计算的最大裂缝宽度不应超过最大裂缝宽度的允许值，即

$$w_{max} \leqslant w_{lim} \qquad (7\text{-}36)$$

式中　w_{max}——按荷载效应的标准组合并考虑长期作用影响计算的最大裂缝宽度；

w_{lim}——最大裂缝宽度限值，按结构工作环境的类别，由附录表 C-5 查得。

预应力混凝土轴心受拉构件经荷载作用消压以后，在后续增加的荷载 $\Delta N = N_k - N_0$ 作用下，构件截面的应力和应变变化规律与钢筋混凝土轴心受拉构件十分类似，在计算 w_{max} 时可沿用其基本分析方法，最大裂缝宽度 w_{max} 按下式计算

$$w_{max} = \alpha_{cr} \psi \frac{\sigma_{sk}}{E_s} \left(1.9 c_s + 0.08 \frac{d_{eq}}{\rho_{te}} \right) \qquad (7\text{-}37)$$

式中　α_{cr}——构件受力特征系数，对轴心受拉构件，取 $\alpha_{cr} = 2.2$；

ψ——两裂缝间纵向受拉钢筋的应变不均匀系数，$\psi = 1.1 - 0.65 \dfrac{f_{tk}}{\rho_{te} \sigma_{sk}}$，$\psi < 0.2$ 时取 $\psi = 0.2$，$\psi > 1.0$ 时取 $\psi = 1.0$，直接承受重复荷载的构件取 $\psi = 1.0$；

ρ_{te}——按有效受拉混凝土截面面积计算的纵向受拉钢筋的配筋率，$\rho_{te} = \dfrac{A_s + A_p}{A_{te}}$，$\rho_{te} <$

0.01 时取 $\rho_{te}=0.01$；

A_{te}——有效受拉混凝土截面面积，取构件截面面积，即 $A_{te}=bh$；

σ_{sk}——按荷载效应标准组合计算的预应力混凝土轴心受拉构件纵向受拉筋的等效应力，即从截面混凝土消压算起的预应力筋和非预应力筋的应力增量，由式 (7-30) 和式 (7-31) 得 $\sigma_{sk}=\dfrac{N_k-N_0}{A_p+A_s}$；

N_k——按荷载效应标准组合计算的轴心拉力；

N_0——预应力混凝土构件消压后，全部纵向预应力筋和非预应力筋拉力的合力；

c_s——最外层纵向受拉钢筋外边缘至构件受拉边缘的最短距离（mm），$c_s<20$ 时取 $c_s=20$，$c_s>65$ 时取 $c_s=65$；

A_p、A_s——受拉纵向预应力筋和非预应力筋的截面面积；

d_{eq}——纵向受拉钢筋的等效直径，按下式计算

$$d_{eq}=\frac{\sum n_i d_i^2}{\sum n_i \nu_i d_i} \tag{7-38}$$

d_i、n_i——构件横截面中第 i 种纵向受拉钢筋的公称直径、根数；

ν_i——构件横截面中第 i 种纵向受拉钢筋的相对黏结特性系数，可按表7-6取用。

表 7-6　受拉钢筋的相对黏结特性系数

钢筋类别	非预应力筋		先张法预应力筋			后张法预应力筋		
	光圆钢筋	带肋钢筋	带肋钢筋	螺旋肋钢丝	刻痕钢丝钢绞线	带肋钢筋	钢绞线	光圆钢丝
ν_i	0.7	1.0	1.0	0.8	0.6	0.8	0.5	0.4

注：对于环氧树脂涂层带肋钢筋，其相对黏结特性系数应按表中系数的 0.8 倍取用。

3. 施工阶段的强度验算

（1）构件应力计算　先张法构件按完成第一批预应力损失时计算混凝土的压应力 $\sigma_{cc II}$，即

$$\sigma_{cc II}=\frac{(\sigma_{con}-\sigma_l)A_p}{A_0} \tag{7-39}$$

后张法构件按张拉端计算混凝土的压应力 $\sigma_{cc II}$，且不考虑预应力损失，即

$$\sigma_{cc II}=\frac{\sigma_{con}A_p}{A_n} \tag{7-40}$$

（2）强度条件　施工阶段的强度条件要求如下

$$\sigma_{cc II}\leqslant 0.8f'_{ck} \tag{7-41}$$

式中　f'_{ck}——与放张（先张法）或张拉预应力筋（后张法）时混凝土立方体抗压强度 f'_{cu} 相对应的抗压强度标准值，可按附录表 A-1 以线性内插法确定。

构件需要运输、吊装时，还需要验算起吊力。应力计算公式与吊装方式有关，如双吊点起吊，应按受弯构件计算吊点截面边缘混凝土的拉应力。起吊应力还需考虑动力系数，其值与加速度有关，一般可取 1.5。

7.4.4　先张法构件预应力筋的传递长度和锚固长度

（1）传递长度　先张法预应力混凝土构件的预应力是靠预应力筋与混凝土之间的黏结

力而实现的。根据黏结锚固机理，在构件端部边缘，混凝土和钢筋的应力都为零；放张后的预应力筋将向构件内部产生内缩或滑移，黏结力的存在会阻止预应力筋的内缩。自端部经过一定长度 l_{tr} 后的截面，预应力筋的内缩完全被阻止，混凝土和钢筋之间没有滑移时，之后各截面混凝土的压应力、钢筋的拉应力保持稳定。也就是说，在 l_{tr} 范围内，黏结力之和正好等于预应力筋的预拉力 $N_p = \sigma_{pe} A_p$。在构件端部钢筋和混凝土应力变化的区域称为钢筋锚固区，其长度 l_{tr} 称为预应力筋的传递长度。

预应力筋的传递长度 l_{tr} 按式（7-42）计算

$$l_{tr} = \alpha \frac{\sigma_{pe}}{f'_{tk}} d \qquad (7\text{-}42)$$

式中　σ_{pe}——预应力筋放张时的有效预应力；

　　　　d——预应力筋的公称直径，按附录表 B-3 或表 B-4 取值；

　　　　α——预应力筋的外形系数，按《规范》有关规定取值；

　　　　f'_{tk}——与放张时混凝土立方体抗压强度相应的轴心抗拉强度标准值，按《规范》规定以线性内插法确定。

当采用骤然放松预应力筋的施工工艺时，l_{tr} 的起点应从距构件末端 $l_{tr}/4$ 处开始计算。

（2）锚固长度　在先张法预应力混凝土构件的端部区，预应力筋需经过长度 l_{ab} 后，其黏结力之和才能使预应力筋达到抗拉强度设计值，这个长度称为预应力筋的锚固长度。根据黏结力之和与预应力筋的屈服内力相等的原则，可以得到预应力筋的基本锚固长度，即

$$l_{ab} = \alpha \frac{f_{py}}{f_t} d \qquad (7\text{-}43)$$

式中　f_{py}——预应力筋的抗拉强度设计值；

　　　　f_t——混凝土的轴心抗拉强度设计值，高于 C60 级时按 C60 取值。

预应力筋的锚固长度 l_a 为基本锚固长度 l_{ab} 乘以修正系数 ζ_a，ζ_a 的取值参见第 2 章。

7.4.5　后张法构件端部锚固区的局部承压验算

对于后张法预应力混凝土构件，预应力通过锚具并经过垫板传递给构件端部的混凝土，通常施加的预应力很大，锚具的总预压力也很大。然而，垫板与混凝土的接触面非常有限，导致锚具下的混凝土将承受较大的局部压应力，并且这种压应力需要经过一定的距离方能较均匀地扩散到混凝土的全截面上，如图 7-22 所示。

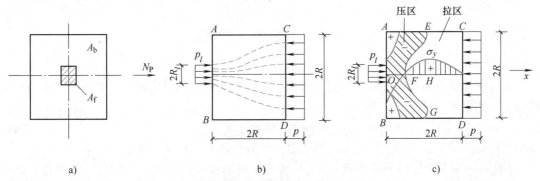

图 7-22　构件端部混凝土局部受压时的应力分布

从图中可以看出，在局部受压的范围内，混凝土既要承受法向压应力 σ_x 作用，又要承受垂直于构件轴线方向的横向应力 σ_y 和 σ_z 作用，显然此时混凝土处于三向复杂应力状态。在垫板下附近，横向应力 σ_y 和 σ_z 均为压应力，那么该处混凝土处于三向受压应力状态；在距离垫板一定长度之后，横向应力 σ_y 和 σ_z 表现为拉应力，此时该处混凝土处于单向受压，双向受拉的不利应力状态，当拉应力 σ_y 和 σ_z 超过混凝土的抗拉强度时，预应力构件的端部混凝土将出现纵向裂缝，从而导致局部受压破坏；也可能在垫板附近的混凝土因承受过大的压应力 σ_x 而发生承载力不足的破坏。因此，必须对后张法预应力构件端部锚固区的局部受压承载力进行验算。

为了改善预应力构件端部混凝土的抗压性能，提高其局部抗压承载力，通常在锚固区段内配置一定数量的间接钢筋，配筋方式为横向方格钢筋网片或螺旋式钢筋，如图7-23所示。并在此基础上进行局部受压承载力验算，验算内容包括两部分：一是局部承压面积的验算，即控制混凝土单位面积上局部压应力的大小；二是局部受压承载力的验算，即在一定间接配筋量的情况下，控制构件端部横截面上单位面积的局部压力的大小。

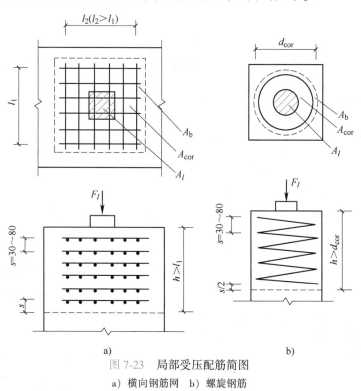

图 7-23　局部受压配筋简图
a）横向钢筋网　b）螺旋钢筋

1. 局部受压面积验算

为防止垫板下混凝土的局部压应力过大，避免间接钢筋配置太多，那么局部受压面积应符合下式的要求，即

$$F_l \leqslant 1.35\beta_c\beta_l f_c A_{ln} \tag{7-44}$$

式中　F_l——局部受压面上作用的局部压力设计值，取 $F_l = 1.2\sigma_{con}A_p$；

β_c——混凝土强度影响系数，$f_{cu,k} \leqslant 50\mathrm{MPa}$ 时取 $\beta_c = 1.0$，$f_{cu,k} = 80\mathrm{MPa}$ 时取 $\beta_c = 0.8$，$50\mathrm{MPa} < f_{cu,k} < 80\mathrm{MPa}$ 时按直线内插法取值；

f_c——在承受预压时，混凝土的轴心抗压强度设计值；

A_{ln}——扣除孔道和凹槽面积的混凝土局部受压净面积，当锚具下有垫板时，考虑到预压力沿锚具边缘在垫板中以 45° 角扩散，按传到混凝土的受压面积计算，如图 7-24 所示。

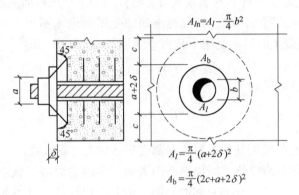

图 7-24　有孔道的局部受压净面积

β_l——混凝土局部受压的强度提高系数，按下式计算，即

$$\beta_l = \sqrt{\dfrac{A_b}{A_l}} \tag{7-45}$$

A_b——局部受压时的计算底面积，按毛面积计算，可由局部受压面积 A_l 与计算底面积 A_b 按同心且对称的原则来确定，具体计算可参照图 7-25 中所示的局部受压情形来计算，且不扣除孔道的面积；

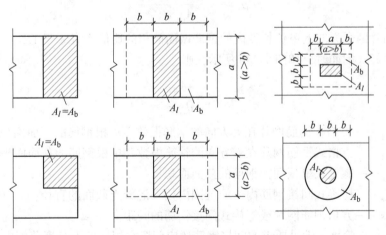

图 7-25　确定局部受压计算底面积简图

A_l——混凝土局部受压面积，取毛面积计算，具体计算方法与上述 A_{ln} 的相同，只是计算中 A_l 的面积包含孔道的面积。

应注意，式（7-45）是一个截面限制条件，即预应力混凝土局部受压承载力的上限限值。若满足该式的要求，构件通常不会因受压面积过小而引发局部下陷变形或混凝土表面的

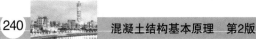

开裂；若不能满足该式的要求，说明局部受压截面面积不足，应根据工程的实际情况，采取必要的措施，如调整锚具的位置、扩大局部受压的面积，甚至可以提高混凝土的强度等级，直至满足要求为止。

2. 局部受压承载力验算

后张法预应力混凝土构件，在满足式（7-45）的局部受压截面限制条件后，对于配置有间接钢筋（图7-23）的锚固区段，当混凝土局部受压面积 A_l 不大于间接钢筋所在的核心面积 A_{cor} 时，预应力混凝土的局部受压承载力应满足下式的要求，即

$$F_l \leqslant 0.9(\beta_c \beta_l f_c + 2\alpha \rho_v \beta_{cor} f_y)A_{ln} \tag{7-46}$$

$$\beta_{cor} = \sqrt{\frac{A_{cor}}{A_l}} \tag{7-47}$$

式中　β_{cor}——配置有间接钢筋的混凝土局部受压承载力提高系数；

　　　A_{cor}——方格网片或螺旋式间接钢筋内表面范围内的混凝土核心截面面积，根据其形心与 A_l 形心重叠和对称的原则，按毛面积计算，且不扣除孔道面积，并且要求 $A_{cor} \leqslant A_b$；

　　　α——间接钢筋对混凝土约束的折减系数，$f_{cu,k} \leqslant 50\text{MPa}$ 时取 1.0，$f_{cu,k} = 80\text{MPa}$ 时取 0.85，当 $50\text{MPa} < f_{cu,k} < 80\text{MPa}$ 时按直线内插法取值；

　　　f_y——间接钢筋的抗拉强度设计值；

　　　ρ_v——间接钢筋的体积配筋率，即配置间接钢筋的核心范围 A_{cor} 内，混凝土单位体积所含有间接钢筋的体积，并且要求 $\rho_v \geqslant 0.5\%$，具体计算与钢筋配置形式有关，当采用方格钢筋网片配筋时，如图7-23a所示，则

$$\rho_v = \frac{n_1 A_{s1} l_1 + n_2 A_{s2} l_2}{A_{cor} s} \tag{7-48}$$

此时，钢筋网片两个方向上单位长度内的钢筋截面面积的比值不宜大于1.5；

当采用螺旋式配筋时，如图7-23b所示，则

$$\rho_v = \frac{4A_{ss1}}{d_{cor} s} \tag{7-49}$$

式中　n_1、A_{s1}——方格式钢筋网片在 l_1 方向的钢筋根数、单根钢筋的截面面积；

　　　n_2、A_{s2}——方格式钢筋网片在 l_2 方向的钢筋根数、单根钢筋的截面面积；

　　　A_{ss1}——螺旋式单根间接钢筋的截面面积；

　　　d_{cor}——螺旋式间接钢筋内表面范围内核心混凝土截面的直径；

　　　s——方格钢筋网片或螺旋式间接钢筋的间距。

经式（7-46）验算，满足要求的间接钢筋还应配置在规定的 h 高度范围内，并且对于方格式间接钢筋网片不应少于4片；对于螺旋式间接钢筋不应少于4圈。

相反地，如果经过验算不符合式（7-46）的要求时，必须采取必要的措施。例如：对于配置方格式间接钢筋网片者，可以增加网片数量、减少网片间距、提高钢筋直径和增加每个网片钢筋的根数等；对于配置螺旋式间接钢筋者，可以减小钢筋的螺距、提高螺旋筋的直径；当然也可以适当地扩大局部受压的面积和提高混凝土的强度等级。

7.5　预应力混凝土受弯构件的计算

对于预应力混凝土受弯构件的设计计算，主要包括预应力张拉施工阶段的应力验算、正常使用阶段的裂缝控制和变形验算、正截面承载力和斜截面承载力计算及施工阶段的局部承压验算等内容，其中使用阶段的裂缝控制验算包括正截面抗裂和裂缝宽度验算及斜截面抗裂验算。

先张法预应力混凝土受弯构件各阶段的应力分析

7.5.1　预应力张拉施工阶段应力分析

图 7-26 所示的预应力混凝土受弯构件的正截面，在荷载作用下的受拉区（施工阶段的预压区）配置预应力筋 A_p 和非预应力筋 A_s；为了防止在制作、运输和吊装等施工阶段，在荷载作用下的受压区（施工阶段的预拉区）出现裂缝，相应地配置预应力筋 A_p' 和非预应力筋 A_s'。

预应力混凝土受弯构件在预应力张拉施工阶段的受力过程同前述预应力混凝土轴心受拉构件，计算预应力混凝土轴心受拉构件截面混凝土的有效预压应力 σ_{pcI}、σ_{pcII} 时，可分别将一个偏心压力 N_{pI}、N_{pII} 作用于构件截面上，然后按材料力学公式计算。压力 N_{pI}、N_{pII} 由预应力筋和非预应力筋仅扣除相应阶段预应力损失后的应力乘以各自的截面面积并反向，最后叠加而得（图 7-27）。计算时所用构件截面面积为：先张法用换算截面面积 A_0，后张法用构件的净截面面积 A_n。公式表达时应力的正负号规定为：预应力筋以受拉为正，非预应力筋及混凝土以受压为正。

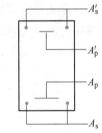

图 7-26　预应力混凝土受弯构件正截面钢筋布置

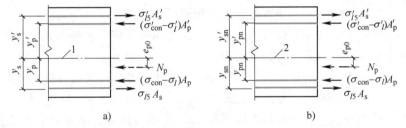

图 7-27　受弯构件预应力筋及非预应力筋合力位置
a）先张法构件　b）后张法构件
1—换算截面重心轴　2—净截面重心轴

1. 先张法施工阶段

（1）完成第一批预应力损失 σ_{lI}、σ_{lI}' 后

预应力筋 A_p 的应力　　　　　$\sigma_{peI} = (\sigma_{cos} - \sigma_{lI}) - \alpha_{E_p}\sigma_{pcIp}$　　　　　（7-50）

预应力筋 A_p' 的应力　　　　　$\sigma_{peI}' = (\sigma_{con}' - \sigma_{lI}') - \alpha_{E_p}\sigma_{pcIp}'$　　　　　（7-51）

非预应力筋 A_s 的应力　　　　　$\sigma_{sI} = \alpha_{E_s}\sigma_{pcIs}$　　　　　（7-52）

非预应力筋 A_s' 的应力　　　　　$\sigma_{sI}' = \alpha_{E_s}\sigma_{pcIs}'$　　　　　（7-53）

预应力筋和非预应力筋的合力 N_{p0I} 为

$$N_{p0I} = (\sigma_{con} - \sigma_{lI})A_p + (\sigma'_{con} - \sigma'_{lI})A'_p \tag{7-54}$$

截面任意一点的混凝土法向应力为

$$\sigma_{pcI} = \frac{N_{p0I}}{A_0} \pm \frac{N_{p0I}\,e_{p0I}}{I_0}y_0 \tag{7-55}$$

$$e_{p0I} = \frac{(\sigma_{con} - \sigma_{lI})A_p y_p - (\sigma'_{con} - \sigma'_{lI})A'_p y'_p}{N_{p0I}} \tag{7-56}$$

（2）完成全部应力损失 σ_l、σ'_l 后

预应力筋 A_p 的应力 $\qquad\qquad \sigma_{peII} = (\sigma_{con} - \sigma_l) - \alpha_{E_p}\sigma_{pcIIp} \tag{7-57}$

预应力筋 A'_p 的应力 $\qquad\qquad \sigma'_{peII} = (\sigma'_{con} - \sigma'_l) - \alpha_{E_p}\sigma'_{pcIIp} \tag{7-58}$

非预应力筋 A_s 的应力 $\qquad\qquad \sigma_{sII} = \alpha_{E_s}\sigma_{pcIIs} + \sigma_{l5} \tag{7-59}$

非预应力筋 A'_s 的应力 $\qquad\qquad \sigma'_{sII} = \alpha_{E_s}\sigma'_{pcIIs} + \sigma_{l5} \tag{7-60}$

预应力筋和非预应力筋的合力 N_{p0II} 为

$$N_{p0II} = (\sigma_{con} - \sigma_l)A_p + (\sigma'_{con} - \sigma'_l)A'_p - \sigma_{l5}A_s - \sigma'_{l5}A'_s \tag{7-61}$$

截面任意一点的混凝土法向应力为

$$\sigma_{pcII} = \frac{N_{p0II}}{A_0} \pm \frac{N_{p0II}\,e_{p0II}}{I_0}y_0 \tag{7-62}$$

$$e_{p0II} = \frac{(\sigma_{con} - \sigma_{lI})A_p y_p - (\sigma'_{con} - \sigma'_{lI})A'_p y'_p - \sigma_{l5}A_s y_s + \sigma'_{l5}A'_s y'_s}{N_{p0II}} \tag{7-63}$$

式中　　　　　　　　　A_0——换算截面面积，$A_0 = A_c + \alpha_{E_p}A_p + \alpha_{E_s}A_s + \alpha_{E_p}A'_p + \alpha_{E_s}A'_s$；

$\qquad\qquad\qquad I_0$——换算截面 A_0 的惯性矩；

$\qquad\qquad\quad e_{p0I}$——$N_{p0I}$ 至换算截面重心轴的距离；

$\qquad\qquad\quad e_{p0II}$——$N_{p0II}$ 至换算截面重心轴的距离；

$\qquad\qquad\qquad y_0$——换算截面重心轴至所计算纤维层的距离；

$\qquad\qquad y_p$、y'_p——荷载作用受拉区、受压区预应力筋各自合力点至换算截面重心轴的距离；

$\qquad\qquad y_s$、y'_s——荷载作用受拉区、受压区非预应力筋各自合力点至换算截面重心轴的距离；

$\sigma_{pcIp}(\sigma_{pcIIp})$、$\sigma'_{pcIp}(\sigma'_{pcIIp})$——荷载作用受拉区、受压区预应力筋各自合力点处混凝土的应力；

$\sigma_{pcIs}(\sigma_{pcIIs})$、$\sigma'_{pcIs}(\sigma'_{pcIIs})$——荷载作用受拉区、受压区非预应力筋各自合力点处混凝土的应力。

2. 后张法施工阶段

（1）完成第一批预应力损失 σ_{lI}、σ'_{lI} 后

预应力筋 A_p 的应力 $\qquad\qquad\qquad \sigma_{peI} = \sigma_{con} - \sigma_{lI} \tag{7-64}$

预应力筋 A'_p 的应力 $\qquad\qquad\qquad \sigma'_{peI} = \sigma'_{con} - \sigma'_{lI} \tag{7-65}$

非预应力筋 A_s 的应力 $\qquad\qquad\qquad \sigma_{sI} = \alpha_{E_s}\sigma_{pcIs} \tag{7-66}$

非预应力筋 A'_s 的应力 $\qquad\qquad\qquad \sigma'_{sI} = \alpha_{E_s}\sigma'_{pcIs} \tag{7-67}$

预应力筋和非预应力筋的合力 N_{pI} 为

$$N_{\mathrm{pI}} = (\sigma_{\mathrm{con}} - \sigma_{l\mathrm{I}})A_{\mathrm{p}} + (\sigma'_{\mathrm{con}} - \sigma'_{l\mathrm{I}})A'_{\mathrm{p}} \tag{7-68}$$

截面任意一点的混凝土法向应力为

$$\sigma_{\mathrm{pcI}} = \frac{N_{\mathrm{pI}}}{A_{\mathrm{n}}} \pm \frac{N_{\mathrm{pI}} e_{\mathrm{pnI}}}{I_{\mathrm{n}}} y_{\mathrm{n}} \tag{7-69}$$

$$e_{\mathrm{pnI}} = \frac{(\sigma_{\mathrm{con}} - \sigma_{l\mathrm{I}})A_{\mathrm{p}} y_{\mathrm{pn}} - (\sigma'_{\mathrm{con}} - \sigma'_{l\mathrm{I}})A'_{\mathrm{p}} y'_{\mathrm{pn}}}{N_{\mathrm{pI}}} \tag{7-70}$$

（2）完成全部应力损失 σ_l、σ'_l 后

预应力筋 A_{p} 的应力 $\quad\quad\quad\quad \sigma_{\mathrm{peII}} = \sigma_{\mathrm{con}} - \sigma_l \tag{7-71}$

预应力筋 A'_{p} 的应力 $\quad\quad\quad\quad \sigma'_{\mathrm{peII}} = \sigma'_{\mathrm{con}} - \sigma'_l \tag{7-72}$

非预应力筋 A_{s} 的应力 $\quad\quad\quad\quad \sigma_{\mathrm{sII}} = \alpha_{E_{\mathrm{s}}} \sigma_{\mathrm{pcIIs}} + \sigma_{l5} \tag{7-73}$

非预应力筋 A'_{s} 的应力 $\quad\quad\quad\quad \sigma'_{\mathrm{sII}} = \alpha_{E_{\mathrm{s}}} \sigma'_{\mathrm{pcIIs}} + \sigma_{l5} \tag{7-74}$

预应力筋和非预应力筋的合力 N_{pII} 为

$$N_{\mathrm{pII}} = (\sigma_{\mathrm{con}} - \sigma_l)A_{\mathrm{p}} + (\sigma'_{\mathrm{con}} - \sigma'_l)A'_{\mathrm{p}} - \sigma_{l5}A_{\mathrm{s}} - \sigma'_{l5}A'_{\mathrm{s}} \tag{7-75}$$

截面任意一点的混凝土法向应力为

$$\sigma_{\mathrm{pcII}} = \frac{N_{\mathrm{pII}}}{A_{\mathrm{n}}} \pm \frac{N_{\mathrm{pII}} e_{\mathrm{pnII}}}{I_{\mathrm{n}}} y_{\mathrm{n}} \tag{7-76}$$

$$e_{\mathrm{pnII}} = \frac{(\sigma_{\mathrm{con}} - \sigma_{l\mathrm{I}})A_{\mathrm{p}} y_{\mathrm{pn}} - (\sigma'_{\mathrm{con}} - \sigma'_{l\mathrm{I}})A'_{\mathrm{p}} y'_{\mathrm{pn}} - \sigma_{l5}A_{\mathrm{s}} y_{\mathrm{sn}} + \sigma'_{l5}A'_{\mathrm{s}} y'_{\mathrm{sn}}}{N_{\mathrm{pII}}} \tag{7-77}$$

式中　　　　　　A_{n}——净截面面积，$A_{\mathrm{n}} = A_{\mathrm{c}} + \alpha_{E_{\mathrm{s}}} A_{\mathrm{s}} + \alpha_{E_{\mathrm{s}}} A'_{\mathrm{s}}$；

$\quad\quad\quad\quad\quad\quad I_{\mathrm{n}}$——净截面 A_{n} 的惯性矩；

$\quad\quad\quad\quad\quad\quad e_{\mathrm{pnI}}$——$N_{\mathrm{pI}}$ 至净截面重心轴的距离；

$\quad\quad\quad\quad\quad\quad e_{\mathrm{pnII}}$——$N_{\mathrm{pII}}$ 至净截面重心轴的距离；

$\quad\quad\quad\quad\quad\quad y_{\mathrm{n}}$——净截面重心轴至所计算纤维层的距离；

$\quad\quad\quad y_{\mathrm{pn}}$、$y'_{\mathrm{pn}}$——荷载作用的受拉区、受压区预应力筋各自合力点至净截面重心轴的距离；

$\quad\quad\quad y_{\mathrm{sn}}$、$y'_{\mathrm{sn}}$——荷载作用的受拉区、受压区非预应力筋各自合力点至净截面重心轴的距离；

$\sigma_{\mathrm{pcIp}}(\sigma_{\mathrm{pcIIp}})$、$\sigma'_{\mathrm{pcIp}}(\sigma'_{\mathrm{pcIIp}})$——荷载作用的受拉区、受压区预应力筋各自合力点处混凝土的应力；

$\sigma_{\mathrm{pcIs}}(\sigma_{\mathrm{pcIIs}})$、$\sigma'_{\mathrm{pcIs}}(\sigma'_{\mathrm{pcIIs}})$——荷载作用的受拉区、受压区非预应力筋各自合力点处混凝土的应力。

7.5.2　使用阶段

1. 消压状态

外荷载增加至截面弯矩为 M_0 时，受拉边缘混凝土预压应力刚好为零，这时弯矩 M_0 称为消压弯矩，则

$$\frac{M_0}{W_0} - \sigma_{\mathrm{pcII}} = 0 \tag{7-78}$$

所以 $\qquad\qquad\qquad\qquad M_0 = \sigma_{\text{pcII}} W_0$ $\qquad\qquad\qquad\qquad$ (7-79)

式中　W_0——换算截面对受拉边缘的弹性抵抗矩，$W_0 = I_0/y$，其中 y 为换算截面重心至受拉边缘的距离；

$\qquad\sigma_{\text{pcII}}$——扣除全部预应力损失后，在截面受拉边缘由预应力产生的混凝土法向应力。

此时预应力筋 A_p 的应力 σ_p 由 σ_{peII} 增加 $\alpha_{E_p}\dfrac{M_0}{I_0}y_p$，预应力筋 A'_p 的应力 σ'_p 由 σ'_{peII} 减少 $\alpha_{E_p}\dfrac{M_0}{I_0}y'_p$，即

$$\sigma_p = \sigma_{\text{peII}} + \alpha_{E_p}\frac{M_0}{I_0}y_p \qquad\qquad (7\text{-}80)$$

$$\sigma'_p = \sigma'_{\text{peII}} - \alpha_{E_p}\frac{M_0}{I_0}y'_p \qquad\qquad (7\text{-}81)$$

相应的非预应力筋 A_s 的压应力 σ_s 由 σ_{sII} 减少 $\alpha_{E_s}\dfrac{M_0}{I_0}y_s$，非预应力筋 A'_s 的压应力 σ'_s 由 σ'_{sII} 增加 $\alpha_{E_s}\dfrac{M_0}{I_0}y'_s$，即

$$\sigma_s = \sigma_{sII} - \alpha_{E_s}\frac{M_0}{I_0}y_s \qquad\qquad (7\text{-}82)$$

$$\sigma'_s = \sigma'_{sII} + \alpha_{E_s}\frac{M_0}{I_0}y'_s \qquad\qquad (7\text{-}83)$$

2. 开裂状态

外荷载继续增加，使混凝土拉应力达到混凝土轴心抗拉强度标准值 f_{tk}，截面下边缘混凝土即将开裂。此时截面上受到的弯矩即为开裂弯矩 M_{cr}，则

$$M_{\text{cr}} = M_0 + \gamma f_{\text{tk}} W_0 = (\sigma_{\text{pcII}} + \gamma f_{\text{tk}}) W_0 \qquad\qquad (7\text{-}84)$$

式中　γ——受拉区混凝土塑性影响系数，按附录表 C-6 采用；

$\qquad\sigma_{\text{pcII}}$——扣除全部预应力损失后，在截面受拉边缘由预应力产生的混凝土法向应力。

7.5.3　施工阶段混凝土应力控制验算

预应力混凝土受弯构件在制作、运输和安装等施工阶段与使用阶段的受力特点是不同的。在制作时，构件受到预压力及自重的作用，构件处于偏心受压状态，构件的全截面受压或下边缘受压、上边缘受拉，如图 7-28a 所示。在运输、吊装时如图 7-28b 所示，自重及施工荷载在吊点截面产生负弯矩如图 7-28d 所示，与预压力产生的负弯矩方向相同如图 7-28c 所示，使吊点截面成为最不利的受力截面。因此，预应力混凝土构件必须进行施工阶段的混凝土应力控制验算。

截面边缘的混凝土法向应力为

$$\sigma_{\text{cc}}\text{或}\,\sigma_{\text{ct}} = \sigma_{\text{pcII}} + \frac{N_k}{A_0} \pm \frac{M_k}{W_0} \qquad\qquad (7\text{-}85)$$

式中，σ_{cc}、σ_{ct}——相应施工阶段计算截面边缘纤维的混凝土压应力、拉应力；

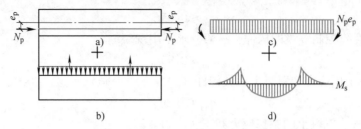

图 7-28 预应力构件制作、吊装时的内力

a) 制作阶段 b) 运输和吊装 c) 制作阶段产生的内力图 d) 运输吊装时自重产生的内力图

σ_{pcII}——预应力作用下验算边缘的混凝土法向应力，可由式（7-62）、式（7-76）求得；

M_k——构件自重及施工荷载标准组合在计算截面产生的轴向力值、弯矩值；

W_0——换算截面对受拉边缘的弹性抵抗矩。

施工阶段截面应力验算，一般是在求得截面应力值后，按是否允许出现裂缝分别对混凝土应力进行控制。

1）对于施工阶段不允许出现裂缝的构件，或预压时全截面受压的构件

$$\sigma_{ct} \leqslant f'_{tk} \tag{7-86}$$

$$\sigma_{cc} \leqslant 0.8f'_{ck} \tag{7-87}$$

式中 f'_{tk}、f'_{ck}——与各施工阶段混凝土立方体抗压强度 f'_{cu} 相应的轴心抗拉、抗压强度标准值，可由附录表 A-1 用线性内插法查得；

2）对于施工阶段预拉区允许出现裂缝的构件，当预拉区不配置预应力筋（$A'_p = 0$）时

$$\sigma_{ct} \leqslant 2f'_{tk} \tag{7-88}$$

$$\sigma_{cc} \leqslant 0.8f'_{ck} \tag{7-89}$$

7.5.4 正常使用极限状态验算

1. 正截面抗裂验算

（1）一级裂缝控制等级的构件，严格要求不出现裂缝

在荷载标准组合下 $\qquad M_k/W_0 - \sigma_{pcII} \leqslant 0 \tag{7-90}$

（2）二级裂缝控制等级的构件，一般要求不出现裂缝

在荷载标准组合下 $\qquad M_k/W_0 - \sigma_{pcII} \leqslant f_{tk} \tag{7-91}$

在荷载永久组合下 $\qquad M_q/W_0 - \sigma_{pcII} \leqslant 0 \tag{7-92}$

式中 M_k、M_q——标准荷载组合、永久荷载组合下弯矩值；

W_0——换算截面对受拉边缘的弹性抵抗矩；

f_{tk}——混凝土的轴心抗拉强度标准值；

σ_{pcII}——扣除全部预应力损失后，截面受拉边缘由预应力产生的混凝土法向应力。

比较式（7-84）和式（7-91）可见，在实际构件抗裂验算时忽略了受拉区混凝土塑性变形对截面抗裂产生的有利影响，使截面抗裂具有一定的可靠保障。

2. 斜截面抗裂验算

（1）混凝土主拉应力

1）对一级裂缝控制等级的构件，严格要求不出现裂缝

$$\sigma_{\mathrm{tp}} \leqslant 0.85 f_{\mathrm{tk}} \qquad (7\text{-}93)$$

2）对二级裂缝控制等级的构件，一般要求不出现裂缝

$$\sigma_{\mathrm{tp}} \leqslant 0.95 f_{\mathrm{tk}} \qquad (7\text{-}94)$$

（2）混凝土主压应力　对以上两类构件（一、二级控制）

$$\sigma_{\mathrm{cp}} \leqslant 0.6 f_{\mathrm{tk}} \qquad (7\text{-}95)$$

式中　σ_{tp}、σ_{cp}——混凝土的主拉应力和主压应力。

如满足上述条件，则认为斜截面抗裂，否则应加大构件的截面尺寸。

由于斜裂缝出现以前，构件基本上还处于弹性工作阶段，故可用材料力学公式计算主拉应力和主压应力。即

$$\sigma_{\mathrm{tp}} \text{或} \sigma_{\mathrm{cp}} = \frac{\sigma_x + \sigma_y}{2} \pm \sqrt{\left(\frac{\sigma_x + \sigma_y}{2}\right)^2 + \tau^2} \qquad (7\text{-}96)$$

$$\sigma_x = \sigma_{\mathrm{pc}} + \frac{M_{\mathrm{k}}}{I_0} y_0 \qquad (7\text{-}97)$$

$$\tau = \frac{(V_{\mathrm{k}} - \sum \sigma_{\mathrm{pe}} A_{\mathrm{pb}} \sin\alpha_{\mathrm{p}}) S_0}{I_0 b} \qquad (7\text{-}98)$$

式中　σ_x——由预应力和弯矩 M_{k} 在计算纤维处产生的混凝土法向应力；

　　　σ_y——由集中荷载（如吊车梁集中力等）标准值 F_{k} 产生的混凝土竖向压应力，在 F_{k} 作用点两侧一定长度范围内；

　　　τ——由剪力值 V_{k} 和预应力弯起钢筋的预应力在计算纤维处产生的混凝土剪应力（如有扭矩作用，还应考虑扭矩引起的剪应力），当有集中荷载 F_{k} 作用时，在 F_{k} 作用点两侧一定长度范围内，由 F_{k} 产生的混凝土剪应力；

　　　σ_{pc}——扣除全部预应力损失后，在计算纤维处由预应力产生的混凝土法向应力；

　　　σ_{pe}——预应力筋的有效预应力；

M_{k}、V_{k}——按荷载标准组合计算的弯矩值、剪力值；

　　　S_0——计算纤维层以上部分的换算截面面积对构件换算截面重心的面积矩。

对预应力混凝土梁，在集中荷载作用点两侧各 $0.6h$ 的长度范围内，集中荷载标准值产生的混凝土竖向压应力和剪应力，可按图 7-29 取用。

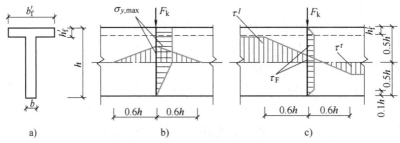

图 7-29　预应力混凝土梁集中力作用点附近应力分布

a）截面　b）竖向压应力 σ_y 分布　c）剪应力 τ 分布

τ^l、τ^r——集中荷载标准值 F_{k} 产生的左端、右端的剪应力

3. 裂缝宽度验算

使用阶段允许出现裂缝的预应力受弯构件,应验算裂缝宽度。按荷载标准组合并考虑荷载的长期作用影响的最大裂缝宽度 w_{max},不应超过附录表 C-5 规定的允许值。

当预应力混凝土受弯构件的混凝土全截面消压时,其起始受力状态等同于钢筋混凝土受弯构件,因此可以按钢筋混凝土受弯构件的类似方法进行裂缝宽度计算,计算公式的表达形式与轴心受拉构件相同,即

$$w_{max} = \alpha_{cr}\psi\frac{\sigma_{sk}}{E_s}\left(1.9c_s + 0.08\frac{d_{eq}}{\rho_{te}}\right)$$

式中,对预应力混凝土受弯构件,取 $\alpha_{cr} = 1.5$;计算 ρ_{te} 采用的有效受拉混凝土截面面积 A_{te} 取腹板截面面积的一半与受拉翼缘截面面积之和,即 $A_{te} = 0.5bh + (b_f - b)h_f$,其中 b_f、h_f 分别为受拉翼缘的宽度、高度。

纵向钢筋等效应力 σ_{sk} 可由图 7-30 对受压区合力点取矩求得,即

$$\sigma_{sk} = \frac{M_k - N_{p0}(z - e_p)}{(A_s + A_p)z} \qquad (7\text{-}99)$$

$$z = \left[0.87 - 0.12(1 - \gamma_f')(h_0/e)^2\right]h_0 \qquad (7\text{-}100)$$

$$e = \frac{M_k}{N_{p0}} + e_p \qquad (7\text{-}101)$$

$$N_{p0} = \sigma_{p0}A_p + \sigma_{p0}'A_p' - \sigma_{l5}A_s - \sigma_{l5}'A_s' \qquad (7\text{-}102)$$

$$e_{p0} = \frac{\sigma_{p0}A_p y_p - \sigma_{p0}'A_p' y_p' - \sigma_{l5}A_s y_s + \sigma_{l5}'A_s' y_s'}{N_{p0}} \qquad (7\text{-}103)$$

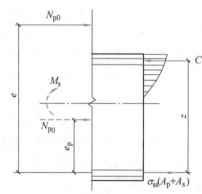

图 7-30　预应力混凝土受弯构件
裂缝截面处的应力图形

式中　M_k——由荷载标准组合计算的弯矩值;

z——受拉区纵向非预应力筋和预应力筋合力点至受压区合力点的距离;

N_{p0}——混凝土法向预应力等于零时全部纵向预应力筋和非预应力筋的合力;

e_{p0}——N_{p0} 的作用点至换算截面重心轴的距离;

e_p——N_{p0} 的作用点至纵向预应力筋和非预应力受拉筋合力点的距离;

σ_{p0}——预应力筋的合力点处混凝土正截面法向应力为零时,预应力筋中已存在的拉应力,先张法 $\sigma_{p0} = \sigma_{con} - \sigma_l$,后张法 $\sigma_{p0} = \sigma_{con} - \sigma_l + \alpha_{E_p}\sigma_{pcIIp}$;

σ_{p0}'——受压区的预应力筋 A_p' 合力点处混凝土法向应力为零时的预应力筋应力,先张法 $\sigma_{p0}' = \sigma_{con}' - \sigma_l'$,后张法 $\sigma_{p0}' = \sigma_{con}' - \sigma_l' + \alpha_{E_p}\sigma_{pcIIp}'$。

4. 挠度验算

预应力混凝土受弯构件使用阶段的挠度由外荷载产生的挠度及预加应力引起的反拱两部分组成,两者可以相互抵消,故预应力混凝土受弯构件的挠度小于钢筋混凝土受弯构件的挠度。

(1) 外荷载作用下产生的挠度 f_l　外荷载引起的挠度,可按材料力学的公式进行计算

$$f_l = s\frac{M_k l_0^2}{B} \qquad (7\text{-}104)$$

式中　s——与荷载形式、支承条件有关的系数;

B——荷载效应标准组合并考虑荷载长期作用影响的长期刚度,按下式计算

$$B = \frac{M_k}{M_q(\theta-1)+M_k} B_s \tag{7-105}$$

θ——考虑荷载长期作用对挠度增大的影响系数，取 $\theta = 2.0$；

B_s——荷载标准组合下预应力混凝土受弯构件的短期刚度，可按下列公式计算

1）不出现裂缝的构件

$$B_s = 0.85E_c I_0 \tag{7-106}$$

2）出现裂缝的构件

$$B_s = \frac{0.85E_c I_0}{\frac{M_{cr}}{M_k}+\left(1-\frac{M_{cr}}{M_k}\right)\omega} \tag{7-107}$$

$$\omega = \left(1.0+\frac{0.21}{\alpha_E\rho}\right)(1+0.45\gamma_f)-0.7 \tag{7-108}$$

式中　I_0——换算截面的惯性矩；

M_{cr}——换算截面的开裂弯矩，可按（7-84）计算，$M_{cr}/M_k>1.0$ 时取 $M_{cr}/M_k = 1.0$；

γ_f——受拉翼缘面积与腹板有效面积的比值，$\gamma_f = (b_f-b)h_f/bh_0$，其中 b_f、h_f 分别为受拉翼缘的宽度、高度。

对预压时预拉区允许出现裂缝的构件，B_s 应降低 10%。

（2）预应力产生的反拱值 f_p　由预加应力引起的反拱值，可按偏心受压构件求挠度的公式计算，即

$$f_p = \frac{N_p e_p l_0^2}{8B} \tag{7-109}$$

式中　N_p——扣除全部预应力损失后的预应力筋和非预应力筋的合力，先张法为 N_{p0II}，后张法为 N_{pII}；

e_p——N_p 对截面重心轴的偏心距，先张法为 e_{p0II}，后张法为 e_{pnII}。

荷载标准组合时的反拱值是由于构件施加预应力引起的，按短期刚度 $B_s = 0.85E_c I_0$ 计算。考虑到在使用阶段预应力的长期作用下，预压区混凝土的徐变变形影响使梁的反拱值增大，故使用阶段的长期刚度 $B = 0.425E_c I_0$。

对永久荷载所占比例较小的构件，应考虑反拱过大对使用上的不利影响。

（3）荷载作用时的总挠度 f

$$f = f_l - f_p \tag{7-110}$$

f 计算值应满足附录表 C-4 中的允许挠度值。

7.5.5　正截面承载力计算

1. 计算公式

当外荷载增大至构件破坏时，截面受拉区预应力筋和非预应力筋的应力先达到屈服强度 f_{py} 和 f_y，然后受压区边缘混凝土应变达到极限压应变致使混凝土被压碎，构件达到极限承载力。此时，受压区非预应力筋的应力可达到受压屈服强度 f_y'，而受压区预应力筋的应力 σ_p' 可能是拉应力，也可能是压应力，但一般达不到受压屈服强度 f_{py}'。

矩形截面预应力混凝土受弯构件，与普通钢筋混凝土受弯构件相比，截面中仅多出 A_p 与 A'_p 两项钢筋，如图 7-31 所示。

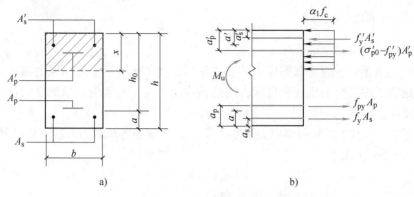

图 7-31 矩形截面梁正截面承载能力计算简图

根据截面内力平衡条件可得

$$\sum x = 0 \qquad \alpha_1 f_c b x = f_y A_s - f'_y A'_s + f_{py} A_p + (\sigma'_{p0} - f'_{py}) A'_p \tag{7-111}$$

$$\sum M = 0 \qquad M \leqslant \alpha_1 f_c b x \left(h_0 - \frac{x}{2} \right) + f'_y A'_s (h_0 - a'_s) - (\sigma'_{p0} - f'_{py}) A'_p (h_0 - a'_p) \tag{7-112}$$

式中　M——弯矩设计值；

α_1——系数，按表 3-2 取值；

h_0——截面有效高度，$h_0 = h - a$；

a——受拉区预应力筋和非预应力筋合力点至受拉区边缘的距离；

a'_p，a'_s——受压区预应力筋 A'_p、非预应力筋 A'_s 各自合力点至受压区边缘的距离；

σ'_{p0}——受压区的预应力筋 A'_p 合力点处混凝土法向应力为零时的预应力筋应力，先张法 $\sigma'_{p0} = \sigma'_{con} - \sigma'_l$，后张法 $\sigma'_{p0} = \sigma'_{con} - \sigma'_l + \alpha_{E_p} \sigma'_{pcIIp}$。

2. 适用条件

混凝土受压区高度 x 应符合下列要求

$$x \leqslant \xi_b h_0 \tag{7-113}$$

$$x \geqslant 2a' \tag{7-114}$$

式中　a'——受压区钢筋合力点至受压区边缘的距离，当 $\sigma'_{p0} - f'_{py}$ 为拉应力或 $A'_p = 0$ 时，式 (7-114) 中的 a' 应用 a'_s 代替。

当 $x < 2a'$，且 $\sigma'_{p0} - f'_{py}$ 为压应力时，正截面受弯承载力可按下式计算

$$M \leqslant f_{py} A_p (h - a_p - a'_s) + f_y A_s (h - a_s - a'_s) - (\sigma'_{p0} - f'_{py}) A'_p (a'_p - a'_s) \tag{7-115}$$

式中　a_p、a_s——受拉区预应力筋 A_p、非预应力筋 A_s 各自合力点至受拉区边缘的距离。

预应力筋的相对界限受压区高度 ξ_b 应按下式计算

$$\xi_b = \frac{\beta_1}{1.0 + \dfrac{0.002}{\varepsilon_{cu}} + \dfrac{f_{py} - \sigma_{p0}}{\varepsilon_{cu} E_s}} \tag{7-116}$$

式中　β_1——系数，按表 3-2 取值；

σ_{p0}——预应力筋的合力点处混凝土正截面法向应力为零时，预应力筋中已存在的拉应力，先张法 $\sigma_{p0}=\sigma_{con}-\sigma_l$，后张法 $\sigma_{p0}=\sigma_{con}-\sigma_I+\alpha_{E_p}\sigma_{pcIIp}$。

7.5.6　斜截面承载力计算

1. 斜截面受剪承载力计算公式

试验表明，由于预压应力和剪应力的复合作用，增加了混凝土剪压区的高度和集料之间的咬合力，延缓了斜裂缝的出现和发展，因此预应力混凝土构件的斜截面受剪承载力比钢筋混凝土构件要高。

对于矩形、T形和I形截面预应力混凝土梁，斜截面受剪承载力可按下式计算

（1）当仅配置箍筋时

$$V \leqslant V_{cs}+V_p \tag{7-117}$$

（2）当配置箍筋和弯起钢筋时（图7-32）

$$V \leqslant V_{cs}+V_{sb}+V_p+V_{pb} \tag{7-118}$$

$$V_p = 0.05N_{p0} \tag{7-119}$$

$$V_{pb} = 0.8f_{py}A_{pb}\sin\alpha_p \tag{7-120}$$

式中　V_{cs}——斜截面上混凝土和箍筋受剪承载力设计值，按式（3-84）或式（3-85）计算；

　　　V_{sb}——非预应力弯起钢筋的受剪承载力，按式（3-86）计算；

　　　V_p——由于预压应力所提高的受剪承载力；

　　　N_{p0}——计算截面上混凝土法向应力为零时的预应力筋和非预应力筋的合力，按式（7-102）计算，$N_{p0}>0.3f_cA_0$ 时取 $N_{p0}=0.3f_cA_0$；

　　　V_{pb}——预应力弯起钢筋的受剪承载力；

　　　α_p——斜截面处预应力弯起钢筋的切线与构件纵向轴线的夹角，如图7-32所示；

　　　A_{pb}——同一弯起平面的预应力弯起钢筋的截面面积。

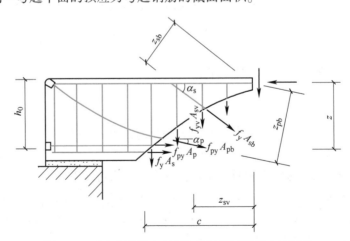

图7-32　预应力混凝土受弯构件斜截面承载力计算图

对 N_{p0} 引起的截面弯矩与外荷载引起的弯矩方向相同的情况，以及预应力混凝土连续梁和允许出现裂缝的简支梁，不考虑预应力对受剪承载力的提高作用，即取 $V_p=0$。

当符合式（7-121）或式（7-122）的要求时，可不进行斜截面的受剪承载力计算，仅需

按构造要求配置箍筋。

一般受弯构件
$$V \leq 0.7f_t bh_0 + 0.05N_{p0} \tag{7-121}$$

集中荷载作用下的独立梁
$$V \leq \frac{1.75}{\lambda+1}f_t bh_0 + 0.05N_{p0} \tag{7-122}$$

预应力混凝土受弯构件受剪承载力计算的截面尺寸限制条件、箍筋的构造要求和验算截面的确定等，均与钢筋混凝土受弯构件的要求相同。

2. 斜截面受弯承载力计算公式

预应力混凝土受弯构件的斜截面受弯承载力计算如图7-32所示，计算公式为
$$M \leq (f_y A_s + f_{py}A_p)z + \sum f_y A_{sb}z_{sb} + \sum f_{py}A_{pb}z_{pb} + \sum f_{yv}A_{sv}z_{sv} \tag{7-123}$$

此时，斜截面的水平投影长度可按下列条件确定
$$V = \sum f_y A_{sb}\sin\alpha_s + \sum f_{py}A_{pb}\sin\alpha_p + \sum f_{yv}A_{sv} \tag{7-124}$$

式中　V——斜截面受压区末端的剪力设计值；

z——纵向非预应力筋和预应力受拉筋的合力至受压区合力点的距离，可近似取$z=0.9h_0$；

z_{sb}、z_{pb}——同一弯起平面内的非预应力弯起钢筋、预应力弯起钢筋的合力至斜截面受压区合力点的距离；

z_{sv}——同一斜截面上箍筋的合力至斜截面受压区合力点的距离。

当配置的纵向钢筋和箍筋满足第3.3.5节规定的斜截面受弯构造要求时，可不进行构件斜截面受弯承载力计算。

在计算先张法预应力混凝土构件端部锚固区的斜截面受弯承载力时，预应力筋的抗拉强度设计值在锚固区内是变化的，在锚固起点处预应力筋是不受力的，该处预应力筋的抗拉强度设计值应取为零；在锚固区的终点处取f_{py}，在两点之间可按内插法取值。锚固长度l_a按第7.5.5节规定计算。

【例7-2】 预应力混凝土梁，长度9m，计算跨度$l_0=8.75$m，净跨$l_n=8.5$m，截面尺寸及配筋如图7-33所示。采用先张法施工，台座长度80m，镦头锚固，蒸汽养护$\Delta t=20℃$。混凝土强度等级为C50，预应力筋为$\Phi^{HT}10$热处理钢筋，非预应力为HRB400级钢筋，张拉控制应力$\sigma_{con}=0.7f_{ptk}$，采用超张拉，混凝土达75%设计强度时放张预应力筋。承受可变荷载标准值$q_k=18.8$kN/m，永久荷载标准值$g_k=17.5$kN/m，准永久值系数0.6，该梁裂缝控制等级为三级，跨中挠度允许值为$l_0/250$。试进行该梁的施工阶段应力验算，正常使用阶段的裂缝宽度和变形验算，正截面受弯承载力和斜截面受剪承载力验算。

【解】 (1) 截面的几何特性　查附录表A-1~表A-3，表A-6~表A-9，HRB400级钢筋$E_s=2.0\times10^5$N/mm²，$f_y=f_y'=360$N/mm²；$\Phi^{HT}10$热处理钢筋$E_s=2.0\times10^5$N/mm²，$f_{ptk}=1470$N/mm²，$f_{py}=1040$N/mm²，$f_{py}'=410$N/mm²；C50混凝土$E_c=3.45\times10^4$N/mm²，$f_{tk}=2.64$N/mm²，$f_c=23.1$N/mm²；放张预应力筋时$f_{cu}'=0.75\times50$N/mm²=37.5N/mm²，对应$f_{tk}'=2.30$N/mm²，$f_{ck}'=25.1$N/mm²；

查附录表B-1，$A_s=452$mm²，$A_p=471$mm²，$A_p'=157$mm²，$A_s'=226$mm²。
$$\alpha_E=\frac{E_s}{E_c}=\frac{2.0\times10^5}{3.45\times10^4}=5.8$$

将截面划分成几部分计算（图7-33c），过程见表7-7。

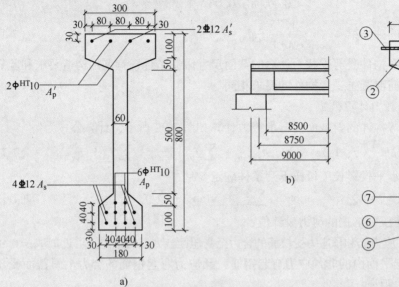

图 7-33 【例 7-2】图

表 7-7   截面特征计算

编号	A_i /mm²	a_i /mm	$S_i = A_i a_i$ /mm³	$y_i = y_0 - a_i$ /mm	$A_i y_i^2$ /mm⁴	I_i /mm⁴
①	600×60 = 36000	400	144×10⁵	43	665.64×10⁵	10800×10⁵
②	300×100 = 30000	750	225×10⁵	307	28274.7×10⁵	250×10⁵
③	(5.8-1)×(226+157) = 1838.4	770	14.16×10⁵	327	1965.8×10⁵	—
④	120×50 = 6000	683	41×10⁵	240	3456×10⁵	8.33×10⁵
⑤	180×100 = 18000	50	9×10⁵	393	27800.8×10⁵	150×10⁵
⑥	(5.8-1)×(471+452) = 4430.4	60	2.66×10⁵	383	6498.9×10⁵	—
⑦	60×50 = 3000	117	3.51×10⁴	326	3188.3×10⁵	4.17×10⁵
Σ	99268.8	—	4393.3×10⁴	—	71850.14×10⁵	11212.5×10⁵

下部预应力筋和非预应力筋合力点至底边的距离

$$a_{p,s} = \frac{(157+226)\times30 + (157+226)\times70 + 157\times110}{471+452}\,\text{mm} = 60\,\text{mm}$$

$$y_0 = \frac{\sum S_i}{\sum A_i} = \frac{4393.3\times10^4}{99268.8}\,\text{mm} = 443\,\text{mm}$$

$$y_0' = (800-443)\,\text{mm} = 357\,\text{mm}$$

$$I_0 = \sum A_i y_i^2 + \sum I_i = (71850.14\times10^5 + 11212.5\times10^5)\,\text{mm}^4 = 83062.64\times10^5\,\text{mm}^4$$

（2）预应力损失计算

张拉控制应力

$$\sigma_{con} = \sigma'_{con} = 0.7f_{ptk} = 0.7 \times 1470 \text{N/mm}^2 = 1029 \text{N/mm}^2$$

1）锚具变形损失 σ_{l1}

由表7-3，取 $a = 1\text{mm}$

$$\sigma_{l1} = \sigma'_{l1} = \frac{a}{l}E_s = \frac{1}{80 \times 10^3} \times 2.0 \times 10^5 \text{N/mm}^2 = 2.5 \text{N/mm}^2$$

2）温差损失 σ_{l3}

$$\sigma_{l3} = \sigma'_{l3} = 2\Delta t = 2 \times 20 \text{N/mm}^2 = 40 \text{N/mm}^2$$

3）应力松弛损失 σ_{l4}

采用超张拉

$$\sigma_{l4} = \sigma'_{l4} = 0.035\sigma_{con} = 0.035 \times 1029 \text{N/mm}^2 = 36 \text{N/mm}^2$$

第一批预应力损失（假定放张前，应力松弛损失完成45%）

$$\sigma_{lI} = \sigma'_{lI} = \sigma_{l1} + \sigma_{l3} + 0.45\sigma_{l4} = (2.5 + 40 + 0.45 \times 36) \text{N/mm}^2 = 58.7 \text{N/mm}^2$$

4）混凝土收缩、徐变损失 σ_{l5}

$$N_{p0I} = (\sigma_{con} - \sigma_{lI})A_p + (\sigma'_{con} - \sigma'_{lI})A'_p = (1029 - 58.7) \times (471 + 157) \text{N}$$
$$= 609.35 \times 10^3 \text{N} = 609.35 \text{kN}$$

预应力筋至换算截面形心的距离

$$y_p = y_0 - a_p = (443 - 70)\text{mm} = 373\text{mm}, \quad y'_p = y_0 - a'_p = (800 - 443 - 30)\text{mm} = 327\text{mm}$$

$$e_{p0I} = \frac{(\sigma_{con} - \sigma_{lI})A_p y_p - (\sigma'_{con} - \sigma'_{lI})A'_p y'_p}{N_{p0I}} = \frac{(1029 - 58.7) \times 471 \times 373 - (1029 - 58.7) \times 157 \times 327}{609.35 \times 10^3}\text{mm}$$

$$= 198\text{mm}$$

$$\sigma_{pcI} = \frac{N_{p0I}}{A_0} + \frac{N_{p0I}e_{p0I}y_p}{I_0} = \left(\frac{609.35 \times 10^3}{99268.8} + \frac{609.35 \times 10^3 \times 198 \times 373}{83062.64 \times 10^5}\right)\text{N/mm}^2$$

$$= 11.56 \text{N/mm}^2 < 0.5f_{cu} = 0.5 \times 0.75 \times 50 \text{N/mm}^2 = 18.75 \text{N/mm}^2$$

$$\sigma'_{pcI} = \frac{N_{p0I}}{A_0} - \frac{N_{p0I}e_{p0I}y'_p}{I_0} = \left(\frac{609.35 \times 10^3}{99268.8} - \frac{609.35 \times 10^3 \times 198 \times 327}{83062.64 \times 10^5}\right)\text{N/mm}^2$$

$$= 1.39 \text{N/mm}^2 < 0.5f_{cu} = 0.5 \times 0.75 \times 50 \text{N/mm}^2 = 18.75 \text{N/mm}^2$$

$$\rho = \frac{A_p + A_s}{A_0} = \frac{471 + 452}{99268.8} = 0.0093, \quad \rho' = \frac{A'_p + A'_s}{A_0} = \frac{157 + 226}{99268.8} = 0.0039$$

$$\sigma_{l5} = \frac{45 + 340\dfrac{\sigma_{pcI}}{f_{cu}}}{1 + 15\rho} = \frac{45 + 340 \times \dfrac{11.56}{0.75 \times 50}}{1 + 15 \times 0.0093}\text{N/mm}^2 = 114.63 \text{N/mm}^2$$

$$\sigma'_{l5} = \frac{45 + 340\dfrac{\sigma'_{pcI}}{f_{cu}}}{1 + 15\rho'} = \frac{45 + 340 \times \dfrac{1.39}{0.75 \times 50}}{1 + 15 \times 0.0039}\text{N/mm}^2 = 68.59 \text{N/mm}^2$$

第二批预应力损失

$$\sigma_{lII} = 0.55\sigma_{l4} + \sigma_{l5} = (0.55 \times 36 + 114.63) \text{N/mm}^2 = 164.43 \text{N/mm}^2$$

$$\sigma'_{lII} = 0.55\sigma'_{l4} + \sigma'_{l5} = (0.55 \times 36 + 68.59) \text{N/mm}^2 = 88.39 \text{N/mm}^2$$

总应力损失

$$\sigma_l = \sigma_{lI} + \sigma_{lII} = (58.7 + 164.43)\,\text{N/mm}^2 = 205.33\,\text{N/mm}^2 > 100\,\text{N/mm}^2$$

$$\sigma'_l = \sigma'_{lI} + \sigma'_{lII} = (58.7 + 88.39)\,\text{N/mm}^2 = 147.09\,\text{N/mm}^2 > 100\,\text{N/mm}^2$$

(3) 内力计算

可变荷载标准值产生的弯矩和剪力

$$M_{Q_k} = \frac{1}{8} q_k l_0^2 = \frac{1}{8} \times 18.8 \times 8.75^2\,\text{kN}\cdot\text{m} = 179.92\,\text{kN}\cdot\text{m}$$

$$V_{Q_k} = \frac{1}{2} q_k l_n = \frac{1}{2} \times 18.8 \times 8.5\,\text{kN} = 79.9\,\text{kN}$$

永久荷载标准值产生的弯矩和剪力

$$M_{G_k} = \frac{1}{8} g_k l_0^2 = \frac{1}{8} \times 17.5 \times 8.75^2\,\text{kN}\cdot\text{m} = 167.48\,\text{kN}\cdot\text{m}$$

$$V_{G_k} = \frac{1}{2} g_k l_n = \frac{1}{2} \times 17.5 \times 8.5\,\text{kN} = 74.38\,\text{kN}$$

弯矩标准值

$$M_k = M_{Q_k} + M_{G_k} = (179.92 + 167.48)\,\text{kN}\cdot\text{m} = 347.4\,\text{kN}\cdot\text{m}$$

弯矩设计值

$$M = 1.2 M_{G_k} + 1.4 M_{Q_k} = (1.2 \times 167.48 + 1.4 \times 179.92)\,\text{kN}\cdot\text{m} = 452.86\,\text{kN}\cdot\text{m}$$

剪力设计值

$$V = 1.2 V_{G_k} + 1.4 V_{Q_k} = (1.2 \times 74.38 + 1.4 \times 79.9)\,\text{kN} = 201.12\,\text{kN}$$

(4) 施工阶段验算　放张后混凝土上、下边缘应力

$$\sigma_{pcI} = \frac{N_{p0I}}{A_0} + \frac{N_{p0I} e_{p0I} y_0}{I_0} = \left(\frac{609.35 \times 10^3}{99268.8} + \frac{609.35 \times 10^3 \times 198 \times 443}{83062.64 \times 10^5} \right)\,\text{N/mm}^2 = 12.57\,\text{N/mm}^2$$

$$\sigma'_{pcI} = \frac{N_{p0I}}{A_0} - \frac{N_{p0I} e_{p0I} y'_0}{I_0} = \left(\frac{609.35 \times 10^3}{99268.8} - \frac{609.35 \times 10^3 \times 198 \times 357}{83062.64 \times 10^5} \right)\,\text{N/mm}^2 = 0.95\,\text{N/mm}^2$$

设吊点距梁端 1.0m，梁自重 $g = 2.33$ kN/m，动力系数取 1.5，则自重产生的弯矩

$$M_k = 1.5 \times \frac{1}{2} g l^2 = \frac{1.5}{2} \times 2.33 \times 1^2\,\text{kN}\cdot\text{m} = 1.75\,\text{kN}\cdot\text{m}$$

截面上边缘混凝土法向应力

$$\sigma_{ct} = \sigma'_{pcI} - \frac{M_k}{I_0} y_0 = \left(0.95 - \frac{1.75 \times 10^6 \times 357}{83062.64 \times 10^5} \right)\,\text{N/mm}^2 = 0.87\,\text{N/mm}^2$$

$$< f'_{tk} = 2.30\,\text{N/mm}^2 (满足要求)$$

截面下边缘混凝土法向应力

$$\sigma_{cc} = \sigma_{pcI} + \frac{M_k}{I_0} y_0 = \left(12.57 + \frac{1.75 \times 10^6 \times 443}{83062.64 \times 10^5} \right)\,\text{N/mm}^2 = 12.66\,\text{N/mm}^2$$

$$< 0.8 f'_{ck} = 0.8 \times 25.1\,\text{N/mm}^2 = 20.1\,\text{N/mm}^2 (满足要求)$$

(5) 使用阶段裂缝宽度计算

$$\begin{aligned}
N_{p0II} &= \sigma_{p0II} A_p + \sigma'_{p0II} A'_p - \sigma_{l5} A_s - \sigma'_{l5} A'_s \\
&= [(1029 - 205.33) \times 471 + (1029 - 147.09) \times 157 - 144.63 \times 452 - 68.59 \times 226]\,\text{N} \\
&= 445.53 \times 10^3\,\text{N} = 445.53\,\text{kN}
\end{aligned}$$

非预应力筋 A_s 至换算截面形心的距离

$$y_s = (443-50)\,\text{mm} = 393\text{mm}$$

$$e_{p0\text{II}} = \frac{\sigma_{p0\text{II}}A_p y_p - \sigma'_{p0\text{II}}A'_p - \sigma_{l5}A_s y_s + \sigma'_{l5}A'_s y'_s}{N_{p0\text{II}}}$$

$$= \frac{(1029-205.33)\times471\times373-(1029-147.09)\times157\times327-144.63\times452\times393+68.59\times226\times327}{445.53\times10^3}\text{mm}$$

$$= 176.88\text{mm}$$

$N_{p0\text{II}}$ 至预应力筋 A_p 和非预应力筋 A_s 合力点的距离

$$e_p = \frac{\sigma_{p0\text{II}}A_p y_p - \sigma_{l5}A_s y_s}{\sigma_{p0\text{II}}A_p - \sigma_{l5}A_s} - e_{p0\text{II}} = \left[\frac{(1029-205.33)\times471\times373-144.63\times452\times393}{(1029-205.33)\times471-144.63\times452} - 176.88\right]\text{mm}$$

$$= 192.07\text{mm}$$

$$e = e_p + \frac{M_k}{N_{p0\text{II}}} = \left(192.07 + \frac{347.4\times10^6}{445.53\times10^3}\right)\text{mm} = 971.82\text{mm}$$

$$\gamma'_f = \frac{(b'_f-b)h'_f}{bh_0} = \frac{(300-60)\times125}{60\times740} = 0.676$$

$$z = \left[0.87-0.12(1-\gamma'_f)\left(\frac{h_0}{e}\right)^2\right]h_0 = \left[0.87-0.12\times(1-0.676)\times\left(\frac{740}{971.82}\right)^2\right]\times740\text{mm} = 627.12\text{mm}$$

$$\sigma_{sk} = \frac{M_k - N_{p0\text{II}}(z-e_p)}{(A_p+A_s)z} = \frac{347.4\times10^6-445.53\times10^3\times(627.12-192.07)}{(471+452)\times627.12}\text{N/mm}^2 = 265.3\text{ N/mm}^2$$

$$\rho_{te} = \frac{A_p+A_s}{0.5bh+(b_f-b)h_f} = \frac{471+452}{0.5\times60\times800+(180-60)\times125} = 0.024$$

$$\psi = 1.1 - \frac{0.65f_{tk}}{\sigma_{sk}\rho_{te}} = 1.1 - \frac{0.65\times2.64}{265.3\times0.024} = 0.83$$

$$d_{eq} = \frac{\sum n_i d_i^2}{\sum n_i v_i d_i} = \frac{6\times10^2+4\times12^2}{6\times10\times1.0+4\times12\times1.0}\text{mm} = 10.89\text{mm}$$

$$w_{max} = \alpha_{cr}\psi\frac{\sigma_{sk}}{E_s}\times\left(1.9c+0.08\frac{d_{eq}}{\rho_{te}}\right) = 1.5\times0.83\times\frac{265.3}{2.0\times10^5}\times\left(1.9\times26+0.08\times\frac{10.89}{0.024}\right)\text{mm}$$

$$= 0.142\text{mm} < w_{lim} = 0.2\text{mm}(\text{满足要求})$$

（6）使用阶段挠度验算　截面下边缘混凝土预压应力

$$\sigma_{pc\text{II}} = \frac{N_{p0\text{II}}}{A_0} + \frac{N_{p0\text{II}}e_{p0\text{II}}y_0}{I_0} = \left(\frac{445.53\times10^3}{99268.8} + \frac{445.53\times10^3\times176.88\times443}{83062.64\times10^5}\right)\text{N/mm}^2 = 8.69\text{N/mm}^2$$

由 $\frac{b_f}{b} = \frac{180}{60} = 3$，$\frac{h_f}{h} = \frac{125}{800} = 0.156$，非对称 I 形截面 $b'_f > b_f$，γ_m 在 $1.35\sim1.5$ 之间，近似取 $\gamma_m = 1.41$。

$$\gamma = \left(0.7+\frac{120}{h}\right)\gamma_m = \left(0.7+\frac{120}{800}\right)\times1.41 = 1.2$$

$$M_{cr} = (\sigma_{pcII} + \gamma f_k) w_0 = (8.69 + 1.2 \times 2.64) \times \frac{83062.64 \times 10^5}{443} \text{N/mm}^2$$

$$= 222.3 \times 10^6 \text{ N} \cdot \text{mm} = 222.3 \text{ kN} \cdot \text{m}$$

$$\kappa_{cr} = \frac{M_{cr}}{M_k} = \frac{222.3}{347.4} = 0.639$$

纵向受拉钢筋配筋率

$$\rho = \frac{A_p + A_s}{bh_0} = \frac{471 + 452}{60 \times 740} = 0.021$$

$$\gamma_f = \frac{(b_f - b) h_f}{bh_0} = \frac{(180 - 60) \times 125}{60 \times 740} = 0.338$$

$$\omega = \left(1.0 + \frac{0.21}{\alpha_E \rho}\right)(1 + 0.45\gamma_f) - 0.7 = \left(1.0 + \frac{0.21}{5.8 \times 0.021}\right) \times (1 + 0.45 \times 0.338) - 0.7 = 2.44$$

$$B_s = \frac{0.85 E_c I_0}{\kappa_{cr} + (1 - \kappa_{cr})\omega} = \frac{0.85 \times 3.45 \times 10^4 \times 83062.64 \times 10^5}{0.639 + (1 - 0.639) \times 2.44} \text{N/mm}^2 = 160.27 \times 10^{12} \text{N} \cdot \text{mm}^2$$

对预应力混凝土构件 $\theta = 2.0$，则

$$M_q = M_{G_k} + 0.6 M_{Q_k} = 167.48 + 0.6 \times 179.92 \text{kN} \cdot \text{m} = 275.43 \text{kN} \cdot \text{m}$$

$$B = \frac{M_k}{M_q(\theta - 1) + M_k} B_s = \frac{347.4}{275.43 \times (2-1) + 347.4} \times 160.27 \times 10^{12} \text{N} \cdot \text{mm}^2 = 89.39 \times 10^{12} \text{ N} \cdot \text{mm}^2$$

荷载作用下的挠度

$$a_{f1} = \frac{5}{48} \frac{M_k l_0^2}{B} = \frac{5}{48} \times \frac{347.4 \times 10^6 \times 8.75^2 \times 10^6}{89.39 \times 10^{12}} \text{mm} = 31.0 \text{mm}$$

预应力产生反拱

$$B = E_c I_0 = 3.45 \times 10^4 \times 83062.64 \times 10^5 \text{N} \cdot \text{mm}^2 = 286.57 \times 10^{12} \text{N} \cdot \text{mm}^2$$

$$a_{f2} = \frac{2 N_{p0II} e_{p0II} l_0^2}{8B} = \frac{2 \times 445.53 \times 10^3 \times 176.88 \times 8.75^2 \times 10^6}{8 \times 286.57 \times 10^{12}} \text{mm} = 5.26 \text{mm}$$

总挠度

$$a_f = a_{f1} - a_{f2} = (31.0 - 5.26) \text{mm} = 25.74 \text{mm} < a_{\lim} = l_0/250 = 35.0 \text{mm} (满足要求)$$

（7）正截面承载力计算

$$h_0 = (800 - 60) \text{mm} = 740 \text{mm}$$

$$\sigma'_{p0II} = \sigma'_{con} - \sigma'_l = (1029 - 147.09) \text{N/mm}^2 = 881.91 \text{N/mm}^2$$

$$x = \frac{f_{py} A_p + f_y A_s - f'_y A'_s + (\sigma'_{p0II} - f'_{py}) A'_p}{\alpha_1 f_c b'_f}$$

$$= \frac{1040 \times 471 + 360 \times 452 - 360 \times 226 + (881.91 - 410) \times 157}{1.0 \times 23.1 \times 300} \text{mm}$$

$$= 93.12 \text{mm} < h'_f = (100 + 50/2) \text{mm} = 125 \text{mm} (平均)$$

$$> 2a' = 60 \text{mm}$$

属于第一类 T 形。

$$\sigma_{p0\,II} = \sigma_{con} - \sigma_l = (1029 - 205.33)\,N/mm^2 = 825.67\,N/mm^2$$

$$\xi_b = \frac{\beta_1}{1 + \dfrac{0.002}{\varepsilon_{cu}} + \dfrac{f_{py} - \sigma_{p0\,II}}{E_s \varepsilon_{cu}}} = \frac{0.8}{1 + \dfrac{0.002}{0.0033} + \dfrac{1040 - 825.67}{2 \times 10^5 \times 0.0033}} = 0.41$$

$$\xi_b h_0 = 0.41 \times 740\,mm = 303.4\,mm > x$$

$$M_u = \alpha_1 f_c b'_f x \left(h_0 - \frac{x}{2}\right) + f'_y A'_s (h_0 - a'_s) - (\sigma'_{p0\,II} - f'_{py}) A'_p (h_0 - a'_p)$$

$$= \left[1.0 \times 23.1 \times 300 \times 93.12 \times \left(740 - \frac{93.12}{2}\right) + 360 \times 226 \times (740 - 26) - \right.$$

$$\left. (881.91 - 410) \times 157 \times (740 - 30) \right] N \cdot mm$$

$$= 452.98 \times 10^6 N \cdot mm = 452.98\,kN \cdot m > M = 452.86\,kN \cdot m\,(满足要求)$$

（8）斜截面抗剪承载力计算　由 $h_w/b = 500/60 = 8.3 > 6$，则

$$0.2\beta_c f_c b h_0 = 0.2 \times 1.0 \times 23.1 \times 60 \times 740\,N = 205.13 \times 10^3\,N = 205.13\,kN > V = 201.12\,kN$$

截面尺寸满足要求。

因使用阶段允许出现裂缝，故取 $V_p = 0$，则

$$0.7 f_t b h_0 = 0.7 \times 1.89 \times 60 \times 740\,N = 58.74 \times 10^3\,N = 58.74\,kN < V = 201.12\,kN$$

需计算配置箍筋。采用双肢箍筋 $\boldsymbol{\Phi}10@120$，$A_{sv} = 157\,mm^2$

$$V_u = 0.7 f_t b h_0 + f_{yv} \frac{A_{sv}}{s} h_0 = \left(58.74 + 210 \times \frac{157}{120} \times 740\right) N = 203.4 \times 10^3\,N$$

$$= 203.4\,kN > V = 201.12\,kN\,(满足要求)$$

【例 7-3】　跨度 12m 的后张法预应力 I 形截面梁如图 7-34 所示。混凝土强度等级为 C60，下部预应力筋为 3 束 3 $\boldsymbol{\Phi}^s 1 \times 7$（$d = 15.2mm$）低松弛 1860 级钢绞线（其中 1 束为曲线布置，2 束为直线布置），上部预应力筋为 1 束 3 $\boldsymbol{\Phi}^s 1 \times 7$（$d = 15.2mm$）低松弛 1860 级钢绞线。采用 OVM15-3 锚具，预埋金属波纹管，孔道直径为 45mm。张拉控制应力 $\sigma_{con} = 0.75 f_{ptk}$，混凝土达设计强度后张拉钢筋（一端张拉）。该梁跨中截面承受永久荷载标准值产生弯矩 $M_{G_k} = 780\,kN \cdot m$，可变荷载标准产生弯矩 $M_{Q_k} = 890\,kN \cdot m$，准永久值系数为 0.5，按二级裂缝控制。试进行该梁正截面抗裂和承载力验算。

【解】　（1）截面的几何特性

查附录表 A-1~表 A-3，表 A-6~表 A-8，钢绞线 $E_s = 1.95 \times 10^5\,N/mm^2$，$f_{py} = 1320\,N/mm^2$，$f'_{py} = 390\,N/mm^2$；C60 混凝土 $E_c = 3.60 \times 10^4\,N/mm^2$，$f_{tk} = 2.85\,N/mm^2$，$f_c = 27.5\,N/mm^2$；

查附录表 B-1，$A_p = [2 \times 3 \times 139(直) + 1 \times 3 \times 139(曲)]\,mm^2 = [834(直) + 417(曲)]\,mm^2 = 1251\,mm^2$，$A'_p = 1 \times 3 \times 139\,mm^2 = 417\,mm^2$。

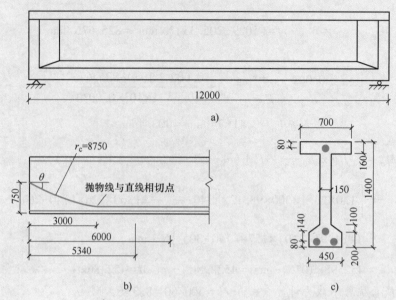

图 7-34　【例 7-3】图

$$\alpha_E = \frac{E_s}{E_c} = \frac{1.95 \times 10^5}{3.6 \times 10^4} = 5.42$$

将截面划分成几部分计算，过程见表 7-8。下部预应力筋合力点到底边距离

$$a_p = \frac{417 \times 220 + 834 \times 80}{1251} \text{mm} = 127 \text{mm}$$

表 7-8　截面特征计算

编号	A_i/mm^2	a_i/mm	$S_i = A_i a_i/\text{mm}^3$	$I_{ia} = A_i a_i^2/\text{mm}^4$	I_{io}/mm^4
①	$700 \times 160 = 112 \times 10^3$	1320	14784×10^4	1951488×10^5	$700 \times 160^3/12 = 23893 \times 10^4$
②	$150 \times 1040 = 156 \times 10^3$	720	11232×10^4	80870×10^5	$150 \times 1040^3/12 = 140608 \times 10^5$
③	$450 \times 200 = 90 \times 10^3$	100	900×10^4	9000×10^5	$450 \times 200^3/12 = 3 \times 10^8$
④	$150 \times 100 = 15 \times 10^3$	233.3	350×10^4	8166666664	$150 \times 100^3 \times 2/36 = 8333333.3$
⑤	$5.42 \times 417 = 2260$	1320	29832×10^2	3937824×10^3	—
⑥	$5.42 \times 1251 = 6780$	127	861060	109354620	—
⑦	$\pi \times 45^2/4 = 1590$	1320	20988×10^2	2770416×10^3	$\pi \times 45^4/64 = 201289$
⑧	$3\pi \times 45^2/4 = 4770$	127	605790	76935330	$3\pi \times 45^4/64 = 603867$
$\sum_1^4 - \sum_7^8$	366640	—	269955410	27488851×10^4	14607258×10^3
$\sum_1^6 - \sum_7^8$	375680	—	273799670	27893569×10^4	14607258×10^3

$$A_n = 366640 \text{mm}^2$$

$$y_n = \frac{\sum S_i}{A_n} = \frac{269955410}{366640} \text{mm} = 736 \text{mm}$$

$$I_n = \sum I_{io} + \sum I_{ia} - y_n \sum S_i$$

$$= (14607258 \times 10^3 + 27488851 \times 10^4 - 736 \times 269955410)\,mm^4 = 90808586 \times 10^3\,mm^4$$

$$A_0 = 375680\,mm^2$$

$$y_0 = \frac{\sum S_i}{A_0} = \frac{273799670}{375680}\,mm = 729\,mm$$

$$I_0 = \sum I_{io} + \sum I_{ia} - y_0 \sum S_i$$

$$= (14607258 \times 10^3 + 27488851 \times 10^4 - 729 \times 273799670)\,mm^4 = 93942988 \times 10^3\,mm^4$$

（2）预应力损失

张拉控制应力　　　　$\sigma_{con} = \sigma'_{con} = 0.75 \times 1860\,N/mm^2 = 1395\,N/mm^2$

1）锚具变形应力损失 σ_{l1} 计算。OVM 锚具，查表 7-3，得 $a = 5\,mm$。

① 直线预应力筋的 σ_{l1}。

$$\sigma_{l1} = \sigma'_{l1} = \frac{a}{l}E_s = \frac{5 \times 1.95 \times 10^5}{12000}\,N/mm^2 = 81.25\,N/mm^2$$

② 曲线预应力筋的 σ_{l1}。曲线预应力筋的曲率半径 $r_c = 8.75\,m$，查表 7-4 得 $\mu = 0.25$、$\kappa = 0.0015\,m^{-1}$，反向摩擦影响长度为

$$l_f = \sqrt{\frac{aE_s}{1000\sigma_{con}(\mu/r_c + \kappa)}} = \sqrt{\frac{5 \times 1.95 \times 10^5}{1000 \times 1395 \times (0.25/8.75 + 0.0015)}}\,m$$

$$= 4.82\,m < l/2 = 6\,m$$

由于反向摩擦影响，曲线预应力筋跨中截面 $\sigma_{l1} = 0$。

2）摩擦应力损失 σ_{l2} 计算。

① 直线预应力筋的 σ_{l2}。

$$\kappa x = 0.0015 \times 6 = 0.009 < 0.2$$

$$\sigma_{l2} = \sigma'_{l2} = \kappa x \sigma_{con} = 0.009 \times 1395\,N/mm^2 = 12.56\,N/mm^2$$

② 曲线预应力钢筋 σ_{l2}。近似取 $x = 6\,m$，$\theta = 2 \times (750 - 220)/6000 = 0.176$，则

$$\kappa x + \mu\theta = 0.0015 \times 6 + 0.25 \times 0.176 = 0.053 < 0.2$$

$$\sigma_{l2} = (\kappa x + \mu\theta)\sigma_{con} = 0.053 \times 1395\,N/mm^2 = 73.94\,N/mm^2$$

第一批预应力损失如下：

直线预应力钢筋　　$\sigma_{lI} = \sigma'_{lI} = \sigma_{l1} + \sigma_{l2} = (81.25 + 12.56)\,N/mm^2 = 93.81\,N/mm^2$

曲线预应力钢筋　　　　　　　$\sigma_{lI} = \sigma_{l2} = 73.94\,N/mm^2$

3）应力松弛损失 σ_{l4} 计算。

$$\sigma_{l4} = \sigma'_{l4} = 0.2 \times \left(\frac{\sigma_{con}}{f_{ptk}} - 0.575\right)\sigma_{con} = 0.2 \times \left(\frac{1395}{1860} - 0.575\right) \times 1395\,N/mm^2 = 48.83\,N/mm^2$$

4）混凝土压缩、徐变损失 σ_{l5} 计算。

$$N_{pI} = (\sigma_{con} - \sigma_{lI})A_p + (\sigma'_{con} - \sigma'_{lI})A'_p$$

$$= [(1395 - 93.81) \times (834 + 417) + (1395 - 73.94) \times 417]\,N$$

$$= 2178.67 \times 10^3\,N = 2178.67\,kN$$

$$e_{pI} = \frac{(\sigma_{con} - \sigma_{lI})A_p y_{pn} - (\sigma'_{con} - \sigma'_{lI})A'_p y'_{pn}}{N_{pI}}$$

$$= \frac{(1395-93.81)\times834\times(736-80)+(1395-73.94)\times417\times(736-220)-(1395-93.81)\times417\times(1320-736)}{2178.67\times10^3} mm$$

$$= 311.78mm$$

下部直线预应力筋处混凝土法向应力

$$\sigma_{pcI} = \frac{N_{pI}}{A_n} + \frac{N_{pI}e_{pI}}{I_n}y_{pn} = \left(\frac{2178.67\times10^3}{366640} + \frac{2178.67\times10^3\times311.78\times(736-80)}{90808586\times10^3}\right) N/mm^2 = 10.85\ N/mm^2$$

下部曲线预应力筋处混凝土法向应力

$$\sigma_{pcI} = \frac{N_{pI}}{A_n} + \frac{N_{pI}e_{pI}}{I_n}y_{pn} = \left(\frac{2178.67\times10^3}{366640} + \frac{2178.67\times10^3\times311.78\times(736-220)}{90808586\times10^3}\right) N/mm^2 = 9.80N/mm^2$$

上部预应力筋处混凝土法向应力

$$\sigma'_{pcI} = \frac{N_{pI}}{A_n} - \frac{N_{pI}e_{pI}}{I_n}y'_{pn} = \left(\frac{2178.67\times10^3}{366640} - \frac{2178.67\times10^3\times311.78\times(1320-736)}{90808586\times10^3}\right) N/mm^2 = 1.57\ N/mm^2$$

$$\rho = \frac{A_p}{A_n} = \frac{1251}{366640} = 0.0034 , \quad \rho' = \frac{A'_p}{A_n} = \frac{417}{366640} = 0.0011$$

下部直线预应力筋的 σ_{l5}

$$\sigma_{l5} = \frac{55+300\dfrac{\sigma_{pcI}}{f'_{cu}}}{1+15\rho} = \frac{55+300\times\dfrac{10.85}{60}}{1+15\times0.0034} N/mm^2 = 103.95N/mm^2$$

下部曲线预应力筋的 σ_{l5}

$$\sigma_{l5} = \frac{55+300\dfrac{\sigma_{pcI}}{f'_{cu}}}{1+15\rho} = \frac{55+300\times\dfrac{9.8}{60}}{1+15\times0.0034} N/mm^2 = 98.95N/mm^2$$

上部预应力筋的 σ'_{l5}

$$\sigma'_{l5} = \frac{55+300\dfrac{\sigma_{pcI}}{f'_{cu}}}{1+15\rho'} = \frac{55+300\times\dfrac{1.57}{60}}{1+15\times0.0011} N/mm^2 = 61.83\ N/mm^2$$

第二批预应力损失如下：

下部直线预应力筋　$\sigma_{lII} = \sigma_{l4} + \sigma_{l5} = (48.83+103.95) N/mm^2 = 152.78\ N/mm^2$

下部曲线预应力筋　$\sigma_{lII} = \sigma_{l4} + \sigma_{l5} = (48.83+98.95) N/mm^2 = 147.78\ N/mm^2$

上部预应力筋　$\sigma'_{lII} = \sigma'_{l4} + \sigma'_{l5} = (48.83+61.83) N/mm^2 = 110.66\ N/mm^2$

总预应力损失如下：

下部直线预应力筋　$\sigma_l = \sigma_{lI} + \sigma_{lII} = (93.81+152.78) N/mm^2 = 246.59\ N/mm^2 > 80N/mm^2$

下部曲线预应力筋　$\sigma_l = \sigma_{lI} + \sigma_{lII} = (73.94+147.78) N/mm^2 = 221.72\ N/mm^2 > 80N/mm^2$

上部预应力筋　$\sigma'_l = \sigma'_{lI} + \sigma'_{lII} = (93.81+110.66) N/mm^2 = 204.47\ N/mm^2 > 80N/mm^2$

（3）正截面承载力验算

$$h_0 = (1400-127)mm = 1273mm$$

$$N_p = (\sigma_{con} - \sigma_l)A_p + (\sigma'_{con} - \sigma'_l)A'_p$$
$$= [(1395-246.59)\times834 + (1395-221.72)\times417 + (1395-204.47)\times417]N$$
$$= 1943.48\times10^3 N = 1943.48kN$$

$$e_{pn} = \frac{(\sigma_{con}-\sigma_l)A_p y_{pn} - (\sigma'_{con}-\sigma'_l)A'_p y'_{pn}}{N_p}$$

$$= \frac{(1395-246.59)\times834\times(736-80) + (1395-221.72)\times417\times(736-220) - (1395-204.47)\times417\times(1320-736)}{1943.48\times10^3}mm$$

$$= 304mm$$

跨中截面弯矩设计值

$$M = 1.2M_{G_k} + 1.4M_{Q_k} = (1.2\times780 + 1.4\times890)kN\cdot m = 2182kN\cdot m$$

上部预应力筋合力点处混凝土法向应力

$$\sigma'_{pc} = \frac{N_p}{A_n} - \frac{N_p e_{pn} y'_{pn}}{I_n} = \left(\frac{1943.48\times10^3}{366640} - \frac{1943.48\times10^3\times304\times(1320-736)}{90808586\times10^3}\right)N/mm^2 = 9.10N/mm^2$$

$$\sigma'_{p0} = \sigma'_{con} - \sigma'_l + \alpha_E\sigma'_{pc} = (1395-204.47+5.42\times9.10)N/mm^2 = 1239.85 N/mm^2$$

下部预应力筋合力点处混凝土法向应力

$$\sigma_{pc} = \frac{N_p}{A_n} - \frac{N_p e_{pn} y_{pn}}{I_n} = \left(\frac{1943.48\times10^3}{366640} - \frac{1943.48\times10^3\times304\times(736-127)}{90808586\times10^3}\right)N/mm^2 = 1.34 N/mm^2$$

计算σ_{p0}时偏于安全地取$\sigma_l = 246.59 N/mm^2$，则

$$\sigma_{p0} = \sigma_{con} - \sigma_l + \alpha_E\sigma_{pc} = (1395-246.59+5.42\times1.34)N/mm^2 = 1155.67N/mm^2$$

查表3-2得，$\beta_1 = 0.78$。

$$\varepsilon_{cu} = 0.0033 - (f_{cu,k}-50)\times10^{-5} = 0.0033 - (60-50)\times10^{-5} = 0.0032$$

$$\xi_b = \frac{\beta_1}{1+\dfrac{0.002}{\varepsilon_{cu}} + \dfrac{f_{py}-\sigma_{p0}}{E_s\varepsilon_{cu}}} = \frac{0.78}{1+\dfrac{0.002}{0.0032}+\dfrac{1320-1155.67}{1.95\times10^5\times0.0032}} = 0.413$$

查表3-2得，$\alpha_1 = 0.98$。

$$\alpha_1 f_c b'_f h'_f - (\sigma'_{p0}-f'_{py})A'_p = 0.98\times27.5\times700\times160 - (1239.85-390)\times417N$$
$$= 2664.0\times10^3 N = 2664.0kN > f_{py}A_p = 1320\times(834+417)N$$
$$= 1651.32\times10^3 N = 1651.32 kN$$

为第二类T形截面。

$$x = \frac{f_{py}A_p + (\sigma'_{p0}-f'_{py})A'_p - (b'_f-b)h'_f}{\alpha_1 f_c b}$$

$$= \frac{1651.32\times10^3 + (1239.85-390)\times417 - (700-150)\times160}{0.98\times27.5\times150}$$

$$= 474.38mm > 2\alpha'_p = 160 mm$$

$$< \xi_b h_0 = 0.413\times1273mm = 525.75mm$$

$$M_u = \alpha_1 f_c bx\left(h_0 - \frac{x}{2}\right) + \alpha_1 f_c (b'_f - b)h'_f\left(h_0 - \frac{h'_f}{2}\right) - (\sigma'_{p0} - f'_{py})A'_p(h_0 - a'_p)$$

$$= \left[0.98 \times 27.5 \times 150 \times 474.38 \times \left(1273 - \frac{474.38}{2}\right) + 0.98 \times 27.5 \times (700-150) \times 160 \times \right.$$

$$\left. \left(1273 - \frac{160}{2}\right) - (1239.85 - 390) \times 417 \times (1273 - 80)\right] \text{N} \cdot \text{mm}$$

$$= 4392.9 \times 10^6 \text{ N} \cdot \text{mm} = 4392.9\text{kN} \cdot \text{m} > M = 2182\text{kN} \cdot \text{mm}(满足要求)$$

（4）正截面抗裂验算　截面下边缘混凝土的预压应力

$$\sigma_{pc} = \frac{N_p}{A_n} + \frac{N_p e_{pn}}{I_n}y_n = \left(\frac{1943.48 \times 10^3}{366640} + \frac{1943.48 \times 10^3 \times 304}{90808586 \times 10^3} \times 736\right)\text{N/mm}^2 = 10.1\text{N/mm}^2$$

1）在荷载效应标准组合下截面边缘拉应力

$$M_k = M_{G_k} + M_{Q_k} = (780 + 890)\text{kN} \cdot \text{m} = 1670\text{kN} \cdot \text{m}$$

$$\sigma_{ck} = \frac{M_k}{I_0}y_0 = \frac{1670 \times 10^6}{93942988 \times 10^3} \times 729\text{N/mm}^2 = 12.95 \text{ N/mm}^2$$

$$\sigma_{ck} - \sigma_{pc} = (12.95 - 10.1)\text{N/mm}^2 = 2.85 \text{ N/mm}^2 = f_{tk} = 2.85\text{N/mm}^2(满足要求)$$

2）在荷载效应准永久组合下截面边缘的拉应力

$$M_q = M_{G_k} + 0.5M_{Q_k} = (780 + 0.5 \times 890)\text{kN} \cdot \text{m} = 1225\text{kN} \cdot \text{m}$$

$$\sigma_{cq} = \frac{M_q}{I_0}y_0 = \frac{1225 \times 10^6}{93942988 \times 10^3} \times 729\text{N/mm}^2 = 9.5 \text{ N/mm}^2$$

$$\sigma_{cq} - \sigma_{pc} = (9.5 - 10.1)\text{N/mm}^2 = -0.6 \text{ N/mm}^2 < 0(满足要求)$$

7.6　预应力混凝土结构构件的构造要求

7.6.1　截面形式和尺寸

预应力混凝土构件的截面形式应根据构件的受力特点进行合理选择。对于轴心受拉构件，通常采用正方形或矩形截面；对于受弯构件，宜选用T形、I形或其他空心截面形式。此外，沿受弯构件纵轴，其截面形式可以根据受力要求改变，如屋面大梁和吊车梁，其跨中可采用I形截面，而在支座处，为了承受较大的剪力及提供足够的面积布置锚具，往往做成矩形截面。

由于预应力混凝土构件具有较好的抗裂性能和较大的刚度，其截面尺寸可比钢筋混凝土构件小些。对一般的预应力混凝土受弯构件，截面高度一般可取跨度的1/20~1/14，最小可取1/35，翼缘宽度一般可取截面高度的1/3~1/2，翼缘厚度一般可取截面高度的1/10~1/6，腹板厚度尽可能薄一些，一般可取截面高度的1/15~1/8。

7.6.2　纵向非预应力筋

当配置一定的预应力筋已能使构件符合抗裂或裂缝宽度要求时，则按承载力计算所需的其余受拉钢筋可以采用非预应力筋。非预应力纵向钢筋宜采用HRB400级。

对于施工阶段不允许出现裂缝的构件，为了防止混凝土收缩、温度变形等原因在预拉区产生裂缝，要求预拉区还需配置一定数量的纵向钢筋，其配筋率 $(A'_s + A'_p)/A$ 不应小于 0.2%，其中 A 为构件截面面积。对后张法构件，则仅考虑 A'_s 而不计入 A'_p 的面积，因为在施工阶段，后张法预应力筋和混凝土之间没有黏结力或黏结力还不可靠。

对于施工阶段允许出现裂缝而在预拉区不配置预应力筋的构件，当 $\sigma_{ct} = 2f'_{tk}$ 时，预拉区纵向钢筋的配筋率 A'_s/A 不应小于 0.4%；当 $f'_{tk} < \sigma_{ct} < 2f'_{tk}$ 时，在 0.2% 和 0.4% 之间按直线内插法取用。

预拉区的纵向非预应力筋的直径不宜大于 14mm，并应沿构件预拉区的外边缘均匀配置。

7.6.3 先张法构件的要求

1）预应力筋的净间距应根据便于浇筑混凝土、保证钢筋与混凝土的黏结锚固及施加预应力（夹具及张拉设备的尺寸要求）等要求来确定。预应力筋之间的净间距不应小于其公称直径或等效直径的 1.5 倍，且应符合下列规定：热处理钢筋及钢丝不应小于 15mm，三股钢绞线不应小于 20mm，七股钢绞线不应小于 25mm。

2）若采用钢丝按单根方式配筋有困难时，可采用相同直径钢丝并筋的配筋方式。双并筋的等效直径应取单筋直径的 1.4 倍，三并筋的等效直径应取单筋直径的 1.7 倍。并筋的保护层厚度、锚固长度、预应力传递长度及正常使用极限状态验算均应按等效直径考虑。

3）为防止放松预应力筋时构件端部出现纵向裂缝，预应力筋端部周围的混凝土应采取下列加强措施（图 7-35）：

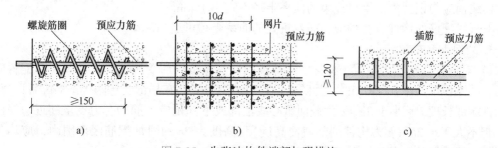

图 7-35 先张法构件端部加强措施
a）附加螺旋筋 b）附加钢筋网 c）附加横向钢筋

① 对单根配置的预应力筋（如板肋的配筋），其端部宜设置长度不小于 150mm 且不少于 4 圈的螺旋筋（图 7-35a）；当有可靠经验时，也可利用支座垫板上的插筋代替螺旋筋，但插筋数量不应少于 4 根，其长度不宜小于 120mm（图 7-35c）。

② 对分散布置的多根预应力筋，在构件端部 10d（d 为预应力筋的公称直径）范围内应设置 3~5 片与预应力筋垂直的钢筋网（图 7-35b）。

③ 对采用预应力钢丝配筋的薄板（如 V 形折板），在端部 100mm 范围内应适当加密横向钢筋。

④ 对槽形板类构件，应在构件端部 100mm 范围内沿构件板面设置附加横向钢筋，其数量不应少于 2 根（图 7-35c）。

4）在预应力混凝土屋面梁、吊车梁等构件靠近支座的斜向主拉应力较大部位，宜将一部分预应力筋弯起。

对预应力筋在构件端部全部弯起的受弯构件或直线配筋的先张法构件，当构件端部与下部支承结构焊接时，应考虑混凝土收缩、徐变及温度变化所产生的不利影响，宜在构件端部可能产生裂缝的部位设置足够的非预应力纵向构造钢筋。

7.6.4　后张法构件的要求

1. 预留孔道的构造要求

后张法构件要在预留孔道中穿入预应力筋。截面中孔道的布置应考虑张拉设备的尺寸、锚具尺寸及构件端部混凝土局部受压的强度要求等因素。

1）孔道的内径应比预应力钢丝束或钢绞线束外径及需要穿过孔道的连接器外径、钢筋对焊接头处外径及锥形螺杆锚具的套筒等的外径大 10～15mm，以便穿入预应力筋并保证孔道灌浆的质量。

2）对预制构件，孔道之间的水平净间距不宜小于 50mm；孔道至构件边缘的净间距不宜小于 30mm，且不宜小于孔道的半径。

3）在框架梁中，预留孔道在竖直方向的净间距不应小于孔道外径，水平方向的净间距不应小于 1.5 倍孔道外径；从孔壁算起的混凝土保护层厚度，梁底不宜小于 50mm，梁侧不宜小于 40mm。

4）在构件两端及跨中应设置灌浆孔或排气孔，其孔距不宜大于 12m。

5）凡制作时需要预先起拱的构件，预留孔道宜随构件同时起拱。

2. 曲线预应力筋的曲率半径

曲线预应力钢丝束、钢绞线束的曲率半径不宜小于 4m。

对折线配筋的构件，在预应力筋弯折处的曲率半径可适当减小。

3. 端部钢筋布置

1）对后张法预应力混凝土构件的端部锚固区，应按局部受压承载力计算，并配置间接钢筋，其体积配筋率 $\rho_V \geqslant 0.5\%$。为防止沿孔道产生劈裂，在局部受压间接钢筋配置区以外，在构件端部长度 l 不小于 $3e$（e 为截面重心线上部或下部预应力筋的合力点至邻近边缘的距离）但不大于 $1.2h$（h 为构件端部截面高度）、高度为 $2e$ 的附加配筋区范围内，应均匀配置附加箍筋或网片，其体积配筋率不应小于 0.5%（图 7-36）。

2）当构件在端部有局部凹进时，为防止在预加应力过程中，端部转折处产生裂缝，应增设折线构造钢筋（图 7-37）。

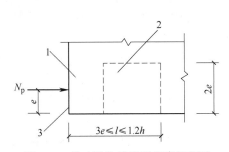

图 7-36　防止沿孔道劈裂的配筋范围

1—局部受压间接钢筋配置区
2—附加配筋区　3—构件端面

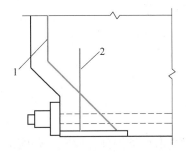

图 7-37　端部转折处构造配筋

1—折线构造钢筋　2—竖向构造钢筋

3）为防止施加预应力时构件端部产生沿截面中部的纵向水平裂缝，宜将一部分预应力筋在靠近支座区段弯起，弯起的预应力筋宜沿构件端部均匀布置。

4）当预应力筋在构件端部需集中布置在截面的下部或集中布置在上部和下部时，应在构件端部 $0.2h$（h 为构件端部截面高度）范围内设置附加竖向焊接钢筋网、封闭式箍筋或其他形式的构造钢筋。

附加竖向钢筋宜采用带肋钢筋，其截面面积应符合下列要求：

当 $e \leq 0.1h$ 时
$$A_{sv} \geq 0.3 \frac{N_p}{f_y} \qquad (7\text{-}125)$$

当 $0.1h < e \leq 0.2h$ 时
$$A_{sv} \geq 0.15 \frac{N_p}{f_y} \qquad (7\text{-}126)$$

当 $e > 0.2h$ 时，可根据实际情况适当配置构造钢筋。

式中　A_{sv}——竖向附加钢筋截面面积；

$\qquad N_p$——作用在构件端部截面重心线上部或下部预应力筋的合力，此时仅考虑混凝土预压前的预应力损失值，且应乘以预应力分项系数 1.2；

$\qquad f_y$——附加竖向钢筋的抗拉强度设计值；

$\qquad e$——截面重心线上部或下部预应力筋的合力点至截面近边缘的距离。

当端部截面上部和下部均有预应力筋时，附加竖向钢筋的总截面面积应按上部和下部的预应力合力分别计算的数值叠加后采用。

4. 其他构造要求

1）在后张法预应力混凝土构件的预拉区和预压区中，应设置纵向非预应力构造钢筋；在预应力筋弯折处，应加密箍筋或沿弯折处内侧设置钢筋网片。

2）构件端部尺寸应考虑锚具的布置、张拉设备的尺寸和局部受压的要求，必要时应适当加大。在预应力钢筋锚具下及张拉设备的支承处，应设置预埋钢板并按局部承压设置间接钢筋和附加构造钢筋。

3）对外露金属锚具，应采取可靠的防锈措施。

7.7 拓展阅读

预应力混凝土结构大师林同炎

1972 年 12 月 23 日，尼加拉瓜的首都马那瓜发生了强烈的地震。刹那间，地动山摇，石破天惊。市中心地陷十余毫米，市区 511 个街区的房屋纷纷倒塌，只有一幢 60m 高的 18 层美洲银行大厦岿然屹立！而这座大厦位于震中区，连大厦门前的街道都已下沉了。人们对这一奇迹叹为观止，不能不对这一奇迹的创造者衷心敬佩。他就是名震全球的美籍华裔桥梁结构工程学家、被尊称为"美国预应力的功勋人"或"预应力混凝土先生"的林同炎教授。

林同炎（1919—2003），原名林同棪，西方常称之为 T. Y. Lin 或 Tung-yenLin。华裔美国工程专家，美国加州大学伯克利分校教授，美国林同炎中国公司董事长，美国林同炎国际顾问公司名誉董事长，是预应力工程理论的研究者及最早的实施者。他是第一位亚裔美国工程院院士，也是中国科学院外籍院士。

　　林同炎先生一生获奖无数，每一项世界大奖都具有开创性。1969 年，美国土木工程师协会（ASCE）将该学会的"预应力混凝土奖"改名为"林同炎奖"，这是美国科技史上第一个以一位华人名字命名的科学奖项。1974 年，他获得每 4 年一届的国际预应力协会（FIP）"弗雷西涅奖"，开创了美国工程师、亚裔工程师获得此奖项的先河。1986 年他荣获了由美国总统里根在白宫内颁发的美国国家科学奖。1987 年，美国咨询工程师学会（ACEC）授予他"杰出成就奖"，并对他赋予最高的评价："林同炎是工程界的先驱。他高瞻远瞩，他所设计的工程具有创造性和优美造型，是一份使全人类都能受益的国际性遗产，也使所有工程界人士都能分享到职业的荣誉感"。该奖自 1952 年起，规定每年只发给一个人，获奖者包括美国前任的两位总统胡佛及艾森豪威尔。1995 年，他获得法国建设协会（AFGC）"艾伯特·卡克特奖"，这是世界上第一位欧洲以外的工程师获得此奖项。1999 年，他被世界权威杂志《工程新闻纪录》选为"125 年来 125 位最杰出的工程人士"。2000 年，在 ASCE 设立首届"杰出工程与领袖（OPAL）奖"的四个杰出奖项中，他又是第一名"设计类"奖的得主。

　　林同炎先生著书丰硕。他所著工程书籍共有三本问世（《预应力混凝土结构设计》《钢结构》《房屋与桥梁系统》），都已译成多种文字，风行世界。特别是 1956 年他完成的力作《预应力混凝土结构设计》一书，被公认为是预应力学术界的权威著作，被美国土木工程学会评选为大学最好的教科书之一，被译成日、俄、西班牙等多种文字出版。他首创的"荷载平衡法"设计理论，称为预应力混凝土设计三大基础理论之一，被全世界尊为现代建筑的一代宗师。

　　20 世纪 50 年代初，预应力是一种新技术，林同炎将其作为自己发展的天地。1953 年他到比利时，在 Gheu 大学 Prof . Gustave Magnel 的指导下，在 GustaveMagnel 实验室从事预应力混凝土研究。在欧洲工作的一年期间，林同炎发展了预应力混凝土理论，赋予预应力混凝土全新的概念，创立了科学的、概念清晰的、易懂的、应用简捷的预应力混凝土构件的分析计算方法——荷载平衡法。林同炎摒弃了那些烦琐的数学公式，从工程技术的角度来解释预应力混凝土的特性，他将预应力混凝土概括为三个基本概念。

　　概念之一，通过施加预压力，使混凝土这种脆性材料成为弹性材料，外荷载在构件截面产生的拉应力被预应力产生的压应力所抵消，构件可以按弹性材料进行分析。

　　概念之二，预应力将高强钢材与混凝土有效结合。通过张拉和锚固预应力筋，在预应力筋中产生拉力、混凝土中产生压力，拉力和压力组成的内力偶抵抗外力弯矩。预应力混凝土构件的内力抵抗矩是主动的，内力抵抗矩的力臂是随外弯矩的大小变化的。

　　概念之三，用预应力平衡外荷载。荷载平衡法提出了预应力混凝土的一个最重要的设计概念，即可以将受弯构件转化为受轴压力的构件。

　　林同炎关于预应力混凝土的理论和计算分析方法很快被美国工程界所接受，推动了预应力混凝土在美国的应用和发展，使美国成为当时全世界预应力混凝土用量最大的国家。当时盛行的预制预应力混凝土构件有单 T 板、双 T 板、I 形梁等。美国预应力界将林同炎的预应力宽翼缘单 T 板誉为"林 T"，在预应力协会编辑的预应力应用手册中分类为单 T 板。为了使宽翼缘单 T 板在工程中得到广泛应用，他放弃了申请宽翼缘单 T 板的专利。

　　林同炎为了在美国大规模推行预应力学而引进先行经验，发动社会舆论，并筹备 1957 年在旧金山召开世界预应力混凝土讨论大会。在美国国家研究所的赞助下，集资约 1 亿美

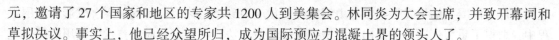

元，邀请了 27 个国家和地区的专家共 1200 人到美集会。林同炎为大会主席，并致开幕词和草拟决议。事实上，他已经众望所归，成为国际预应力混凝土界的领头人了。

林同炎在大会开幕词中，用莎士比亚的诗体赞美预应力混凝土，并把它写入《预应力混凝土结构设计》第 2 版的序言中。他将预应力混凝土的发展划为七个阶段：

第一阶段：预应力混凝土刚诞生。

第二阶段：开始应用于工程，但是代价高昂，只是工程师的初步实践。

第三阶段：预应力混凝土开始成熟了，赞成者固然有，但是反对者更多。

第四阶段：经过顽强的竞争，预应力混凝土终于在工程界站住了脚，在若干国家得以推广，显示了它的优越性。

第五阶段：预应力混凝土的规范制定了，计算公式通俗化了，成为一种"常规武器"，然而它的发展却停滞了。

第六阶段：通过精密的研究，大胆的设计，使预应力学登上了工程技术的大雅之堂，成为现代化工程科学的重要组成部分。

第七阶段：预应力混凝土得到普遍的应用，但是，在人类认识自然的过程中还会有更新的材料与工艺取而代之。

虽然林同炎的科学技术成就在第四、五阶段中已崭露头角，做出了卓越的贡献，但是我们认为林同炎应当作为第六阶段的里程碑的代表人物载入工程技术的发展史册。

从 1953 年到 1963 年的 10 年间，林同炎发表了 34 篇论文和若干单行本，其中《钢结构设计》和《预应力混凝土结构设计》两书同时被选入 ASCE 所推荐的 12 本最优秀的工程书籍之列。林同炎的独创，打破了第五阶段的停滞状态，为过渡到第六阶段创造了条件。林同炎满怀希望地要"把预应力混凝土提高一步，使它不仅是一种主要的材料，而且成为一种工程结构的新概念"。他自己确实做到了这一点，被他的同事们尊称为概念设计师。

预应力混凝土的开拓者吕志涛

吕志涛（1937—2017），结构工程专家，土木工程专家和教育家，1997 年当选中国工程院院士。

他始终面向国际学术前沿和国家建设需要开展研究，发展了预应力混凝土结构理论和计算、设计方法，推动了预应力技术的进步，是我国土木工程预应力研究领域的开拓者和学术领军人物之一。他的主要贡献有：

完善了混凝土结构理论和计算方法。首创了得到国内外所公认的钢筋混凝土梁中两类斜裂缝的理论及计算方法。在我国首先提出了预应力受弯构件和偏心受压、偏心受拉构件的抗剪计算方法，建立了国际领先的双向偏拉构件计算方法，并列入了混凝土结构设计规范。提出了环形截面受拉、受弯和偏心受力构件承载力的计算方法及曲线和折线预应力筋锚具损失的计算方法等，补充和发展了设计方法。

发展了预应力混凝土结构体系、计算理论和设计方法。改进了预应力结构构件的承载力和使用阶段的设计方法，特别是系统地研究并解决了现代预应力结构设计和应用中的几大关键难题——抗震设计、裂缝控制、部分预应力和无黏结预应力及超静定预应力结构计算等理论和应用问题，促进预应力混凝土科学技术跨越式发展。抗震设计难题的解决，打破了预应力结构在地震区应用的限制；裂缝控制设计方法的研究成果，可使预应力筋用量节约 15%。

他将预应力混凝土结构发展到预应力钢结构、预应力砌体结构及旧房的加固、改造和加层工程中，取得了重大创新，还提出了旧房拆除的预应力法，拓宽了预应力技术的应用范围。他的成果为预应力技术的推广应用提供了理论依据和设计方法，于1996年主编了《江苏省现代预应力结构抗震设计规程》，并作为两位主编者之一，新编了我国《预应力混凝土结构抗震设计规程》。

面向国家建设主战场，为国内多项重大工程提供设计和咨询，解决了众多关键技术难题。例如：多层框架结构体系——上海色织四厂工程；高层建筑转换层结构体系——南京状元楼工程、江苏公安厅大厦工程、苏州工业园区国际大厦工程；高层大跨预应力框架结构体系——苏州八面风商厦工程；大面积双向连续多跨预应力结构体系——珠海拱北海关工程；巨型框架结构体系——南京多媒体通讯大楼。主持设计（研究）了北京西站、珠海海关大楼、南京电视塔、南京状元楼、苏州工业园区国际大厦及上海色织四厂等重要工程。在北京西站主站房45m跨、承重5000t的主桁架中，他创新地设计采用了预应力钢结构，不仅提高了结构性能，而且节约用钢量15%；在珠海玻纤厂工程中，他将原设计的钢结构方案改为多跨预应力混凝土门式刚架结构，并创新性提出了连续配筋方案，节约钢材和造价达40%。另外，他亲自指导了南京奥体中心、南京国展中心和苏州国际博览中心等重大工程主体结构设计、试验或验算；为苏通大桥、南京长江二桥、润扬大桥、南京四桥、泰州大桥等特大型工程担任专家组专家或提供相关的技术咨询，为这些工程的顺利建成提供了重要的技术支撑。

小　结

钢筋混凝土构件在工程应用中的主要问题是构件受拉区在正常使用阶段出现裂缝，即抗裂性能差，刚度小、变形大，不能充分利用高强钢材，适用范围受到一定限制等。预应力混凝土的主要目的是改善构件的抗裂性能，适用于大跨度、重载结构及有防水抗渗要求的结构。

在工程结构中，通常是通过张拉预应力筋给混凝土施加预压应力的，分为先张法和后张法两种。先张法依靠预应力钢筋与混凝土之间的黏结力传递预应力，在构件端部有一段预应力传递长度；后张法依靠锚具传递预应力，端部处于局部受压的应力状态。

预应力混凝土构件在不同阶段的受力是复杂的，与普通钢筋混凝土构件相比增加了施工阶段的受力分析。在外荷载作用后的使用阶段，两种极限状态的计算内容与钢筋混凝土构件类似；为了保证施工阶段构件的安全性，应进行相关的计算分析，后张法构件还应计算构件端部的局部受压承载力。

预应力筋的预应力损失大小，关系到在构件中建立的混凝土有效预应力的水平，应了解产生各项预应力损失的原因，掌握预应力损失的分析计算方法及减小各项损失的措施。由于损失的发生是有先后的，为了求出特定时刻的混凝土预应力，应进行预应力损失的分阶段组合。掌握先张法和后张法的预应力类型及第一批或第二批损失的定义。认识各项损失沿构件长度方向的分布，对构件内有效预应力沿构件长度的分布有清楚的认识。

对预应力混凝土轴心受拉构件受力全过程截面应力状态的分析，得出几点重要结论，并推广应用于预应力混凝土受弯构件，使应力计算概念更加简单易记。计算预应力筋和非预应力筋应力时，只要知道该钢筋与混凝土黏结在换算截面一起协调变形的起点应力状态，就可以方便地写出其后任一时刻的钢筋应力（扣除损失，再考虑混凝土弹性伸缩引起的钢筋应力变化），而不依赖于任何中间过程。

对预应力混凝土轴心受拉和受弯构件在使用阶段两种极限状态的具体计算内容的理解，应对照相应的普通钢筋混凝土构件，注意预应力构件计算的特殊性，施加预应力对计算的影响。对于施工阶段的制作、运输、安装，须考虑此阶段构件内已存在预应力，为防止混凝土被压坏或产生影响使用的裂缝等，应进行有关的计算。

预应力混凝土结构拆除应进行方案设计，分析预加力解除程序，并采取安全措施。

思 考 题

1. 为什么要对构件施加预应力？预应力混凝土结构的优缺点是什么？

2. 为什么在预应力混凝土构件中可以有效地采用高强度的材料？

3. 什么是张拉控制应力 σ_{con}？为什么取值不能过高或过低？

4. 为什么先张法的张拉控制应力比后张法的高一些？

5. 预应力损失有哪些？是由什么原因产生的？怎样减少预应力损失值？

6. 预应力损失值为什么要分第一批损失和第二批损失？先张法和后张法各项预应力损失是怎样组合的？

7. 预应力混凝土轴心受拉构件的截面应力状态阶段及各阶段的应力如何？何谓有效预应力？它与张拉控制应力有何不同？

8. 预应力轴心受拉构件，在计算施工阶段预加应力产生的混凝土法向应力 σ_{pc} 时，为什么先张法构件用 A_0，而后张法构件用 A_n，而在使用阶段时，都采用 A_0？先张法、后张法的 A_0、A_n 如何进行计算？

9. 如采用相同的控制应力 σ_{con}，预应力损失值也相同，当加载至混凝土预压应力 $\sigma_{pc}=0$ 时，先张法和后张法在两种构件中预应力筋的应力 σ_p 是否相同？为什么？

第 8 章
混凝土受弯构件的疲劳验算

【学习目标】
1. 了解混凝土结构疲劳破坏的概念。
2. 熟悉混凝土和钢筋的疲劳性能。
3. 熟悉混凝土受弯构件疲劳验算的方法。
4. 激发求真务实、敢为人先的科学精神, 培养批判思维能力。

许多钢筋混凝土结构承受重复荷载的作用, 如钢筋混凝土吊车梁受到重复荷载的作用, 道路桥梁受到车辆振动的影响, 混凝土基础受到汽锤的反复冲击, 港口海岸的混凝土结构受到波浪冲击等。这类结构的设计需要考虑结构构件的疲劳强度问题。

在疲劳验算时, 荷载应取用标准值, 对起重机荷载还应乘以动力系数, 起重机荷载的动力系数按 GB 50009—2012《建筑结构荷载规范》的规定取用; 对跨度不大于 12m 的吊车梁, 可取用一台最大起重机荷载。

8.1 混凝土和钢筋的疲劳性能

混凝土的疲劳性能

1. 混凝土的疲劳性能

对混凝土棱柱体试件加载, 使其压应力达到某一数值, 然后卸载至零, 并多次循环这一过程, 便可得到混凝土在重复荷载作用下的应力-应变关系曲线, 如图 8-1 所示。由图 8-1 可

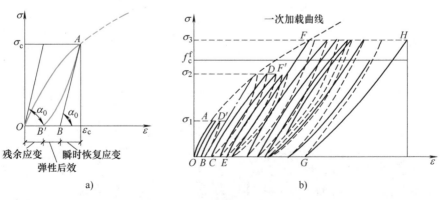

图 8-1 混凝土在重复荷载作用下的应力-应变曲线

见，混凝土在经过一次加载与卸载循环后，将有一部分塑性变形不能恢复。这些不可恢复的塑性变形在多次的循环过程中逐渐积累。当每次循环所加的压应力 σ_1 较小时，经过多次重复荷载循环后，累积的塑性变形不再增加。加卸载的应力-应变曲线变成一条倾斜的直线，此后混凝土接近于弹性工作。如果所加的应力虽低于混凝土的抗压强度，但超过某一限值后，在经过多次循环后混凝土将会破坏，这一限值就称为混凝土疲劳强度，这一现象称为疲劳破坏。

混凝土的疲劳强度用疲劳试验测定。采用 $100\text{mm} \times 100\text{mm} \times 300\text{mm}$ 或 $150\text{mm} \times 150\text{mm} \times 450\text{mm}$ 的棱柱体，通常把能使试件在 200 万次及其以上的循环荷载作用下发生破坏的压应力称为混凝土的疲劳抗压强度，以 f_c^f 表示。

混凝土的疲劳强度与重复作用时的应力变化幅值有关，在相同的重复次数下，疲劳强度随着疲劳应力比值的减小而增大。疲劳应力比值 ρ_c^f 按下式计算

$$\rho_c^f = \frac{\sigma_{c,\min}^f}{\sigma_{c,\max}^f} \tag{8-1}$$

式中　$\sigma_{c,\min}^f$、$\sigma_{c,\max}^f$——截面同一纤维上的混凝土最小应力及最大应力。

混凝土的轴心抗压疲劳强度设计值、轴心抗拉疲劳强度设计值可由其相应的静载强度设计值乘以疲劳强度修正系数 γ_p 确定。γ_p 应根据疲劳应力比值 ρ_c^f 分别按表 8-1、表 8-2 选用。当混凝土承受拉-压疲劳应力作用时，γ_p 取 0.6。

表 8-1　混凝土受压疲劳强度修正系数 γ_p

ρ_c^f	$0 \leqslant \rho_c^f < 0.1$	$0.1 \leqslant \rho_c^f < 0.2$	$0.2 \leqslant \rho_c^f < 0.3$	$0.3 \leqslant \rho_c^f < 0.4$	$0.4 \leqslant \rho_c^f < 0.5$	$\rho_c^f \geqslant 0.5$
γ_p	0.68	0.74	0.80	0.86	0.93	1.00

表 8-2　混凝土受拉疲劳强度修正系数 γ_p

ρ_c^f	$0 < \rho_c^f < 0.1$	$0.1 \leqslant \rho_c^f < 0.2$	$0.2 \leqslant \rho_c^f < 0.3$	$0.3 \leqslant \rho_c^f < 0.4$	$0.4 \leqslant \rho_c^f < 0.5$
γ_p	0.63	0.66	0.69	0.72	0.74
ρ_c^f	$0.5 \leqslant \rho_c^f < 0.6$	$0.6 \leqslant \rho_c^f < 0.7$	$0.7 \leqslant \rho_c^f < 0.8$	$\rho_c^f \geqslant 0.8$	—
γ_p	0.76	0.80	0.90	1.00	—

注：直接承受疲劳荷载的混凝土构件，当采用蒸汽养护时，养护温度不宜高于 60℃。

混凝土的疲劳变形模量 E_c^f 应按表 8-3 取用。

表 8-3　混凝土的疲劳变形模量　　　　（单位：10^4N/mm^2）

强度等级	C30	C35	C40	C45	C50	C55	C60	C65	C70	C75	C80
疲劳变形模量 E_c^f	1.3	1.4	1.5	1.55	1.6	1.65	1.7	1.75	1.8	1.85	1.9

2. 钢筋的疲劳性能

钢筋在周期性重复动荷载作用下，经过一定循环次数后，钢材的破坏特征将从塑性破坏变为脆性断裂，这种破坏称为钢筋的疲劳破坏。这时，钢筋的最大应力低于静力荷载作用下钢筋的极限强度，有时还低于屈服强度。钢筋的疲劳强度是指在规定应力幅内，经受一定次数（我国规定 200 万次）循环荷载后发生疲劳破坏的最大应力值。

钢筋疲劳强度受到许多因素的影响，主要因素如下：

1）疲劳应力幅（$\sigma_{s,max}^f - \sigma_{s,min}^f$ 或 $\sigma_{p,max}^f - \sigma_{p,min}^f$）是影响钢筋疲劳强度的主要因素，它随着疲劳应力比值的增大而减小。普通钢筋的疲劳应力比值 ρ_s^f 按式（8-2a）计算，预应力钢筋的疲劳应力比值 ρ_p^f 按式（8-2b）计算。

$$\rho_s^f = \frac{\sigma_{s,min}^f}{\sigma_{s,max}^f} \tag{8-2a}$$

式中　$\sigma_{s,min}^f$、$\sigma_{s,max}^f$——同一层钢筋的最小应力及最大应力。

$$\rho_p^f = \frac{\sigma_{p,min}^f}{\sigma_{p,max}^f} \tag{8-2b}$$

式中　$\sigma_{p,min}^f$、$\sigma_{p,max}^f$——同一层钢筋的最小应力及最大应力。

钢筋的疲劳强度和疲劳寿命用应力幅 $\Delta\sigma_s^f$ 和应力循环次数 n 的关系曲线来表示，常表示为 $\Delta\sigma_s^f$-n 曲线或 $\Delta\sigma_s^f$-$\lg n$ 曲线。美国所得到的试验曲线如图 8-2 所示，图中 r、h 分别为钢筋的肋底部半径和肋高。由图 8-2 可见，在有限疲劳寿命区域内，$\Delta\sigma_s^f$-n 关系曲线呈斜线关系；在长寿命区域内，应力幅的影响很小。

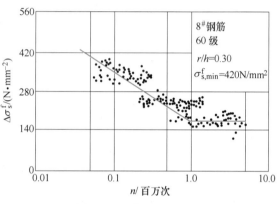

图 8-2　$\Delta\sigma_s^f$-n 关系曲线

2）最小应力值的大小对疲劳强度有重要影响。虽然试验结果较为分散，但总的趋势是随着最小应力值的增加，疲劳强度降低。

3）钢筋外表面的几何尺寸和钢筋直径等也都有一定的影响。带肋钢筋在循环荷载作用下，在凸出的肋与钢筋表面接触处产生应力集中现象，这是产生钢筋疲劳裂缝的一个重要因素。

4）焊接对钢筋疲劳强度也有明显的影响。在各种焊接接头形式中，闪光对焊接头的疲劳性能较好。闪光对焊接头的疲劳性能主要取决于焊接质量。在焊接质量得到保证的情况下，接头的疲劳强度仍比原材有较大的降低。其原因在于焊缝卷边形成应力集中。试验表明，接头卷边经过纵向（指沿长度方向）打磨处理后，其疲劳性能能有一定程度改善，而横向打磨处理对接头疲劳性能的改善不显著。

由上述可见，影响钢筋疲劳强度的主要因素为应力幅值，而不是应力值。因此，《规范》根据钢筋疲劳强度设计值，给出了考虑钢筋疲劳应力比的钢筋疲劳应力幅限值，见表 8-4 和表 8-5。

表 8-4　**HRB400 钢筋的疲劳应力幅限值**　　　（单位：N/mm²）

疲劳应力比值	0	0.1	0.2	0.3	0.4	0.5	0.6	0.7	0.8	0.9
疲劳应力幅限值	175	162	156	149	137	123	106	85	60	31

注：当纵向受拉钢筋采用闪光接触对焊连接时，其接头处的钢筋疲劳应力幅限值应按表中数值乘以 0.8 取用。

表 8-5　预应力筋疲劳应力幅限值　　　　　　　　　　（单位：N/mm²）

疲劳应力比值 ρ_p^f	钢绞线 $f_{ptk} = 1570$	消除应力钢丝 $f_{ptk} = 1570$
0.7	144	240
0.8	118	168
0.9	70	88

注：1. 当 $\rho_p^f \geq 0.9$ 时，可不做预应力筋疲劳验算。
　　2. 当有充分依据时，可对表中规定的疲劳应力幅限值做适当调整。

8.2　钢筋混凝土受弯构件的疲劳验算

钢筋混凝土受弯构件疲劳验算包括正截面和斜截面两方面。

8.2.1　正截面疲劳验算

1. 基本假定

钢筋混凝土受弯构件的正截面疲劳应力应按下列基本假定进行计算：

1）截面应变保持平面分布。

2）受压区混凝土的法向应力分布呈三角形。

3）不考虑受拉区混凝土的抗拉强度，拉应力全部由钢筋承受。

4）采用换算截面计算，钢筋截面面积换算为混凝土截面面积的换算系数 α_E^f 取钢筋弹性模量 E_s 与混凝土疲劳变形模量 E_c^f 的比值，即 $\alpha_E^f = E_s / E_c^f$。

根据上述基本假定，钢筋混凝土受弯构件正截面疲劳计算的应力图形如图 8-3 所示。

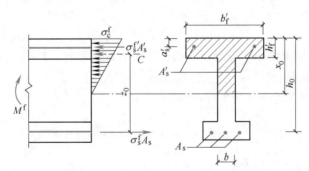

图 8-3　钢筋混凝土受弯构件正截面疲劳计算应力图形

2. 计算公式

钢筋混凝土受弯构件正截面疲劳验算时，需验算正截面受压区混凝土边缘纤维的应力和纵向受拉钢筋的应力幅。纵向受压钢筋可不进行疲劳验算。

（1）混凝土　混凝土受压区边缘纤维混凝土的最大应力 σ_c^f 应符合下列条件

$$\sigma_{c,max}^f \leqslant f_c^f \tag{8-3}$$

$$\sigma_{c,max}^f = \frac{M_{max}^f x_0}{I_0^f} \tag{8-4}$$

式中　$M_{\max}^{\mathrm{f}}$——疲劳验算时在相应荷载组合下产生的最大弯矩值；

　　　x_0——疲劳验算时与验算弯矩相应方向的换算截面的受压区高度；

　　　I_0^{f}——疲劳验算时与验算弯矩相应方向的换算截面的惯性矩；

　　　$f_{\mathrm{c}}^{\mathrm{f}}$——混凝土轴心抗压疲劳强度设计值，按 $f_{\mathrm{c}}^{\mathrm{f}}=\gamma_{\mathrm{p}}f_{\mathrm{c}}$ 和表8-1确定。

（2）钢筋

1）纵向受拉钢筋应力幅 $\Delta\sigma_{\mathrm{s}i}^{\mathrm{f}}$ 应符合下列条件

$$\Delta\sigma_{\mathrm{s}i}^{\mathrm{f}}\leqslant\Delta f_{\mathrm{y}}^{\mathrm{f}} \tag{8-5}$$

式中　$\Delta\sigma_{\mathrm{s}i}^{\mathrm{f}}$——疲劳验算时受拉区第 i 层纵向钢筋的应力幅；

　　　$\Delta f_{\mathrm{y}}^{\mathrm{f}}$——钢筋疲劳应力幅限值，按表8-4和表8-5取用。

2）纵向受拉钢筋的应力和应力幅按下列公式计算

$$\Delta\sigma_{\mathrm{s}i}^{\mathrm{f}}=\sigma_{\mathrm{s}i,\max}^{\mathrm{f}}-\sigma_{\mathrm{s}i,\min}^{\mathrm{f}} \tag{8-6}$$

$$\sigma_{\mathrm{s}i,\max}^{\mathrm{f}}=\alpha_E^{\mathrm{f}}\frac{M_{\max}^{\mathrm{f}}(h_{0i}-x_0)}{I_0^{\mathrm{f}}} \tag{8-7}$$

$$\sigma_{\mathrm{s}i,\min}^{\mathrm{f}}=\alpha_E^{\mathrm{f}}\frac{M_{\min}^{\mathrm{f}}(h_{0i}-x_0)}{I_0^{\mathrm{f}}} \tag{8-8}$$

式中　$M_{\max}^{\mathrm{f}}$、$M_{\min}^{\mathrm{f}}$——疲劳验算时同一截面上在相应荷载组合下产生的最大、最小弯矩值；

　　$\sigma_{\mathrm{s}i,\min}^{\mathrm{f}}$、$\sigma_{\mathrm{s}i,\max}^{\mathrm{f}}$——由弯矩 $M_{\min}^{\mathrm{f}}$ 和 $M_{\max}^{\mathrm{f}}$ 引起的相应截面受拉区第 i 层纵向钢筋的应力；

　　　h_{0i}——与验算弯矩 $M_{\max}^{\mathrm{f}}$ 和 $M_{\min}^{\mathrm{f}}$ 相应方向的截面受压区边缘至受拉区第 i 层纵向钢筋截面重心的距离。

当弯矩 $M_{\min}^{\mathrm{f}}$ 与弯矩 $M_{\max}^{\mathrm{f}}$ 的方向相反时，式（8-8）中 h_{0i}、x_0 和 I_0^{f} 应以截面相反位置的 h_{0i}'、x_0' 和 $I_0^{\mathrm{f}'}$ 代替。

验算受拉钢筋的应力时，当纵向受拉钢筋为同一钢种时，仅需验算外层钢筋的应力。当内层钢筋的疲劳应力幅限值小于外层钢筋的疲劳应力幅限值时，则应分层验算。

（3）换算截面的受压区高度 x_0、x_0' 和惯性矩 I_0^{f}、$I_0^{\mathrm{f}'}$ 的计算

1）矩形及翼缘位于受拉区的T形截面

$$\frac{bx_0^2}{2}+\alpha_E^{\mathrm{f}}A_{\mathrm{s}}'(x_0-a_{\mathrm{s}}')-\alpha_E^{\mathrm{f}}A_{\mathrm{s}}(h_0-x_0)=0 \tag{8-9}$$

$$I_0^{\mathrm{f}}=\frac{bx_0^3}{3}+\alpha_E^{\mathrm{f}}A_{\mathrm{s}}'(x_0-a_{\mathrm{s}}')^2+\alpha_E^{\mathrm{f}}A_{\mathrm{s}}(h_0-x_0)^2 \tag{8-10}$$

2）I形及翼缘位于受压区的T形截面

当 $x_0>h_{\mathrm{f}}'$ 时（图8-3）

$$\frac{b_{\mathrm{f}}'x_0^2}{2}-\frac{(b_{\mathrm{f}}'-b)(x_0-h_{\mathrm{f}}')^2}{2}+\alpha_E^{\mathrm{f}}A_{\mathrm{s}}'(x_0-a_{\mathrm{s}}')-\alpha_E^{\mathrm{f}}A_{\mathrm{s}}(h_0-x_0)=0 \tag{8-11}$$

$$I_0^{\mathrm{f}}=\frac{b_{\mathrm{f}}'x_0^3}{3}-\frac{(b_{\mathrm{f}}'-b)(x_0-h_{\mathrm{f}}')^3}{3}+\alpha_E^{\mathrm{f}}A_{\mathrm{s}}'(x_0-a_{\mathrm{s}}')^2+\alpha_E^{\mathrm{f}}A_{\mathrm{s}}(h_0-x_0)^2 \tag{8-12}$$

当 $x_0\leqslant h_{\mathrm{f}}'$ 时，按宽度为 b_{f}' 的矩形截面计算。

3）x_0'、$I_0^{\mathrm{f}'}$ 的计算仍可用上述公式，但应注意：当弯矩 $M_{\min}^{\mathrm{f}}$ 与 $M_{\max}^{\mathrm{f}}$ 的方向相反时，与

x'_0、x_0 相应的受压区位置分别在该截面的下侧和上侧；当弯矩 M^f_{min} 与 M^f_{max} 的方向相同时，可取 $x'_0 = x_0$，$I^{f'}_0 = I^f_0$。

4）注意事项：

① 当纵向受拉钢筋沿截面高度为多层布置时，在计算 I_0 的式（8-10）和式（8-12）中的 $\alpha^f_E A_s (h_0 - x_0)^2$ 项可用 $\alpha^f_E \sum\limits_{i=1}^{n} A_{si} (h_{0i} - x_0)^2$ 代换，其中 i 为受拉钢筋的层序，n 为纵向受拉钢筋的总层数，A_{si} 为第 i 层纵向受拉钢筋的截面面积。

② 纵向受压钢筋应力应符合 $\alpha^f_E \sigma^f_c \leq f'_y$ 的条件。当 $\alpha^f_E \sigma^f_c > f'_y$ 时，式（8-9）~式（8-12）中的 $\alpha^f_E A'_s$ 应以 $\dfrac{f'_y}{\sigma^f_c} A'_s$ 代换，其中 f'_y 为纵向钢筋抗压强度设计值，σ^f_c 为受压钢筋合力点处相应的混凝土应力。

3. 受弯构件正截面疲劳验算说明

受弯构件正截面疲劳破坏的特点是：在构件较为薄弱的垂直裂缝截面处，某根纵向受拉钢筋疲劳断裂。因此，在正截面疲劳验算时，应以纵向钢筋的拉应力为主，其他验算则属于校核性的。

试验研究表明，对于钢筋混凝土受弯构件正截面，当截面的配筋率 ρ^f 不超过疲劳的最大配筋率 ρ^f_{max} 时，在多次重复荷载作用下，受压区混凝土不会先于纵向钢筋发生疲劳破坏。根据国内外 178 根梁的试验结果，ρ^f_{max} 可按下式计算

$$\rho^f_{max} = 0.30 \frac{f^f_c}{f^f_y} \tag{8-13}$$

式（8-13）可作为设计时参考。

8.2.2 斜截面疲劳验算

1. 斜截面疲劳破坏特征

试验研究表明，在某些情况下，条件相同的梁在静力荷载作用下发生弯曲破坏，在重复荷载作用下却发生剪切破坏；梁在发生剪切和黏结破坏时，相应的疲劳强度很低。国内外对这种破坏情况给予了广泛的关注，并进行了研究。

在多次重复荷载作用下，斜截面的疲劳破坏与静力荷载作用下的破坏相似，随着剪跨比 λ 的不同，也大致分为斜压破坏、剪压破坏和斜拉破坏。各种破坏形态的特征与静力荷载作用下特征相似。下面，简略介绍剪压破坏的受力特点和破坏特征。

（1）无腹筋梁斜截面疲劳破坏特征 无腹筋梁斜截面的疲劳破坏是由临界斜裂缝的发展引起的。剪切裂缝形成的条件为混凝土主拉应力达到混凝土抗拉疲劳强度。与静力加载情况一样，临界斜裂缝一般也有弯剪裂缝和腹剪裂缝两种。各种裂缝的产生条件与静力加载梁的情况相当。

（2）有腹筋梁斜截面疲劳破坏特征 对于配置箍筋的梁，在斜裂缝出现之前，箍筋应变和应力很小，在斜裂缝出现之后，由于混凝土退出工作，穿过斜裂缝的箍筋应变和应力急剧增大，且随荷载重复次数的增加而增大，分配给混凝土承担的剪力 V^f_c 却随荷载重复次数的增加而降低，发生了明显的应力重分布。这种应力重分布的结果加重了箍筋的负担。当重

复荷载增大到使箍筋应力接近其疲劳应力幅限值时，首先在腹板中部穿过斜裂缝的某肢箍筋发生疲劳断裂，然后随着荷载重复次数的增加，箍筋逐根发生疲劳断裂，最后梁发生疲劳破坏。梁从斜截面第一根箍筋疲劳断裂到梁完全破坏，一般要经历数万次到数十万次的重复荷载作用，并不断产生应力重分布。

对于配置有箍筋和弯起钢筋的构件，通常在多次重复荷载作用下，弯起钢筋的应力幅大于相应的箍筋应力幅。因此，弯起钢筋往往先于箍筋发生疲劳断裂。按照45°桁架模型和开裂截面的应变协调关系也可证明上述结论。

影响斜截面疲劳强度的因素较多。影响斜截面静力受剪承载力的因素（如剪跨比、混凝土强度、纵向钢筋抗拉强度和配筋率、箍筋抗拉强度和配筋率、截面尺寸和形状等），都将影响斜截面疲劳强度。此外，荷载重复次数及荷载水平 V^f/V_u（V^f 为重复荷载作用引起的剪力，V_u 为斜截面静力受剪承载力）也将影响斜截面疲劳强度。

2. 斜截面疲劳应力计算和疲劳强度验算

由于弯起钢筋往往先于箍筋发生疲劳断裂，为了防止配置少量弯起钢筋而引起疲劳破坏，由此导致箍筋所能承担的剪力大幅度降低，《规范》不提倡采用弯起钢筋作为抵抗斜截面疲劳的钢筋（密排斜向箍筋除外），因此，仅给出配有竖向箍筋的应力幅计算公式和疲劳强度验算方法。

因为受拉区混凝土不参加工作，故中和轴处的主拉应力 σ_{tp}^f 等于中和轴处的剪应力 τ^f，即

$$\sigma_{tp}^f = \tau^f = \frac{V^f}{bz_0} \tag{8-14}$$

式中　V^f——疲劳验算时取用的剪力；

　　　b——矩形截面宽度、T 形或 I 形截面的腹板宽度；

　　　z_0——受压区合力点至受拉钢筋合力点的距离，此时受压区高度 x_0 按式（8-9）或式（8-11）计算。

疲劳验算时，可能遇到两种情况：

1）对于中和轴处的混凝土剪应力 τ_{max}^f 符合式（8-15）的要求的区段，其剪应力全部由混凝土承受，这时横向钢筋可按构造要求配置。

$$\tau^f \leqslant 0.6 f_t^f \tag{8-15}$$

$$\tau^f = \tau_{max}^f = \frac{V_{max}^f}{bz_0} \tag{8-16}$$

式中　f_t^f——混凝土轴心抗拉疲劳强度设计值，按 $f_t^f = \gamma_p f_t$ 和表 8-2 确定；

　　　V_{max}^f——疲劳验算时在相应荷载组合下构件验算截面的最大剪力值。

2）对于中和轴处的混凝土剪应力不符合式（8-15）的要求的区段，其剪应力由箍筋和混凝土共同承受，这时箍筋的疲劳应力幅应符合下列要求

$$\Delta\sigma_{sv}^f \leqslant \Delta f_{yv}^f \tag{8-17}$$

式中　Δf_{yv}^f——箍筋疲劳应力幅限值，按表 8-4 和表 8-5 取用；

　　　$\Delta\sigma_{sv}^f$——疲劳验算时的箍筋应力幅。

疲劳验算时钢筋混凝土受弯构件斜截面上箍筋的应力幅应按下式计算

$$\Delta\sigma_{sv}^f = \frac{(\Delta V_{max}^f - 0.1\eta f_t^f bh_0)s}{A_{sv}z_0} \tag{8-18}$$

$$\Delta V_{max}^f = V_{max}^f - V_{min}^f \tag{8-19}$$

$$\mu = \Delta V_{max}^f / V_{max}^f \tag{8-20}$$

式中　　ΔV_{max}^f——疲劳验算时构件验算截面的最大剪力幅值；

　　　　V_{max}^f——疲劳验算时在相应荷载组合下构件验算截面的最大剪力值；

　　　　V_{min}^f——疲劳验算时在相应荷载组合下构件验算截面的最小剪力值；

　　　　η——最大剪力幅相对值；

　　　　s——沿构件长度方向箍筋的间距；

　　　　A_{sv}——配置在同一截面内各肢箍筋的全部截面面积。

现将式（8-19）、式（8-20）的推导简略介绍如下：为了具有一般性，现以同时配置箍筋和弯起钢筋的梁来分析。理论分析和试验结构表明，对于同时配置箍筋和弯起钢筋的梁，其箍筋和弯起钢筋的应力不会同时达到屈服。但在疲劳荷载作用下，弯起钢筋应力和箍筋应力存在一定的对应关系。

在裂缝截面处，箍筋和弯起钢筋的应力状态如图 8-4 所示。假定开裂截面应变协调，则由斜裂缝上某点的应变可以得到两者之间的应变关系，从而求得两者之间的应力关系。

斜裂缝处弯起钢筋和箍筋与混凝土的应变关系如图 8-5 所示，图中 ε_c^f 为斜压杆应变，ε_{sb}^f 为弯起钢筋与斜裂缝交点（B 点）处的应变，ε_{vb}^f 为弯起钢筋与斜裂缝交点（B 点）处垂直于斜裂缝方向的应变，β 为斜裂缝与梁的纵轴线的夹角，α_s 为弯起钢筋的切线与梁的纵轴线的夹角。

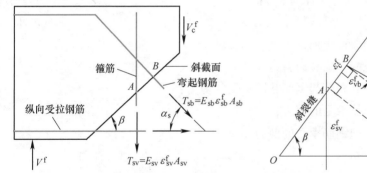

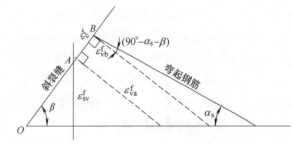

图 8-4　斜裂缝处弯起钢筋和箍筋的状态　　图 8-5　斜裂缝处弯起钢筋和箍筋与混凝土的应变关系

弯筋应变 ε_{sb}^f 可由 B 点处沿斜裂缝方向的应变 ε_c^f 和垂直于斜裂缝方向的应变 ε_{vb}^f 来表示。根据应变圆（图 8-5）可得弯起钢筋的应变为

$$\varepsilon_{sb}^f = \frac{1}{2}(\varepsilon_{vb}^f + \varepsilon_c^f) + \frac{1}{2}(\varepsilon_{vb}^f - \varepsilon_c^f)\cos 2(90° - \alpha_s - \beta) + \gamma_c^f \sin 2(90° - \alpha_s - \beta) \tag{8-21}$$

式中　　γ_c^f——弯起钢筋与斜裂缝交点（B 点）处混凝土的剪应变。

近似地取 $\varepsilon_c^f \approx 0$，$\gamma_c^f \approx 0$，则式（8-21）可改写为

$$\varepsilon_{sb}^f = \frac{1}{2}\varepsilon_{vb}^f + \frac{1}{2}\varepsilon_{vb}^f \cos 2(90° - \alpha_s - \beta)$$

则

$$\varepsilon_{sb}^f = \varepsilon_{vb}^f \sin^2(\alpha_s + \beta) \tag{8-22}$$

箍筋与斜裂缝的应变关系如图 8-5 所示，图中 ε_{sv}^f 为箍筋与斜裂缝交点（A 点）处的应变，ε_{va}^f 为箍筋与斜裂缝交点（A 点）处垂直于斜裂缝方向的应变。箍筋与梁的纵轴线垂直。

同理，箍筋应变 ε_{sv}^f 可由 A 点处沿斜裂缝方向的应变 ε_c^f 和垂直于斜裂缝方向的应变 ε_{va}^f 来表示。根据应变圆（图8-6）可得箍筋应变为

$$\varepsilon_{sv}^f = \varepsilon_{va}^f \cos^2\beta \tag{8-23}$$

由式（8-22）和式（8-23）可得

$$\frac{\varepsilon_{sb}^f}{\varepsilon_{sv}^f} = \frac{\varepsilon_{vb}^f \sin^2(\alpha_s+\beta)}{\varepsilon_{va}^f \cos^2\beta} \tag{8-24}$$

假定垂直于斜裂缝的应变沿斜裂缝为均匀分布，即 $\varepsilon_{vb}^f = \varepsilon_{va}^f$，则式（8-24）可改写为

$$\frac{\varepsilon_{sb}^f}{\varepsilon_{sv}^f} = \frac{\sin^2(\alpha_s+\beta)}{\cos^2\beta} \tag{8-25}$$

又假定斜裂缝与梁的纵轴线的夹角 $\beta = 45°$，则由式（8-25）可得

$$\frac{\varepsilon_{sb}^f}{\varepsilon_{sv}^f} = \frac{(\sin\alpha_s\cos\beta + \sin\beta\cos\alpha_s)^2}{\cos^2\beta}$$

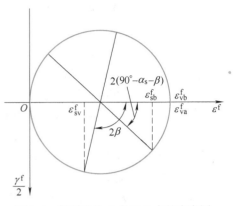

图8-6　斜裂缝处 A 点及 B 点的应变圆

即

$$\frac{\varepsilon_{sb}^f}{\varepsilon_{sv}^f} = (\sin\alpha_s + \cos\alpha_s)^2 \tag{8-26}$$

由竖向力的平衡条件（图8-4）可得

$$V^f = V_c^f + V_s^f \tag{8-27}$$

$$V_s^f = V_{sv}^f + V_{sb}^f \tag{8-28}$$

式中　V^f——疲劳荷载在验算斜截面上所产生的剪力；

V_c^f——验算斜截面上由混凝土承受的剪力；

V_s^f——验算斜截面上由箍筋和弯起钢筋共同承受的剪力；

V_{sv}^f——验算斜截面上由箍筋承受的剪力；

V_{sb}^f——验算斜截面上由弯起钢筋承受的剪力。

对于仅配置竖向箍筋的梁，可得

$$V_s^f = V_{sv}^f$$

$$V_{sv}^f = \sigma_{sv}^f A_{sv} \frac{c}{s} \tag{8-29a}$$

式中　σ_{sv}^f——疲劳荷载作用下箍筋的应力；

A_{sv}——配置在同一截面内各肢箍筋的全部截面面积；

s——沿构件长度方向的箍筋间距；

c——斜裂缝的水平投影长度。

当 $\beta = 45°$ 时，可取 $c = z_0$，则由式（8-29a）可得

$$\sigma_{sv}^f = \frac{V_{sv}^f}{A_{sv}z_0/s} \tag{8-29b}$$

式（8-29b）也可改写为

$$V_{sv}^f = \frac{\sigma_{sv}^f A_{sv} z_0}{s} \tag{8-29c}$$

将式（8-27）代入式（8-29b），可得

$$\sigma_{sv}^f = \frac{V^f - V_c^f}{A_{sv}z_0/s} \qquad (8\text{-}30)$$

对于同时配置竖向箍筋和弯起钢筋的梁，设 $E_{sb} = E_{sv}$（弯起钢筋和箍筋的弹性模量相同），则由式（8-26）可得

$$\frac{\sigma_{sb}^f}{\sigma_{sv}^f} = (\sin\alpha_s + \cos\alpha_s)^2$$

则

$$\sigma_{sb}^f = (\sin\alpha_s + \cos\alpha_s)^2 \sigma_{sv}^f \qquad (8\text{-}31)$$

如图 8-7 所示为斜截面上内力臂与弯起钢筋布置的关系。由图 8-7 可见

$$V_{sb}^f = \sigma_{sb}^f A_{sb} \frac{d\sin\alpha_s}{s_b} \qquad (8\text{-}32)$$

$$d = z_0(\cot\alpha_s + \cot\beta) = z_0(\cot\alpha_s + \cot 45°)$$

即

$$d = z_0(1 + \cot\alpha_s) \qquad (8\text{-}33)$$

将式（8-31）、式（8-33）代入式（8-32），可得

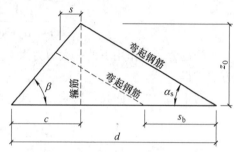

图 8-7 内力臂与弯起钢筋布置的关系

$$V_{sb}^f = \sigma_{sv}^f (\sin\alpha_s + \cos\alpha_s)^2 A_{sb} z_0(1 + \cot\alpha_s)\sin\alpha_s/s_b$$

则

$$V_{sb}^f = \sigma_{sv}^f (\sin\alpha_s + \cos\alpha_s)^3 A_{sb} z_0/s_b \qquad (8\text{-}34)$$

将式（8-30）、式（8-34）代入式（8-28），得

$$V_s^f = \frac{\sigma_{sv}^f A_{sv} z_0}{s} + \frac{\sigma_{sv}^f (\sin\alpha_s + \cos\alpha_s)^3 A_{sb} z_0}{s_b}$$

则

$$\sigma_{sv}^f = \frac{V_s^f}{\dfrac{A_{sv}z_0}{s} + \dfrac{A_{sb}z_0(\sin\alpha_s + \cos\alpha_s)^3}{s_b}} \qquad (8\text{-}35)$$

将式（8-35）代入式（8-31），可得

$$\sigma_{sb}^f = \frac{V_s^f}{\dfrac{A_{sv}z_0}{(\sin\alpha_s + \cos\alpha_s)^2 s} + \dfrac{A_{sb}z_0(\sin\alpha_s + \cos\alpha_s)}{s_b}} \qquad (8\text{-}36)$$

将式（8-27）代入式（8-35）、式（8-36），可得

$$\sigma_{sv}^f = \frac{V^f - V_c^f}{\dfrac{A_{sv}z_0}{s} + \dfrac{A_{sb}z_0(\sin\alpha_s + \cos\alpha_s)^3}{s_b}} \qquad (8\text{-}37)$$

$$\sigma_{sb}^f = \frac{V^f - V_c^f}{\dfrac{A_{sv}z_0}{(\sin\alpha_s + \cos\alpha_s)^2 s} + \dfrac{A_{sb}z_0(\sin\alpha_s + \cos\alpha_s)}{s_b}} \qquad (8\text{-}38)$$

试验资料表明，在疲劳荷载作用下的无腹筋钢筋混凝土梁，其混凝土的受剪承载力大大低于静力荷载作用下的受剪承载力，但其值均大于 $0.3f_t bh_0$。根据试验结果，可偏安全地取 $V_c^f = 0.1f_t^f bh_0$。于是式（8-30）、式（8-37）和式（8-38）可改写为

对于仅配置竖向箍筋的梁

$$\sigma_{sv}^{f} = \frac{(V^{f} - 0.1 f_t b h_0)}{A_{sv} z_0 / s} \tag{8-39}$$

对于同时配置竖向箍筋和弯起钢筋的梁

$$\sigma_{sv}^{f} = \frac{(V^{f} - 0.1 f_t b h_0)}{\dfrac{A_{sv} z_0}{s} + \dfrac{A_{sb} z_0 (\sin\alpha_s + \cos\alpha_s)^3}{s_b}} \tag{8-40}$$

$$\sigma_{sb}^{f} = \frac{(V^{f} - 0.1 f_t b h_0)}{\dfrac{A_{sv} z_0}{(\sin\alpha_s + \cos\alpha_s)^2 s} + \dfrac{A_{sb} z_0 (\sin\alpha_s + \cos\alpha_s)}{s_b}} \tag{8-41}$$

当疲劳荷载作用下的最大剪力为 V_{max}^{f}，最大剪力幅为 ΔV_{max}^{f} 时，相应的应力幅可按下述方法求得。

对于仅配置竖向箍筋的梁，由式（8-39）可得

$$\sigma_{sv}^{f} = \frac{(V_{max}^{f} - 0.1 f_t^{f} b h_0)}{A_{sv} z_0 / s} \cdot \frac{\Delta V_{max}^{f}}{V_{max}^{f}}$$

即

$$\Delta\sigma_{sv}^{f} = \frac{(\Delta V_{max}^{f} - 0.1 \eta f_t^{f} b h_0) s}{A_{sv} z_0}$$

式中

$$\eta = \Delta V_{max}^{f} / V_{max}^{f}$$

对于同时配置竖向箍筋和弯起钢筋的梁，由式（8-31）可得

$$\Delta\sigma_{sb}^{f} = \Delta\sigma_{sv}^{f} (\cos\alpha_s + \sin\alpha_s)^2 \tag{8-42}$$

由式（8-31）和式（8-42）可见，弯起钢筋的应力和应力幅均明显大于竖向箍筋的应力和应力幅。因此，不宜采用弯起钢筋作为疲劳的抗剪钢筋。

【例8-1】 等截面T形梁的截面尺寸及配筋如图8-8所示。计算跨度 $l_0 = 5.8\text{m}$，净跨度 $l_n = 5.6\text{m}$。梁疲劳验算时在相应荷载组合下验算截面的弯矩和剪力列于表8-6，A5级工作制软钩式起重机，混凝土强度等级为C25，纵向钢筋用 HRB400 级钢筋，箍筋用 HPB300 级钢筋。试进行疲劳验算。

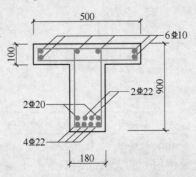

图8-8　例8-1中的T形梁截面

表8-6　例 **8-1** 中的 **T** 形梁截面的弯矩和剪力

截面位置	$M^f/(kN \cdot m)$		V^f/kN	
	M_G^f	M_Q^f	V_G^f	V_Q^f
支座	0	0	18	170
跨中	25.5	275	0	64

【解】　（1）截面特征

$$E_s = 2.0 \times 10^5 \text{N/mm}^2, \ E_c^f = 1.2 \times 10^4 \text{N/mm}^2$$

$$\alpha_E^f = \frac{E_s}{E_c^f} = \frac{2.0 \times 10^5}{1.2 \times 10^4} = 16.7$$

$$A_s' = 314 \text{mm}^2, \ A_s = 2909 \text{mm}^2, \ h_0 = (900-60)\text{mm} = 840\text{mm}, \ \alpha_s' = 35\text{mm}$$

假定受压区高度 $x_0 > h_f'$，则

$$\frac{b_f' x_0^2}{2} - \frac{(b_f'-b)(x_0-h_f')^2}{2} + \alpha_E^f A_s'(x_0-a_s') - \alpha_E^f A_s(h_0-x_0) = 0$$

即 $\dfrac{500 x_0^2}{2} - \dfrac{(500-180)(x_0-100)^2}{2} + 16.7 \times 314(x_0-35) - 16.7 \times 2909(840-x_0) = 0$

解得 $x_0 = 360.3\text{mm} > h_f' = 100\text{mm}$，与假设相符。

$$I_0^f = \frac{b_f' x_0^3}{3} - \frac{(b_f'-b)(x_0-h_f')^3}{3} + \alpha_E^f A_s'(x_0-a_s')^2 + \alpha_E^f A_s(h_0-x_0)^2 = 0$$

$$= \left[\frac{500 \times 360.3^3}{3} - \frac{(500-180)(360.3-100)^3}{3} + \right.$$

$$\left. 16.7 \times 314(360.3-35)^2 + 16.7 \times 2909(840-360.3)^2 \right] \text{mm}^4$$

$$= 17648 \times 10^6 \text{mm}^4$$

（2）正截面疲劳强度验算　由表8-6可知

$$M_{max} = (25.5+275)\text{kN} \cdot \text{m} = 300.5 \text{kN} \cdot \text{m}, \ M_{min} = 25.5 \text{kN} \cdot \text{m}$$

1）受压区混凝土边缘纤维（跨中截面）

$$\rho_c^f = \frac{M_{min}^f}{M_{max}^f} = \frac{25.5}{300.5} = 0.085 < 0.1$$

查表 8-1，$\gamma_\rho = 0.68$，查附录表 A-1，$f_c = 11.9 \text{N/mm}^2$，则

$$f_c^f = \gamma_\rho f_c = 0.68 \times 11.9 \text{N/mm}^2 = 8.09 \text{N/mm}^2$$

$$\sigma_c^f = \frac{M_{max}^f x_0}{I_0^f} = \frac{300.5 \times 10^6 \times 360.3}{17648 \times 10^6} \text{N/mm}^2 = 6.13 \text{N/mm}^2 < f_c^f (\text{满足要求})$$

2）纵向受拉钢筋（跨中截面）

$$\rho_s^f = \rho_c^f = 0.085, \ \text{即} \ 0 \leqslant \rho_s^f < 0.1$$

对于 HRB400 级钢筋，查表 8-4，$\Delta f_y^f = 164 \text{N/mm}^2$，则

$$\sigma_{max}^f = \alpha_E^f \frac{M_{max}^f(h_0-x_0)}{I_0^f} = 16.7 \times \frac{300.5 \times 10^6 \times (840-360.3)}{17648 \times 10^6} N/mm^2 = 136.4 N/mm^2$$

$$\sigma_{min}^f = \alpha_E^f \frac{M_{min}^f(h_0-x_0)}{I_0^f} = 16.7 \times \frac{25.5 \times 10^6 \times (840-360.3)}{17648 \times 10^6} N/mm^2 = 11.6 N/mm^2$$

$$\Delta\sigma_s^f = (136.4-11.6) N/mm^2 = 124.8 N/mm^2 < \Delta f_y^f (满足要求)$$

（3）斜截面疲劳验算　由表8-6可知，$V_{max}^f = (18+170) kN = 188 kN$，$V_{min}^f = 18 kN$，$\Delta V_{max}^f = 170 kN$，则

$$\rho_s^f = \rho_c^f = \frac{V_{min}^f}{V_{max}^f} \frac{18}{188} = 0.096$$

查表8-4，$\Delta f_y^f = 163 N/mm^2$，查表8-1，$\gamma_\rho = 0.68$，查附录表A-1，$f_t = 1.27 N/mm^2$，则

$$f_t^f = \gamma_\rho f_t = 0.68 \times 1.27 N/mm^2 = 0.86 N/mm^2$$

$$z_0 = h_0 - \frac{x_0}{3} = \left(840 - \frac{360.3}{3}\right) mm = 719.9 mm$$

在构件支座截面中和轴处的剪应力为

$$\tau^f = \frac{V_{max}^f}{bz_0} = \frac{188 \times 10^3}{180 \times 719.9} N/mm^2 = 1.45 N/mm^2 > 0.60 f_t^f = 0.6 \times 0.86 N/mm^2 = 0.516 N/mm^2$$

在构件跨中截面中和轴处的剪应力为

$$\tau^f = \frac{64 \times 10^3}{180 \times 719.9} = 0.49 < 0.60 f_t^f$$

对于剪应力 $\tau^f > 0.60 f_t^f$ 的区段，剪应力由横向钢筋（箍筋）和剪压区混凝土共同承受。此时，应验算箍筋疲劳应力幅。

在梁中配置箍筋$\Phi 10$（$A_{sv} = 157 mm^2$），$s = 100 mm$。

$$\eta = \frac{\Delta V_{max}^f}{V_{max}^f} = \frac{170}{188} = 0.904$$

$$\Delta\sigma_{sv}^f = \frac{(\Delta V_{max}^f - 0.1\mu f_t^f bh_0)s}{A_{sv}z_0}$$

$$= \frac{(170 \times 10^3 - 0.1 \times 0.904 \times 0.86 \times 180 \times 840) \times 100}{157 \times 719.9} N/mm^2$$

$$= 140.0 N/mm^2 < \Delta f_y^f = 145 N/mm^2 \quad (符合要求)$$

8.3　拓展阅读

损伤钢筋混凝土梁的疲劳性能

对铁路桥梁和公路桥梁、吊车梁、海洋平台等混凝土结构来说，一方面要经常承受重复荷载的作用，另一方面，随着高强混凝土、高强钢筋的广泛应用，许多构件在高应力幅状态下工作，这些因素使得混凝土结构的疲劳问题日益凸显。这类疲劳问题要从混凝土和钢筋两

种材料的疲劳性能入手，通过钢筋混凝土结构的受弯疲劳性能进行验算。

服役的钢筋混凝土结构，由于环境因素的影响，常常受到锈蚀、腐蚀等损伤，这就要研究损伤钢筋混凝土梁的疲劳性能。同济大学的李士彬制作了 13 根锈蚀钢筋混凝土梁进行了等幅疲劳试验，结果表明：在等幅荷载作用下，锈蚀梁的疲劳寿命有明显降低；在相同的荷载水平下，锈蚀梁的疲劳寿命随锈蚀率呈指数函数下降，且钢筋锈蚀率越高，刚度随荷载循环次数的增加衰减的速率越大。华侨大学的宋小雷制作了 18 根锈蚀程度不同的钢筋混凝土梁进行了静力和疲劳性能试验研究，结果表明：钢筋的锈蚀率越高，钢筋混凝土梁的疲劳寿命就越短，疲劳性能降低的原因在于钢筋与混凝土之间的黏结力下降和因锈蚀而导致钢筋外表形成的锈坑和疲劳应力之间的耦合作用。桂林理工大学的虞爱平对 9 根锈蚀程度不同的钢筋混凝土梁进行了疲劳性能试验，结果表明：锈蚀率越高的钢筋混凝土梁的疲劳性能越低，疲劳后剩余承载力越小。大连理工大学的王海超等对 8 根腐蚀钢筋混凝土梁进行了腐蚀后钢筋混凝土梁的静力和疲劳性能试验，结果表明：较低水平的腐蚀对钢筋混凝土梁的静力性能影响很小，但对钢筋混凝土梁的疲劳寿命影响较大。浙江大学的徐冲对正常构件、正常加固、锈蚀损伤加固和超载损伤加固等四组不同的钢筋混凝土梁进行了静力和疲劳性能试验，结果表明：在循环荷载作用下的动挠度是表征钢筋混凝土梁整体刚度的重要指标，且加固形式和加固前的损伤情况是影响这一指标的重要因素。

尽管如此，钢筋混凝土结构的疲劳性能研究仍存在着许多问题，有待进一步研究。例如：

1）不同试验参数的影响。疲劳试验数据离散性较大，影响因素多，无法有足够数量的试件对截面尺寸、配筋率、应力水平、应力幅等因素的影响进行详尽研究。

2）荷载的影响。实际结构所承受的是变幅荷载和随机荷载，需要模拟变幅荷载和随机荷载作用下钢筋混凝土梁的疲劳性能、疲劳破坏机理、疲劳累积损伤开展规律。

3）温度环境下混凝土结构的疲劳，包括高温环境和冻融环境。高温与重复荷载联合作用会引起蠕变疲劳，高温与疲劳作用耦合破坏机制还不明确。低温条件下混凝土的疲劳寿命得到很大提高，但冻融环境下会引起冻融疲劳，即对于严寒地区的预应力混凝土结构，在长期的冻融循环中会产生微损伤导致疲劳性能降低，其破坏机制还不明确。

4）锈蚀钢筋混凝土结构的疲劳性能。发生锈蚀后的疲劳性能发生了变化，需要对锈蚀钢筋混凝土结构的疲劳承载力、黏结滑移退化等进行深入研究。

5）疲劳理论研究。钢筋混凝土结构的疲劳性能分析和疲劳寿命预测，需要建立统一且符合实际的疲劳理论体系。

小　结

随着动载、重载、甚至超载工况的增多，钢筋混凝结构的疲劳效应及剩余寿命预测等需求增多。本章介绍了混凝土及钢筋两种材料的疲劳性能、钢筋混凝土受弯构件的疲劳性能，设计时需要进行受弯构件的正截面和斜截面疲劳验算。除此之外，损伤钢筋混凝土梁疲劳性能也是目前广泛关注的研究前沿，因多因素的耦合作用而复杂难解，需要从业者本着实事求是、敢为人先的创新精神，运用科学的思维方法，综合考量，设计建造性能更好的混凝土结构。

思 考 题

1. 混凝土的疲劳性能与哪些因素有关？怎样测定？

2. 钢筋疲劳强度受哪些因素的影响？

3. 钢筋混凝土受弯构件的正截面疲劳验算的基本假定有哪些？与受弯承载力计算时的基本假定有何联系？

4. 影响斜截面疲劳强度的因素有哪些？

第9章

混凝土结构的耐久性设计

【学习目标】
1. 了解混凝土耐久性的概念。
2. 熟悉混凝土结构耐久性的发生机理、影响因素和措施。
3. 掌握混凝土结构的耐久性设计方法。
4. 强化遵守规范、严控质量的职业修养，培养分析解决复杂耐久性问题的创新能力。

混凝土结构耐久性方面的研究最早见于 19 世纪 40 年代法国工程师维卡的著作中，他对水硬性胶凝材料的混凝土在海水侵蚀环境下的腐蚀破坏现象进行了研究。1987 年，美国国家材料顾问委员提出了关于混凝土结构耐久性的研究报告，突出了耐久性研究的重要地位。该报告调查了美国 253 万座桥梁的混凝土桥面板，部分面板仅使用不到 20 年就损坏，远没有达到 40~50 年的设计使用年限，需要花费巨大的维修费用。美国 1969 年用于修复因钢筋锈蚀而损坏的公路桥面板的费用为 26 亿美元，1975 年增加到 63 亿美元，1991 年已高达 910 亿美元。报告中提到，英国英格兰岛中部环形线快车道上的 11 座混凝土结构高架桥，建造时花费了 2800 万英镑，但在建成 2 年后就出现了钢筋锈蚀、混凝土开裂等现象，先后用于修补费用就达 4500 万英镑。美国学者针对混凝土耐久性提出了一个"五倍定律"的概念，认为设计时如果不考虑混凝土的耐久性而节省 1 美元，后期就将花费 5 美元来维修，如果混凝土出现纵向沿筋裂缝，那还需要增加 25 美元，更加严重的破坏则需追加高达 125 美元费用。据统计，在西方一些发达国家由于混凝土耐久性问题引起的工程拆除、重建和维修的投资占 GDP 的比重高达 2%~4%。

我国对混凝土耐久性问题的注意相对较晚，于 20 世纪 70 年代开始组织有关单位对混凝土结构耐久性问题的主要影响因素进行了长期研究。1992 年在中国土木工程学会倡导下，混凝土与预应力混凝土分会组建了混凝土耐久性专业委员会，推动了混凝土耐久性的研究。90 年代开始，混凝土结构设计规范专题研究中专门将耐久性问题列为专题项目，并相继开展了钢筋腐蚀遭受破坏和混凝土碳化等耐久性方面的调查研究，以及耐久性设计的理论与方法等方面的研究，开始编制混凝土结构耐久性设计规范和标准，GB 50010—2010《混凝土结构设计规范》首次引入了耐久性设计的内容，指导混凝土结构耐久性设计和施工。

目前，我国混凝土用量堪称世界之最，据统计，2022 年我国商品混凝土产量达到 32.93 亿 m^3。如果对混凝土结构的耐久性重视不够，不远的将来，耐久性问题会更加突出，特别是沿海近海地区大量建设的混凝土高桩码头、沿海高速公路桥梁、跨海大桥，以及三北地区的路桥、水利工程等。

9.1 混凝土结构耐久性的概念

耐久性是指在设计工作年限内,在不丧失重要用途或不需要过度的不可预期的维护条件下,结构及其构件能够满足结构的使用性、承载能力及稳定性要求的能力。耐久性极限状态是对应于结构或结构构件在环境影响下出现的劣化达到耐久性能的某项规定限值或标志的状态。当结构或结构构件出现下列状态之一时,应认定为超过了耐久性极限状态:

1)影响承载能力和正常使用的材料性能劣化,如预应力筋和直径较细的受力主筋具备锈蚀条件、构件表面出现冻融损伤等。

2)影响耐久性能的裂缝、变形、缺口、外观、材料削弱等,如混凝土构件表面出现锈蚀裂缝、高速气流造成的空蚀损伤、介质侵蚀造成的损伤、风沙和人为作用造成的磨损等。

3)影响耐久性能的其他特定状态,如撞击等造成的表面损伤、生物性作用造成的损伤等。

混凝土结构的耐久性设计主要根据结构的环境类别和设计使用年限进行。当结构所处的环境对其耐久性有较大影响时,应根据不同的环境类别采用相应的结构材料、设计构造、防护措施、施工质量要求等,并制定结构在使用期间的定期检修和维护制度,使结构在设计使用年限内不致因材料的劣化而影响其安全或正常使用。

环境对结构耐久性的影响,可通过工程经验、试验研究、计算、检验或综合分析等方法进行评估。结构构件耐久性极限状态的标志或限值及其损伤机理,应作为采取各种耐久性措施的依据。

9.2 耐久性的影响因素

耐久性原理

影响混凝土结构耐久性的因素很多,主要有内在因素和外部环境因素两方面,环境因素是通过内在因素起作用的。内在因素主要有混凝土结构保护层厚度,水胶比,混凝土强度和密实度,水泥品种、强度等级和用量,外加剂类型,混凝土和钢筋的应力水平,裂缝等。这些因素影响混凝土结构的碳化速度、结构或构件的裂缝形成和发展,有些因素与碱-集料反应有关。外部环境因素主要有温度、湿度、高温、CO_2含量、氯离子侵蚀、化学介质(酸、酸盐、海水、碱类等)侵蚀、冻融、磨损等。

9.2.1 钢筋的锈蚀

钢筋锈蚀后发生锈胀,会使混凝土保护层脱落,严重时产生纵向裂缝,影响正常使用。钢筋锈蚀导致钢筋有效截面减小,破坏钢筋与混凝土的黏结,使结构承载力降低,甚至导致结构破坏。因而钢筋锈蚀是影响钢筋混凝土结构耐久性的最重要因素。

1. 钢筋锈蚀机理

钢筋的锈蚀具有一般电化学腐蚀的特征,如图9-1所示。钢筋腐蚀时,在钢筋表面至少进行两个电极反应。在阳极区发生溶解反应,即金属被氧化,铁失去电子,铁离子被溶解入溶液。在阳极附近,Fe^{2+}与OH^-形成难溶的$Fe(OH)_2$,并在富氧条件下与水和氧气进一步氧

化为 $Fe(OH)_3$，随着时间的推移，锈蚀生成的 $Fe(OH)_3$ 进一步变化，一部分失水后生成 $FeOOH$（氧基氢氧化铁），一部分因氧化不充分而生成 $Fe_3O_4 \cdot nH_2O$。在少氧的条件下，$Fe(OH)_2$ 氧化不完全，部分形成黑锈 Fe_3O_4。在阴极区，大气中的氧扩散至钢筋表面，溶于钢筋表面的水膜并吸收阳极传来的电子，发生还原反应。在阴极产生的 OH^- 通过混凝土孔隙中的液相被送往阳极，这样就形成了腐蚀电池的闭合回路。

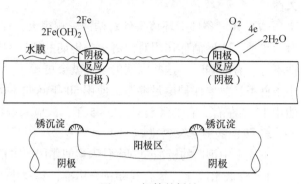

图 9-1　钢筋的锈蚀

在钢材表面形成的铁锈体积为铁的 2~6 倍，会将混凝土保护层挤坏，使空气中的水分更易进入，促使锈蚀加快发展。因铁锈是一种多孔物质，富于透气性和透水性，因而不论铁锈层有多厚，都失去了对内部钢材的保护作用。

2. 影响锈蚀的主要因素

影响钢筋锈蚀的主要因素是混凝土的 pH 值、氯离子含量、水中溶解氧含量、混凝土的密实度等。

（1）pH 值　研究证明，钢筋锈蚀与 pH 值有密切关系。当 pH>10 时，钢筋锈蚀速度很小，当 pH<4 时，锈蚀速度迅速增大。

（2）溶解氧含量　钢筋锈蚀反应必须有氧参加，因此溶液中的溶解氧含量对钢筋锈蚀有很大影响。如果没有溶解氧，即使钢筋放入水中也不会发生锈蚀。如果混凝土非常致密，水胶比又低，则很难有氧透入，可使钢筋锈蚀显著减弱。但在多数情况下，混凝土的孔隙很容易使氧气透过，使钢筋发生锈蚀。

（3）氯离子含量　混凝土中氯的存在（如掺盐的混凝土，用海砂配制的混凝土），环境大气中氯离子被吸附在钢筋氧化膜表面，使氧化膜中的氧离子被氯离子替代，生成金属氯化物，析出钠，从而使钝化膜遭到破坏。之后，在氧和水的作用下，钢筋表面开始电化学腐蚀。在正常条件下，如果混凝土结构物中没有氯盐从外部侵入，则混凝土内的氯盐主要来源于原材料，如砂子和外加掺合料等。所以，要限制氯盐含量。

（4）混凝土的密实度　混凝土越密实，则保护钢筋不锈蚀的作用也越大。影响混凝土密实性的主要因素有水胶比、混凝土强度和级配、施工质量和养护条件。水胶比小，自由水分少，引起的孔隙就少，透气性就差。混凝土强度高，级配好，施工振捣密实，养护好，都可使混凝土密实度增大。

（5）混凝土裂缝　混凝土结构的裂缝与钢筋的锈蚀相互作用，可以加剧混凝土结构中钢筋的锈蚀破坏。一方面，混凝土结构的裂缝会增加混凝土的渗透性，加速混凝土的碳化和侵蚀性介质的侵蚀，使钢筋的锈蚀加重；另一方面，钢筋的锈蚀膨胀又会造成混凝土的进一步开裂，从而进一步加重钢筋的电化学腐蚀。如此循环，使混凝土结构的耐久性大大降低。

（6）掺合料　粉煤灰等掺合料会降低混凝土的碱性，故对钢筋锈蚀有不利影响。但同时，优质的粉煤灰可以提高混凝土的密实度，改善混凝土内部孔隙结构，阻止外界氧和水分的侵入，对防止钢筋锈蚀是有利的。所以，综合起来看，掺优质粉煤灰可提高混凝土的耐久性。

（7）环境条件　环境条件对锈蚀影响很大，如温度、湿度及干湿交替作用、海浪飞溅、海盐渗透、冻融循环作用对混凝土中钢筋的锈蚀有明显的作用。尤其当混凝土质量差，密实性不好、有缺陷时，这些因素的影响就会更显著。调查结果表明，在干燥无腐蚀性介质的使用条件下，只要保护层足够厚，使用50年问题不大；但在潮湿及有害介质作用下，一般只能用10年左右，有的甚至只有3～5年，故应采取特别的措施。

3. 防止钢筋锈蚀的措施

混凝土中钢筋的锈蚀受到多种因素的作用，防止钢筋锈蚀可采用多种措施。主要措施有：

1）降低水胶比，掺合料要符合标准，集料中的含盐量要严格限制；设计、施工要保证混凝土的密实性。

2）确保有足够的保护层厚度（厚度要超过耐久年限的需要），并确保保护层完好。

3）采用涂面层，防止水、CO_2、Cl^-、O_2的渗入。涂面层可以是涂料、油漆、沥青、环氧树脂、塑料薄膜等。

4）采用钢筋阻锈剂。在海工结构及工业车间中，为防止氯盐的腐蚀，常采用钢筋阻锈剂。阻锈剂种类很多，可根据需要及供货条件选用。

5）采用防腐蚀钢筋。在强腐蚀介质中工作的混凝土结构，可考虑采用特殊的防腐蚀钢筋。常采用的防腐蚀钢筋种类有环氧涂层钢筋和镀锌钢筋等。

① 环氧涂层钢筋。环氧树脂涂层钢筋是在普通钢筋的表面静电喷涂的方式喷涂了一层厚度为0.15～0.30mm的环氧树脂薄膜保护层的钢筋，能有效地防止处于恶劣环境条件下的钢筋被腐蚀，从而大大提高工程结构的耐久性。1997年11月作为涂层钢筋在我国内地首次应用的试点工程，北京西客站广场地下通道的顶板率先采用了涂层钢筋。环氧涂层可提高耐久性10～30年，但与混凝土的黏结强度降低了10%～20%。

② 镀锌钢筋。采用表面处理技术和高压静电喷涂方法，在钢筋表面喷涂一层镀锌涂层，起到阴极保护作用，提高混凝土的耐久性可达30年以上，但与混凝土的黏结强度降低了4%～10%。

9.2.2　混凝土的碳化

水泥在水化过程中生成大量的氢氧化钙，使混凝土空隙中充满了饱和氢氧化钙溶液，其pH值可达到12.5～13.5，这些碱性介质对钢筋有良好的保护作用，使钢筋表面生成难溶的Fe_2O_3和Fe_3O_4，称为钝化膜。一般pH≥11.5时，钝化膜是稳定的，pH<11.5时，钝化膜变得不稳定，当pH<9时，钝化膜逐渐破坏。

1. 碳化机理

混凝土中的成分［主要是$Ca(OH)_2$］与渗入混凝土中的CO_2和其他酸性气体（如SO_2、H_2S）等发生化学反应，使混凝土碱度降低的过程称为混凝土碳化，又称为中性化。碳化可使混凝土的pH值降至10以下，甚至可以降低到8.5左右；混凝土碳化对混凝土本身无破坏作用，碳化后混凝土的硬度和强度会有所增加，混凝土的收缩和表面微裂缝也会增加。对于素混凝土，碳化有提高混凝土耐久性的效果；但对于钢筋混凝土来说，当碳化超过混凝土的保护层时，在水与空气存在的条件下，就会使钝化膜失去对钢筋的保护作用，钢筋开始锈蚀导致混凝土开裂，给混凝土的耐久性带来不利影响。

2. 混凝土碳化的影响因素

影响混凝土碳化的因素是多方面的，可以分为环境因素和材料性质两大类：

（1）环境因素　使混凝土碳化的物质包括各种酸性气体、液体、固体及微生物等，最主要的是空气中二氧化碳的含量、环境湿度与温度。其他还有如工业生产产生的酸性物质引起的碳化等。

1）空气中 CO_2 的含量。空气中 CO_2 含量越大，混凝土内外 CO_2 浓度梯度也越大，因而渗透快，CO_2 与 $Ca(OH)_2$ 发生反应也快。一般认为，CO_2 浓度与碳化浓度的平方成正比。

2）空气湿度。试验表明，混凝土的相对湿度在 50%~70% 时，碳化速度最快，在干燥和饱和水条件下，碳化反应几乎终止。

3）环境温度。与一般化学反应一样，温度高，其碳化的化学反应就更快。此外，若环境温度高，则 CO_2 向混凝土内扩散速度也加快。试验表明，温度的交替变化将有利于 CO_2 的扩散，从而加速混凝土的碳化。

4）周围介质成分。在渗透水经过的混凝土时，石灰的溶出速度还将决定于水中是否存在影响 $Ca(OH)_2$ 溶解度的物质，如水中含有 Na_2SO_4 及少量 Mg^{2+} 时，石灰的溶解度就会增加，如水中含有 $Ca(HCO_3)_2$ 或 $Mg(HCO_3)_2$ 对抵抗溶出侵蚀则十分有利，因为它们在混凝土表面形成一种碳化保护层。

5）其他。混凝土的渗透系数、透水量、混凝土附近水的更新速度、水流速度、结构尺寸、水压力及养护方法与混凝土的碳化都有密切的关系。

（2）材料性质

1）水泥品种。矿渣水泥和粉煤灰水泥中的掺合料含有活性氧化硅和活性氧化铝，它们和氢氧化钙结合形成具有胶凝性的活性物质，降低了碱度，因而加速了混凝土表面形成碳酸钙的过程。普通水泥碳化速度慢。

2）水胶比。水胶比是决定混凝土结构与孔隙率的主要因素。在水泥用量不变的条件下，水胶比越大，混凝土内部的孔隙率也越大，密实性就越差，渗透性就越大，CO_2 渗入速度快，因而碳化速度也越快。

3）粉煤灰、矿渣等外掺料。在混凝土中掺入粉煤灰、矿渣等掺合料可节约水泥并改善混凝土的性能。但由于这些掺合料具有活性，会与水泥水化后的 $Ca(OH)_2$ 相结合，降低了混凝土的碱度，从而使混凝土抗碳化的性能减弱。试验表明，用粉煤灰作掺合料时，若采用超量替代法配置混凝土，可降低混凝土的水胶比，从而使其抗碳化的能力有所改善。

（3）施工养护条件　混凝土搅拌、振捣和养护条件影响混凝土的密实程度，显然也对碳化有很大影响。另外，养护方法与龄期对水泥水化程度有影响，进而影响混凝土的碳化。所以，保证混凝土的施工质量对提高混凝土抗碳化性能是十分重要的。

（4）覆盖层　覆盖层的种类与厚度对混凝土的碳化有着不同程度的影响。如果覆盖层有气密性，降低渗入混凝土的 CO_2 量，则可提高混凝土的抗碳化性能。图 9-2 所示为不同材料饰面在快速碳化试验中对抗碳化性能的比较。该图是在 100% 浓度的 CO_2 气体在 0.6MPa 压力下作用 5 天后测定的碳化深度，其中裸混凝土（无饰面覆盖层）取为 100%，可见各种饰面均有提高抗碳化能力的作用，至少是对碳化起延迟作用。

3. 混凝土碳化的防护措施

对于混凝土的碳化破坏，需要在施工中采取一系列措施，如：

1）在施工中应根据建筑物所处的地理位置、周围环境，选择合适的水泥品种；对于水位变化区及干湿交替作用的部位或较严寒地区选用抗硫酸盐普通水泥；冲刷部位宜选用高强度水泥。

2）合理设计混凝土配合比，掺入适量的外加剂，采用高质量的原材料，如抗酸性集料与水、水泥的作用对混凝土的碳化有一定的延缓作用。

3）采用良好的施工养护工艺（如科学的搅拌和运输、及时的养护等），确保混凝土的密实性和抗渗性。

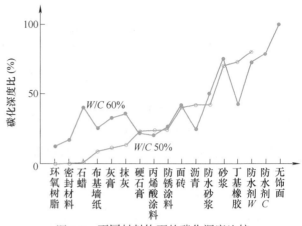

图 9-2　不同材料饰面的碳化深度比较

4）采用覆盖面层。地处环境恶劣的地区，宜采取保护效果较好的环氧基液涂层；对建筑物地下部分宜在其周围设置保护层；用各种溶液浸注混凝土，如用熔化的沥青涂抹。

9.2.3　碱集料反应

碱集料反应开始是在 20 世纪 30 年代美国西部地区的堤坝、公路、桥梁等混凝土结构物发生异常膨胀，产生裂缝而发现的。进入 20 世纪 70 年代后，不断从欧洲、南非等地传来碱集料反应引起的结构损伤报告，成为世界性的普遍问题。碱集料反应是混凝土集料中某些活性矿物与混凝土微孔中的碱性溶液产生的化学反应。碱集料反应会在集料表面生成碱-硅酸凝胶，吸水后会产生 3~4 倍的体积膨胀，导致混凝土胀裂现象。

1. 碱集料反应机理

碱集料反应（Alkali-Aggregate Reaction，简称 AAR）原理如图 9-3 所示，主要有碱-硅酸盐反应（Alkali-Silicate Reaction，简称 ASR）和碱-碳酸盐反应（Alkali-Carbonate Reaction，简称 ACR）两类。ASR 是指混凝土中的碱与某些硅酸盐矿物发生反应，生成的碱硅酸凝胶体吸水后体积可增大 3 倍以上，大量凝胶体在混凝土集料界面区的积聚、膨胀，导致混凝土沿着界面产生不均匀膨胀、开裂。ACR 是指混凝土中的碱与黏土质白云石中的某些碳酸盐矿物发生反应。造成破坏的膨胀来自两方面：一方面，R^+、OH^- 和水等进入受限制的紧密空间产生膨胀；另一方面，固相反应产物体积的增大及水镁石和方解石晶体生长形成的结晶

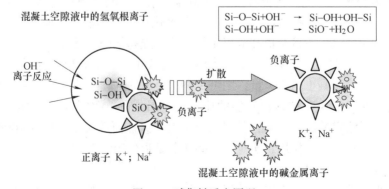

图 9-3　碱集料反应原理

压产生膨胀应力。

2. 影响因素

发生碱集料反应需要具备三个条件：①混凝土的原材料水泥、混合材、外加剂和水中含碱量高；②集料中有相当数量的活性成分；③潮湿环境，有充分的水分或湿空气供应。

1）混凝土碱含量。碱含量越高，碱集料反应膨胀开裂越严重；硅质集料的活性越高，其安全总碱含量越低。

2）活性集料含量与颗粒级配。对于如蛋白石、黑硅石、燧石、玻璃质火山石、安山岩等含 SiO_2 的活性集料，每种活性集料都存在一个最不利掺量范围，在此范围内的膨胀压力最大，这与混凝土中活性 SiO_2 或碱含量有关。

3）矿物掺合料。可有效抑制碱集料反应对混凝土的破坏。

4）环境温度与湿度。高温、高湿环境对碱集料反应有明显加速作用。

5）其他因素。掺入引气剂，可在一定程度上减小碱集料反应膨胀；受外约束力作用越大，膨胀开裂越小。

3. 预防措施

碱集料反应对结构的破坏是一个长期的累积过程，其潜伏期可达十几年或数十年，但一旦发现表面开裂，结构损伤往往已严重到无法修复的程度。因此，碱集料反应造成的破坏既难以预防，又难于阻止，更不易修补和挽救，需要采取多方配合的措施。

（1）控制水泥碱含量　自 1941 年美国提出水泥碱含量低于 0.6% 氧气化钠当量（$Na_2O+0.658K_2O$）为预防发生碱集料反应的安全界限以来，虽然有些地区的集料在水泥碱含量低于 0.4% 时仍会发生碱集料反应，对工程造成损害，但在一般情况下，水泥碱含量低于 0.6% 作为预防碱集料反应的安全界限已为世界多数国家所接受，已有二十多个国家将此安全界限列入国家标准或规范，如新西兰、英国、日本等国国内大部分水泥厂均生产碱含量低于 0.6% 的水泥。加拿大铁路局则规定，不论是否使用活性集料，铁路工程混凝土一律使用碱含量低于 0.6% 的低碱水泥。

（2）控制混凝土中的碱含量　由于混凝土中碱的来源不仅是水泥，还有混合材、外加剂、水及集料等，因此控制混凝土中各种原材料的总碱量比单纯控制水泥的碱含量更科学。如：南非曾规定混凝土中的总碱量不得超过 2.1kg/m³，英国提出混凝土的总碱量不超过 3.0kg/m³。我国的南水北调中线工程，对具有碱活性或疑似碱活性的集料，规定干燥环境下的Ⅰ、Ⅱ、Ⅲ类工程，其混凝土中的总碱量不得大于 3.0kg/m³；潮湿环境下的Ⅰ类工程，混凝土中的总碱量不大于 3.0kg/m³，Ⅱ、Ⅲ类工程，混凝土中的总碱量不大于 2.5kg/m³。

（3）使用非活性集料　如果混凝土中的碱含量低于 3kg/m³，可以不做集料活性检验，否则应对集料进行活性检测。如经检测为活性集料，则不能使用，或经与非活性集料按一定比例混合后，经试验对工程无损害时，方可按试验规定的比例混合使用。

（4）使用掺合料降低混凝土的碱性　掺某些活性混合材可缓解、抑制混凝土的碱集料反应。根据试验资料，掺 5%~10% 的硅灰可以减少 10%~20% 的混凝土膨胀量。冰岛自 1979 年以来，一直在生产水泥时掺 5%~7.5% 硅灰，以预防碱集料反应对工程的损害。掺粉煤灰也很有效，粉煤灰的碱含量不同，经试验，即使碱含量高的粉煤灰，如果取代 30% 的水泥，也可有效地抑制碱集料反应。常用的抑制性混合材还有高炉矿渣，但掺量必须大于 50% 才能有效地抑制碱集料反应对工程的损害，现在美、英、德诸国对高炉矿渣的推荐掺量

均为 50% 以上。但是，高掺量既给施工造成困难，又使混凝土早期强度降低。

（5）隔绝水和潮湿空气的来源　在可能发生碱集料反应的部位采取措施有效隔绝水和空气的来源，可以缓和碱集料反应对工程的损害。

（6）掺用外加剂　如锂盐外加剂可有效地减少 ASR 膨胀破坏，引气剂可使混凝土具有 4%～5% 的含气量，增加其中的细微孔隙，可以容纳一些反应物，从而缓解碱集料反应的膨胀压力，减轻碱集料反应对工程的损害。

9.2.4　盐类腐蚀

在环境和内部盐类的作用下，混凝土都会发生腐蚀，导致混凝土开裂、破坏。钙矾石是水泥中的石膏等硫酸盐和铝酸三钙等铝酸盐与水接触发生反应的水化产物，正常情况下应在混凝土拌和后的水泥水化初期形成。当混凝土早期蒸汽养护过度，可阻止早期的钙矾石生成或使其在早期重新分解，使硬化后的混凝土中剩有较多的、早期未起反应的硫酸盐和铝酸三钙（C_3A），混凝土在使用过程中如接触到水就会再起反应，延迟生成钙矾石。这种源自混凝土内部的硫酸盐反应称为钙矾石延迟生成反应。延迟生成的钙矾石在生成过程中体积膨胀，导致已经硬化的混凝土开裂。防止钙矾石延迟生成的主要途径是降低养护温度，限制水泥熟料中的硫酸盐和 C_3A 含量，避免混凝土在使用阶段与水接触等。

除了内部盐类反应，海水及盐碱土壤中存在较多的 Na^+、Mg^{2+}、Cl^-、SO_4^{2-} 等离子，这些离子也会通过化学作用或物理作用对混凝土造成破坏损伤。物理作用主要指在干湿循环条件下，盐在混凝土孔隙中结晶，体积增大，对混凝土孔隙孔壁产生压力。盐溶液的过饱和度越大，产生的压力越大。如当 NaCl 溶液的过饱和度达到 2 时，产生的压力可达数十兆帕，足以造成混凝土的破坏。

盐类中的 Mg^{2+}、SO_4^{2-} 均可与混凝土中的相关化学成分发生反应，这是盐类的化学作用。Mg^{2+} 能和混凝土孔隙溶液中的 $Ca(OH)_2$ 反应，生成疏松而无胶凝性的 $Mg(OH)_2$，降低混凝土的密实性和强度。但是，海水中相对含量较高的 Cl^- 的存在使 Mg^{2+} 的作用减弱，降低了上述过程对混凝土的破坏。硫酸盐对混凝土的化学腐蚀是两种化学反应的结果：一是与混凝土中的水化铝酸钙起反应形成硫铝酸钙（钙矾石）；二是与混凝土中氢氧化钙结合形成硫酸钙（石膏）。这两种反应均会造成体积膨胀，使混凝土开裂。硫酸盐对混凝土的化学腐蚀过程很慢，通常要持续很多年，开始时混凝土表面泛白，随后开裂、剥落直至破坏。

9.2.5　氯离子侵蚀

我国有大量的基础建设集中在盐湖、盐碱地和沿海地区，这些地区的原材料中氯离子含量超标，很容易导致钢筋的锈蚀。国内外的工程试验表明，海水、海风和海雾中的氯离子和不合理地使用海砂，是影响混凝土结构耐久性的主要原因之一。另外，冬季向道路、桥梁及城市立交桥等撒盐或洒盐水化雪防冰，使得氯离子能够渗透到混凝土中，引起钢筋锈蚀。例如，北京每年冬天可以撒 400～600t 氯盐，这就是人为造成的氯离子环境腐蚀破坏。

1. 氯离子的侵蚀机理

（1）破坏钝化膜　氯离子是很强的去钝化剂，当氯离子进入混凝土达到钢筋表面并吸附在局部钢筋钝化膜处，可使混凝土的 pH 值迅速降低，其 pH 值可能达到 4，对钢筋钝化膜的破坏能力很强。

（2）形成腐蚀电池　实际混凝土结构中的氯离子并非均匀分布，因此钝化膜破坏首先发生在局部，局部区域的钢筋开始腐蚀，并露出铁基体。局部腐蚀区域与未腐蚀的区域之间形成电位差，形成腐蚀电池，发生坑蚀。腐蚀区域为阳极，未腐蚀区域为阴极。

（3）去极化作用　氯离子不仅能破坏钝化膜，使钢筋表面形成腐蚀电池，还有去极化作用。氯离子与阳极腐蚀产物 Fe^{2+} 结合生成 $FeCl_2$，进一步加速钢筋的腐蚀。加速阳极极化反应的过程称为阳极去极化作用。但 $FeCl_2$ 是可溶的金属化合物，遇到 OH^- 后生成 $Fe(OH)_2$，即铁锈。在形成铁锈的过程中，Cl^- 被释放，继续破坏钝化膜。因此在钢筋腐蚀的过程中，Cl^- 不会被消耗。

（4）导电作用　钢筋的腐蚀速度不仅取决于电位差，还取决于电阻。当混凝土结构中有氯离子存在时，将降低腐蚀电池间的电阻，加快腐蚀。

2. 影响氯离子侵入混凝土的因素

影响氯离子侵入混凝土的因素很多，主要有以下几个方面：

（1）混凝土本身的特性　混凝土组成材料、用量和水胶比均影响混凝土硬化过程中内部微观结构的形成，影响混凝土的密实度，从而决定氯离子侵入混凝土的难易程度，混凝土结构密实度越高，其抗氯离子侵蚀能力越强。

（2）氯离子扩散系数　氯离子扩散系数是反映混凝土耐久性的重要参数。氯离子扩散系数不仅和混凝土的组成、内部孔隙结构的数量和特征、水化程度等内在因素有关，也与温度、养护龄期、掺合料种类和数量、氯离子类型等因素有关。氯离子扩散系数越大，氯离子越容易侵入混凝土。

（3）混凝土表面的氯离子浓度　氯离子的扩散是由于氯离子浓度差引起的，混凝土表面氯离子浓度越高，内外部的氯离子浓度差就越大，扩散到混凝土内部的氯离子就会越多。而结构表面的氯离子除了与环境条件有关，还与混凝土本身材料对氯离子的吸附性能有关。

（4）初始氯离子浓度　初始氯离子浓度是指组成混凝土的各种材料所含的氯离子量占混凝土质量的百分比，若初始氯离子浓度过高，也容易诱发混凝土中的钢筋锈蚀。

3. 防止氯离子侵蚀的措施

（1）控制原材料中的氯离子量　它包括集料（主要是海砂）、拌合水和外加剂所含的氯离子，一般规定不得超过混凝土中水泥质量的 0.1%~0.3%。

（2）混凝土保护层厚度　保护层越厚，混凝土结构的耐久性就越好，处于氯盐环境中的工程，混凝土的保护层厚度最好不小于 50mm，但也不宜过厚，过厚的保护层在硬化过程中产生的收缩应力和温度应力容易使混凝土产生裂缝，弱化混凝土抗氯离子侵蚀的能力。

（3）降低水胶比　试验表明，在相同环境下，混凝土的水胶比越低，混凝土的密实性越高，氯离子在混凝土中的浓度越低，其渗透速度就越慢。

（4）应用钢筋阻锈剂　阻锈剂能够阻止或延缓氯离子对钢筋钝化膜的破坏。

（5）钢筋表面涂层　将防锈剂掺入聚合物水泥浆中作为钢筋表面涂层，可取得防腐蚀效果。在严酷的腐蚀环境中，可采用环氧树脂涂层钢筋、粉体型环氧树脂涂料、静电喷涂等。

（6）混凝土表面涂层　采用聚合物水泥砂浆涂层，可以降低氯离子的渗透速率，还可以采用与混凝土黏结性好的高耐碱性底层涂层，中层采用能屏蔽氯离子而且变形性能好、不易开裂的涂料，面层采用耐候性好的涂层，抑制从外部侵入的氯离子。

（7）掺入矿物功能材料　掺入硅灰、粉煤灰、磨细矿渣等矿物功能材料，可以改善和优化混凝土的微观结构，提高混凝土对氯离子的侵入阻碍能力；矿物功能材料对氯离子的初始固化（物理吸附）和二次水化产物的化学固化与物理化学吸附，使混凝土对氯离子有较大的固化能力，从而提高混凝土的抗氯离子渗透能力。

9.3 耐久性极限状态设计

耐久性设计

9.3.1 耐久性极限状态设计方法

结构的耐久性极限状态设计，应使结构构件出现耐久性极限状态标志或限值的年限不小于其设计使用年限。结构构件的耐久性极限状态设计，应包括保证构件质量的预防性处理措施、减小侵蚀作用的局部环境改善措施、延缓构件出现损伤的表面防护措施和延缓材料性能劣化速度的保护措施。

建筑结构的耐久性设计方法主要有经验方法、半定量方法和定量控制耐久性失效概率方法。

1）对缺乏侵蚀作用或作用效应统计规律的结构或结构构件，宜采取经验方法确定耐久性的系列措施，如表面抹灰和涂层，定期检查规定等技术措施。

2）对具有一定侵蚀作用和作用效应统计规律的结构构件，可采取半定量的耐久性极限状态设计方法。宜先按侵蚀性种类划分环境等级，再按度量侵蚀性强度的指标分成若干个级别，最后按下列方式确定耐久性措施：结构构件抵抗环境影响能力的参数或指标，宜结合环境级别和设计使用年限确定；结构构件抵抗环境影响能力的参数或指标，应考虑施工偏差等不定性的影响；结构构件表面防护层对于构件抵抗环境影响能力的实际作用，可结合具体情况确定。

3）对具有相对完善的侵蚀作用和作用效应相应统计规律的结构构件且具有快速检验方法予以验证时，可采取定量的耐久性极限状态设计方法。

9.3.2 混凝土结构的耐久性设计

混凝土结构采用半定量的耐久性极限状态设计方法，即根据结构的用途、结构设计工作年限及结构暴露环境因素，采取保证混凝土结构耐久性能的针对性设计措施、施工措施、维护措施。主要包括以下内容：

1）确定结构的环境类别及作用等级（简称环境等级）。

2）提出材料的耐久性质量要求。

3）确定构件中钢筋的混凝土保护层厚度。

4）在不利的环境条件下应采取的防护措施。

5）满足耐久性要求的相应施工措施。

6）提出结构使用阶段的维护与检测要求。

混凝土结构设计时，首先要根据附录表 C-1 确定结构所处的环境类别及作用等级；然后针对影响耐久性的主要因素，选择有利于减轻环境作用的结构布置与构造，确定材料的质量要求、最小保护层厚度要求及裂缝控制要求等；最后从设计、材料和施工方面提出技术措施，并采取有效的构造措施。

1）结构设计技术措施：

① 改变结构的使用环境或用途时，须经技术鉴定及设计许可。

② 结构中使用环境较差的构件，宜设计成可更换或易更换的构件，且应按规定定期更换。

③ 根据环境类别，宜规定维护措施及检查年限；对重要的结构，宜在与使用环境类别相同的适当位置设置供耐久性检查的专用构件。

④ 对暴露在侵蚀性环境中的结构构件，其受力钢筋可采用环氧涂层带肋钢筋，预应力筋应有防护措施。在此情况下宜采用高强度等级的混凝土。

2）对混凝土材料的要求。对于混凝土材料耐久性的基本要求，《规范》对处于一类、二类和三类环境中，设计使用年限为 50 年的结构混凝土，主要从最大水胶比、最低强度等级、最大碱含量及最大氯离子含量等方面提出要求，应符合表 9-1 的规定。

表 9-1　结构混凝土材料的耐久性基本要求

环 境 等 级	最大水胶比	最低强度等级	最大碱含量（%）	最大氯离子含量（%）
一	0.60	C25	不限制	0.30
二 a	0.55	C25	3.0	0.20
二 b	0.50（0.55）	C30（C25）	3.0	0.15
三 a	0.45（0.50）	C35（C30）	3.0	0.15
三 b	0.40	C40	3.0	0.10

注：1. 氯离子含量是指其占胶凝材料总量的百分比。
　　2. 预应力混凝土构件中的最大氯离子含量为 0.06%，其最低混凝土强度等级宜按表中的规定提高两个等级。
　　3. 素混凝土构件的水胶比及最低强度等级的要求可适当放松。
　　4. 有可靠工程经验时，二类环境中的最低混凝土强度等级可降低一个等级。
　　5. 处于严寒和寒冷地区二 b、三 a 类环境中的混凝土应使用引气剂，并可采用括号中的有关参数。
　　6. 当使用非碱活性集料时，对混凝土中的碱含量可不做限制。

3）混凝土结构及构件还应采取下列耐久性技术措施：

① 预应力混凝土结构中的预应力筋应根据具体情况采取表面防护、孔道灌浆、增大混凝土保护层厚度等措施，外露的锚固端应采取封锚和混凝土表面处理等措施。因为预应力混凝土结构中预应力筋的强度高、正常使用时应力也较高，一旦锈蚀，很容易脆断，对结构安全性的危害很大。

② 有抗渗要求的混凝土结构，混凝土的抗渗等级应符合有关标准要求。

③ 严寒及寒冷地区潮湿环境中，结构混凝土应满足抗冻要求，混凝土抗冻等级应符合有关标准的要求。

④ 处于二、三类环境中的悬臂构件宜采用悬臂梁-板的结构形式，或在其上表面增设防护层。

⑤ 处于二、三类环境中的结构构件，其表面的预埋件、吊钩、连接件等金属部件应采取可靠的防锈措施，对于后张预应力混凝土外露金属锚具，应采用注有足够防腐油脂的塑料帽封闭锚具端头，并采用无收缩砂浆或细石混凝土封闭。

⑥ 处于三类环境中的混凝土结构构件，可采用阻锈剂、环氧树脂涂层钢筋或其他具有耐腐蚀性能的钢筋、采用阴极保护措施或采用可更换的构件等措施。

4）一类环境中，设计使用年限为 100 年的结构混凝土应符合下列规定：

① 钢筋混凝土结构的最低混凝土强度等级为 C30；预应力混凝土结构的最低混凝土强度等级为 C40。

② 混凝土中的最大氯离子含量为 0.06%。

③ 宜使用非碱活性集料；当使用碱活性集料时，混凝土中的最大碱含量为 3.0kg/m³。

④ 混凝土保护层厚度应按附录表 C-2 规定的最小保护层增加 40%；当采取有效的表面防护措施时，混凝土保护层厚度可适当减少。

⑤ 在既有建（构）筑物中，应定期维护。

5）二类和三类环境中，设计使用年限为 100 年的混凝土结构，应采取专门有效的措施。

6）对临时性混凝土结构，可不考虑混凝土的耐久性要求。

7）混凝土结构在设计使用年限内还应遵守下列规定：

① 结构应按设计规定的环境条件正常使用。

② 结构应进行必要的维护，并根据使用条件定期检测。

③ 设计中可更换的混凝土构件应按规定定期更换；构件表面的防护层应按规定定期维护。

④ 结构出现可见的耐久性缺陷时，应及时进行处理。

9.4　耐久性的施工控制

为保证混凝土结构的耐久性，除了要做好耐久性设计，还应在混凝土原材料选择、施工措施及质量检验等方面制定相应的技术要求。

9.4.1　材料选择

1. 水泥及矿物掺合料的选择

配制耐久混凝土的硅酸盐类水泥一般应为品质稳定的硅酸盐水泥、普通硅酸盐水泥或矿渣硅酸盐水泥，其强度等级宜为 42.5。硅酸盐水泥和普通硅酸盐水泥宜与矿物掺合料一起使用。对处于恶劣环境下的混凝土，宜采用硅酸盐水泥与大掺量矿物掺合料一起配制或采用专用水泥。不同环境类别及其作用等级的胶凝材料适应品种与用量范围应满足相关规范要求。为改善混凝土的体积稳定性和抗裂性，硅酸盐水泥或普通硅酸盐水泥的细度不宜超过 $350m^2/kg$，C_3A 的质量分数不宜超过 8%（海水中 10%），游离氧化钙的质量分数不超过 1.5%。大体积混凝土不宜采用 C_2S 含量相对较高的水泥。为改善混凝土的抗裂性，水泥中的碱含量（按 Na_2O 当量计）不宜超过 0.6%，否则应满足混凝土中的总碱量（包括所有原材料）不超过 3.0kg/m³ 的要求。配制混凝土所用的矿物掺合料可为粉煤灰、磨细高炉水淬矿渣、硅灰、氟石岩粉等。掺合料必须品质稳定、来料均匀、来源固定，并应根据设计对混凝土各龄期强度、混凝土的工作性、耐久性及施工条件和工程特点而定。各种矿物掺合料的质量及用量应满足有关规定。

2. 集料要求

应选择质地均匀坚固、粒形和级配良好、吸水率低、孔隙率小的集料。用于冻融和各种干湿交替混凝土的粗、细集料，其含泥量应分别低于 0.7% 和 1%。在严重冻融环境下，混凝土粗集料的吸水率不宜大于 1%。在氯盐作用环境，不宜采用抗渗性较差的集料。当结构所处环境的季节温差或昼夜温差较大，宜选用线膨胀系数较小的集料。在严重环境作用下，粗集料的最大公称粒径与钢筋保护层厚度的比值，在氯盐及其他化学腐蚀环境下不应大于1/2，在冻融环境下不应大于2/3。重要的配筋混凝土结构应严禁使用海砂，一般工程由于条件限制不得不使用海砂时，必须采取严格的质量检验制度。使用集料前，应了解集料有无潜在的活性，对于潮湿环境或可能经常与水接触的混凝土，使用潜在活性集料应通过专门的验证。

3. 外加剂

工程上用的外加剂应有详细的技术指标，标明主要成分，并有可靠的使用证明。各种外加剂混合使用时，应事先专门测定它们之间的相容性。各种外加剂中的氯离子含量不得大于混凝土中凝胶材料总质量的 0.02%，高效减水剂中的硫酸钠含量不宜大于减水剂干质量的15%。各种阻锈剂的长期有效性需经检验，一般不能使用亚硝酸钠类阻锈剂。

9.4.2　施工技术要求及措施

混凝土的耐久性主要与表层混凝土的质量有关，而施工和养护对表层混凝土的质量影响最大。因为，混凝土材料的微观结构、强度增长及裂缝等都与施工和养护的环境条件、技术措施等密切相关。为确保混凝土，特别是表层混凝土的质量，应着重从以下几个方面加强质量控制，提高混凝土的耐久性：

1）制定详细的混凝土浇筑施工及养护方案，对影响混凝土质量的技术参数提出明确的、可实现的技术要求，对可能出现的质量问题，制定可行的技术预案。

2）混凝土原材料及配合比应在施工前充分调研和试配，对于重要工程，应在现场模拟构件的试验浇筑。

3）为减少硬化收缩产生的应力和开裂，要合理确定施工缝的位置和施工顺序。

4）宜采用专用垫块等措施，确保钢筋的位置及保护层厚度。垫块应有足够的强度，保证施工中的有效性。绑扎钢筋和垫块的钢丝不得伸入保护层中。

5）混凝土的搅拌、泵送及振捣应避免使混凝土离析和泌水。

6）混凝土养护期间，应采取可靠措施保证混凝土构件表面有足够的湿度。

7）混凝土浇筑和养护期间，应采取可靠措施减小混凝土构件截面的温度梯度。混凝土内部的最高温度不宜大于70℃，内部最高温度与表层的温差不宜大于20℃，新浇筑混凝土与相邻已硬化混凝土的温差不宜大于20℃。

8）在炎热气候下浇筑混凝土，应避免模板和新浇筑混凝土受阳光直射，入模前模板与钢筋温度及附近局部气温不应超过40℃。在相对湿度较小、风速较大的环境，宜采用喷雾、挡风等措施，或在此时避免浇筑面板等有较大暴露面积的构件。重要工程浇筑混凝土时应定时测定混凝土温度及气温、相对湿度、风速等环境参数，并根据环境参数变化及时调整养护方式。

9）对于大掺量矿物料的混凝土和其他水胶比低于 0.4 的混凝土，要特别注意混凝土的保湿养护。

10）对于氯盐和其他化学腐蚀环境下的混凝土，潮湿养护的期限应不小于7d，且养护结束时混凝土达到的最低强度与28d强度比值不低于70%。对于大掺量矿物掺合料的混凝土，在潮湿养护正式结束后，如大气环境干燥或多风，仍宜继续保湿养护一段时间，避免风吹、暴晒，防止混凝土表面水分蒸发。对于一般环境下和无盐的冻融环境，混凝土湿养护时间至少 3d，且养护结束时混凝土达到最低强度与 28d 强度比值不低于 40%。

9.5　混凝土结构的耐久性设计案例——港珠澳大桥

　　港珠澳大桥跨越珠江伶仃洋海域，连接粤、港、澳三地，是迄今我国交通建设史上技术最复杂、建设难度及标准要求最高的工程之一。大桥采用桥隧结合的形式，包括海中桥梁 28.8km、海中沉管隧道 6.8km 及两个海中人工岛，设计使用寿命为 120 年。港珠澳大桥工程所处外海、高温、高湿环境对混凝土结构及钢结构具有强腐蚀性，如何保证混凝土结构的耐久性达到设计使用寿命 120 年是工程建设中最关键问题之一。

　　为解决耐久性问题，在工程建设前期和设计施工阶段分别开展了"港珠澳大桥主体工程耐久性评估及混凝土试验研究""大断面矩形混凝土浇筑工艺及裂缝控制关键技术研究"和国家科技支撑计划"混凝土结构 120 年使用寿命保障关键技术"等研究，研究工作紧密结合工程实际，针对港珠澳大桥所处环境和工程结构特点，在耐久性设计、耐久性施工质量控制和耐久性维护等方面取得了系列科研成果。本节基于王胜年等人的研究成果，从设计、施工和运营等方面阐述了港珠澳大桥混凝土结构的耐久性问题。

1. 环境作用

　　根据 GB/T 50476—2008《混凝土结构耐久性设计规范》，结合港珠澳大桥工程场址的环境数据，确定了港珠澳大桥主要混凝土结构的环境作用类别和等级，见表 9-2，其中环境类别 I 表示大气环境、III 表示海洋环境、V 表示化学腐蚀环境。

表 9-2　港珠澳大桥主要混凝土结构的环境作用划分

结构	类别	环境因素	作用等级	环境条件	构件（RC/PC）
桥梁	I	CO_2	I -B	隐蔽环境	箱梁（内）
	III	氯离子	III -C	海水淹没	桩基础，承台（部分）
			III -D	盐雾作用	桥面，桥塔（部分），桥墩（部分）
			III -F	水位变动区/浪溅区	承台（部分），桥墩（部分），箱梁
	V	海水 SO_4^{2-}，Mg^{2+}，CO_2	V-D	SO_4^{2-}：1000~4000mg/L Mg^{2+}：1000~3000mg/L CO_2：30~60mg/L	承台（水下部分）
隧道	I	CO_2	I -B	隐蔽环境	管节（内部）
	III	氯离子	III -D	盐雾	管节（内部）
			III -E	海水/空气	管节（外部）
			III -F	水位变动区/浪溅区	防撞墩
	V	海水 SO_4^{2-}，Mg^{2+}，CO_2	V-D	SO_4^{2-}：1000~4000mg/L Mg^{2+}：1000~3000mg/L CO_2：30~60mg/L	管节（外部）
人工岛	III	氯离子	III -C	水变/浪溅区（素混凝土）	防波堤
	V	海水 SO_4^{2-}，Mg^{2+}，CO_2	V-D	SO_4^{2-}：1000~4000mg/L Mg^{2+}：1000~3000mg/L CO_2：30~60mg/L	防波堤

2. 耐久性极限状态的确定

港珠澳大桥混凝土结构的耐久性设计，需要从总体上合理地将材料设计和结构设计结合起来，见表9-3。首先，需要确定构件的设计使用年限。港珠澳大桥整体设计年限为120年，主要受力构件和难以维护构件的设计使用年限与结构整体同为120年，次要构件和能够定期维护的构件可低于整体使用年限，但维护周期需要在设计阶段确定。其次，需要确定耐久性极限状态。对于港珠澳大桥混凝土结构，主要受力构件采用钢筋表面脱钝为耐久性极限状态（a），次要和可更换构件可采用钢筋有限锈蚀为耐久性极限状态（b）。

表 9-3　钢筋和预应力混凝土构件的设计年限、环境作用及耐久性极限状态（DLS）

结　构	构　件	设计年限/年	环境等级	DLS	裂缝宽度/mm
斜拉桥 （通航孔）	整体式墩塔	120	Ⅲ-F	a	0.15
	钢箱梁	120	—	—	—
	混凝土铺装	120	Ⅲ-D	a	0.20
	辅助墩	120	Ⅲ-F	a	0.15
	承台	120	Ⅲ-F	a	0.15
	桩基础（钢管复合桩）	120	Ⅲ-C	a	0.20
箱梁桥 （非通航孔）	钢筋混凝土桥面	120	Ⅲ-D	a	0.20
	预应力混凝土箱梁（外侧）	120	Ⅲ-D	a	0.20
	预应力混凝土箱梁（外侧）	120	Ⅲ-F	a	0.15
	预应力混凝土箱梁（内侧）	120	Ⅰ-B/Ⅲ-D	a	0.20
	RC/PC 桥墩	120	Ⅲ-F	a	0.15
	RC 承台	120	Ⅲ-C, F	a	0.15
	桩基础（钢管复合桩）	120	Ⅲ-C	a	0.20
沉管隧道	隧道管节（海中，外侧）	120	Ⅲ-E	a	0.15
	隧道管节（海中，内侧）	120	Ⅰ-B, Ⅲ-D	a	0.20
	隧道管节（人工岛，内外侧）	120	Ⅲ-E	a	0.15
	防撞墩	120	Ⅲ-F	a	0.15
人工岛	防浪块	120	Ⅲ-C	—	—
	防波堤	120	Ⅲ-C	—	—

3. 耐久性设计

针对港珠澳大桥氯离子侵入过程进行耐久性设计，先建立数学模型，结合港珠澳大桥具体环境条件和华南海港工程暴露试验站20多年长期性能暴露试验及华南海港实体工程耐久性调查得出的大量数据对模型参数进行校准，根据可靠度理论设定可靠度指标 $\beta = 1.3$，使用分项系数方法完成耐久性设计，从而定量地建立设计使用年限和耐久性控制指标裂缝宽度之间的关系。

（1）基于可靠度理论的混凝土结构耐久性设计　首先要建立耐久性极限状态方程。采用 Fick 扩散模型表征海洋环境中氯离子的侵蚀过程，以钢筋表面脱钝作为耐久性极限状态，设计方程为

$$G = c_{cr} - c_s \left[1 - \mathrm{erf}\left(\frac{x_d}{2\sqrt{D_{CL}t_{SL}}} \right) \right] = 0 \qquad (9\text{-}1)$$

式中　c_s、D_{CL}——混凝土表面氯离子浓度（%）和表观氯离子扩散系数设计值（m^2/s），设计时作为荷载变量；

　　　c_{cr}、x_d——临界氯离子浓度（%）和混凝土保护层厚度（m），设计时作为抗蚀变量；

　　　　　　t_{SL}——设计使用年限；

　　　　　　erf——数学误差函数。

通过长期观测，暴露条件下混凝土的表观氯离子扩散系数随时间呈现指数衰减。

$$D_{CL}(t) = D_{CL}^0 \left(\frac{t_0}{t} \right)^n = D_{CL}^0 \eta(t_0, t) = D_{CL}^0 \eta(t_0, t = 30\ 年) \qquad (9\text{-}2)$$

式中　n——表观氯离子扩散系数随时间的衰减指数；

　　　D_{CL}^0——混凝土在初始龄期 t_0 时的表观氯离子扩散系数；

　　$\eta(t_0, t)$——经换算的时间 t_0 到 t 时的表观氯离子扩散系数衰减系数，在港珠澳大桥混凝土结构设计中，结合材料的具体组成将衰减周期 t 定为 30 年。

因此，在耐久性极限状态设计方程中，对于一个指定的设计年限 t_{SL}，包括 5 个模型参数：c_{cr}、c_s、x_d、D_{CL}^0、$n(\eta)$。耐久性设计时，将氯离子扩散系数 D_{CL}^0 和保护层厚度 x_d 视为设计变量，在其他参数确定的前提下给出对应不同设计年限和暴露条件的设计值。

其次，确定耐久性参数统计规律与分项系数。首先分析了华南地区近 30 年的暴露试验数据和工程调查数据，确定了适于港珠澳大桥混凝土结构耐久性设计的模型参数及其统计特征；然后使用全概率方法，以 $\beta = 1.3$ 为可靠度指标，通过全概率方法确定满足 β 各设计变量的取值及其分项系数，见表 9-4。

表 9-4　耐久性设计各参数特征值和分项系数

环境条件	临界氯离子浓度（%）		表面氯离子浓度（%）		扩散系数衰减率		28d 扩散系数 /（10^{-12} m^2/s^1）		保护层厚度/mm	
	特征值	分项系数	特征值	分项系数	特征值	分项系数	特征值	分项系数	特征值	安全裕度
浪溅区	0.75	1.7	5.76	1.1	0.061	1.1	3.0	1.1	80	10
水位变动区	0.75	1.2	4.05	1.1	0.067	1.2	3.0	1.2	80	10
水下区	2.00	2.0	4.78	1.1	0.074	1.1	3.0	1.1	60	10
大气区	0.85	1.1	2.10	1.2	0.047	1.4	3.0	1.1	50	10

最后，进行耐久性设计。考虑分项系数，可以将式（9-2）具体化为实用表达式（9-3）。

$$G_1 = \frac{c_{cr}}{\gamma_c} - \gamma_s c_s \left[1 - \mathrm{erf}\left(\frac{x_d^{nom} - \Delta x_d}{2\sqrt{\gamma_D D_{CL}^0 \cdot \gamma_\eta \eta \cdot t_{SL}}} \right) \right] \geqslant 0 \qquad (9\text{-}3)$$

将表 9-3 中的校准参数与分项系数代入，则可定量计算出设计使用年限为 120 年时，对应大气区、浪溅区、水位变动区和水下区混凝土结构的最大氯离子扩散系数和最小保护层厚度。

需要注意的是，上述氯离子扩散系数设计值只是对应龄期 t_0 时的表观氯离子扩散系数（NSSD），即按实际构件暴露于实际环境条件下计算得出的理论扩散系数，实践中用于工程质量控制的扩散系数（NSSM）是按照一定的模拟快速试验方法测试得出的，需要利用长期暴露试验和快速试验之间的关系进行相关性转换。

为探寻两者的关系，将长期暴露试件按照相同配合比在实验室重新成型进行快速电迁移方法试验，得到相同配合比的非稳态氯离子迁移系数。试验结果表明，NSSM 扩散系数约为NSSD 扩散系数的 2 倍。通过这一转换，可将耐久性设计值转换为耐久性质量控制值，见表 9-5。

表 9-5 耐久性设计值与质量控制参数（$\beta = 1.3$）

构 件	暴露环境	t_{SL}/年	DLS	x_d^{nom}/mm	D_{CL}^0 设计值 ($10^{-12} m^2/s$)		D_{CL} 控制值 ($10^{-12} m^2/s$)	
					28d	56d	28d	56d
箱梁	盐雾	120	(a)	45	3.0	2.0	6.0	4.0
（外侧）	浪溅区	120	(a)	80	3.0	2.0	6.0	4.0
箱梁（内侧）	盐雾	120	(a)	45	3.0	2.0	6.0	4.0
桥墩、塔	盐雾	120	(a)	50	3.5	2.2	7.0	4.5
（外侧）	浪溅区	120	(a)	85	3.5	2.2	7.0	4.5
桥墩（内侧）	盐雾	120	(a)	50	3.5	2.2	7.0	4.5
承台	浪溅区	120	(a)	85	3.5	2.2	7.0	4.5
	水下区	120	(a)	65	3.5	2.2	7.0	4.5
桩基础	水下区	120	(a)	65	3.5	2.2	7.0	4.5
附属结构（人工岛）	浪溅区	50	(a)	60	3.5	2.2	7.0	4.5
隧道（外侧）	浪溅区	120	(a)	80	3.5	2.2	7.0	4.5
隧道（内侧）	盐雾	120	(a)	50	3.5	2.2	7.0	4.5

（2）基于全寿命成本的混凝土结构附加防腐蚀措施设计 按照上述方法设计，在理论上可以确保混凝土结构达到 120 年使用寿命。但考虑到实际施工的偏差、材料性能的波动、服役期环境和荷载变化等不利因素，尚需对重要构件、腐蚀风险大的关键部位采取必要的防腐蚀措施，以提高必要的耐久性裕度。

参考日本《混凝土结构耐久性设计指南及算例》，通过定量分析不同腐蚀区域的环境指数 S_p 和混凝土结构的耐久指数 T_p 来评价港珠澳大桥主体混凝土结构的腐蚀风险。结果表明，水下区的混凝土构件的 T_p-S_p 较大，腐蚀风险较小；大气区、浪溅区和水位变动区的 T_p-S_p 值较小，腐蚀风险较大，需采取必要的外加防腐措施以降低腐蚀风险。

制定外加防腐措施时，不仅要考虑不同外加防腐蚀措施的技术要求、特点和全寿命成本经济效益，还要兼顾不同腐蚀环境混凝土构件腐蚀风险。通过对不同外加防腐措施的技术可靠性、全寿命成本和结构腐蚀风险三者之间进行综合分析，提出港珠澳大桥主体混凝土结构附加防腐蚀措施，见表 9-6。

表 9-6　港珠澳大桥主体混凝土结构附加防腐蚀措施

构件所处部位	构件	防腐蚀措施
大气区		硅烷浸渍
浪溅区、水位变动区	预制构件	环氧涂层钢筋+硅烷浸渍
	现浇构件	外层采用不锈钢钢筋
水下区	沉管	结构自防水为主，沉管接头、浅埋段和敞开段外侧采取聚脲防腐

4. 耐久性质量控制

港珠澳大桥采用了长寿命高性能海工混凝土，其配制的基本原则是：在满足结构强度的前提下，以耐久性为重点，同时要满足施工性、抗裂性和经济环保的要求，达到混凝土配合比参数和各项性能的和谐统一。基于抗氯离子侵蚀的长期性能，确定高耐久性混凝土胶凝材料体系为粉煤灰和矿渣粉混掺。系统研究胶凝材料体系、浆体体积率、水胶比、集料粒径和级配等对混凝土工作性能和开裂性能的影响，详细掌握了配合比参数对混凝土综合性能的影响，结合室内试验，确定了港珠澳大桥海工高性能混凝土的基准配合比，见表9-7。

表 9-7　桥梁典型构件混凝土基准配合比

构件	强度等级	编号	胶凝材料/（kg/m³）	水胶比	配合比（%） 水泥	粉煤灰	矿粉	砂	密度/（kg/m³）	坍落度/mm
承台	C45	CT-1	390	0.36	45	20	35	40	2370	185
		CT-2	400	0.35	40	25	35	39	2365	190
		CT-3	410	0.34	35	25	40	39	2365	180
桥墩	C50	D-1	430	0.33	50	20	30	41	2400	195
		D-2	440	0.32	45	20	35	40	2395	200
		D-3	450	0.31	40	25	35	40	2395	205
沉管	C45	CG-1	420	0.35	40	25	35	40	2395	210
		CG-2	420	0.35	45	25	30	40	2395	215
		CG-3	420	0.35	50	20	30	40	2400	220

对于混凝土施工质量控制，由于现行标准规范的质量控制措施不能覆盖全部内容，结合港珠澳大桥工程特点和技术要求，根据研究成果制定了《港珠澳大桥混凝土耐久性质量控制技术规程》。

5. 营运期耐久性维护

港珠澳大桥营运期耐久性维护策略从以下三方面着手：

1）制定贯穿整个服役周期的耐久性维护方案，针对不同的构件提出贯穿于整个服役周期的检查、监测和检测等维护方案：①结构施工完成后即进行针对构件的耐久性评估，将材料性能和构造参数结合起来进行耐久性寿命预评估，根据评估结果，有针对性地采取重点维护和一般维护措施；②针对具体构件，制定常规检查、定期检（监）测、专项检测的检测项目、内容、频次及建立相应的档案管理制度，以适时发现和掌握结构物的耐久性状态和变化情况。

2）实行服役期工程原位暴露试验和实体构件监测相结合的动态耐久性评估。在西人工岛建立原位暴露试验站，采用与工程典型重要结构相同的材料制作的试件样本，进行同环境条件暴露试验，取样检测批次覆盖整个服役寿命周期。对于主塔、桥墩及海底沉管等不可更换的主体混凝土结构构件，在施工期埋入耐久性监测传感器，以便及时掌握营运期氯离子侵蚀和钢筋锈蚀等耐久性状况。

3）实施基于全寿命理论的耐久性再设计。基于全寿命理论，建立了与评估联动的耐久性再设计基本框架，给出了耐久性劣化水平、维护措施与成本的对应关系，制定不同构件的耐久性再设计预案，如局部采取防腐蚀措施、更换涂层、启动阴极保护等，及时对明显劣化的构件实施耐久性补强，确保在正常使用情况下的预定服役寿命周期内不发生危及安全的耐久性损伤。

通过基于实际环境和长期性能的可靠性设计和严格的施工质量控制，并实施科学的后期维护，可保证港珠澳大桥在全寿命成本最低的情况下实现120年的设计使用寿命目标。

9.6　拓展阅读

混凝土的冻融耐久性

按引起混凝土劣化的严重程度排列，影响混凝土耐久性的因素中，钢筋锈蚀引起的破坏最严重，其次为冻融破坏及海水侵蚀作用。在北欧、俄罗斯、加拿大及美国北部等寒冷地区，混凝土结构均存在着不同程度的冻融破坏，用于维修加固的费用都相当巨大。我国经受冻害的混凝土结构非常多，根据全国水工建筑物耐久性调查的资料显示，抽样的32座大型混凝土坝与40余座中小型混凝土工程中，21%的中小型水工建筑物和22%的大坝都不同程度地存在着混凝土冻融破坏问题，大坝混凝土的冻融破坏主要集中在东北、华北、西北地区。尤其在东北严寒地区兴建的水工混凝土建筑物，几乎都在局部或大面积地遭受着不同程度的冻融破坏。2003—2004年，1988年通车的我国第一条高速公路——沈大高速公路由于其冻融破坏严重，进行全线封闭维修与重建。经调查发现，混凝土冻融破坏不仅在三北地区存在，在长江以北黄河以南的中部地区也广泛存在。由此可见，混凝土的抗冻性是混凝土耐久性中最重要的问题之一。

1. 冻融机理

混凝土冻融机理的研究始于20世纪30年代，并在后来的研究中形成了一系列的假说，代表性的理论主要有冰的分离层理论、充水系数理论、渗透压理论、水压力理论、孔结构理论、瑞典学者的极限充水程度理论等。

（1）冰胀说　人们最初认为，由冰引起的混凝土破坏与密闭容器的情况类似，是由于水结冰时体积增加9%引起的，当混凝土孔内溶液的体积超过孔体积的91%时，溶液结冰时产生的膨胀压力就会使得混凝土结构破坏。但是试验表明，水饱和度低于91%的时候，混凝土也可能发生冻融破坏，这是因为混凝土中包含着大小不同的各种孔隙，孔溶液的物理性质随孔径的大小不同有很大的差别，在冰冻过程中起着不同的作用。总之这种观点过于简单，不能解释复杂的混凝土受冻破坏的动力学机理。

（2）静水压假说　1945年Powers提出了混凝土受冻破坏的静水压假说。该假说认为，

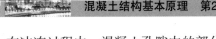

在冰冻过程中，混凝土孔隙中的部分孔溶液结冰膨胀，迫使未结冰的孔溶液从结冰区向外迁移。孔溶液在可渗透的水泥浆体结构中移动，必须克服黏滞阻力，因而产生静水压力。而静水压力随着孔隙水的流程长度增加而增加，因此，存在一个极限流程长度，如果该流程长度大于该极限长度，则静水压力超过材料的抗拉强度而造成破坏。拌和时掺入引气剂的混凝土硬化后水泥浆体内分布有不与毛细孔联通的、封闭的气孔，提供了未充水的空间，使得未冻孔溶液得以就近排入其中，缩短了形成静水压的流程，从而大大提高了混凝土的抗冻性。随后 Powers 进一步充实了这一理论，定量地讨论了为保证水泥石的抗冻性而要求达到的气孔间距离，明确提出应依据气孔间距系数来设计和控制引气混凝土的抗冻性。

（3）渗透压假说　静水压假说成功地解释了混凝土冻融过程中的很多现象，如引气剂的作用、结冰速度对抗冻性的影响等，但是却不能解释另外一些重要现象，如混凝土不仅会被水的冻结所破坏，还会被一些冻结过程中体积并不膨胀的有机液体（如苯、三氯甲烷）的冻结所破坏；非引气浆体在温度保持不变时出现连续膨胀，引起浆体在冻结过程中收缩而引起的破坏等。基于此，Powers 和 Helmuth 等人提出了渗透压假说，认为由于混凝土孔溶液中含有 Na^+、K^-、Ca^{2+} 等盐类，大孔中的部分溶液先结冰后，未冻溶液中盐的浓度上升，与周围较小孔隙中的溶液之间形成浓度差。在这个浓度差的作用下，小孔中的溶液向已部分结冰的大孔迁移，此外由于冰的饱和蒸汽压低于同温下水的饱和蒸汽压，使小孔中的溶液也向已部分冻结的大孔迁移。渗透压与静水压假说的最大不同在于未结冰孔溶液的迁移方向。静水压和渗透压目前既不能由试验测定，也很难用物理化学公式准确计算。对于它们在混凝土冻融破坏中的作用，很多学者有不同的见解。一般认为，对于水胶比较大、强度较低、龄期较短、水化程度较低的混凝土，静水压力破坏占主导地位；对于水胶比较小、强度较高及处于含盐量较大环境下冻融的混凝土，渗透压可能起主要作用。

（4）临界水饱和度的理论　平均气孔距离和临界水饱和度是混凝土冻融研究中的两个重要参数。混凝土气孔间隔系数定义为气孔间距的一半，当混凝土的平均气孔间距系数小于某临界值时，毛细孔的静水压或渗透压不会超过混凝土的抗拉强度，其抗冻性较好，否则其抗冻性较差。1975 年，Fagerlund 提出了关于混凝土抗冻性的临界水饱和度的理论。该理论认为混凝土的水饱和度存在一个与极限平均气孔间隔系数相对应的临界值，当混凝土的水饱和度小于此临界值时，混凝土不会发生冻害，一旦超过临界值则迅速破坏，这一临界值被称为混凝土的临界水饱和度。

由于混凝土的冻融破坏是一个极其复杂的物理变化过程，受许多因素的影响，如混凝土中孔隙的充水程度、水胶比、水泥品种及集料质量、含气量、环境温度、反复冻融次数等。混凝土在冻融破坏作用下的内部损伤机理十分复杂，混凝土冻害问题至今还无确定的理论，但是所提出的假说在很大程度上指导了混凝土材料的研究和工程实践，奠定了混凝土抗冻性研究的理论基础。

2. 混凝土抗冻性能的主要影响因素

（1）混凝土的孔结构　混凝土的抗冻性能与混凝土的孔结构有着密切的关系。在混凝土中孔是水存在的空间，只有当水存在时，在较低温度下才有可能结冰，从而体积膨胀，使混凝土产生破坏。在饱水状态下，孔越多，冰冻将越严重。但是，在某一温度下，并不是所有孔中的水都结冰。因此，混凝土的抗冻性不仅取决于孔隙率，还取决于孔分布。在相同孔隙率条件下，小孔越多，可冻水越少，因而冻融对混凝土的破坏作用也越小。

（2）混凝土的气泡结构　在混凝土中，气泡是一种封闭的孔，一般不含水，因此不会结冰。但是，当水结冰时所产生的压力使得未冻结水可能向气泡中迁移，以减小结冰区的压力。因此，混凝土中的气泡可以缓解结冰区的压力，提高混凝土的抗冻性。

（3）混凝土的饱水程度　当混凝土饱水程度低于某一临界值时，混凝土并不发生冻融破坏。虽然理论上发生冻融破坏的临界含水量为 91.7%，但混凝土的情况比较复杂，饱水临界值往往要高于 91.7%。

（4）集料　集料的孔隙率影响了水的扩散阻力，集料的饱水程度影响了它的容水空间。特别是采用较大粒径的集料，冻结时向外排出多余水分的通路较长，产生的压力较大，因而更易造成破坏。对于一些多孔轻质集料，孔隙中的水本身就可以冻结。它的孔隙率越大，饱水程度越高，它自身的抗冻性越差，因而导致混凝土的抗冻性能降低。不过集料颗粒中也含有大量空气，有些也可能起着空气泡的保护作用，因而轻集料混凝土也可能有相当好的抗冻性。

（5）水胶比　一般混凝土的水胶比越大，孔隙率越大，可能填充的水分越多，对混凝土抗冻不利的可能性也越大。

（6）混凝土的龄期　随着混凝土龄期的增加，水泥不断水化，可冻结水逐渐减少。同时，水中溶解的盐的浓度增加，因而冰点下降，抗冻性能提高。

（7）尺寸效应　混凝土受冻时寒冷总是从其表面逐渐向内侵袭，因而冻害也总是由表及里地进行。外层的物质破坏后，次一层的物质才会接着破坏。因此，在相同条件下，混凝土构件的尺寸越小，冻融破坏的速率越快。

3. 关于提高混凝土抗冻性的研究

国内外关于提高混凝土抗冻性能的研究是在冻融理论的指导下进行的，研究表明，添加质量好的引气剂和降低水胶比是改善混凝土抗冻性的最有效措施，而矿物掺合料（主要指硅灰）也有一定的作用，具体如下：

（1）严格控制水胶比　一般水胶比越大，混凝土的孔隙率越大，而且较大孔的数量越多，可冻孔越多，混凝土的抗冻性越差。因此，对于有抗冻性要求的混凝土，在满足其他条件的前提下，应严格控制其水胶比，一般不超过 0.55。

（2）掺入引气剂　实践证明，有利于混凝土抗冻耐久性的孔结构是大孔较少，小孔、微孔较多。掺入引气剂，改善了混凝土中的孔结构，细小、封闭的球形孔隙切断了毛细孔渗水的通路，大大提高了混凝土的抗渗性，降低了混凝土的饱水程度和冰点，另外这些球形孔可以成为冰、水迁移的"蓄水池"，缓冲结冰引起的静水压和渗透压，所以引气混凝土的抗冻能力大幅提高。

引气剂能改善混凝土拌合物的和易性。加入引气剂，在混凝土中引入了大量的气泡相当于增加了水泥浆的体积，这可以提高混凝土的流动性；大量气泡的存在可以显著改善混凝土的黏结性和保水性。这是由于引气剂在混凝土中引入的气泡像滚珠一样，改变了混凝土内部的摩擦机制，变滑动摩擦为滚动摩擦，减小了摩擦阻力；由此产生的浮力则对细小的集料起到了浮托和支撑作用。混凝土和易性的改善则进一步提高了混凝土的密实性，有助于改善混凝土抗冻性。

在混凝土中引入均匀分布的气泡对改善其抗冻性能有显著的作用，但必须要有合适的含气量和气泡尺寸。经试验研究结果表明，如不掺入引气剂，即使水胶比降低到 0.3，混凝土也

是不抗冻的。但若掺入适量的引气剂，水胶比为 0.5 时，混凝土也能经受 300 次冻融循环。

（3）掺入适量的优质掺合料　掺入适量的优质掺合料，如硅灰、Ⅰ级粉煤灰等，可以改善孔结构，使孔细化，导致冰点降低，可冻孔数量减少。此外，掺入适量的优质掺合料，有利于气泡分散，使其更加均匀地分布在混凝土中，因而有利于提高混凝土的抗冻性。

（4）采用树脂浸渍混凝土　用树脂浸渍混凝土，可使大多数孔径降低到 5nm 以下，使可冻孔数量减少，混凝土抗冻性提高。试验结果表明，在其他条件相同的情况下，未经浸渍的混凝土经过 100 次冻融循环后，质量损失达 29.6%，经过 150 次冻融循环后试件就崩溃了。而经浸渍的混凝土经过 700 多次的冻融循环后，试件完好，其质量损失仅为 0.375%。

（5）加入颗粒状空心集料　一些研究表明，在混凝土中加入少量 10~60μm 的空心塑料球，可以提高混凝土的抗冻性。一些其他的空心颗粒也能起到这样的作用。其原理是利用这些空心颗粒来代替引气混凝土的气泡系统。

小　结

鉴于混凝土结构的耐久性问题日益突出，受到社会各界的关注和重视，现行《建筑结构可靠性设计统一标准》将耐久性极限状态从正常使用极限状态中独立出来，故本书也将之单独成章表述。

混凝土结构耐久性是决定结构能否长期使用的关键。影响混凝土结构耐久性的因素主要有内因和外因。内因就是混凝土本身的化学物理特性，外因就是外部环境条件。化学物理特性主要包括混凝土材料及其由此形成的抵抗外部介质侵蚀的能力；环境条件包括温度、湿度、环境介质及其作用程度等。影响混凝土结构耐久性的因素多、损失机理比较复杂，需要掌握耐久性分析的科学思维方法。目前的设计方法主要有经验方法、半定量方法和定量控制耐久性失效概率方法，应根据不同条件选用。设计时应科学地选择与确定混凝土组成材料、配合比，制定详细的施工质量控制措施。施工质量控制对混凝土结构的耐久性十分重要，要提高遵章守纪意识和责任担当，严控施工质量。三北地区混凝土的冻融耐久性问题也十分突出，要增强创新意识，用科学方法解决实际的冻融耐久性问题。

思　考　题

1. 影响混凝土结构耐久性的主要因素有哪些？提高其耐久性的有效措施有哪些？
2. 混凝土中钢筋腐蚀的条件是什么？钢筋腐蚀的危害有哪些？
3. 混凝土碳化的机理是什么？可采取哪些措施？
4. 碱集料反应的发生条件是什么？怎样预防？
5. 环境类别与耐久性作用等级如何划分？
6. 氯离子侵蚀的主要影响因素有哪些？如何防止氯离子侵蚀？
7. 如何考虑确定混凝土保护层厚度？
8. 耐久性经验设计法主要有哪些内容？
9. 如何控制混凝土结构和构件的质量确保达到设计使用年限？

预应力梁

预应力混凝土双T板

预应力柱

预应力行车梁

附　　录

附录 A　《混凝土结构设计规范》规定的材料力学指标

表 A-1　混凝土强度标准值　　　　　　　　　　　　（单位：N/mm²）

强度种类	符号	混凝土强度等级						
		C15	C20	C25	C30	C35	C40	C45
轴心抗压	f_{ck}	10.0	13.4	16.7	20.1	23.4	26.8	29.6
轴心抗拉	f_{tk}	1.27	1.54	1.78	2.01	2.20	2.39	2.51
强度种类	符号	混凝土强度等级						
		C50	C55	C60	C65	C70	C75	C80
轴心抗压	f_{ck}	32.4	35.5	38.5	41.5	44.5	47.4	50.2
轴心抗拉	f_{tk}	2.64	2.74	2.85	2.93	2.99	3.05	3.11

表 A-2　混凝土强度设计值　　　　　　　　　　　　（单位：N/mm²）

强度种类	符号	混凝土强度等级						
		C15	C20	C25	C30	C35	C40	C45
轴心抗压	f_c	7.2	9.6	11.9	14.3	16.7	19.1	21.1
轴心抗拉	f_t	0.91	1.10	1.27	1.43	1.57	1.71	1.80
强度种类	符号	混凝土强度等级						
		C50	C55	C60	C65	C70	C75	C80
轴心抗压	f_c	23.1	25.3	27.5	29.7	31.8	33.8	35.9
轴心抗拉	f_t	1.89	1.96	2.04	2.09	2.14	2.18	2.22

表 A-3　混凝土弹性模量　　　　　　　　　　　　（单位：10⁴N/mm²）

强度等级	C15	C20	C25	C30	C35	C40	C45	C50	C55	C60	C65	C70	C75	C80
弹性模量 E_c	2.20	2.55	2.80	3.00	3.15	3.25	3.35	3.45	3.55	3.60	3.65	3.70	3.75	3.80

注：1. 当有可靠试验依据时，弹性模量可根据实测数据确定。
　　2. 当混凝土中掺有大量矿物掺合料时，弹性模量可按规定龄期根据实测数据确定。

表 A-4　普通钢筋强度标准值及极限应变

种　类	符　号	公称直径 d/mm	屈服强度 f_{yk}/(N/mm²)	抗拉强度 f_{stk}/(N/mm²)	极限应变 ε_{su}（%）
HPB300	Φ	6~14	300	420	不小于 10.0
HRB400、HRBF400、RRB400	Φ、Φ^F、Φ^R	6~50	400	540	不小于 7.5
HRB500、HRBF500	Φ、Φ^F	6~50	500	630	

表 A-5　普通钢筋强度设计值　　（单位：N/mm²）

种　类	符　号	抗拉强度 f_y	抗压强度 f'_y
HPB300	Φ	270	270
HRB400、HRBF400、RRB400	Φ、Φ^F、Φ^R	360	360
HRB500、HRBF500	Φ、Φ^F	435	435

表 A-6　预应力筋强度标准值及极限应变　　（单位：N/mm²）

种　类		符　号	公称直径 d（mm）	屈服强度标准值 f_{pyk}	极限强度标准值 f_{ptk}	极限应变 ε_{su}（%）
中强度预应力钢丝	光面螺旋肋	Φ^{PM} Φ^{HM}	5、7、9	620	800	不小于 3.5
				780	970	
				980	1270	
预应力螺纹钢筋	螺纹	Φ^T	18、25、32、40、50	785	980	
				930	1080	
				1080	1230	
消除应力钢丝	光面	Φ^P	5	—	1570	
				—	1860	
			7	—	1570	
	螺旋肋	Φ^H	9	—	1470	
				—	1570	
钢绞线	1×3（三股）	Φ^S	8.6、10.8、12.9	—	1570	
				—	1860	
				—	1960	
	1×7（七股）		9.5、12.7、15.2、17.8	—	1720	
				—	1860	
				—	1960	
			21.6	—	1860	

注：极限强度标准值为 1960N/mm² 的钢绞线作后张预应力配筋时，应有可靠的工程经验。

表 A-7　预应力筋强度设计值　　（单位：N/mm²）

种　类	f_{ptk}	f_{py}	f_{py2}
中强度预应力钢丝	800	510	410
	970	650	
	1270	810	

（续）

种　类	f_{ptk}	f_{py}	f_{py2}
消除预应力钢丝	1470	1040	410
	1570	1110	
	1860	1320	
钢绞线	1570	1110	390
	1720	1220	
	1860	1320	
	1960	1390	
预应力螺纹钢筋	980	650	400
	1080	770	
	1230	900	

表 A-8　钢筋弹性模量　　　　　　　　　（单位：10^5N/mm^2）

牌号或种类	弹性模量 E_s
HPB300	2.10
HRB400、HRB500	2.00
HRBF400、HRBF500、RRB400	
预应力螺纹钢筋	
消除应力钢丝、中强度预应力钢丝	2.05
钢绞线	1.95

附录 B　钢筋的计算截面面积及公称质量

表 B-1　钢筋的计算截面面积及公称质量

公称直径/mm	不同根数钢筋的计算截面面积/mm²									单根钢筋理论质量/(kg/m)
	1	2	3	4	5	6	7	8	9	
6	28.3	57	85	113	142	170	198	226	255	0.222
8	50.3	101	151	201	252	302	352	402	453	0.395
10	78.5	157	236	314	393	471	550	628	707	0.617
12	113.1	226	339	452	565	678	791	904	1017	0.888
14	153.9	308	461	615	769	923	1077	1231	1385	1.21
16	201.1	402	603	804	1005	1206	1407	1608	1809	1.58
18	254.5	509	763	1017	1272	1527	1781	2036	2290	2.00 (2.11)
20	314.2	628	942	1256	1570	1884	2199	2513	2827	2.47
22	380.1	760	1140	1520	1900	2281	2661	3041	3421	2.98
25	490.9	982	1473	1964	2454	2945	3436	3927	4418	3.85 (4.10)
28	615.8	1232	1847	2463	3079	3695	4310	4926	5542	4.83
32	804.2	1609	2413	3217	4021	4826	5630	6434	7238	6.31 (6.65)
36	1017.9	2036	3054	4072	5089	6107	7125	8143	9161	7.99
40	1256.6	2513	3770	5027	6283	7540	8796	10053	11310	9.87 (10.34)
50	1964	3928	5892	7856	9820	11784	13748	15712	17676	15.42 (16.28)

注：括号内为预应力螺纹钢筋的数值。

表 B-2　钢筋混凝土板每米宽的钢筋面积　　　　（单位：mm²）

钢筋间距 /mm	钢筋直径/mm										
	3	4	5	6	6/8	8	8/10	10	10/12	12	12/14	14
70	101.0	179.0	281.0	404.0	561.0	719.0	920.0	1121.0	1369.0	1616.0	1908.0	2199.0
75	94.3	167.0	262.0	377.0	524.0	671.0	859.0	1047.0	1277.0	1508.0	1780.0	2053.0
80	88.4	157.0	245.0	354.0	491.0	629.0	805.0	981.0	1198.0	1414.0	1669.0	1924.0
85	83.2	148.0	231.0	333.0	462.0	592.0	758.0	924.0	1127.0	1331.0	1571.0	1811.0
90	78.5	140.0	218.0	314.0	437.0	559.0	716.0	872.0	1064.0	1257.0	1484.0	1710.0
95	74.5	132.0	207.0	298.0	414.0	529.0	678.0	826.0	1008.0	1190.0	1405.0	1620.0
100	70.6	126.0	196.0	283.0	393.0	503.0	644.0	785.0	958.0	1131.0	1335.0	1539.0
110	64.2	114.0	178.0	257.0	357.0	457.0	585.0	714.0	871.0	1028.0	1214.0	1399.0
120	58.9	105.0	163.0	236.0	327.0	419.0	537.0	654.0	798.0	942.0	1112.0	1283.0
125	56.5	100.0	157.0	226.0	314.0	402.0	515.0	628.0	766.0	905.0	1068.0	1232.0
130	54.4	96.6	151.0	218.0	302.0	387.0	495.0	604.0	737.0	870.0	1027.0	1184.0
140	50.5	89.7	140.0	202.0	281.0	359.0	460.0	561.0	684.0	808.0	954.0	1100.0
150	47.1	83.8	131.0	189.0	262.0	335.0	429.0	523.0	639.0	754.0	890.0	1026.0
160	44.1	78.5	123.0	177.0	246.0	314.0	403.0	491.0	599.0	707.0	834.0	962.0
170	41.5	73.9	115.0	166.0	231.0	296.0	379.0	462.0	564.0	665.0	786.0	906.0
180	39.2	69.8	109.0	157.0	218.0	279.0	358.0	436.0	532.0	628.0	742.0	855.0
190	37.2	66.1	103.0	149.0	207.0	265.0	339.0	413.0	504.0	595.0	702.0	810.0
200	35.3	62.8	98.2	141.0	196.0	251.0	322.0	393.0	479.0	565.0	668.0	770.0
220	32.1	57.1	89.3	129.0	178.0	228.0	292.0	357.0	436.0	514.0	607.0	700.0
240	29.4	52.4	81.9	118.0	164.0	209.0	268.0	327.0	399.0	471.0	556.0	641.0
250	28.3	50.2	78.5	113.0	157.0	201.0	258.0	314.0	383.0	452.0	534.0	616.0
260	27.2	48.3	75.5	109.0	151.0	193.0	248.0	302.0	368.0	435.0	514.0	592.0
280	25.2	44.9	70.1	101.0	140.0	180.0	230.0	281.0	342.0	404.0	477.0	550.0
300	23.6	41.9	65.5	94.0	131.0	168.0	215.0	262.0	320.0	377.0	445.0	513.0
320	22.1	39.3	61.4	88.0	123.0	157.0	201.0	245.0	299.0	353.0	417.0	481.0

注：表中钢筋直径中的 6/8、8/10、10/12、12/14 是指两种直径的钢筋间隔放置。

表 B-3　钢绞线的公称直径、公称截面面积和理论质量

种　类	公称直径/mm	公称截面面积/mm²	理论质量/（kg/m）
1×3	8.6	37.7	0.296
	10.8	58.9	0.462
	12.9	84.8	0.666
1×7 标准型	9.5	54.8	0.430
	12.7	98.7	0.775
	15.2	140	1.101
	17.8	191	1.500
	21.6	285	2.237

表 B-4　钢丝的公称直径、公称截面面积和理论质量

公称直径/mm	公称截面面积/mm²	理论质量/（kg/m）
5	19.63	0.154
7	38.48	0.302
9	63.62	0.499

附录 C 《混凝土结构设计规范》对构件的有关规定

表 C-1 混凝土结构的环境类别

环境类别		条 件
一		室内干燥环境；无侵蚀性静水浸没环境
二	a	室内潮湿环境；非严寒和非寒冷地区的露天环境；非严寒和非寒冷地区与无侵蚀性的水或土壤直接接触的环境；严寒和寒冷地区冰冻线以下与无侵蚀性的水或土壤直接接触的环境
	b	干湿交替环境；水位频繁变动环境；严寒和寒冷地区的露天环境；严寒和寒冷地区冰冻线以上与无侵蚀性的水或土壤直接接触的环境
三	a	严寒和寒冷地区冬季水位变动区环境；受除冰盐影响环境；海风环境
	b	盐渍土环境；受除冰盐作用环境；海岸环境
四		海水环境
五		受人为或自然的侵蚀性物质影响的环境

注：1. 室内潮湿环境是指构件表面经常处于结露或湿润状态的环境。
　　2. 严寒和寒冷地区的划分应符合国家现行标准《民用建筑热工设计规范》GB 50176 的规定。
　　3. 海岸环境和海风环境宜根据当地情况，考虑主导风向及结构所处迎风、背风部位等因素的影响，有调查研究和工程经验确定。
　　4. 除冰盐影响环境指受到除冰盐盐雾影响的环境；受除冰盐作用环境指被除冰盐溶液溅射的环境及使用除冰盐地区的洗车房、停车楼等建筑。
　　5. 暴露的环境是指混凝土结构表面所处的环境。

表 C-2 混凝土保护层的最小厚度　　　　　　　（单位：mm）

环境类别		板、墙、壳	梁、柱、杆
一		15	20
二	a	20	25
	b	25	35
三	a	30	40
	b	40	50

注：1. 混凝土强度等级不大于 C25 时，表中保护层厚度数值增加 5mm。
　　2. 钢筋混凝土基础宜设置混凝土垫层，基础中钢筋的混凝土保护层厚度应从垫层顶面算起，且不应小于 40mm。

表 C-3 钢筋混凝土结构构件中纵向受力钢筋的最小配筋百分率（%）

受力类型			最小配筋百分率
受压构件	全部纵向钢筋	强度等级 500MPa	0.50
		强度等级 400MPa	0.55
		强度等级 300MPa	0.60
	一侧纵向钢筋		0.20
受弯构件、偏心受拉、轴心受拉构件一侧的受拉钢筋			0.20 和 $45f_t/f_y$ 中的较大值

注：1. 受压构件全部纵向钢筋最小配筋百分率，当采用 C60 以上强度等级的混凝土时，应按表中规定增加 0.10。
　　2. 板类受弯构件（不包括悬臂板）的受拉钢筋，当采用强度等级 400MPa、500MPa 的钢筋时，其最小配筋率应允许采用 0.15 和 $45f_t/f_y$ 中的较大值。
　　3. 偏心受拉构件中的受压钢筋，应按受压构件一侧纵向钢筋考虑。
　　4. 受压构件的全部纵向钢筋和一侧纵向钢筋的配筋率以及轴心受拉构件和小偏心受拉构件一侧受拉钢筋的配筋率均应按构件的全截面面积计算。
　　5. 受弯构件、大偏心受拉构件一侧受拉钢筋的配筋率应按全截面面积扣除受压翼缘面积 $(b_f'-b)h_f'$ 后的截面面积计算。
　　6. 当钢筋沿构件截面周边布置时，"一侧纵向钢筋"是指沿受力方向两个对边中一边布置的纵向钢筋。

表 C-4　受弯构件的挠度限值

构件类型		挠度限值
吊车梁	手动起重机	$l_0/500$
	电动起重机	$l_0/600$
屋盖、楼盖及楼梯构件	当 $l_0<7m$ 时	$l_0/200$（$l_0/250$）
	当 $7m≤l_0≤9m$ 时	$l_0/250$（$l_0/300$）
	当 $l_0>9m$ 时	$l_0/300$（$l_0/400$）

注：1. 表中 l_0 为构件的计算跨度；计算悬臂构件的挠度限值时，其计算跨度 l_0 按实际悬臂长度的 2 倍取用。

　　2. 表中括号内的数值适用于使用上对挠度有较高要求的构件。

　　3. 如果构件制作时预先起拱，且使用上也允许，则在验算挠度时，可将计算所得的挠度值减去起拱值；对预应力混凝土构件，还可减去预加力所产生的反拱值。

　　4. 构件制作时的起拱值和预加力所产生的反拱值，不宜超过构件在相应荷载组合作用下的计算挠度值。

表 C-5　结构构件的裂缝控制等级及最大裂缝宽度限值　　（单位：mm）

环境类别	钢筋混凝土结构		预应力混凝土结构	
	裂缝控制等级	w_{lim}	裂缝控制等级	w_{lim}
一	三级	0.30（0.40）	三级	0.20
二 a				0.10
二 b		0.20	二级	—
三 a、三 b			一级	—

注：1. 对处于年平均相对湿度小于 60% 地区一类环境下的受弯构件，其最大裂缝宽度限值可采用括号内的数值。

　　2. 在一类环境下，对钢筋混凝土屋架、托架及需作疲劳验算的吊车梁，其最大裂缝宽度限值应取为 0.2mm；对钢筋混凝土屋面梁和托梁，其最大裂缝宽度限值应取为 0.3mm。

　　3. 在一类环境下，对预应力混凝土屋架、托架及双向板体系，应按二级裂缝控制等级进行验算；在一类环境下的预应力混凝土屋面梁、托梁、单向板，应按表中二 a 环境中的要求进行验算；在一类和二 a 类环境下需作疲劳验算的预应力混凝土吊车梁，应按裂缝控制等级不低于二级的构件进行验算。

　　4. 表中规定的预应力混凝土构件的裂缝控制等级和最大裂缝宽度限值仅适用于正截面的验算；预应力混凝土构件的斜截面裂缝控制验算应符合本规范第 7 章的有关规定。

　　5. 对于烟囱、筒仓和处于液体压力下的结构，其裂缝控制要求应符合专门标准的有关规定。

　　6. 对于处于四、五类环境下的结构构件，其裂缝控制要求应符合专门标准的有关规定。

　　7. 表中的最大裂缝宽度限值为用于验算荷载作用引起的最大裂缝宽度。

表 C-6　截面抵抗矩塑性影响系数基本值 γ_m

项次	1	2	3		4		5
截面形状	矩形截面	翼缘位于受压区的 T 形截面	对称 I 形截面或箱形截面		翼缘位于受拉区的倒 T 形截面		圆形和环形截面
			$b_f/b≤2$、h_f/h 为任意值	$b_f/b>2$、$h_f/h<0.2$	$b_f/b≤2$、h_f/h 为任意值	$b_f/b>2$、$h_f/h<0.2$	
γ_m	1.55	1.50	1.45	1.35	1.50	1.40	$1.6-0.24r_1/r$

注：1. 对 $b_f'>b_f$ 的 I 形截面，可按项次 2 与项次 3 之间的数值采用；对 $b_f'<b_f$ 的 I 形截面，可按项次 3 与项次 4 之间的数值采用。

　　2. 对于箱形截面，b 是指各肋宽度的总和。

　　3. r_1 为环形截面的内环半径，对圆形截面取 r_1 为零。

表 C-7　现浇钢筋混凝土板的最小厚度　　　　　（单位：mm）

板 的 类 别		最 小 厚 度
实心楼板、屋面板		80
密肋楼盖	面板	50
	肋高	250
悬臂板（根部）	悬臂长度不大于 500mm	80
	悬臂长度 1200mm	100
无梁楼板		150
现浇空心楼盖		现浇底板与顶板 50
叠合楼板		预制底板 50，现浇叠合 50

参 考 文 献

[1] 中华人民共和国住房和城乡建设部. 混凝土结构设计规范（2015 年版）：GB 50010—2010 [S]. 北京：中国建筑工业出版社，2016.

[2] 中华人民共和国住房和城乡建设部. 混凝土结构通用规范：GB 55008—2021 [S]. 北京：中国建筑工业出版社，2021.

[3] 中华人民共和国住房和城乡建设部. 工程结构通用规范：GB 55001—2021 [S]. 北京：中国建筑工业出版社，2021.

[4] 中华人民共和国住房和城乡建设部. 建筑结构可靠性设计统一标准：GB 50068—2018 [S]. 北京：中国建筑工业出版社，2019.

[5] 中华人民共和国住房和城乡建设部. 建筑抗震设计规范（2016 年版）：GB 50011—2010 [S]. 北京：中国建筑工业出版社，2016.

[6] 中华人民共和国住房和城乡建设部. 建筑结构荷载规范：GB 50009—2012 [S]. 北京：中国建筑工业出版社，2012.

[7] 中华人民共和国住房和城乡建设部. 混凝土结构施工图平面整体表示方法制图规则和构造详图（现浇混凝土框架、剪力墙、梁板）：22G101-1 [S]. 北京：中国建筑标准设计研究院，2022.

[8] 东南大学，同济大学，天津大学. 混凝土结构：上册 [M]. 7 版. 北京：中国建筑工业出版社，2020.

[9] 周新刚，刘建平，逯静洲，等. 混凝土结构设计原理 [M]. 北京：机械工业出版社，2011.

[10] 沈蒲生. 混凝土结构设计原理 [M]. 5 版. 北京：高等教育出版社，2020.

[11] 腾智明，朱金铨. 混凝土结构及砌体结构：上册 [M]. 2 版. 北京：中国建筑工业出版社，2003.

[12] 蓝宗建，朱万福. 混凝土结构与砌体结构 [M]. 5 版. 南京：东南大学出版社，2020.

[13] 叶烈平. 混凝土结构 [M]. 2 版. 北京：清华大学出版社，2014.

[14] 宋玉普. 混凝土结构的疲劳性能及设计原理 [M]. 北京：机械工业出版社，2006.

[15] 王胜年，李克非，范志宏，等. 港珠澳大桥立体混凝土结构 120a 使用寿命耐久性对策 [J]. 水运工程，2015（3）：78-92.

[16] 王胜年，苏权科，范志宏，等. 港珠澳大桥混凝土结构耐久性设计原则与方法 [J]. 土木工程学报，2014，47（6）：1-8.